MATLAB R2018b

完全实战学习手册

王　朋◎主　编　　赵晓妍　杨　莹◎副主编

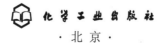

化学工业出版社

·北京·

本书从初学者的角度循序渐进地讲述了MATLAB R2018b的基础知识和应用，全书共分2篇，第1篇为MATLAB基础知识，详细介绍了MATLAB R2018b概述、MATLAB使用初步、MATLAB数值计算及符号计算、MATLAB计算的可视化和GUI设计、MATLAB程序设计、Simulink仿真、MATLAB应用程序接口等基础知识。第2篇为MATLAB应用，分别介绍了MATLAB工具箱概述，MATLAB在图像处理、优化设计、数字信号处理、控制系统、电力系统、深度学习中的应用，尤其对于MATLAB R2018b全新增加的深度学习功能进行了深入介绍，读者可在基础知识学习的同时进行上机练习。

本书内容深入浅出，简明扼要，结构清晰，方便读者选择学习阅读，适合广大科研及工程技术人员使用，也可作为高校理工科学生的专业教学用书和参考用书。

图书在版编目（CIP）数据

MATLAB R2018b完全实战学习手册/王朋主编. — 北京：化学工业出版社，2019.8 （2020.7重印）
ISBN 978-7-122-34484-7

Ⅰ．①M… Ⅱ．①王… Ⅲ．①Matlab软件-手册
Ⅳ．①TP317-62

中国版本图书馆CIP数据核字（2019）第089804号

责任编辑：高墨荣　　　　　　　　文字编辑：孙凤英
责任校对：杜杏然　　　　　　　　装帧设计：王晓宇

出版发行：化学工业出版社（北京市东城区青年湖南街13号　邮政编码100011）
印　　刷：三河市航远印刷有限公司
装　　订：三河市宇新装订厂
787mm×1092mm　1/16　印张29½　字数699千字　2020年7月北京第1版第2次印刷

购书咨询：010-64518888　　　　　售后服务：010-64518899
网　　址：http://www.cip.com.cn
凡购买本书，如有缺损质量问题，本社销售中心负责调换。

定　　价：98.00元

　　MATLAB是MathWorks公司推出的一种高性能的数值计算和可视化软件，全名为"矩阵实验室"（Matrix Laboratory）。近年来，MATLAB在算法开发、数学建模、系统仿真、数据分析、科学和工程绘图、应用软件开发等各个方面均得到了广泛的应用，尤其是其开放式的程序设计语言及工具箱的应用，使MATLAB逐渐成为广大科研人员、工程技术人员和在校学生必备的工具和平台。国内外大部分高等院校的理工科专业均把MATLAB作为必修的专业课程和必须掌握的设计开发工具。

　　MATLAB R2018b是2018年8月最新发行的MATLAB版本。本书从初学者的角度循序渐进地讲述了MATLAB R2018b的基础知识和应用。全书共分2篇，第1篇为MATLAB基础知识，详细介绍了MATLAB R2018b 概述、MATLAB使用初步、MATLAB数值计算及符号计算、MATLAB计算的可视化和GUI设计、MATLAB程序设计、Simulink仿真、MATLAB应用程序接口等基础知识。第2篇为MATLAB应用，分别介绍了MATLAB工具箱概述，MATLAB在图像处理、优化设计、数字信号处理、控制系统、电力系统、深度学习中的应用，尤其对于MATLAB R2018b全新增加的深度学习功能进行了深入介绍。

　　本书特点如下。

　　1．内容全面。覆盖MATLAB常用知识点，满足日常工作需要。

　　2．视频讲解。为了便于读者学习，关键知识点和实例录制视频，并生成二维码，读者可用手机扫码看视频。

　　3．实例丰富，并提供源代码，方便读者对照学习。资源下载网址http://download.cip.com.cn。

　　本书内容深入浅出，简明扼要，结构清晰，方便读者选择学习阅读，适合广大科研及工程技术人员使用，也可作为理工科专业高校学生的专业教学用书和参考用书。

　　本书由黑龙江科技大学王朋主编，赵晓妍、杨莹任副主编。第1章～第5章由黑龙江科技大学王朋编写，第6章、第7章、第12章、第14章由黑龙江科技大学赵晓妍编写，第9章～第11章、第13章、第15章由黑龙江科技大学杨莹编写，第8章由杨丽编写。王越明主审。

　　由于水平有限，时间仓促，书中的疏漏和不妥之处，恳请读者指正。

编者

目录
CONTENTS

03

第3章 MATLAB数值计算

04

第4章 MATLAB符号计算

05

第5章 MATLAB计算的可视化和GUI设计

06

第6章 MATLAB程序设计

07

第7章 Simulink 仿真

08

第8章　MATLAB 应用程序接口

第2篇 MATLAB应用

09

第9章　MATLAB 工具箱概述

10

第10章 MATLAB在图形图像处理中的应用

11

第11章 MATLAB 在优化设计中的应用

12

第12章 MATLAB 在数字信号处理中的应用

13

第13章 MATLAB 在控制系统中的应用

14

第14章 MATLAB 在电力系统中的应用

15

第15章　MATLAB 在深度学习中的应用

参考文献

第1篇

MATLAB基础知识

第 *1* 章
MATLAB R2018b概述

1.1　MATLAB R2018b简介

1.1.1　MATLAB概述

　　MATLAB是美国MathWorks公司出品的商业数学软件，用于算法开发、数据可视化、数据分析以及数值计算的高级技术计算语言和交互式环境，主要包括MATLAB和Simulink两大部分。

　　MATLAB是matrix&laboratory两个词的组合，意为矩阵工厂（矩阵实验室），是由美国MathWorks公司发布的主要面对科学计算、可视化以及交互式程序设计的高科技计算环境。它将数值分析、矩阵计算、科学数据可视化以及非线性动态系统的建模和仿真等诸多强大功能集成在一个易于使用的视窗环境中，为科学研究、工程设计以及必须进行有效数值计算的众多科学领域提供了一种全面的解决方案，并在很大程度上摆脱了传统非交互式程序设计语言（如C、FORTRAN）的编辑模式，附加的工具箱Toolbox（单独提供的专用MATLAB函数集）扩展代表了MATLAB的使用环境，以解决这些应用领域内特定类型的问题，代表着当今国际科学计算软件的先进水平。

　　Simulink是MATLAB最重要的组件之一，它提供一个动态系统建模、仿真和综合分析的集成环境。在该环境中，无须大量书写程序，而只需要通过简单直观的鼠标操作，就可构造出复杂的系统。Simulink具有适应面广、结构和流程清晰及仿真精细、贴近实际、效率高、灵活等优点，已被广泛应用于控制理论和数字信号处理的复杂仿真和设计。

　　MATLAB和Mathematica、Maple并称为三大数学软件，它在数学类科技应用软件中的数值计算方面首屈一指。MATLAB可以进行矩阵运算、绘制函数和数据、实现算法、创建用户界面、连接其他编程语言的程序等，主要应用于工程计算、控制设计、信号处理与通信、图像处理、信号检测、金融建模设计与分析等领域。

　　MATLAB的基本数据单位是矩阵，它的指令表达式与数学、工程中常用的形式十分相似，故用MATLAB来解算问题要比用C、FORTRAN等语言完成相同的事情简捷得多，并且MATLAB也吸收了像Maple等软件的优点，使MATLAB成为一个强大的数学软件。在新的版本中也加入了对 C、FORTRAN、C++、JAVA 的支持，也使得 MATLAB 逐渐成为广大科研人员、工程技术人员和在校学生必备的工具和平台。

1.1.2　MATLAB 的优势和特点

MATLAB 自 20 世纪 80 年代初问世以来，历经 30 多年的实践检验，已成为科学研究、工程技术等领域最可信赖的科学计算环境和标准仿真平台，主要具有以下优势和特点：

① 高效的数值计算及符号计算功能，能使用户从繁杂的数学运算分析中解脱出来；

② 具有完备的图形处理功能，实现计算结果和编程的可视化；

③ 友好的用户界面及接近数学表达式的自然化语言，使用户易于学习和掌握；

④ 功能丰富的应用工具箱（如信号处理工具箱、通信工具箱等），为用户提供了大量方便实用的处理工具。

（1）编程环境

MATLAB 由一系列工具组成。这些工具方便用户使用 MATLAB 的函数和文件，其中许多工具采用的是图形用户界面，包括 MATLAB 桌面和命令窗口、历史命令窗口、编辑器和调试器、路径搜索和用于用户浏览帮助、工作空间、文件的浏览器。随着 MATLAB 的商业化以及软件本身的不断升级，MATLAB 的用户界面也越来越精致，更加接近 Windows 的标准界面，人机交互性更强，操作更简单。而且新版本的 MATLAB 提供了完整的联机查询、帮助系统，极大地方便了用户的使用。简单的编程环境提供了比较完备的调试系统，程序不必经过编译就可以直接运行，而且能够及时地报告出现的错误及进行出错原因分析。

（2）简单易用

MATLAB 是一个高级的矩阵/阵列语言，它包含控制语句、函数、数据结构、输入和输出以及面向对象编程。用户可以在命令窗口中将输入语句与执行命令同步，也可以先编写好一个较大的复杂的应用程序（M 文件）后再一起运行。新版本的 MATLAB 语言是基于最为流行的 C++ 语言基础上的，因此语法特征与 C++ 语言极为相似，而且更加简单，更加符合科技人员对数学表达式的书写格式，使之更利于非计算机专业的科技人员使用。而且这种语言可移植性好、可拓展性极强，这也是 MATLAB 能够深入到科学研究及工程计算各个领域的重要原因。

（3）强处理能力

MATLAB 是一个包含大量计算算法的集合，其拥有 600 多个工程中要用到的数学运算函数，可以方便地实现用户所需的各种计算功能。函数中所使用的算法都是科研和工程计算中的最新研究成果，而且经过了各种优化和容错处理。在通常情况下，可以用它来代替底层编程语言，如 C 和 C++。在计算要求相同的情况下，使用 MATLAB 的编程工作量会大大减小。MATLAB 的这些函数集包括从最简单最基本的函数到诸如矩阵、特征向量、快速傅里叶变换的复杂函数。函数所能解决的问题大致包括矩阵运算和线性方程组的求解、微分方程及偏微分方程的组的求解、符号运算、傅里叶变换和数据的统计分析、工程中的优化问题、稀疏矩阵运算、复数的各种运算、三角函数和其他初等数学运算、多维数组操作以及建模动态仿真等。

（4）图形处理

MATLAB 自产生之日起就具有方便的数据可视化功能，以将向量和矩阵用图形表现出来，并且可以对图形进行标注和打印。高层次的作图包括二维和三维的可视化、图像处理、动画和表达式作图，可用于科学计算和工程绘图。新版本的 MATLAB 对整个图形处理功能作了很大的改进和完善，使它不仅在一般数据可视化软件都具有的功能（例如二维曲线和三维曲面的绘制和处理等）方面更加完善，而且对于一些其他软件所没有的功能（例如图形的光照处理、色度处理以及四维数据的表现等），MATLAB 同样表现出了出色的处理能力。同时对一些特殊的可视化要求，例如图形对话等，MATLAB 也有相应的功能函数，保证了用户不同层次的要求。另外新版本的 MATLAB 还着重在图形用户界面（GUI）的制作上作了很大的改善，对这方面有特殊要求的用户也可以得到满足。

（5）功能强大的工具箱

MATLAB 对许多专门的领域都开发了功能强大的模块集和工具箱。一般来说，它们都是由特定领域的专家开发的，用户可以直接使用工具箱学习、应用和评估不同的方法而不需要自己编写代码。领域，诸如数据采集、数据库接口、概率统计、样条拟合、优化算法、偏微分方程求解、神经网络、小波分析、信号处理、图像处理、系统辨识、控制系统设计、LMI 控制、鲁棒控制、模型预测、模糊逻辑、金融分析、地图工具、非线性控制设计、实时快速原型及半物理仿真、嵌入式系统开发、定点仿真、DSP 与通信、电力系统仿真等，都在工具箱（Toolbox）家族中有了自己的一席之地。

（6）程序接口

新版本的 MATLAB 可以利用 MATLAB 编译器和 C/C++ 数学库和图形库，将自己的 MATLAB 程序自动转换为独立于 MATLAB 运行的 C 和 C++ 代码，允许用户编写可以和 MATLAB 进行交互的 C 或 C++ 语言程序。另外，MATLAB 网页服务程序还容许在 Web 应用中使用自己的 MATLAB 数学和图形程序。MATLAB 的一个重要特色就是具有一套程序扩展系统和一组称为工具箱的特殊应用子程序。工具箱是 MATLAB 函数的子程序库，每一个工具箱都是为某一类学科专业和应用而定制的，主要包括信号处理、控制系统、神经网络、模糊逻辑、小波分析和系统仿真等方面的应用。

（7）应用软件开发

在开发环境中，使用户更方便地控制多个文件和图形窗口；在编程方面支持了函数嵌套，有条件中断等；在图形化方面，有了更强大的图形标注和处理功能，包括对象对齐、连接注释等；在输入输出方面，可以直接向 Excel 和 HDF5 进行连接。

MATLAB 具有以上众多优点的同时，也有两个基本的缺点和不足。

① MATLAB 是解释型语言，执行速度要比编译型语言慢得多。

② MATLAB 软件的费用比较高，一个完全版的 MATLAB 编译器的大小是一个 C 语言编译器的 5 ～ 10 倍。但 MATLAB 在科技编程方面能够节省大量的时间，因此是值得的。

1.1.3　MATLAB 的版本更新

Jack Little 和 Cleve Moler 是 MathWorks 公司的创始人，他们意识到已有的编程语言比如FORTRAN和C语言已经不能满足需求，工程师和科学家们需要一种功能更强、效率更高的计算环境。20世纪70年代，为了减轻学生编程的负担，他们结合自己在数学、工程、计算机科学等领域的丰富经验而开发了MATLAB，并于1984年成立了MathWorks公司，正式把MATLAB推向市场，发布了MATLAB1.0版本，到20世纪90年代，MATLAB已成为国际控制界的标准计算软件，并于2018年8月更新了MATLAB的最新版本MATLAB9.5。

1.1.4　MATLAB R2018b的新增功能

MathWorks公司于2018年8月推出了MATLAB的新版本R2018b（版本9.5），该版本包含重要的深度学习增强功能，以及各个产品系列中的新功能和Bug修复。新的Deep Learning Toolbox取代了Neural Network Toolbox，为工程师和科学家提供了用于设计和实现深度神经网络的框架。现在，图像处理、计算机视觉、信号处理和系统工程师可以使用MATLAB更轻松地设计复杂的网络架构，并改进其深度学习模型的性能。

MathWorks加入了ONNX社区，表明其对互操作性的支持，从而实现MATLAB用户与其他深度学习框架用户之间的协作。使用R2018b中的新ONNX转换器，工程师可以从支持的框架（如PyTorch、MxNet和TensorFlow）导入和导出模型。凭借这种互操作性，在MATLAB中训练的模型能够用于其他框架。同样，可以将在其他框架中训练的模型导入MATLAB，以执行调试、验证和嵌入式部署等任务。而且，R2018b提供了一组精心打造的参考模型，只需一行代码即可访问。此外，附加的模型导入器支持使用来自Caffe和Keras-Tensorflow的模型。

通过以下方式，MathWorks在R2018b中继续改进用户工作效率和深度学习工作流程的易用性：

① 用户可以使用Deep Network Designer应用程序创建复杂的网络架构，或修改复杂的预训练网络以进行迁移学习。

② 通过NVIDIA GPU Cloud上的MATLAB Deep Learning Container以及用于Amazon Web Services和Microsoft Azure的MATLAB参考架构来支持云供应商，网络训练性能得到改进并超越了桌面能力。

③ 扩展了对特定领域工作流程的支持，包括用于音频、视频和应用程序特定数据存储的真实值（ground-truth）标注应用程序，使得处理大型数据集变得更容易和更快捷。

④ 在R2018b中，GPU Coder通过支持NVIDIA库和增加自动调优、层融合和缓冲区最小化等优化，继续提升推理性能。此外，还增加了对使用Intel MKL-DNN和ARM Compute Library的Intel和ARM平台的部署支持。

1.2　MATLAB R2018b的安装激活与内容选择

MATLAB R2018b可以在安装有以下操作系统的计算机上安装并激活使用：
① Microsoft Windows操作系统（32bit或64bit）；
② Linux操作系统（64bit）；
③ Mac OS X操作系统。

1.2.1　MATLAB R2018b 的安装

MATLAB R2018b 的安装激活方法很简单，可以选择使用 MathWorks 账户在线安装，也可以使用文件安装密钥进行离线安装，下面介绍从光盘安装 MATLAB R2018b 的方法。双击光盘中 setup.exe 文件，启动安装向导，选择使用文件安装密钥，如图 1-1 所示，并选择"下一步"。

在许可协议选择页面，选择接受许可协议，并点击"下一步"按钮，如图 1-2 所示。

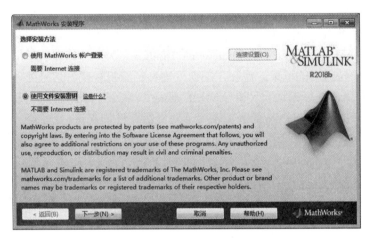

图1-1　安装方法的选择

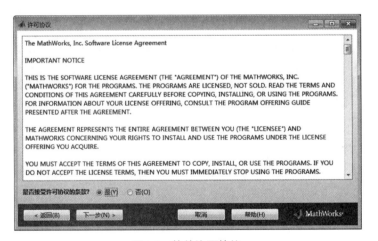

图1-2　软件许可协议

选择"我已有我的许可证的文件安装密钥"，输入安装密钥（PLP），并点击"下一步"按钮，如图 1-3 所示。

确认安装文件的完整路径，在如图 1-4 所示的对话框中，点击"浏览"按钮，选择正确完整的安装文件目录，并点击"下一步"按钮。

MATLAB R2018b 产品包含很多工具包，有一些工具包专业性很强，用户可以根据自己的需要选择典型安装（使用默认设置安装所有已许可的产品），或者根据自己的需要选择自定义安装（指定要安装的产品）。读者可以在安装前仔细阅读 MATLAB 各组件的功能，根据自己的需要选择要安装的产品，如图1-5所示，然后点击"下一步"
按钮。

图1-3　文件安装密钥

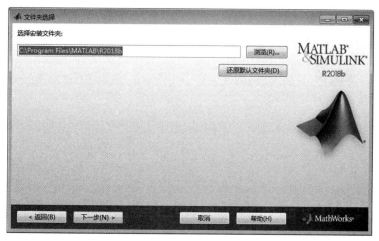

图1-4　安装文件路径确认

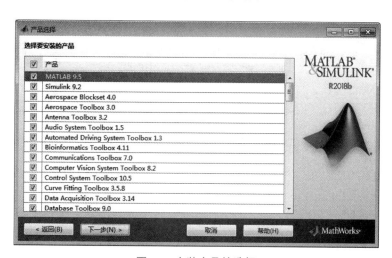

图1-5　安装产品的选择

出现产品配置说明，点击"下一步"按钮，如图1-6所示。

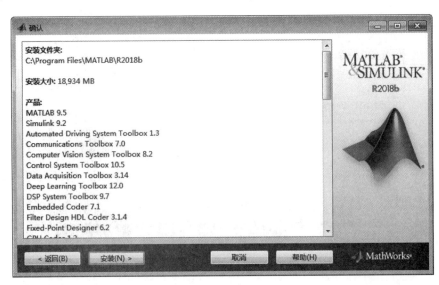

图1-6　产品配置说明

安装过程开始，如图1-7所示。

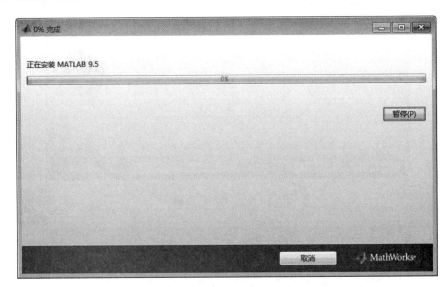

图1-7　MATLAB的安装过程

1.2.2　MATLAB R2018b 的激活

MATLAB R2018b 安装完成之后，需要激活才能正常使用，可以选择使用 Internet 自动激活或者不使用 Internet 手动激活，如图1-8所示，点击"下一步"按钮确认。

点击"浏览"按钮选择许可证文件的完整路径，并点击"下一步"确认，如图1-9所示。

激活完成，MATLAB R2018b 可以正常使用了，如图1-10所示。

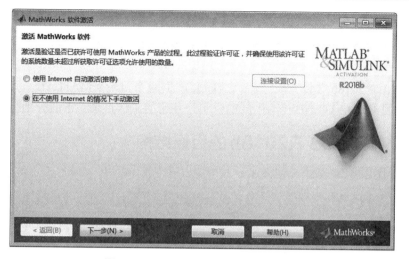

图1-8 MATLAB软件激活方式的选择

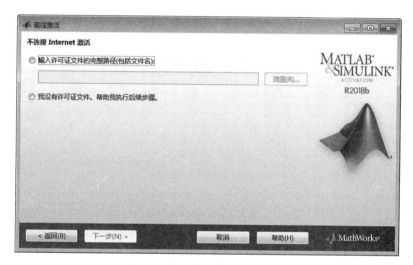

图1-9 许可证文件的完整路径

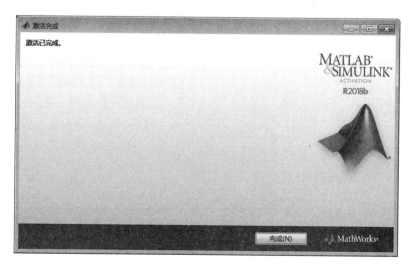

图1-10 软件激活完成

1.3 MATLAB R2018b 的目录

MATLAB R2018b 安装完成之后，一般会产生两个目录：MATLAB 软件所在的目录和 MATLAB 自动生成的供用户使用的工作目录，下面分别加以介绍。

1.3.1 MATLAB R2018b 的目录结构

MATLAB R2018b 安装完成之后，会在图 1-4 中输入的安装路径下生成如图 1-11 所示的目录结构，包含一系列文件和文件夹。

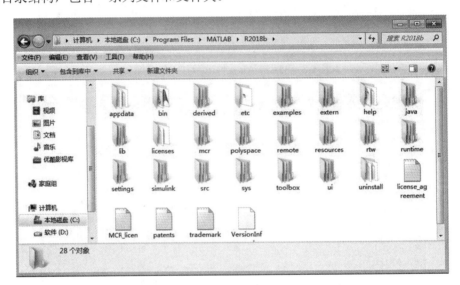

图1-11　MATLAB R2018b 的目录结构

各文件夹及文件的主要功能见表 1-1。

表1-1　MATLAB R2018b 的目录结构中各文件夹及文件的主要功能

文件/文件夹	主要功能
\bin\win32	MATLAB R2018b 系统中可执行的相关文件
\help	帮助系统
\extern	MATLAB R2018b 外部程序接口的工具
\java	MATLAB R2018b 的 java 支持程序
\sys	MATLAB R2018b 所需要的工具和操作系统库
\rtw	Real-Time Workshop 软件包
\simulink	Simulink 软件包，用于动态系统的建模、仿真与分析
\toolbox	MATLAB R2018b 的各种工具箱
\uninstall	MATLAB R2018b 的卸载程序

1.3.2 搜索路径及其设置

MATLAB R2018b 对函数或者文件等进行搜索时，都是在其搜索路径下进行的，

MATLAB自带的文件所存放的路径都默认包含在搜索路径当中,如果读者自己书写的函数或其他调用的函数在搜索路径之外,MATLAB则认为该函数不存在而无法使用,读者需要把要调用的函数所在的目录添加到MATLAB的搜索路径当中。

① 通过菜单中的设置路径对话框进行查看和设置,点击菜单中的设置路径,可以方便地查看、添加文件夹,或者调整文件夹在MATLAB搜索路径中的位置,如图1-12所示。

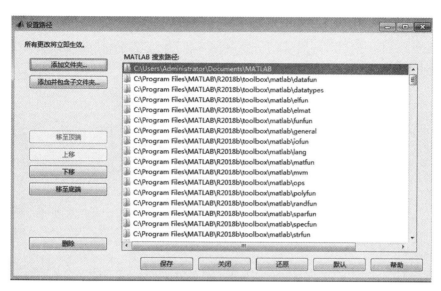

图1-12 设置搜索路径

② 通过在命令窗口中输入path、addpath等命令进行查看或修改。

在命令窗口输入path命令,可以得到MATLAB所有的搜索路径。

```
>> path

    MATLABPATH

C:\Users\Administrator\Documents\MATLAB
C:\Program Files\MATLAB\R2018b\toolbox\matlab\datafun
C:\Program Files\MATLAB\R2018b\toolbox\matlab\datatypes
C:\Program Files\MATLAB\R2018b\toolbox\matlab\elfun
C:\Program Files\MATLAB\R2018b\toolbox\matlab\elmat
C:\Program Files\MATLAB\R2018b\toolbox\matlab\funfun
C:\Program Files\MATLAB\R2018b\toolbox\matlab\general
C:\Program Files\MATLAB\R2018b\toolbox\matlab\iofun
C:\Program Files\MATLAB\R2018b\toolbox\matlab\lang\
......
C:\Program Files\MATLAB\R2018b\toolbox\rtw\targets\xpc\target\build\xpcblocks
C:\Program Files\MATLAB\R2018b\toolbox\rtw\targets\xpc\target\build\
xpcobsolete
```

```
        C:\Program Files\MATLAB\R2018b\toolbox\rtw\targets\xpc\xpc\xpcmngr
        C:\Program Files\MATLAB\R2018b\toolbox\rtw\targets\xpc\xpcdemos
```

在命令窗口输入addpath命令，可以得到MATLAB所有的搜索路径。

```
>> addpath d:\work
>> path

      MATLABPATH

  D:\work
  C:\Users\Administrator\Documents\MATLAB
  C:\Program Files\MATLAB\R2018b\toolbox\matlab\datafun
  C:\Program Files\MATLAB\R2018b\toolbox\matlab\datatypes
  C:\Program Files\MATLAB\R2018b\toolbox\matlab\elfun
  C:\Program Files\MATLAB\R2018b\toolbox\matlab\elmat
  ......
  C:\Program Files\MATLAB\R2018b\toolbox\rtw\targets\xpc\target\build\xpcblocks
  C:\Program Files\MATLAB\R2018b\toolbox\rtw\targets\xpc\target\build\
xpcobsolete
  C:\Program Files\MATLAB\R2018b\toolbox\rtw\targets\xpc\xpc\xpcmngr
  C:\Program Files\MATLAB\R2018b\toolbox\rtw\targets\xpc\xpcdemos
```

1.3.3 MATLAB R2018b的工作目录设置

　　MATLAB R2018b 安装完成之后，会自动生成一个供用户使用的工作目录，用来存放操作MATLAB时产生的中间文件，该工作目录会自动地记录在MATLAB的搜索路径当中，因此当前工作目录中的文件都能被MATLAB搜索到。可以通过MATLAB的通用命令cd显示或改变当前的工作目录，也可以在命令窗口上方的当前文件夹处查看或修改，如图1-13所示。改变当前的工作目录时，必须确保该目录在MATLAB R2018b的搜索路径当中，可通过1.3.2节中介绍的方法设置。

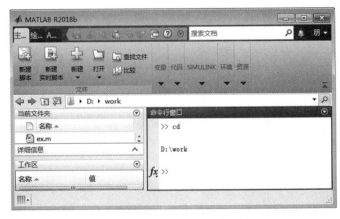

图1-13　MATLAB当前工作目录

1.4　MATLAB R2018b的工作环境

MATLAB 从R2014a开始的工作环境与以前的版本有些不同，取消了原有的左下角的"Start"按钮，采用命令历史记录弹出窗口，用于在命令窗口中重新调用、查看、过滤和搜索最近使用的命令，使得工作界面更加简洁实用，同时MATLAB R2018b支持中文界面系统，如图1-14所示。

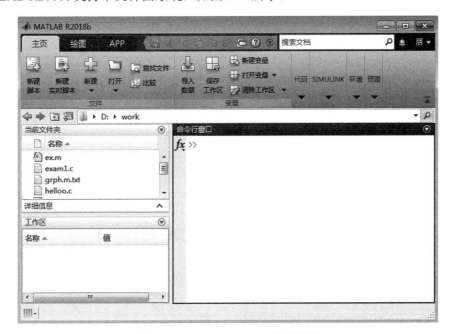

图1-14　**MATLAB R2018b的主界面**

MATLAB R2018b的主界面主要包括以下三个部分：

① 当前文件夹窗口：显示和改变当前目录，同时可以显示当前目录下的文件；

② 命令行窗口：在运算提示符">>"下，用户可以输入各种指令、函数、表达式等；

③ 工作区：显示当前内存中所有MATLAB变量的变量名、数据结构、字节数以及数据类型等信息。

MATLAB R2018b的工具栏界面和Windows基本相似，读者在使用的过程中只要稍加实践就可以逐渐掌握其功能和使用方法。

1.5　MATLAB R2018b的帮助系统

MATLAB为用户提供了非常完善的帮助系统，主要包括常用帮助命令、演示（Demos）帮助、帮助导航浏览器等，同时MathWorks公司还提供了技术支持网站，用户可以通过该网站找到相关的信息。初学者尽快学习和掌握MATLAB帮助系统，有效地使用帮助系统所提供的信息，是独立应用MATLAB解决实际问题的最佳途径。

1.5.1 帮助命令

MATLAB R2018b 提供了丰富的帮助命令，用户可以在命令窗口直接输入相关帮助命令获得帮助信息。常用帮助命令如表 1-2 所示。

表 1-2 常用 MATLAB 帮助命令

帮助命令	功能
help	获取 MATLAB 命令和 M 文件的帮助信息
lookfor	按照指定的关键字查找所有相关的 M 文件
demo	运行 MATLAB 的演示程序
which	显示指定函数或文件的路径
who	列出当前工作空间中的变量
whos	列出当前工作空间中变量的更多信息
exist	检查指定变量或文件的存在性
what	列出当前目录或指定目录下的 M 文件、MAT 文件和 MEX 文件
doc	在网络浏览器中显示指定内容的 HTML 格式帮助文件，或启动 helpdesk

① help 命令。help 命令可以用来获取 MATLAB 命令和 M 文件的帮助信息，例如：

```
>> help log

log - Natural logarithm
    This MATLAB function returns the natural logarithm ln(x) of each element in
    array X.
    Y = log(X)
    另请参阅 exp, log10, log1p, log2, loglog, logm, reallog, semilogx, semilogy
    log 的参考页
    名为log的其他函数
```

② lookfor 命令。lookfor 命令用来按照指定的关键字查找所有相关的 M 文件，常用的调用格式为：

```
Lookfor topic
Lookfor topic - all
```

例如想搜索 log 有关的信息：

```
>> lookfor log
>>  lookfor log

islogical                  - True for logical array.
logical                    - Convert numeric values to logical.
reconcileCategories         - Utility for logical comparison of categorical arrays.
log                        - Natural logarithm.
log10                      - Common (base 10) logarithm.
log1p                      - Compute LOG(1+X) accurately.
```

......

......

parsweepdemo   - Parameter Tuning and Data Logging

xpcethercataio   - EtherCAT(R) Communication with Beckhoff(R)
Analog IO Slave Devices EL3062 and EL4002

xpcethercatmotorposition   - EtherCAT(R) Communication - Motor Position
Control with an Accelnet(TM) Drive and Beckhoff(R) Analog IO Devices

xpcFileLoggingDemo   - Data Logging With a File Scope

1.5.2 演示（Demos）帮助

MATLAB R2018b提供了演示帮助，帮助用户更直观快速地学习MATLAB的各种用法，用户可以通过以下几种方式打开Demos联机演示系统，如图1-15所示。

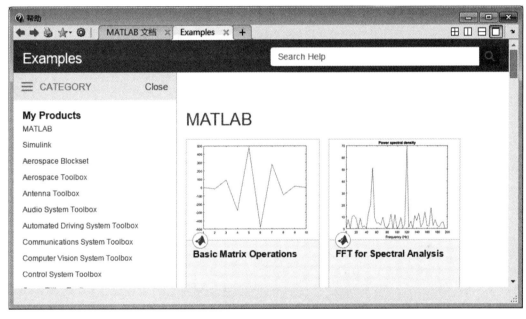

图1-15　MATLAB的Demos演示系统

① 在命令窗口中直接输入demos；
② 点击帮助菜单下的示例选项；
③ 直接在帮助主页上选择演示示例。

1.5.3 帮助导航浏览器

帮助导航浏览器是MATLAB为用户提供的一个独立的帮助子系统，该系统包含的所有帮助文件都存储在MATLAB安装目录下的help子目录下，点击菜单栏中的帮助按钮，或者在命令窗口直接输入doc命令，就可以直接进入MATLAB的帮助导航浏览器中，点击相应的帮助主题就可以获得相关的帮助信息，如图1-16所示。

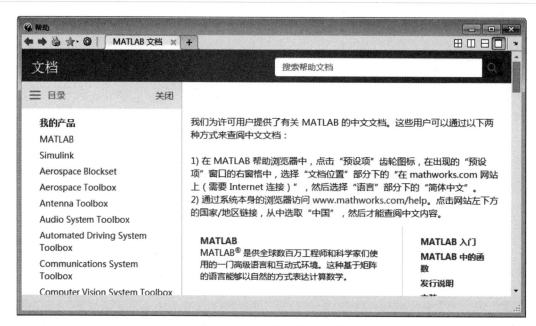

图1-16　MATLAB的帮助导航浏览器

第 *2* 章

MATLAB使用初步

2.1 MATLAB R2018b的通用命令

通用命令是MATLAB中经常使用的一组命令，用来管理目录、命令、函数、变量、工作空间、文件和窗口，在开始学习使用MATLAB处理实际问题之前，对通用命令进行熟悉和掌握是必要的。

（1）通用命令

MATLAB的通用命令如表2-1所示，读者必须熟练掌握。

表2-1 MATLAB的通用命令

命令	说明	命令	说明
cd	显示或改变当前工作目录	load	加载指定文件的变量
dir	显示当前目录或指定目录下的文件	diary	日志文件命令
clc	清除工作窗中的所有显示内容	!	调用dos命令
home	将光标移至命令窗口的最左上角	exit	退出MATLAB
clf	清除图形窗口	quit	退出MATLAB
type	显示文件内容	pack	收集内存碎片
clear	清理内存变量	hold	图形保持开关
echo	工作窗信息显示开关	path	显示搜索目录
disp	显示变量或文字内容	save	保存内存变量到指定文件

对于每个命令的具体用法，读者可以通过帮助命令"help命令名"来获得，例如想得到命令cd的具体用法，可以通过在命令窗口输入"help cd"来获得。

```
>> help cd
cd – Change current folder
    This MATLAB function displays the current folder.
    cd
```

```
cd newFolder
oldFolder = cd(newFolder)
另请参阅 dir, pwd, what
cd 的参考页
名为cd的其他函数
```

（2）输入内容的编辑

在MATLAB的命令窗口中，为了便于对输入的内容进行编辑，MATLAB R2018b提供了一些控制光标位置和对输入内容进行编辑的编辑键和组合键，熟练掌握这些编辑键和组合键可以大大提高命令输入的效率，如表2-2所示。

表2-2　MATLAB命令行中的键盘按键

键盘按键	说明	键盘按键	说明
↑	调用上一行	Home	光标置于当前行开头
←	光标左移一个字符	End	光标置于当前行末尾
→	光标右移一个字符	Esc	清除当前输入行
Ctrl+ ←	光标左移一个单词	Del	删除光标处的字符
Ctrl+ →	光标右移一个单词	Backspace	删除光标前的字符
Alt+ Backspace	恢复上一次删除		

（3）标点

在MATLAB语言中，一些标点也被赋予了特殊的意义或代表一定的功能，如表2-3所示，读者可在今后的具体应用中逐步熟悉掌握。

表2-3　MATLAB语言的标点

标点	说明	标点	说明
:	冒号，具有多种应用功能	%	百分号，注释标记
;	分号，区分行及取消运行结果显示	!	惊叹号，调用操作系统运算
,	逗号，区分列及函数参数分隔符	=	等号，赋值标记
( )	括号，指定运算的优先级	'	单引号，字符串的标识符
[]	方括号，定义矩阵	.	小数点及对象域访问
{}	大括号，构造单元数组	…	续行符号

2.2　MATLAB R2018b 的常用数据类型

MATLAB R2018b提供多种数据类型，主要包括数值型（numeric）、逻辑类型（logical）、字符串（char）、结构体（structure）、单元数组（cell）和函数句柄（function handle）6种基本类型。MATLAB 数据类型的最大特点是每一种类型都以数组为基础，MATLAB事实上把每种类型的数据都作为数组来处理，这些类型都以矩阵或者数组的形式存在。

2.2.1 数值类型

数值类型的数据主要包括整数、单精度浮点数、双精度浮点数三类，另外MATLAB还定义了复数及inf和NaN两个特殊的数值。在未加说明和特殊定义时，MATLAB对所有数值均按照双精度浮点数类型进行存储和操作，如果要存储为整数或其他数据类型，需要使用相应的转换函数进行转换。

（1）整数类型

MATLAB R2018b共有8种内置的整数类型，包括4种有符号整数和4种无符号整数，有符号整数能够表示负整数和正整数，而无符号整数类型只能表示正整数和0。各整数类型的表示范围及进行类型转换的函数如表2-4所示。

表2-4　MATLAB的整数数据类型

数据类型	取值范围	转换函数	所占字节数
有符号8位整数	$-2^7 \sim 2^7-1$	int8	1
有符号16位整数	$-2^{15} \sim 2^{15}-1$	int16	2
有符号32位整数	$-2^{31} \sim 2^{31}-1$	int32	4
有符号64位整数	$-2^{63} \sim 2^{63}-1$	int64	8
无符号8位整数	$0 \sim 2^8-1$	uint8	1
无符号16位整数	$0 \sim 2^{16}-1$	uint16	2
无符号32位整数	$0 \sim 2^{32}-1$	uint32	4
无符号64位整数	$0 \sim 2^{64}-1$	uint64	8

通过表2-4可以看出，不同的数据类型所占用的字节数也不同，因此能够表示的数值范围也不同。在实际应用中，读者可以根据实际需要合理选择合适的整数类型。MATLAB中默认的数据存储类型为双精度型，在不超出数值范围的情况下，数据类型之间可以通过转换函数进行转换，如下面的例子所示。

```
>> x1=15
>> x2=int8(15)
>> x3=int8(15.48)
>> x4=uint8(15)
>> x5=uint16(15)
>> whos
   Name    Size         Bytes  Class     Attributes
   x1      1x1              8  double
   x2      1x1              1  int8
   x3      1x1              1  int8
   x4      1x1              1  uint8
   x5      1x1              2  uint16
```

对于非整数取整，MATLAB提供了几类不同运算规则的取整函数，如表2-5所示。

表2-5　MATLAB中的取整函数

函数	运算法则	示例
floor(x)	向下取整	floor(1.2)=1 floor(1.5)=1 floor(−2.5)=−3
ceil(x)	向上取整	ceil(1.2)=2 ceil(1.5)=2 ceil(−2.5)=−2
round(x)	取最接近的整数 如果小数部分是0.5，则向绝对值大的 方向取整	round(1.2)=1 round(1.5)=2 round(−2.5)=−3
fix(x)	向0取整	fix(1.2)=1 fix(1.5)=1 fix(−2.5)=−2

（2）浮点数类型

MATLAB提供了单精度浮点数和双精度浮点数类型，其中双精度浮点数为MATLAB R2018b默认的数据类型。浮点数的表示范围、存储大小和类型转换函数如表2-6所示。

表2-6　MATLAB的浮点数类型

数据类型	所占字节数	各位的用途	数值范围	转换函数
单精度	4	0 ～ 22位表示小数部分 23 ～ 30位表示指数部分 31位表示符号（0正1负）	−3.4028e+38 ～ −1.1755e−38 1.1755e−38 ～ 3.4028e+38	single
双精度	8	0 ～ 51位表示小数部分 52 ～ 62位表示指数部分 63位表示符号（0正1负）	−1.7977e+308 ～ −2.2251e−308 2.2251e−308 ～ 1.7977e+308	double

```
>> x1=single(15);
>> x2=double(15);
>> x3=int8(15);
>> x4=uint8(15);
>> whos
   Name      Size        Bytes  Class      Attributes
   x1        1x1             4  single
   x2        1x1             8  double
   x3        1x1             1  int8
   x4        1x1             1  uint8
```

通过对以上变量的仔细观察，读者不难发现，双精度数据类型需要占据64位、8个字节的存储空间，而MATLAB R2018b默认的数据类型即为双精度，因此在保证精度要求的情况下，使用整型变量和单精度变量可以节约内存空间。

（3）复数类型

复数包括实部和虚部两部分，MATLAB中默认使用字母"i"或"j"作为虚部标志。创建复数时，可以采用直接按照复数形式进行输入或者利用complex函数进行创建，例如：

采用直接按照复数形式输入的方式创建复数：

```
>> x=3+4i
x =
    3.0000 + 4.0000i
```

采用complex函数创建复数：

```
>> x=5;
>> y=6;
>> z=complex(x,y)
z =
    5.0000 + 6.0000i
```

MATLAB中关于复数的相关函数如表2-7所示。

表2-7　MATLAB中关于复数的相关函数

函数	说明
real(z)	返回复数z的实部
imag(z)	返回复数z的虚部
abs(z)	返回复数z的模
angle(z)	返回复数z的辐角
conj(z)	返回复数z的共轭复数
complex(a,b)	以a为实部、b为虚部创建复数

（4）inf和NaN

MATLAB中使用inf和−inf分别代表正无穷量和负无穷量，除法运算中除数为0或者运算结果溢出都会导致出现inf或−inf的结果。例如：

```
>> x=25/0
x =
    inf
>> y=log(0)
y =
    −inf
>> z=exp(6000)
z =
    inf
```

NaN（Not a Number）表示既不是实数也不是虚数的非数值的值，类似0/0、inf/inf这样的表达式得到的结果均为NaN，例如：

```
>> x=0/0
x =
    NaN
>> y=inf/inf
y =
    NaN
```

2.2.2　逻辑类型

逻辑类型数据用1和0表示真（true）和假（false）两种状态，一些MATLAB的函数和运算符返回逻辑真或假，以表示某个条件是否满足，满足为真，输出1，不满足则为假，输出0。可以用函数logical( )来得到逻辑类型的数值。用函数logical( )可以把任何非零的数值转换为逻辑真（即1），把数值零转换为逻辑假（即0）。

例如：

```
>> logical(10)
ans =
        1
>> logical(-1)
ans =
        1
>> logical(0)
ans =
        0
```

作为所有关系和逻辑表达式的输入，MATLAB把任何非零数值当作逻辑真，把数值零当作逻辑假。

对于所有关系和逻辑表达式的输出，对于真，输出为1，对于假，输出为0。

2.2.3　字符串

字符与字符串运算是各种高级语言不可缺少的部分，MATLAB具有强大的字符处理能力。在MATLAB中，文本当作特征字符或字符串，字符串能够显示在屏幕上，也可以用来构成一些命令。MATLAB中规定用数据类型char来表示一个字符，一个char类型的1×n数组，则可以称为字符串string。字符数组中的每一个元素代表一个字符，在MATLAB中，字符串和字符数组（矩阵）基本上是等价的。

可以用一对单引号来表示字符串，例如：

```
>> x='Your Name'
x =
    'Your Name'
```

也可以用char函数来构造一个字符串，例如：

```
>> y=char('your name')
y =
```

```
'your name'
```

通过 whos 命令查看变量 x、y，我们可以看出字符串的每个字符（包括空格）都是字符串的一个元素，所以变量 x、y 的大小是 1×9。每个 char 类型的字符都是以两个字节来存储的，因此，变量 x、y 占用 18 个字节。

```
>> whos
  Name      Size        Bytes  Class     Attributes
  x         1x9           18   char
  y         1x9           18   char
```

字符串中的字符以 ASCII 码存储，因而大小写是有区别的，当在屏幕上显示字符变量的值时，显示出来的是文本，而不是 ASCII 码。可用 abs 函数查看一个字符的 ASCII 码。我们可以看出变量 x、y 所对应的 ASCII 码是不同的。

```
>> abs(x)
ans =
     89  111  117  114   32   78   97  109  101

>> abs(y)
ans =
    121  111  117  114   32  110   97  109  101
```

由于字符串是以字符向量的形式存储的，因此可以通过后面将要学习到的 MATLAB 对数组的所有可利用操作工具进行操作，当然可以利用下标对字符串中的任何一个元素进行访问。例如，我们访问变量 x 中的第 6 ~ 9 个元素：

```
>> x='Your Name'
x =
    'Your Name'

>> z=x(6:9)
z =
    'Name'
```

如果在字符串中需要出现单引号，字符串内的单引号由两个连续的单引号来表示，例如：

```
>> a='kate'' s pen'
a =
    'kate's pen'
```

字符串的连接可以通过以下几种方式完成。

（1）直接将字符串水平或垂直连接

```
>> x=['hello', 'kitty']
x =
    'hellokitty'
```

```
>> x=['hello';'kitty']
x =
  2×5 char 数组
    'hello'
    'kitty'
```

（2）采用命令**strcat**或**strvcat**实现字符串的水平或垂直连接

```
>> strcat('hello','kitty')
ans =
    'hellokitty'
>> strvcat('hello','kitty')
ans =
  2×5 char 数组
    'hello'
    'kitty'
```

与字符串有关的其他命令如表2-8所示，读者可以利用MATLAB提供的help命令学习命令的具体使用方法。

表2-8　与字符串相关的其他命令

函数	功能
strcmp	比较字符串
strcmpi	忽略大小写比较字符串
strncmp	比较字符串的前 n 个字符
findstr	在一个字符串中查找另一个字符串
strjust	对齐字符数组，包括左对齐、右对齐和居中
strmatch	查找匹配的字符串
strrep	替换字符串
upper	转换为大写
lower	转换为小写
strtok	返回字符串中第一个分隔符（空格、回车和"Tab"键）前的部分
blanks	产生空字符串
deblank	删除字符串中的空格

2.2.4　结构体类型

在MATLAB中，结构体是一种"数据容器"，可以通过字段将不同类型的数据组织起来，封装在一个结构体对象当中。

例如，结构体student中有4个字段，分别为姓名、年级、科目、成绩，其中姓名字段Name中存储了字符串类型的数据，年级Grade字段中存储了一个双精度浮点数值型数据，科目 Subject 字段中存储了一个一维字符串数组，成绩 Result 字段中存储了一个一维数组。一个结构体中可以有多个字段，每个字段又可以存储不同类型的数据，通过这种方式就把多个不同类型的数据组织在了一个结构体对象中。

创建结构体对象的方法有两种，可以直接通过赋值语句给结构体的字段赋值，也可以使用结构体创建函数 struct( ) 创建。

（1）通过赋值语句创建结构体

```
>> student.Name='kate'
student =
    包含以下字段的 struct:
      Name: 'kate'
>> student.Grade=6
student =
    包含以下字段的 struct:
      Name: 'kate'
      Grade: 6
>>  student.Subject={'math','english'}
student =
    包含以下字段的struct:
      Name: 'kate'
      Grade: 6
    Subject: {'math'  'english'}
>> student.Result={85,90}
student =
    包含以下字段的 struct:
      Name: 'kate'
     Grade: 6
    Subject: {'math'  'english'}
     Result: {[85]  [90]}
```

（2）使用结构体创建函数 **struct( )** 创建结构体

```
>> student=struct('Name','kate','Grade',6,'Subject',{'math','english'} ,'Result',{85,90})

student =

    包含以下字段的1×2 struct 数组:

      Name
      Grade
      Subject
```

```
    Result
>> student(1)
ans =
  包含以下字段的 struct:
      Name: 'kate'
      Grade: 6
    Subject: 'math'
    Result: 85
>> student(2)
ans =
  包含以下字段的 struct:
      Name: 'kate'
      Grade: 6
    Subject: 'english'
    Result: 90
```

2.2.5　单元数组类型

单元数组类型（cell）是一种广义矩阵，组成单元数组的每一个元素称为一个单元，每一个单元可以包括任意数组，如数值数组、字符串数组、结构体数组或另外一个单元数组。单元数组的维数不受限制，可以是一维、二维或者多维，因而每一个单元可以具有不同的尺寸和占用不同的内存空间。

单元数组类型和结构体类型比较容易混淆，它们的共同之处是提供了一种分级存储机制来存储不同类型的数据，区别在于结构体类型里，数据是通过属性名来引用的，而在单元数组里，数据是通过单元数组下标引用来操作的。

单元数组的创建有两种方法：使用赋值语句直接创建或利用cell函数创建。

（1）使用赋值语句直接创建单元数组

单元数组使用 {} 来创建，使用逗号 "," 或者空格来分隔每一个单元，使用分号 ";" 来分行，例如：

```
>> student={'Kate',6,{'math','english'} ,[85,90]}
student =
  1×4 cell 数组
    {'Kate'}    {[6]}    {1×2 cell}    {1×2 double}
>> student={'Kate',6,{'math','english'} ,[85,90];'tom',5,{'math','english'} ,[80,96]}
student =
  2×4 cell 数组
    {'Kate'}    {[6]}    {1×2 cell}    {1×2 double}
    {'tom' }    {[5]}    {1×2 cell}    {1×2 double}
```

我们可以通过单元数组的角标对数组中元素进行访问，要注意的是对单元数组寻访时，对于单元数组student，student（m,n）指的是单元数组中第m行n列的单元，而

student{m,n}指的是单元数组中第m行n列的单元中的内容，读者要注意加以区分。

```
>> student(1,4)
ans =
  1×1 cell 数组
    {1×2 double}
>> student{1,4}
ans =
    85   90
>> student{2,1}
ans =
    'tom'
```

（2）利用cell函数创建单元数组

创建一个m×n的空单元数组的格式为：cellName=(m,n)

```
>>  student=cell(2,4)

student =
  2×4 cell 数组
    {0×0 double}   {0×0 double}   {0×0 double}   {0×0 double}
    {0×0 double}   {0×0 double}   {0×0 double}   {0×0 double}
```

我们可以通过下角标对单元数组中的每个变量进行赋值：

```
>> student{1,1}='kate'
student =
  2×4 cell 数组
    {'kate'  }   {0×0 double}   {0×0 double}   {0×0 double}
    {0×0 double}   {0×0 double}   {0×0 double}   {0×0 double}
>> student{2,4}=[80,96]
student =
  2×4 cell 数组
    {'kate'  }   {0×0 double}   {0×0 double}   {0×0 double}
    {0×0 double}   {0×0 double}   {0×0 double}   {1×2 double}
```

2.2.6　函数句柄

MATLAB中对函数的调用方法分为直接调用法和间接调用法。对于直接调用函数，被调用的函数也通常被称为子函数，但是子函数只能被与其M文件同名的主函数或在M文件中的其他函数所调用，同时在一个文件中只能有一个主函数。函数句柄是MATLAB中用来间接调用函数的数据类型。使用函数句柄对函数进行间接调用可以避免直接调用带来的问题。使用操作符@创建函数句柄，对MATLAB函数库中提供的各种M文件中的函数和使用者自主编写的程序中的内部函数，都可以创建函数句柄，从而通过函数句柄实现函数的间接调用。

创建函数句柄的格式为：

Function_Handle=@Function_Filename

其中，Function_Filename是函数所对应的M文件的名称或MATLAB内部函数的名称，@是句柄创建操作符，Function_Handle为句柄变量名称。Function_Handle变量保存了这一函数句柄，并在后续的计算中作为数据进行传递。

例如：

```
>> F_Handle=@sin
F_Handle =
    包含以下值的 function_handle:
      @sin

>> whos
    Name        Size            Bytes  Class          Attributes
    F_Handle    1x1                32  function_handle

>> x=F_Handle(pi/6)
x =
    0.5000
```

上述命令就创建了MATLAB内部函数sin的函数句柄，并将其保存在F_Handle变量中，后续的运算过程中就可以通过F_Handle（x）来实现sin（x）的功能了。

2.3 基本矩阵操作

在数学上，定义由m×n个数a_{ij}（i=1,2,…,m,j=1,2,…,n）排成的m行n列的数表为m行n列二维矩阵。

$$A=\begin{bmatrix} a_{11} & a_{12} & \cdots & a_{1n} \\ a_{21} & a_{22} & \cdots & a_{2n} \\ \vdots & \vdots & & \vdots \\ a_{m1} & a_{m2} & \cdots & a_{mn} \end{bmatrix}$$

对于只有一行的矩阵称为行向量，对于只有一列的矩阵称为列向量。

MATLAB中，最基本的数据结构就是二维矩阵，二维矩阵可以方便地存储和访问大量数据，每个矩阵的单元可以是数值类型、逻辑类型、字符类型或者其他任何的MATLAB数据类型。

2.3.1 矩阵的创建

（1）使用矩阵构造符号[]创建矩阵

在MATLAB中最简单的矩阵创建方法就是采用矩阵构造符号[]，直接在矩阵构造符号[]中输入元素实现。矩阵元素可以是任何MATLAB表达式，可以是实数，也可以是复数。矩阵同一行的元素之间用空格或逗号分开，矩阵的不同行之间用分号或回车键分隔。

例如：创建一个2×3的二维矩阵。

```
>> A=[1 2 3;4 5 6]
A =
    1    2    3
    4    5    6
```

（2）特殊矩阵的创建

MATLAB提供一些函数来方便地构造一些特殊的矩阵，具体特殊矩阵构造函数及基本格式、示例见表2-9。

表2-9　MATLAB的特殊矩阵构造函数及基本格式、示例

函数名	功能	例子	
		输入	结果
zeros(m,n)	产生m×n的全0矩阵	zeros(2,3)	ans = 　0　　0　　0 　0　　0　　0
ones(m,n)	产生m×n的全1矩阵	ones(2,3)	ans = 　1　　1　　1 　1　　1　　1
rand(m,n)	产生均匀分布的随机矩阵，元素取值范围0.0～1.0	rand(2,3)	ans = 　0.9501　0.6068　0.8913 　0.2311　0.4860　0.7621
randn(m,n)	产生正态分布的随机矩阵	randn(2,3)	ans = 　−0.4326　0.1253　−1.1465 　−1.6656　0.2877　1.1909
magic(N)	产生N阶魔方矩阵（矩阵的行、列和对角线上元素的和相等）	magic(3)	ans = 　8　　1　　6 　3　　5　　7 　4　　9　　2
eye(m,n)	产生m×n的单位矩阵	eye(3)	ans = 　1　　0　　0 　0　　1　　0 　0　　0　　1

（3）向量和标量的创建

① 使用"from:step:to"方式生成向量　from、step和to分别表示开始值、步长和结束值。

当step省略时，则默认为step=1。

当step省略或step>0而from>to时，为空矩阵；当step<0而from<to时，也为空矩阵。

例如：使用"from:step:to"方式生成以下矩阵。

```
>> x=1:5
x =
    1    2    3    4    5
```

```
>> y=2:0.5:4
y =
    2.0000   2.5000   3.0000   3.5000   4.0000
```

也可以用此方法由多个行向量生成矩阵，例如：

```
>> z=[1:2:5;1:3:7]
z =
    1    3    5
    1    4    7
```

② 使用linspace和logspace函数生成向量

• linspace(a,b,n)，a、b、n三个参数分别表示开始值、结束值和元素个数。生成从a～b之间线性分布的n个元素的行向量，n如果省略，则默认值为100。

• logspace(a,b,n)，用来生成对数等分向量，它和linspace一样直接给出元素的个数而得出各个元素的值。a、b、n三个参数分别表示开始值、结束值和数据个数，n如果省略，则默认值为50。生成从10^a～10^b之间按对数等分的n个元素的行向量。

例如：

```
>> x1=linspace(0,2*pi,5)              %从0～2*pi等分成5个点
x1 =
         0   1.5708   3.1416   4.7124   6.2832

>> x2=logspace(0,2,3)                 %从1～100对数等分成3个点
x2 =
    1   10   100
```

③ 标量的创建   当m=n=1时，此时创建的矩阵称为标量，任意以1×1的矩阵形式表示的单个实数、复数都是标量，例如：

```
>> x=2
x =
    2
>> size(x)
ans =
    1    1


>> x=[2]
x =
    2
>> size(x)
ans =
    1    1
```

通过上述例子我们可以知道，单个实数或者复数在MATLAB中都是以1×1矩阵的

形式存在的，在MATLAB中，单个数据或由单个数据构成的矩阵都是标量。

（4）空矩阵的创建

当m=n=0时，或者m=0（或者n=0）时，创建的矩阵称为空矩阵。空矩阵可以通过赋值语句建立，例如：

```
>> x=[]
x =
     []
>> whos x
  Name      Size        Bytes   Class      Attributes
  x         0×0             0   double
```

空矩阵和0矩阵具有本质的区别，空矩阵内没有任何元素，因此不占用任何的存储空间，而0矩阵表示该矩阵中所有的元素全部为0，需要占用相应的存储空间。

2.3.2　矩阵大小的改变

（1）矩阵的合并

矩阵的合并就是把两个或两个以上的矩阵数据连接起来得到一个新的矩阵，在MATLAB中，矩阵构造符[ ]可用于构造矩阵，并可以作为一个矩阵合并操作符。可以通过矩阵构造符[ ]将小矩阵连接起来生成一个较大的矩阵。

表达式C=[A B]表示在水平方向合并矩阵A和B。

表达式C=[A;B]表示在竖直方向合并矩阵A和B。

例如：

```
>> A=rand(2,3)
A =
    0.8147    0.1270    0.6324
    0.9058    0.9134    0.0975
>> B=ones(2,3)
B =
     1     1     1
     1     1     1
>> C=[A B]
C =
    0.8147    0.1270    0.6324    1.0000    1.0000    1.0000
    0.9058    0.9134    0.0975    1.0000    1.0000    1.0000
>> D=[A;B]
D =
    0.8147    0.1270    0.6324
    0.9058    0.9134    0.0975
    1.0000    1.0000    1.0000
    1.0000    1.0000    1.0000
```

除了使用矩阵合并符[]来合并矩阵外，还可以使用矩阵合并函数来合并函数，如表 2-10 所示。

表 2-10　MATLAB 的矩阵合并函数

函数名	函数描述	基本调用格式
cat	在指定方向合并矩阵	cat(DIM,A,B) 在 DIM 维方向合并矩阵 A、B
		cat(2,A,B)，与 [AB] 用途一致
		cat(1,A,B)，与 [A；B] 用途一致
horzcat	在水平方向合并矩阵	horzcat(A,B)，与 [AB] 用途一致
vertcat	在垂直方向合并矩阵	vertcat(A,B)，与 [A；B] 用途一致
repmat	通过复制矩阵来构造新的矩阵	B=repmat(A,M,N) 得到 M×N 个 A 的大矩阵
blkdiag	用已知矩阵来构造对角化矩阵	Y= blkdiag(A,B,…) 得到以矩阵 A，B，…为对角块的矩阵 Y

例如：

```
>> A=[1 2;3 4]
A =
    1    2
    3    4

>> B=repmat(A,2,3)
B =
    1    2    1    2    1    2
    3    4    3    4    3    4
    1    2    1    2    1    2
    3    4    3    4    3    4
```

（2）矩阵行列的删除

要删除矩阵的某一行或者是某一列，只需将该行或者该列赋予一个空矩阵[]即可。

例如：

```
>> A=magic(3)
A =
    8    1    6
    3    5    7
    4    9    2
```

要想删除矩阵 A 的第 3 行，则可以执行以下语句：

```
>> A(3,:)=[]
A =
    8    1    6
    3    5    7
```

2.3.3　矩阵下标引用

矩阵和多维数组都是由多个元素组成的，每个元素通过下标来标识。

（1）矩阵的下标访问单个矩阵元素

矩阵中的元素可以用全下标方式标识，即由行下标和列下标表示，一个 m×n 的 A 矩阵的第 i 行第 j 列的元素表示为 A(i,j)。

注意

如果在提取矩阵元素值时，矩阵元素的下标行或列 (i,j) 大于矩阵的大小 (m,n)，则 MATLAB 会提示出错；而在给矩阵元素赋值时，如果行或列 (i,j) 超出矩阵的大小 (m,n)，则 MATLAB 自动扩充矩阵，扩充部分以 0 填充。

例如：

```
>> A=magic(4)
A =
    16    2    3   13
     5   11   10    8
     9    7    6   12
     4   14   15    1
```

可以通过以下语句获得矩阵元素的值。

```
>> a=A(2,3)
a =
    10
```

也可以通过以下语句改变矩阵单个元素的值。

```
>> A(2,3)=100
A =
    16    2    3   13
     5   11  100    8
     9    7    6   12
     4   14   15    1
```

（2）线性引用矩阵元素

在 MATLAB 中，可以通过单下标来引用矩阵元素，对于矩阵 A，线性引用元素的格式为 A(k)。通常这样的引用用于行向量或列向量，但也可用于二维矩阵。

MATLAB 存储矩阵元素时并不是按照其命令行输出矩阵的格式来存储矩阵的，而是按列优先排列的一个长列向量格式（线性引用元素）来存储矩阵元素的，例如：

```
>> A=[1 2;3 4;5 6]
A =
     1    2
```

```
    3    4
    5    6
```

而矩阵A实际在内存中是以1、3、5、2、6排列的一个列向量。矩阵的第1行第2列的元素，也就是值为2的元素，实际上在存储空间中是第4个元素。要访问这个元素，就可以用A（1，2）的格式，也可以用A（4）的格式，后者也就是线性引用矩阵的方法。

```
>> a=A(4)
a =
    2
```

（3）访问多个矩阵元素

操作符：可以用来表示矩阵的多个元素。若A是二维矩阵，其主要用法如下：

A(:,:)，返回矩阵A的所有元素。

A(i,:)，返回矩阵A第i行的所有元素。

A(i,k1:k2)，返回矩阵A第i行的自k1～k2列的所有元素。

A(:,j)，返回矩阵A第j列的所有元素。

A(k1:k2,j)，返回矩阵A第j列的自k1～k2行的所有元素。

```
>> A=magic(4)
A =
    16     2     3    13
     5    11    10     8
     9     7     6    12
     4    14    15     1

>> B=A(3,:)
B =
     9     7     6    12
>> C=A(1:3,4)
C =
    13
     8
    12
```

2.3.4　矩阵信息的获取

（1）矩阵尺寸信息

矩阵尺寸函数可以得到矩阵的形状和大小信息，这些函数如表2-11所示。

表 2-11　MATLAB 的矩阵尺寸函数

函数名	函数描述	基本调用格式	
length	矩阵最长方向的长度	n=length(X)	相当于 max(size(X))
ndims	矩阵的维数	n=ndims(X)	矩阵的维数
numel	矩阵的元素个数	n=numel(X)	矩阵的元素个数
size	矩阵在各个方向的长度	d=size(X)	返回的大小信息以向量方式存储
		[m,n]= size(X)	返回的大小信息以分开方式存储
		m=size(X,dim)	返回某一位的大小信息

例如：

```
>> A=rand(3,4)
A =
    0.2785    0.9649    0.9572    0.1419
    0.5469    0.1576    0.4854    0.4218
    0.9575    0.9706    0.8003    0.9157
>> [m,n]=size(A)
m =
    3
n =
    4
>> x=numel(A)
x =
    12
>> y=length(A)
y =
    4
```

（2）元素的数据类型

查询元素数据类型信息的部分函数如表 2-12 所示。

表 2-12　MATLAB 获得矩阵元素数据类型信息的部分函数

函数名	函数描述	基本调用格式
class	返回输入数据的数据类型	C=class(obj)
isa	判断输入数据是否为指定类型数据	K=isa(obj,'class_name')
iscell	判断输入数据是否为单元型	tf=iscell(A)
iscellstr	判断输入数据是否为单元型的字符串	tf=iscellstr(A)
ischar	判断输入数据是否为字符数组	tf=ischar(A)
isfloat	判断输入数据是否为浮点数	tf=isfloat(A)
isinteger	判断输入数据是否为整数	tf=isinteger(A)

函数名	函数描述	基本调用格式
islogical	判断输入数据是否为逻辑型	tf=islogical(A)
isnumeric	判断输入数据是否为数值型	tf=isnumeric(A)
isreal	判断输入数据是否为实数	tf=isreal(A)
isstruct	判断输入数据是否为结构体	tf=isstruct(A)

（3）矩阵的数据结构

测试矩阵是否为某一种数据结构的函数如表2-13所示。

表2-13　MATLAB测试矩阵数据结构的函数

函数名	函数描述	基本调用格式
isempty	测试矩阵是否为空矩阵	tf=isempty(A)
isscalar	测试矩阵是否为标量	tf=isscalar(A)
issparse	测试矩阵是否为稀疏矩阵	tf=issparse(A)
isvector	测试矩阵是否为向量	tf=isvector(A)

2.3.5　矩阵结构的改变

可以改变矩阵结构的函数如表2-14所示。

表2-14　MATLAB改变矩阵结构的函数

函数名	函数描述	基本调用格式
reshape	按照列的顺序重新排列矩阵元素	B= reshape(A,m,n)，把矩阵变成m×n大小
rot90	旋转矩阵90°	B=rot90(A)，旋转矩阵90° B=rot90(A,k)，旋转矩阵k×90°，k为整数
fliplr	以竖直方向为轴做镜像	B=fliplr(A)
flipud	以水平方向为轴做镜像	B=flipud(A)
flipdim	以指定的轴做镜像	B=flipdim(A,dim)， 当dim=2时，以水平方向为轴做镜像 当dim=1时，以竖直方向为轴做镜像
transpose	矩阵的转秩	B= transpose(A)
ctranspose	矩阵的共轭转秩	B= ctranspose(A)

例如：

```
>> A=magic(4)
A =
    16     2     3    13
     5    11    10     8
     9     7     6    12
     4    14    15     1
```

```
>> B=rot90(A)
B =
    13    8   12    1
     3   10    6   15
     2   11    7   14
    16    5    9    4

>> C=fliplr(A)
C =
    13    3    2   16
     8   10   11    5
    12    6    7    9
     1   15   14    4

>> D=transpose(A)
D =
    16    5    9    4
     2   11    7   14
     3   10    6   15
    13    8   12    1
```

2.4　运算符

运算符主要为算术运算符、关系运算符和逻辑运算符，还包括一些特殊运算符。

2.4.1　算术运算符

MATLAB算术运算符分为两类：矩阵运算和数组运算。矩阵运算是按线性代数的规则进行运算，而数组运算是数组对应元素间的运算。MATLAB矩阵和数组的算术运算符如表2-15所示。

表2-15　MATLAB矩阵和数组的算术运算符

数组运算		矩阵运算	
命令	含义	命令	含义
A+B	对应元素相加	A+B	与数组运算相同
A−B	对应元素相减	A−B	与数组运算相同
S.*B	标量S分别与B元素的积	S*B	与数组运算相同
A.*B	数组对应元素相乘	A*B	内维相同矩阵的乘积

数组运算		矩阵运算	
命令	含义	命令	含义
S./B	S分别被B的元素左除	S\B	B矩阵分别左除S
A./B	A的元素被B的对应元素除	A/B	矩阵A右除B即A的逆阵与B相乘
B.\A	结果一定与上行相同	B\A	A左除B
A.^S	A的每个元素自乘S次	A^S	A矩阵为方阵时，自乘S次
A.^S	S为小数时，对A各元素分别求非整数幂，得出矩阵	A^S	S为小数时，方阵A的非整数乘方
S.^B	分别以B的元素为指数求幂值	S^B	B为方阵时，标量S的矩阵乘方
A. '	非共轭转置，相当于conj(A')	A'	共轭转置
exp(A)	以自然数e为底，分别以A的元素为指数求幂	expm(A)	A的矩阵指数函数
log(A)	对A的各元素求对数	logm(A)	A的矩阵对数函数
sqrt(A)	对A的各元素求平方根	sqrtm(A)	A的矩阵平方根函数

2.4.2　关系运算符

MATLAB中的关系运算符如表2-16所示。

表2-16　MATLAB中的关系运算符

关系运算符	说明
<	小于
<=	小于等于
>	大于
>=	大于等于
==	等于
~=	不等于

值得注意的是，关系运算符只针对两个相同长度的矩阵，或其中之一是标量的情况进行运算。对于前者，是指两个矩阵的对应元素进行比较，返回具有相同长度的矩阵；对于后者，是指这个标量与另一个矩阵的每个元素进行运算。

关系运算C=f (A,B)的运算结果只有0和1两种情况，其中，函数f( )表示关系运算符，0表示不满足条件，1表示满足条件。

例如，比较两个矩阵。

```
>> magic(3)>3*ones(3)
ans =
  3×3 logical 数组
   1 0 1
   0 1 1
   1 1 0
```

2.4.3　逻辑运算符

逻辑操作符：&（与）、|（或）、~（非）和 xor（异或）。

逻辑运算规则：在逻辑运算中，非 0 元素表示真（1），0 元素表示假（0），逻辑运算的结果为 0 或 1。逻辑运算规则如表 2-17 所示。

表 2-17　MATLAB 的逻辑运算规则

a	b	a & b	a | b	~a	xor(a,b)
0	0	0	0	1	0
0	1	0	1	1	1
1	0	0	1	0	1
1	1	1	1	0	0

两个变量都是标量，则结果为 0、1 的标量。

两个变量都是数组，则必须大小相同，结果也是同样大小的数组。

一个数组和一个标量，则把数组的每个元素分别与标量比较，结果为与数组大小相同的数组。

2.4.4　运算优先级

MATLAB 在执行含有关系运算和逻辑运算的数学运算时，同样遵循一套优先级原则。MATLAB 首先执行具有较高优先级的运算，然后执行具有较低优先级的运算；如果两个运算的优先级相同，则按从左到右的顺序执行。MALTAB 中各运算符的优先级顺序如表 2-18 所示，表中按优先级从高到低的顺序排列各运算符。

表 2-18　MATLAB 运算符的优先级顺序

序号	运算符
1	圆括号（ ）
2	转置（.'），共轭转置（'），乘方（.^），矩阵乘方（^）
3	标量加法（+）、减法（−）、取反（~）
4	乘法（.*），矩阵乘法（*），右除（./），左除（.\），矩阵右除（/），矩阵左除（\）
5	加法（+），减法（−），逻辑非（~）
6	冒号运算符（:）
7	小于（<），小于等于（<=），大于（>），大于等于（>=），等于（==），不等于（~=）
8	数组逻辑与（&）
9	数组逻辑或（|）
10	逻辑与（&&）
11	逻辑或（||）

在表 2-18 中可以看到，圆括号的优先级别最高，因此可以用圆括号来改变默认的优先等级。

例如：

```
>> A=[2 6 8];
>> B=[1 3 6];
>> C=A.*B.^3
C =
             2       162      1728


>> D=(A.*B).^3
D =
             8      5832    110592
```

2.5 字符串处理函数

MATLAB 提供了丰富的字符串操作，包括字符串的构造、合并、比较、查找以及与数值之间的转换。

2.5.1 字符串的构造

在 MATLAB 中，字符串是作为字符数组来引入的；一个字符串由多个字符组成，用单引号来界定；字符串是按行向量进行存储的，每一字符（包括空格）以其 ASCII 码的形式存放。

```
>> str1='welcome to MATLAB '
str1 =
    'welcome to MATLAB '


>> str2='R2018b'
str2 =
    'R2018b'
```

（1）字符串的合并

可以使用函数 strcat( ) 合并字符串。例如：

```
>> str3=strcat(str1,str2)
str3 =
    'welcome to MATLABR2018b'
```

 注意

函数 strcat( ) 在合并字符串的同时会把字符串结尾的空格删掉，要保留这些空格，可以使用矩阵合并符 [] 来实现字符串的合并。例如：

```
>> str4=[str1 str2]
str4 =
    'welcome to MATLAB R2018b'
```

（2）使用二维字符数组

将每个字符串放在一行，多个字符串可以构成一个二维字符数组，但必须先在短字符串结尾补上空格符，以确保每个字符串（即每一行）的长度一样，否则MATLAB会提示出错：

```
>> str5=[str1;str2]
错误使用 vertcat
串联的矩阵的维度不一致
```

（3）使用str2mat、strvcat和char函数

使用专门的str2mat、strvcat和char函数可以构造出字符串矩阵，而不必考虑每行的字符数是否相等，总是按最长的设置，不足的末尾用空格补齐。

```
>> str6=str2mat(str1,str2)
str6 =
  2×18 char 数组
    'welcome to MATLAB '
>>  str7=strvcat(str1,str2)
str7 =
  2×18 char 数组
    'welcome to MATLAB '
    'R2018b            '
>> str8=char(str1,str2)
str8 =
  2×18 char 数组
    'welcome to MATLAB '
    'R2018b            '
```

2.5.2　字符串比较函数

（1）字符串比较函数

MATLAB提供的字符串比较函数如表2-19所示。

表2-19　MATLAB的字符串比较函数

函数名	功能描述	基本调用格式
strcmp	比较两个字符串是否完全相等	strcmp(s1,s2)，是则返回1，否则返回0
strncmp	比较两个字符串前N个字符是否相等	strncmp(s1,s2,N)，是则返回1，否则返回0
strcmpi	比较两个字符串是否完全相等，忽略字母大小写	strcmpi(s1,s2)，是则返回1，否则返回0
strncmpi	比较两个字符串前N个字符是否相等，忽略字母大小写	strncmpi(s1,s2,N)，是则返回1，否则返回0

例如，比较两个字符串 str1,str2：

```
>> str1='MATLAB R2018b';
>> str2='Matlab R2018b';
>> x=strcmp(str1,str2)
x =
  logical
    0
>> y=strcmpi(str1,str2)
y =
  logical
    1
```

（2）用关系运算符比较字符串

在MATLAB中，可以对字符串运用关系运算符，但要求两个字符串具有相同的长度，或者其中一个是标量。例如可以通过等号运算符==来判断两个字符串里哪些字符是相同的，哪些字符是不同的。

```
>> str1='MATLAB R2018b';
>> str2='Matlab R2018b';
>> x=str1==str2
x =
  1×13 logical 数组
   1 0 0 0 0 0 1 1 1 1 1 1 1
```

2.5.3　字符串查找和替换函数

MATLAB提供的一些字符串查找和替换函数如表2-20所示。

表2-20　MATLAB的字符串查找和替换函数

函数名	基本调用格式及功能描述
strrep	strrep(str1,str2,str3) 它把str1中所有的str2字符串用str3来替换
strfind	strfind(str,patten) 查找str中是否有patten，有则返回出现位置，没有则返回空数组
findstr	findstr(str1,str2) 查找str1和str2中较短字符串在较长字符串中出现的位置，没有出现则返回空数组
strmatch	strmatch(patten,str) 检查patten是否和str最左侧部分一致
strtok	strtok(str,char) 返回str中由char指定的字符串前的部分和之后的部分

例如，想把字符串str1中的like替换为love：

```
str1 =
    'I like Matlab R2018b'
```

```
>> str2=strrep(str1,'like','love')
str2 =
    'I love Matlab R2018b'
```

在字符串 str1 中查找字符 like 出现的位置：

```
>> strfind(str1,'like')
ans =
    3
```

2.5.4　字符串与数值的转换

MATLAB 提供的一些数值转换为字符串函数如表 2-21 所示。

表 2-21　MATLAB 的数值转换为字符串函数

函数名	功能描述
char	把一个数值截取小数部分，然后转换为等值的字符串
int2str	把一个数值的小数部分四舍五入，然后转换为字符串
num2str	把一个数值类型的数据转换为字符串
dec2hex	把一个正整数转换为十六进制的字符串表示
dec2bin	把一个正整数转换为二进制的字符串表示
dec2base	把一个正整数转换为任意进制的字符串表示

MATLAB 提供的一些字符串转换为数值函数如表 2-22 所示。

表 2-22　MATLAB 的字符串转换为数值函数

函数名	功能描述
double	把字符串转换为等值的整数
str2num	把一个字符串转换为数值类型
str2double	把一个字符串转换为数值类型
hex2dec	把一个十六进制字符串转换为十进制整数
bin2dec	把一个二进制字符串转换为十进制整数
base2dec	把一个任意进制字符串转换为十进制整数

2.6　文件读取 I/O

文件操作是一种重要的输入输出方式，即从数据文件读取数据或将结果写入数据文件。MATLAB 提供了一系列低层输入输出函数，专门用于文件操作。

2.6.1　文件的打开与关闭

（1）打开文件

在读写文件之前，必须先用 fopen 函数打开或创建文件，并指定对该文件进行的操作方式。fopen 函数的调用格式为：

　　fid=fopen(文件名，'打开方式')

　　说明：其中 fid 是文件指针，它是一个整型的标量，用来标识该数据文件，其他函数可以利用它对该数据文件进行操作。当成功打开一个文件后，返回的文件指针 fid 是一个非负的整数；如果打开文件失败，fid=−1。

　　文件名用字符串形式，表示待打开的数据文件。常见的打开方式如表 2-23 所示。

表 2-23　MATLAB 的文件打开方式

打开方式	功能描述
'r'	只读方式打开文件（默认的方式）。该文件必须已存在
'r+'	读写方式打开文件，打开后先读后写。该文件必须已存在
'w'	打开后写入数据。该文件已存在则更新；不存在则创建
'w+'	读写方式打开文件，先读后写。该文件已存在则更新；不存在则创建
'a'	在打开的文件末端添加数据。文件不存在则创建
'a+'	打开文件后，先读入数据再添加数据。文件不存在则创建

　　另外，在这些字符串后添加一个"t"，如 'rt' 或 'wt+'，则将该文件以文本方式打开；如果添加的是"b"，则以二进制格式打开，这也是 fopen 函数默认的打开方式。

（2）关闭文件

　　文件在进行完读、写等操作后，应及时关闭，以免数据丢失。关闭文件用 fclose 函数，调用格式为：

　　sta=fclose(fid)

　　说明：该函数关闭 fid 所表示的文件。sta 表示关闭文件操作的返回代码，若关闭成功，返回 0，否则返回 −1。如果要关闭所有已打开的文件用 fclose('all')。

2.6.2　读取与写入二进制文件

（1）写二进制文件

　　fwrite 函数按照指定的数据精度将矩阵中的元素写入到文件中。其调用格式为：

　　COUNT=fwrite(fid,A,precision)

　　说明：其中 COUNT 返回所写的数据元素个数（可缺省）；fid 为文件句柄；A 用来存放写入文件的数据；precision 代表数据精度，常用的数据精度有 char、uchar、int、long、float、double 等。缺省数据精度为 uchar，即无符号字符格式。

　　例如，将一个二进制矩阵存入磁盘文件中。

```
>> a=[1 2 3 4 5 6 7 8 9];
>> fid=fopen('d:\test.bin','wb')   %以二进制数据写入方式打开文件
fid =
3        %其值大于0，表示打开成功
>> fwrite(fid,a,'double')
```

```
ans =
9        %表示写入了9个数据
>> fclose(fid)
ans =
0        %表示关闭成功
```

（2）读二进制文件

fread 函数可以读取二进制文件的数据，并将数据存入矩阵。其调用格式为：

[A,COUNT]=fread(fid,size,precision)

说明：其中 A 是用于存放读取数据的矩阵；COUNT 是返回所读取的数据元素个数；fid 为文件句柄；size 为可选项，若不选用则读取整个文件内容，若选用则它的值可以是下列值，即 N（读取 N 个元素到一个列向量）、inf（读取整个文件）、[M，N]（读数据到 M×N 的矩阵中，数据按列存放）；precision 用于控制所写数据的精度，其形式与 fwrite 函数相同。

下面以一个实例来说明 MATLAB 读写文件的过程。

例如，建立一数据文件 magic5.dat，用于存放 5 阶魔方阵。

```
>> fid=fopen('magic5.dat','w')
fid =
     4
>> cnt=fwrite(fid,magic(5),'int32')
cnt =
     25
>> fclose(fid)
ans =
     0
```

读取数据文件 magic5.dat 的内容。

```
>> fid=fopen('magic5.dat','r')
fid =
     4
>> [B,cnt]=fread(fid,[5 inf],'int32')
B =
    17   24    1    8   15
    23    5    7   14   16
     4    6   13   20   22
    10   12   19   21    3
    11   18   25    2    9
cnt =
    25
>> fclose(fid)
```

```
ans =
    0
```

2.6.3 写入与读取文本文件

（1）读文本文件

fscanf函数可以读取文本文件的内容，并按指定格式存入矩阵。其调用格式为：

[A,COUNT]=fscanf(fid,format,size)

说明：其中A用来存放读取的数据；COUNT返回所读取的数据元素个数；fid为文件句柄；format用来控制读取的数据格式，由%加上格式符组成，常见的格式符有d（整型）、f（浮点型）、s（字符串型）、c（字符型）等，如表2-24所示，在%与格式符之间还可以插入附加格式说明符，如数据宽度说明等；size为可选项，决定矩阵A中数据的排列形式，它可以取下列值，即N（读取N个元素到一个列向量）、inf（读取整个文件）、[M,N]（读数据到M×N的矩阵中，数据按列存放）。

表2-24　MATLAB的读（写）文本文件格式符

格式符	含义
c	字符
d	十进制数
e	指数格式的浮点数
f	一般格式的浮点数
g	%e和%f的紧凑格式
i	有符号整数
o	有符号八进制整数
s	字符串
u	有符号十进制整数
x	有符号十六进制整数

（2）写文本文件

fprintf函数可以将数据按指定格式写入到文本文件中。其调用格式为：

fprintf(fid,format,A)

说明：fid为文件句柄，指定要写入数据的文件；format是用来控制所写数据格式的格式符，与fscanf函数相同；A是用来存放数据的矩阵。

例如，将y写入文本文件exp.txt。

```
>> x = 0:.2:1
x =
         0    0.2000    0.4000    0.6000    0.8000    1.0000
>> y = [x; exp(x)]
y =
```

```
      0    0.2000   0.4000   0.6000   0.8000   1.0000
   1.0000   1.2214   1.4918   1.8221   2.2255   2.7183

>> fid = fopen('exp.txt','w')
fid =
     4

>> fprintf(fid,'%6.2f %12.8f\n',y)
ans =
    120

>> fclose(fid)
ans =
     0
```

从文本文件 exp.txt 中读出 y。

```
>> fid = fopen('exp.txt')
fid =
     5

>> y = fscanf(fid,'%f %f',[2 inf])
y =
      0    0.2000   0.4000   0.6000   0.8000   1.0000
   1.0000   1.2214   1.4918   1.8221   2.2255   2.7183

>> fclose(fid)
ans =
     0
```

2.6.4 文件位置

（1）文件位置指针

打开一个文件时，MATLAB 就为该文件分配一个位置指针，按照这个指针所指的位置进行读写数据的操作，每读完一个数据后，文件位置指针向后移动一个数据所占的字节数。

（2）移动文件位置指针的函数：fseek

fseek 函数的调用格式：

status = fseek(fid, offset, origin)

① 把 fid 所指文件的位置指针从 origin 指定的参照位置移动由参数 offset 指定的字节数。

② 参数offset表示位置指针相对移动的字节数，若为正整数表示向文件尾方向移动，若为负整数则表示向文件头方向移动。

③ 参数origin用来指定移动位置指针的参考起点，它的取值为：

a．'bof' 或 −1：文件的开头；

b．'cof' 或 0：文件的当前位置；

c．'eof' 或 1：文件的结尾。

④ 操作成功则返回给status的值为0，失败则返回 −1。

（3）获取当前指针位置的函数：ftell

ftell函数的调用格式：

```
pos = ftell(fid)
```

返回从文件开头到指针当前位置的字节数，若返回 −1 则表示获取当前指针位置失败。

下面以一个实例来说明如何获取文件位置指针和如何移动文件位置指针。

例如，将t写入文件test.mat，写入之后文件指针位置为400。

```
>> t=1:100;
>> fid1=fopen('test.mat','w');
>> count=fwrite(fid1,t,'int');
>> pos1=ftell(fid1)
pos1 =
    400
>> fclose(fid1);
```

打开文件test.mat，文件指针位置为0。

```
>> fid2=fopen('test.mat','r');
>> pos1=ftell(fid2)
pos1 =
    0
```

读取部分数据A，文件指针位置变为40。

```
>> A=fread(fid2,5,'int',4)
A =
    1
    3
    5
    7
    9
>> pos1=ftell(fid2)
pos1 =
    40
```

再次读取数据时，将从当前文件指针位置40开始读取。

```
>> B=fread(fid2,[5,4],'int')
```

```
B =
    11   16   21   26
    12   17   22   27
    13   18   23   28
    14   19   24   29
    15   20   25   30
>> pos1=ftell(fid2)
pos1 =
   120
```

可以通过指令 fseek 调整当前文件指针位置。

```
>> fseek(fid2,-80,'cof');
>> pos1=ftell(fid2)
pos1 =
    40
>> C=fread(fid2,[5,4],'int')
C =
    11   16   21   26
    12   17   22   27
    13   18   23   28
    14   19   24   29
    15   20   25   30
fclose(fid2);
```

第 *3* 章
MATLAB数值计算

3.1 矩阵的基本运算

3.1.1 矩阵的加减运算

运算符："+"和"−"分别为加、减运算符。

运算规则：对应元素相加、减，即按线性代数中矩阵的"+""−"运算进行。

注意事项：

① A和B矩阵必须大小相同才可以进行加减运算。

② 如果A、B中有一个是标量，则该标量与矩阵的每个元素进行运算。

③ 如果A与B的维数不相同，则MATLAB将给出错误信息。

例如：

```
>> A=magic(3)
A =

    8    1    6
    3    5    7
    4    9    2


>> B=ones(3)
B =

    1    1    1
    1    1    1
    1    1    1


>> C=A+B
C =

    9    2    7
    4    6    8
```

```
        5    10    3

>> D=B+3
D =
        4    4    4
        4    4    4
        4    4    4
```

3.1.2　矩阵的乘法运算

运算符：*

运算规则：按线性代数中矩阵乘法运算进行，即放在前面的矩阵的各行元素，分别与放在后面的矩阵的各列元素对应相乘并相加。

注意事项：

① 矩阵 A 的列数必须等于矩阵 B 的行数，除非其中有一个是标量；

② 矩阵的"*"是线性代数中矩阵的乘法；

③ 数组的乘法运算符为".*"，表示数组 A 和 B 中的对应元素相乘。A 和 B 数组必须大小相同，除非其中有一个是标量。

```
>> A=[1 2 3;4 5 6]
A =
        1    2    3
        4    5    6

>> B=[1 2;3 4;5 6]
B =
        1    2
        3    4
        5    6

>> C=A*B
C =
       22   28
       49   64

>> D=2*C
D =
       44   56
       98  128
```

3.1.3 矩阵的除法运算

MATLAB提供了两种除法运算：左除（\）和右除（/）。

$$A\backslash B=A_{-1}*B$$
$$A/B=A*B_{-1}$$

其中：A_{-1} 是矩阵的逆，也可用 inv(A) 求逆矩阵。

通常，x=A\B 就是 A*x=B 的解；x=B/A 就是 x*A=B 的解。

例如：

```
A =

    1    2    3
    4    2    6
    7    4    9


>> B=[4; 1; 2]
B =

    4
    1
    2


>> C=A\B
C =

   -1.5000
    2.0000
    0.5000
```

3.1.4 矩阵的幂运算

运算符：矩阵乘方的运算表达式为"A^B"，其中A可以是矩阵或标量。

当A为矩阵，必须为方阵：

① B为正整数时，表示A矩阵自乘B次；

② B为负整数时，表示先将矩阵A求逆，再自乘|B|次，仅对非奇异阵成立；

③ B为矩阵时不能运算，MATLAB会提示错误。

例如：

```
>> A=magic(3)
A =

    8    1    6
    3    5    7
    4    9    2


>> B=A^2
B =
```

```
    91   67   67
    67   91   67
    67   67   91

>> C=A^B
错误使用 ^
输入必须为标量和方阵。
要按元素进行POWER计算，请改用 POWER (.^)。
```

3.1.5 矩阵的其他运算

MATLAB提供的常用矩阵运算函数如表3-1所示。

表3-1　MATLAB常用矩阵运算函数

函数名	功能描述	基本调用格式
det(X)	计算方阵行列式	det(a)
rank(X)	求矩阵的秩，得出的行列式不为零的最大方阵边长	rank(a)
'	若矩阵A的元素为实数，则与线性代数中矩阵的转置相同 若A为复数矩阵，则A转置后的元素由A对应元素的共轭复数构成。若仅希望转置，则用如下命令：A.'	A'
inv(X)	求矩阵的逆阵，当方阵X的det(X)不等于零，逆阵X^{-1}才存在。X与X^{-1}相乘为单位矩阵	inv(a)
[v,d]=eig(X)	计算矩阵特征值和特征向量。如果方程Xv=vd存在非零解，则v为特征向量，d为特征值	[v,d]=eig(a)
diag(X)	产生X矩阵的对角阵	diag(a)
Tril(X)	抽取X的主对角线的下三角部分构成矩阵	Tril(X)
triu(X)	抽取X的主对角线的上三角部分构成矩阵	triu(X)

（1）矩阵的行列式

矩阵的行列式是一个数值，在MATLAB中det(x)函数用来计算方阵A所对应的行列式的值。例如：

```
A =
    5    4    6
    8    7    9
    3    6    4
>> det(A)
ans =
    12
```

（2）矩阵的秩

函数：rank

格式：k = rank (A)　　%求矩阵A的秩

求矩阵的秩，得出的行列式不为零的最大方阵边长。例如：

```
A =
    5    4    6
    8    7    9
    3    6    4
>> k=rank(A)
k =
    3
```

（3）矩阵和数组的转置

运算符：'

运算规则：若矩阵A的元素为实数，则与线性代数中矩阵的转置相同。

若A为复数矩阵，则A转置后的元素由A对应元素的共轭复数构成。

若仅希望转置，则用如下命令：A.'。

```
A =
    1    2    3
    2    2    1
    3    4    3
>> B=A'
B =
    1    2    3
    2    2    4
    3    1    3
```

（4）矩阵的求逆

函数：inv

格式：Y=inv(X)　%求方阵X的逆矩阵。若X为奇异阵或近似奇异阵，将给出警告信息

例如：

```
>> A=[1 2 3;2 2 1;3 4 3]
A =
    1    2    3
    2    2    1
    3    4    3
>> Y=inv(A)
Y =
    1.0000    3.0000   -2.0000
   -1.5000   -3.0000    2.5000
    1.0000    1.0000   -1.0000

>> Y=A^(-1)
```

```
Y =
    1.0000    3.0000   -2.0000
   -1.5000   -3.0000    2.5000
    1.0000    1.0000   -1.0000
```

（5）矩阵对角线元素的抽取

函数：diag

格式：X = diag(v,k)

以向量 v 的元素作为矩阵 X 的第 k 条对角线元素，当 k=0 时，v 为 X 的主对角线；当 k>0 时，v 为上方第 k 条对角线；当 k<0 时，v 为下方第 k 条对角线。X = diag(v) 以 v 为主对角线元素，其余元素为 0 构成 X。例如：

```
>> v=[1 2 3];
>> x=diag(v,-1)
x =
    0    0    0    0
    1    0    0    0
    0    2    0    0
    0    0    3    0


>> A=magic(3)
A =
    8    1    6
    3    5    7
    4    9    2
>> v=diag(A,1)
v =
    1
    7
```

（6）上三角阵的抽取

L = tril(X)：抽取 X 的主对角线的下三角部分构成矩阵 L。

L = tril(X,k)：抽取 X 的第 k 条对角线的下三角部分；k=0 为主对角线；k>0 为主对角线以上；k<0 为主对角线以下。例如：

```
>> A=ones(4)
A =
    1    1    1    1
    1    1    1    1
    1    1    1    1
    1    1    1    1
```

```
>> L=tril(A)
L =
     1     0     0     0
     1     1     0     0
     1     1     1     0
     1     1     1     1

>> L=tril(A,1)
L =
     1     1     0     0
     1     1     1     0
     1     1     1     1
     1     1     1     1
```

（7）下三角阵的抽取

U = triu(X)：抽取 X 的主对角线的上三角部分构成矩阵 U。

U = triu(X,k)：抽取 X 的第 k 条对角线的上三角部分；k=0 为主对角线；k>0 为主对角线以上；k<0 为主对角线以下。例如：

```
>> A=ones(4)
A =
     1     1     1     1
     1     1     1     1
     1     1     1     1
     1     1     1     1

>> U=triu(A)
U =
     1     1     1     1
     0     1     1     1
     0     0     1     1
     0     0     0     1

>> U=triu(A,-1)
U =
     1     1     1     1
     1     1     1     1
     0     1     1     1
     0     0     1     1
```

3.2 矩阵分解

矩阵分解在矩阵分析中占有比较重要的地位。矩阵分解就是根据矩阵的特性，将矩阵分解为若干个比较简单、性质比较好的矩阵连乘的形式，从而便于矩阵的计算和分析。在线性方程的求解中，矩阵分解方法应用比较广泛，主要包括Cholesky 分解、LU 分解、QR 分解等方法。通过MATLAB 提供的函数，用户可以很方便地实现矩阵分解。

3.2.1 Cholesky 分解

函数：chol

格式：R = chol(X)

说明：如果X 为n 阶对称正定矩阵，则存在一个实的非奇异上三角阵R，满足R'*R = X；若X 非正定，则产生错误信息。

格式：[R,p] = chol(X)

说明：不产生任何错误信息，若X 为正定矩阵，则p=0，R 与上相同；若X 非正定，则p 为正整数，R 是有序的上三角矩阵。

例如：

```
>> x=magic(4)
x =

    16    2    3   13
     5   11   10    8
     9    7    6   12
     4   14   15    1


>> [R,p]=chol(X)
R =

     1    1    1
     0    1    2
     0    0    1


p =

     0
```

3.2.2 LU 分解

矩阵的三角分解又称LU 分解，它的目的是将一个矩阵分解成一个下三角矩阵L 和一个上三角矩阵U 的乘积，即A=LU。

函数：lu

格式：[L,U] = lu(X)

说明：U 为上三角矩阵，L 为下三角矩阵或其变换形式，满足LU=X。

格式：[L,U,P] = lu(X)

说明：U为上三角矩阵，L为下三角矩阵，P为单位矩阵的行变换矩阵，满足LU=PX。

```
>> X=[1 1 1;1 2 3;1 3 6]
X =

     1    1    1
     1    2    3
     1    3    6
>> [L,U]=lu(X)
L =

    1.0000        0        0
    1.0000   0.5000   1.0000
    1.0000   1.0000        0
U =

    1.0000   1.0000   1.0000
         0   2.0000   5.0000
         0        0  -0.5000

>> [L,U,P] = lu(X)
L =

    1.0000        0        0
    1.0000   1.0000        0
    1.0000   0.5000   1.0000
U =

    1.0000   1.0000   1.0000
         0   2.0000   5.0000
         0        0  -0.5000
P =

     1    0    0
     0    0    1
     0    1    0
```

3.2.3 QR分解

QR 分解是将矩阵 A 分解成一个正交矩阵与一个上三角矩阵的乘积，通过函数 qr 实现。函数 qr 的调用格式及功能描述如表 3-2 所示。

表 3-2 函数 qr 的调用格式及功能描述

函数格式	功能描述
[Q,R] = qr(A)	求得正交矩阵 Q 和上三角矩阵 R，Q 和 R 满足 A=QR
[Q,R,E] = qr(A)	求得正交矩阵 Q 和上三角矩阵 R，E 为单位矩阵的变换形式，R 的对角线元素按大小降序排列，满足 AE=QR

函数格式	功能描述
[Q,R] = qr(A,0)	产生矩阵 A 的 "经济大小" 分解
[Q,R,E] = qr(A,0)	E 的作用是使得 R 的对角线元素降序，且 Q*R=A(:, E)
R = qr(A)	稀疏矩阵 A 的分解，只产生一个上三角矩阵 R，满足 R'*R = A'*A，这种方法计算 A'*A 时减少了内在数字信息的损耗
[C,R] = qr(A,b)	用于稀疏最小二乘问题：minimize‖Ax−b‖ 的两步解：[C,R] = qr(A,b)，x = R\c
R = qr(A,0)	针对稀疏矩阵 A 的经济型分解
[C,R] = qr(A,b,0)	针对稀疏最小二乘问题的经济型分解

```
>> A=magic(3)
A =
     8     1     6
     3     5     7
     4     9     2
>> [Q,R] = qr(A)
Q =
    -0.8480    0.5223    0.0901
    -0.3180   -0.3655   -0.8748
    -0.4240   -0.7705    0.4760
R =
    -9.4340   -6.2540   -8.1620
          0   -8.2394   -0.9655
          0          0   -4.6314
```

3.2.4　特征值分解

设 A 为 n 阶方阵，如果数 "λ" 和 n 维列向量 x 使得关系式 Ax=λx 成立，则称 λ 为方阵 A 的特征值，非零向量 x 称为 A 对应于特征值 "λ" 的特征向量。

MATLAB 的特征值函数为 eig，函数的调用格式及功能描述见表 3-3。

表 3-3　MATLAB 的特征值函数 eig 的调用格式及功能描述

函数格式	功能描述
d = eig(A)	求矩阵 A 的特征值 d，以向量形式存放 d
d = eig(A,B)	A、B 为方阵，求广义特征值 d，以向量形式存放 d
[V,D] = eig(A)	计算 A 的特征值对角阵 D 和特征向量 V，使 AV=VD 成立
[V,D]=eig(A,'nobalance')	当矩阵 A 中有与截断误差数量级相差不远的值时，该指令可能更精确。'nobalance' 起误差调节作用
[V,D] = eig(A,B)	计算广义特征值向量阵 V 和广义特征值阵 D，满足 AV=BVD
[V,D] = eig(A,B,flag)	由 flag 指定算法计算特征值 D 和特征向量 V，flag 的可能值为： 'chol' 表示对 B 使用 Cholesky 分解算法，这里 A 为对称 Hermitian 矩阵，B 为正定阵 'qz' 表示使用 QZ 算法，这里 A、B 为非对称或非 Hermitian 矩阵

说明：一般特征值问题是求解方程 Ax=λx 解的问题。广义特征值问题是求方程 Ax=λBx 解的问题。

3.2.5 奇异值分解

MATLAB 的奇异值函数为 svd，函数的调用格式及功能描述见表 3-4。

表 3-4　MATLAB 的奇异值函数 svd 的调用格式及功能描述

函数格式	功能描述
s = svd (X)	返回矩阵 X 的奇异值向量
[U,S,V] = svd (X)	返回一个与 X 同大小的对角矩阵 S，两个酉矩阵 U 和 V，且满足= U*S*V'。若 A 为 m×n 阵，则 U 为 m×m 阵，V 为 n×n 阵。奇异值在 S 的对角线上，非负且按降序排列
[U,S,V] = svd (X,0)	得到一个"有效大小"的分解，只计算出矩阵 U 的前 n 列，矩阵 S 的大小为 n×n

例如：

```
>> X=rands(2,4)
X =
    0.6294   -0.7460    0.2647   -0.4430
    0.8116    0.8268   -0.8049    0.0938
>> [U,S,V]=svd(X)
U =
   -0.3646   0.9312
    0.9312   0.3646
S =
    1.4629        0        0        0
         0   1.0382        0        0
V =
    0.3597    0.8495    0.2710    0.2747
    0.7122   -0.3788    0.5224   -0.2765
   -0.5783   -0.0452    0.8084    0.0996
    0.1701   -0.3644   -0.0116    0.9155
```

3.3　线性方程组的求解

我们将线性方程的求解分为两类：一类是方程组求唯一解或求特解；另一类是方程组求无穷解即通解。可以通过系数矩阵的秩来判断：

① 若系数矩阵的秩 r=n（n 为方程组中未知变量的个数），则有唯一解；

② 若系数矩阵的秩 r<n，则可能有无穷解。

线性方程组的无穷解 = 对应齐次方程组的通解+非齐次方程组的一个特解。其特解的求法属于解的第一类问题，通解部分属于第二类问题。

3.3.1　求线性方程组的唯一解或特解

这类问题的求法分为两类：一类主要用于解低阶稠密矩阵 —— 直接法；另一类是解大型稀疏矩阵 —— 迭代法。

（1）利用矩阵除法求线性方程组的特解（或一个解）

方程：AX=B

解法：X=A\B

例如：求方程组 $\begin{cases} 5x_1+6x_2 & =1 \\ x_1+5x_2+6x_3 & =0 \\ x_2+5x_3+6x_4 & =0 \\ x_3+5x_4+6x_5 & =0 \\ x_4+5x_5 & =1 \end{cases}$ 的解。

解：

由方程组的系数组成的矩阵：

```
A =

    5    6    0    0    0
    1    5    6    0    0
    0    1    5    6    0
    0    0    1    5    6
    0    0    0    1    5
B =

    1
    0
    0
    0
    1
```

求矩阵的秩：

```
>> C=rank(A)
C =
    5
```

求方程组的解：

```
>> X=A\B
X =
    2.2662
   -1.7218
    1.0571
   -0.5940
    0.3188
```

（2）利用LU分解求解方程组

LU分解又称Gauss消去分解，可把任意方阵分解为下三角矩阵的基本变换形式（行交换）和上三角矩阵的乘积。即A=LU，L为下三角矩阵，U为上三角矩阵。

则：A*X=B　　变成L*U*X=B

所以X=U\(L\B)，这样可以大大提高运算速度。

命令　[L，U]=lu (A)

例如：求方程组 $\begin{cases} 4x_1+2x_2-x_3=2 \\ 3x_1-x_2+2x_3=10 \\ 11x_1+3x_2=8 \end{cases}$ 的一个特解。

解：

```
>> A=[4 2 -1;3 -1 2;11 3 0]
A =

    4    2   -1
    3   -1    2
   11    3    0


>> B=[2 10 8]'
B =

    2
   10
    8


>> D=det(A)
D =
   4.4409e-15


>> [L,U]=lu(A)
L =
   0.3636  -0.5000   1.0000
   0.2727   1.0000        0
   1.0000        0        0
U =
  11.0000   3.0000        0
        0  -1.8182   2.0000
        0        0   0.0000
>> X=U\(L\B)
警告：矩阵接近奇异值，或者缩放错误。结果可能不准确。RCOND = 2.018587e-17。
X =
   1.0e+16 *
```

```
        -0.4053
         1.4862
         1.3511
```

说明：结果中的警告是由于系数行列式为零产生的。可以通过 A*X 验证其正确性。也可以利用 QR 分解或者 Cholesky 分解求方程组的解。

3.3.2　求线性齐次方程组的通解

在 MATLAB 中，函数 null 用来求解零空间，即满足 AX=0 的解空间，实际上是求出解空间的一组基（基础解系）。

格式：

z = null：z 的列向量为方程组的正交规范基，满足 Z′Z=I。

z = null(A,′r′)：z 的列向量是方程 AX=0 的有理基。

例如，求解方程组的通解：$\begin{cases} x_1+2x_2+2x_3+x_4=0 \\ 2x_1+x_2-2x_3-2x_4=0 \\ x_1-x_2-4x_3-3x_4=0 \end{cases}$。

解：

```
>> A=[1 2 2 1;2 1 -2 -2;1 -1 -4 -3]
A =
     1    2    2    1
     2    1   -2   -2
     1   -1   -4   -3
>> format rat
>> B=null(A,'r')
B =
     2          5/3
    -2         -4/3
     1          0
     0          1
```

所以原方程组的通解为 $x=k_1\begin{bmatrix} 2 \\ -2 \\ 1 \\ 0 \end{bmatrix}+k_2\begin{bmatrix} 5/3 \\ -4/3 \\ 0 \\ 1 \end{bmatrix}$。

3.3.3　求非齐次线性方程组的通解

非齐次线性方程组需要先判断方程组是否有解，若有解，再去求通解。

因此，步骤为：

第一步：判断 AX=b 是否有解，若有解则进行第二步；

第二步：求 AX=b 的一个特解；

第三步：求 AX=0 的通解；

第四步："AX=b" 的通解 = "AX=0" 的通解 + "AX=b" 的一个特解。

例如，求解方程组的通解：$\begin{cases} x_1 - 2x_2 + 3x_3 - x_4 = 1 \\ 3x_1 - x_2 + 5x_3 - 3x_4 = 2 \\ 2x_1 + x_2 + 2x_3 - 2x_4 = 3 \end{cases}$。

```
>>A=[1 -2 3 -1;3 -1 5 -3;2 1 2 -2];
>> b=[1 2 3]';
>> B=[A b]
B =

    1    -2     3    -1     1
    3    -1     5    -3     2
    2     1     2    -2     3
>> RA=rank(A)

RA =

    2
>> RB=rank(B)

RB =

    3
```

则该方程无解。

例如，求解方程组的通解：$\begin{cases} x_1 + x_2 - 3x_3 - x_4 = 1 \\ 3x_1 - x_2 - 3x_3 + 4x_4 = 4 \\ x_1 + 5x_2 - 9x_3 - 8x_4 = 0 \end{cases}$。

```
>> A=[1 1 -3 -1;3 -1 -3 4;1 5 -9 -8];
>> b=[1 4 0]';
>> B=[A b];
>> RA=rank(A)

RA =

    2
>> RB=rank(B)

RB =

    2
>> X=A\b
警告：秩不足，秩 = 2，tol = 3.826647e-15。

X =

    0
    0
   -8/15
    3/5
```

```
>> C=null(A,'r')
C =
       3/2        -3/4
       3/2         7/4
        1          0
        0          1
```

所以原方程组的通解为 $X=k_1\begin{bmatrix}3/2\\3/2\\1\\0\end{bmatrix}+k_2\begin{bmatrix}-3/4\\7/4\\0\\1\end{bmatrix}+\begin{bmatrix}0\\0\\-8/15\\3/5\end{bmatrix}$。

3.4 多项式

MATLAB语言把多项式表达成一个行向量，该向量中的元素是按多项式降幂排列的。对于多项式 $P=a_0x^n+a_1x^{n-1}+a_2x^{n-2}+\cdots+a_{n-1}x+a_n$，可以用向量 $P=[a_0,a_1,a_2\cdots,a_{n-1},a_n]$ 来表示，这样多项式问题就转换为向量问题来解决。

例如，多项式 $P1=5x^3-3x^2+2$ 可以用向量表示为 $P1=[5,-3,0,2]$。注意，多项式中缺少的幂次系数不能省略，应当用0来表示。

3.4.1 多项式的求值

函数polyval可以用来计算多项式在给定变量时的值，是按数组运算规则进行计算的。

语法：polyval(p,s)

说明：p为多项式，s为给定矩阵。

例如：求多项式 $P1=5x^3-3x^2+2$ 当x=2时的值。

```
>> p1=[5 -3 0 2]
p1 =
    5   -3    0    2
>> polyval(p1,2)
ans =
    30
```

例如：求多项式 $P1=5x^3-3x^2+2$ 当x=[0 2 -1 3]时的值。

```
>> p1=[5 -3 0 2]
p1 =
    5   -3    0    2
>> s=[0 2 -1 3]
s =
    0    2   -1    3
```

```
>> polyval(p1,s)
ans =
     2   30   -6   110
```

3.4.2　多项式的根

多项式的根，就是指多项式为零的值，MATLAB提供函数roots用来计算多项式的根。

语法：r=roots(p)

说明：p为多项式；r为计算的多项式的根，以列向量的形式保存。

与函数roots相反，根据多项式的根来计算多项式的系数可以用poly函数来实现。

语法：p=poly (r)

例如：计算多项式$P1=x^3+21x^2+20x$的根以及由多项式的根得出系数。

```
>> p1=[1 21 20 0]
p1 =
     1   21   20    0
>> r=roots(p1)
r =
      0
    -20
     -1
>> p=poly (r)
p =
     1   21   20    0
```

3.4.3　多项式的运算

（1）多项式的加减法

MATLAB没有提供专门进行多项式加减运算的函数，事实上，多项式的加减运算，就是其对应的系数向量的加减运算。加减运算时，向量的大小必须相同，缺项的用零补齐。

例如：计算多项式$P1=x^3+21x^2+20x$和多项式$P2=4x^2-16x+1$的和。

```
>> p1=[1 21 20 0];
>> p2=[0 4 -16 1];
>> P=p1+p2
P =
     1   25    4    1
```

也就是$P=x^3+25x^2+4x+1$。

（2）多项式的乘法

语法：p=conv(pl,p2)

说明：p是多项式p1和p2的乘积多项式。

例如：计算表达式x(x+1)(x+20)。

```
>> a1=[1 0];
>> a2=[1 1];
>> a3=[1 20];
>> p1=conv(a1,a2)
p1 =
     1    1    0
>> p1=conv(p1,a3)
p1 =
     1   21   20    0
```

（3）多项式的除法

语法：[q,r]=deconv(pl,p2)

说明：除法不一定会除尽，会有余子式。多项式p1被p2除的商为多项式q，而余子式是r。

例如：求$\dfrac{(s^2+2)(s+4)(s+1)}{s^3+s+1}$的"商"及"余子式"多项式。

```
>> p1=conv([1,0,2],conv([1,4],[1,1]))
p1 =
     1    5    6   10    8

>> p2=[1 0 1 1];
>> [q,r]=deconv(p1,p2)
q =
     1    5
r =
     0    0    5    4    3
```

所以商多项式为：q=s+5。

余子式r=5s^2+4s+3。

（4）多项式的求导

对多项式求导的函数是polyder，其调用格式为：

p=polyder(p1)，求多项式p1的导函数；

p=polyder(p1,p2)，求多项式p1和p2乘积的导函数；

[p,q]= polyder(p1,p2)，求多项式p1和p2之商的导函数，p、q分别是导函数的分子和分母。

例如：求有理分式f(x)=(x−1)(x^2−x+3)的导函数。

```
>> p1=[1 -1];
>> p2=[1 -1 3];
>> p=conv(p1,p2)
```

```
p =
     1   -2    4   -3
>> y=polyder(p)
y =
     3   -4    4

>> z=polyder(p1,p2)
z =
     3   -4    4
```

3.5 数据插值

在实际的科研或工程研究中，常常需要在已有数据点的情况下，获得这些数据中间点的数据，如何能够更加光滑准确地得到这些点的数据，就需要使用不同的插值方法进行数据插值。插值运算就是根据有限个数据点的规律，构造一个解析表达式，插值得出相邻数据点之间的数值。

插值法是实用的数值方法，是函数逼近的重要方法。MATLAB 提供了多种多样的数据插值函数，比较常见的如 interp1 函数用于实现一维数据插值，interp2 函数则实现二维数据插值、lagrange 插值、newton 插值等。这些插值函数在获得数据的平滑度、时间复杂度和空间复杂度方面性能相差都很大。

3.5.1 一维插值

一维插值是指对一维数据点(xi,yi)进行插值。

语法：yi=interp1(x,y,xi,'method')

说明：x、y 为行向量；xi 是插值范围内任意点的 x 坐标，yi 则是插值运算后的对应 y 坐标。

method 是插值函数的类型：

"linear"线性插值（默认）；

"nearest"最相邻插值法；

"spline"三次样条插值法；

"cubic"三次多项式插值。

线性插值：yi=interp1(x,y,xi)，是 interp1( ) 的默认插值函数类型，由已知数据点连成一条折线，认为相邻两个数据点之间的函数值就在这两点之间的连线上。一般来说，数据点数越多，线性插值就越精确。

例如，已知数据：

x	0	0.1	0.2	0.3	0.4	0.5	0.6	0.7	0.8	0.9	1
y	0.3	0.5	1	1.4	1.6	1.9	0.6	0.4	0.8	1.5	2

求当xi=0.25时的yi的值，并画出线性插值、三次样条插值、三次多项式插值的图形。

```
>> x=0:.1:1;
>> y=[0.3 0.5 1 1.4 1.6 1.9 1 0.6 0.4 0.8 1.5 2];
>> yi0=interp1(x,y,0.25,'linear')
yi0 =
        6/5
>> xi=0:.02:1;
>> yi=interp1(x,y,xi,'linear');
>> zi=interp1(x,y,xi,'spline');
>> wi=interp1(x,y,xi,'cubic');
>> plot(x,y,'o',xi,yi,'r+',xi,zi,'g*',xi,wi,'k.-')
>> legend('原始点','线性点','三次样条','三次多项式')
```

线性插值、三次样条插值、三次多项式插值的图形如图3-1所示。

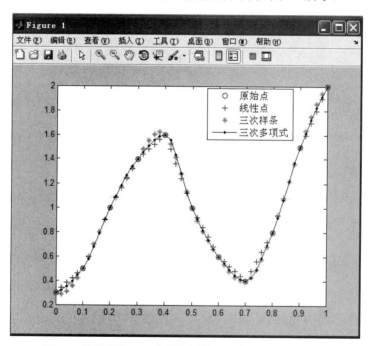

图3-1 线性插值、三次样条插值、三次多项式插值图形

要得到给定的几个点的对应函数值，可用：

```
>> xi =[0.2500  0.3500  0.4500]
xi =
    0.2500    0.3500    0.4500
>> yi=interp1(x,y,xi,'spline')
yi =
    1.2088    1.5802    1.3454
```

3.5.2 二维插值

二维插值是指对两个自变量的插值。二维插值与一维插值的基本思想一致，应用原始数据点(x,y,z)，求出插值点数据(xi,yi,zi)。interp2函数是用来进行二维插值的。

语法：zi=interp2(x,y,z,xi,yi,'method')

说明：method是插值函数的类型。

"linear"线性插值（默认）。

"nearest"最相邻插值法。

"spline"三次样条插值法。

"cubic"三次多项式插值。

说明：这里x和y是两个独立的向量，它们必须是单调的。z是矩阵，是由x和y确定的点上的值。z和x、y之间的关系是z(i,:)=f(x,y(i))，z(:,j)=f(x(j),y)，即：当x变化时，z的第i行与y的第i个元素相关，当y变化时z的第j列与x的第j个元素相关。如果没有对x、y赋值，则默认x=1:n, y=1:m。n和m分别是矩阵z的行数和列数。

```
>> x=0:0.5:5;
>> y=0:0.5:6;
>> z=[89 90 87 85 92 91 96 93 90 87 82
    92 96 98 99 95 91 89 86 84 82 84
    96 98 95 92 90 88 85 84 83 81 85
    80 81 82 89 95 96 93 92 89 86 86
    82 85 87 98 99 96 97 88 85 82 83
    82 85 89 94 95 93 92 91 86 84 88
    88 92 93 94 95 89 87 86 83 81 92
    92 96 97 98 96 93 95 84 82 81 84
    85 85 81 82 80 80 81 85 90 93 95
    84 86 81 98 99 98 97 96 95 84 87
    80 81 85 82 83 84 87 90 95 86 88
    80 82 81 84 85 86 83 82 81 80 82
    87 88 89 98 99 97 96 98 94 92 87];
>> mesh(x,y,z) %绘原始数据图
```

得到的原始数据如图3-2所示。

```
>> xi=linspace(0,5,50); %加密横坐标数据到50个
>> yi=linspace(0,6,80); %加密纵坐标数据到80个
>> [xii,yii]=meshgrid(xi,yi); %生成网格数据
>> zii=interp2(x,y,z,xii,yii,'cubic'); %插值
>> mesh(xii,yii,zii) %加密后的地貌图
>> hold on    % 保持图形
>> [xx,yy]=meshgrid(x,y); %生成网格数据
>> plot3(xx,yy,z+0.1,'ob') %原始数据用'o'绘出
```

```
>> plot3(xx,yy,z+0.1,'ob')  %原始数据用'o'绘出
```

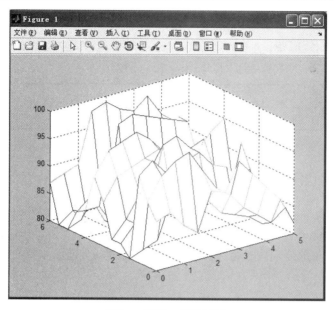

图3-2　原始二维数据图

得到的二维插值数据图如图3-3所示。

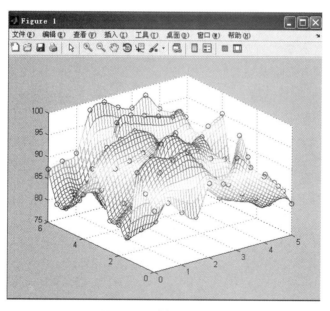

图3-3　二维插值数据图

注：本节涉及的绘图指令读者可参阅第5章相关章节。

3.6　曲线拟合

在实际工程应用与科学实践中，经常要得到一条光滑的曲线，而实际却只能测得一

些分散的数据点，此时，就需要利用这些离散的点，运用各种拟合方法来生成一条连续的曲线。曲线拟合就是计算出两组数据之间的一种函数关系，由此可描绘其变化曲线及估计非采集数据对应的变量信息。

实例：温度曲线问题。

气象部门观测到一天某些时刻的温度变化数据如下：

t	0	1	2	3	4	5	6	7	8	9	10
T	13	15	17	14	16	19	26	24	26	27	29

试描绘出温度变化曲线。

从已知的一组数据中，找出函数关系 y=f(x)，使得 $\sum_{i=1}^{n} \|f(x_i)-y_i\|^2$（误差）最小，称为最小二乘法曲线拟合。

语法：p=polyfit(x,y,n)

说明：x、y 向量分别为 N 个数据点的横、纵坐标；n 是用来拟合的多项式阶次；p 为拟合的多项式，为 n+1 个系数构成的行向量。

```
>> t=0:1:10;
>> T=[13 15 17 14 16 19 26 24 26 27 29];
>> n=3;
>> p=polyfit(t,T,n)
p =
    -0.0311    0.5163    -0.5971    14.0070
```

我们得到的拟合三阶多项式为：$-0.0311x^3+0.5163x^2-0.5971x+14.0070$。

```
>> xi=linspace(0,10,100);
>> yi=polyval(p,xi);
>> plot(t,T,'o',xi,yi,'k:',t,T,'b');
>> legend('原始数据','3阶曲线')
```

我们可以得到图 3-4 所示的温度三阶拟合曲线。

例如：根据给定数据组 x0, y0，求拟合四阶多项式，并图示拟合情况。

```
>> x0=0:0.1:1;
>> y0=[-0.447,1.978,3.11,5.25,5.02,4.66,4.01,4.58,3.45,5.35,9.22];
>> n=4;
>> P=polyfit(x0,y0,n)
P =
    68.6480  -80.6045  -1.3073   22.8450  -0.4100
```

我们得到的拟合三阶多项式为：$68.6480x^4-80.6045x^3-1.3073x^2+22.8450x-0.4100$。

```
>> xx=0:0.01:1;
>> yy=polyval(P,xx);
>> plot(xx,yy,'-b',x0,y0,'.r','MarkerSize',20)
>> legend('拟合曲线','原始数据','Location','SouthEast')
```

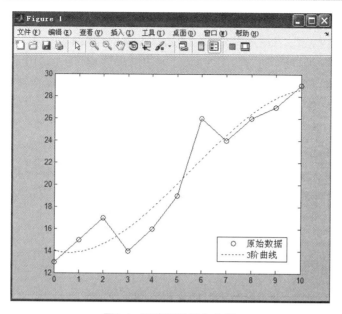

图3-4 温度三阶拟合曲线

得到的四阶拟合曲线如图3-5所示。

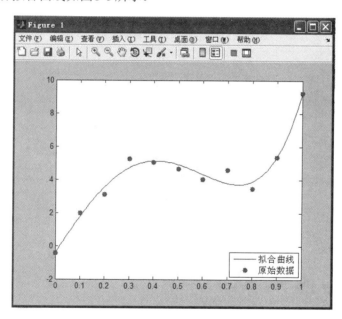

图3-5 给定数据的四阶拟合曲线

3.7 函数的极限和导数

3.7.1 函数的极限

MATLAB中主要用limit求函数的极限，格式如下：

limit(s,n,inf) 返回符号表达式当n趋于无穷大时表达式s的极限；

limit(s,x,a) 返回符号表达式当x趋于a时表达式s的极限；

limit(s,x,a,'left') 返回符号表达式当x趋于a−0时表达式s的左极限；

limit(s,x,a,'right') 返回符号表达式当x趋于a−0时表达式s的右极限。

例如：求 $\lim\limits_{n\to\infty}10\left(1+\dfrac{0.05}{n}\right)^{n}$。

```
>> syms n
>> y=10*(1+0.05/n)^n;
>> limit(y,n,inf)
 ans =
10*exp(1/20)
```

3.7.2 函数的导数

MATLAB中主要用diff求函数的导数，格式如下：

diff(s,x,n)，返回符号表达式s对自变量x的n阶导数。

例如：已知$f(x)=ax^2+bx+c$，求$f(x)$的微分。

```
>> f=sym('a*x^2+b*x+c')
f =
a*x^2 + b*x + c
>> diff(f)              %对默认变量求一阶微分
ans =
b + 2*a*x
>> diff(f,'a')         %对符号变量求一阶微分
ans =
x^2
>> diff(f,'x',2)       %对符号变量求二阶微分
ans =
2*a
>> diff(f,3)           %对默认变量求三阶微分
ans =
0
```

3.8 数值积分函数

求解定积分的数值方法多种多样，如简单的梯形法、辛普森（Simpson）法、牛顿-柯特斯（Newton-Cotes）法等都是经常采用的方法。它们的基本思想都是将整个积分区间 $[a,b]$ 分成n个子区间 $[x_i,x_{i+1}]$，$i=1,2,\cdots,n$，其中 $x_1=a$，$x_{n+1}=b$。这样求定积分问题就分解为求和问题。

MATLAB提供了quad函数和quadl函数来求定积分。它们的调用格式为：

quad(filename,a,b,tol,trace)

quadl(filename,a,b,tol,trace)

（1）基于变步长辛普森法的求定积分

[I,n]=quad('fname',a,b,tol,trace)

其中：fname是被积函数；a和b分别是定积分的下限和上限；tol用来控制积分精度，缺省时取tol=0.001；trace控制是否展现积分过程，若取非0则展现积分过程，取0则不展现，缺省时取trace=0；返回参数I即定积分值；n为被积函数的调用次数。

（2）牛顿-柯特斯法

基于牛顿-柯特斯法，MATLAB给出了quadl函数来求定积分。

该函数的调用格式为：

[I,n]=quadl('fname',a,b,tol,trace)

其中参数的含义和quad函数相似，只是tol的缺省值取10^{-6}。该函数可以更精确地求出定积分的值，且一般情况下函数调用的步数明显小于quad函数，从而保证能以更高的效率求出所需的定积分值。

例如，用两种不同的方法求定积分。

先建立一个函数文件ex.m：

```
function ex=ex(x)
ex=exp(-x.^2);
```

注意，需要新建M文件，命名为ex.m，并保存到MATLAB工作路径下，运行，否则接下来的命令会提示出错。

然后在MATLAB命令窗口输入命令：

```
format long
I=quad('ex',0,1)    %注意函数名应加字符引号
I =
    0.74682418072642
I=quadl('ex',0,1)
I =
    0.74682413398845
```

也可不建立关于被积函数的函数文件，而使用语句函数（内联函数）求解，命令如下：

```
g=inline('exp(-x.^2)');    %定义一个语句函数g(x)=exp(-x^2)
I=quadl(g,0,1)             %注意函数名不加引号
I =
    0.7468
```

（3）二重积分数值求解

使用MATLAB提供的dblquad函数就可以直接求出上述二重定积分的数值解。该函数的调用格式为：

```
I=dblquad(f,a,b,c,d,tol,trace)
```

该函数求f(x,y)在[a,b]×[c,d]区域上的二重定积分。参数tol、trace的用法与函数quad的完全相同。

例如，计算二重定积分。

① 建立一个函数文件fxy.m。

```
function f=fxy(x,y)
global ki;
ki=ki+1;              %ki用于统计被积函数的调用次数
f=exp(-x.^2/2).*sin(x.^2+y);
```

② 调用dblquad函数求解。

```
global ki;ki=0;
I=dblquad('fxy',-2,2,-1,1)
ki
I =
    1.57449318974494
ki =
    1038
```

第 *4* 章

MATLAB符号计算

符号计算可以对未赋值的符号对象（可以是常数、变量、表达式）进行运算和处理，是MATLAB数值功能的自然扩展。MATLAB具有符号数学工具箱（Symbolic Math Toolbox），将符号运算结合到MATLAB的数值运算环境。符号数学工具箱是建立在Maple软件基础上的。

符号运算与数值运算的区别主要有以下几点：

① 传统的数值运算因为要受到计算机所保留的有效位数的限制，它的内部表示法总是采用计算机硬件提供的8位浮点表示法，因此每一次运算都会有一定的截断误差，重复的多次数值运算就可能会造成很大的累积误差。符号运算不需要进行数值运算，不会出现截断误差，因此符号运算是非常准确的。

② 符号运算可以得出完全的封闭解或任意精度的数值解。

③ 符号运算的时间较长，而数值型运算速度快。

4.1 符号对象的创建和使用

4.1.1 创建符号对象和表达式

（1）创建符号常量

MATLAB规定在进行符号计算时，首先要定义基本的符号对象然后才能进行符号运算。

符号常量是不含变量的符号表达式，建立符号变量命令sym和syms调用格式：

x=sym('常量')：建立符号常量。

sym(常量,参数)：把常量按某种格式转换为符号常量。

说明：参数可以选择为'd'、'f'、'e'或'r'四种格式，也可省略，其作用如表4-1所示。

表4-1　sym命令的参数设置

参数	作用
d	返回最接近的十进制数值（默认位数为32位）
f	返回该符号值最接近的浮点表示

参数	作用
r	返回该符号值最接近的有理数型（为系统默认方式），可表示为 p/q、p*q、10^q、pi/q、2^q 和 sqrt(p) 形式之一
e	返回最接近的带有机器浮点误差的有理值

例如：创建数值常量、符号常量。

```
>> x1=sqrt(3)    %创建数值常量
x1 =
     1.7321


>> x2=sym(sqrt(3))        %按照最接近的有理数值表示符号
 x2 =
3^(1/2)


>> x3=sym(sqrt(3),'d')    %按照最接近的十进制数值表示符号
x3 =
 1.7320508075688771931766041234368
```

（2）创建符号变量和表达式

① 创建符号变量和符号表达式可以使用 syms 命令。

syms('arg1', 'arg2', …, 参数)   %把字符变量定义为符号变量

syms arg1 arg2, …, 参数   %把字符变量定义为符号变量的简洁形式

说明：syms 用来创建多个符号变量，这两种方式创建的符号对象是相同的。参数设置和前面的 sym 命令相同，省略时符号表达式直接由各符号变量组成。

例如：

```
>> syms a b c x
>> f2=a*x^2+b*x+c
 f2 =
 a*x^2 + b*x + c


>> syms('a','b','c','x')
>> f3=a*x^2+b*x+c
 f3 =
 a*x^2 + b*x + c
```

② 定义符号表达式和符号方程。符号表达式和符号方程是两种不同的操作对象。区别在于：符号表达式不包含等号（=），而符号方程须带等号。它们的创建方式相同。

例如：要考虑二次函数 f=ax^2+bx+c，可以创建符号表达式，赋值给符号变量 f。

例如：创建符号表达式和符号方程，分别赋给相应的符号对象。

```
>> syms x a b c
>> f= 'sin(x)^2 '              %创建符号表达式sin(x)^2赋给变量f
f =
sin(x)^2
>> eq= 'a*x^2+b*x+c=0 '        %创建的符号方程赋给变量eq
eq =
a*x^2+b*x+c=0
```

③ 用syms命令也可以创建符号矩阵。

例如：采用syms指令创建符号矩阵。

```
>> syms a b c d
>> A=[a b;c d]
 A =
[ a, b]
[ c, d]
```

例如：生成数值型、字符串、符号三种不同类型的矩阵。

```
>> clear,a=1;b=2;c=3;d=4;     %生成数值矩阵
>> Mn=[a,b;c,d]
Mn =
    1    2
    3    4

>> Mc='[a,b;c,d]'             %字符串中的a、b、c、d与前面输入的数值变量无关
Mc =
[a,b;c,d]
```

4.1.2　符号对象的基本运算

符号表达式的运算符和基本函数都与数值计算中的几乎完全相同。

（1）符号表达式的代数运算

① 基本运算符

a. 运算符"+""−""*""\""/""^"分别实现符号矩阵的加、减、乘、左除、右除、求幂运算。

b. 运算符".*""./"".\"".^"分别实现符号数组的乘、除、求幂，即数组间元素与元素的运算。

c. 运算符"'"".'"分别实现符号矩阵的共轭转置、非共轭转置。

② 关系运算符　在符号对象的比较中，没有"大于""大于等于""小于""小于等于"的概念，而只有是否"等于"的概念。

运算符"=="" ~="分别对运算符两边的符号对象进行"相等""不等"的比较。当为"真"时，比较结果用1表示；当为"假"时，比较结果则用0表示。

（2）函数运算

① 三角函数和双曲函数　三角函数包括sin、cos、tan；双曲函数包括sinh、cosh、tanh；反三角函数除了atan2函数仅能用于数值计算外，其余的asin、acos、atan函数在符号运算中与数值计算的使用方法相同。

② 指数和对数函数　指数函数sqrt、exp、expm的使用方法与数值计算的完全相同；对数函数在符号计算中只有自然对数log（表示ln），而没有数值计算中的log2和log10。

③ 复数函数　复数的共轭conj、求实部real、求虚部imag和求模abs函数与数值计算中的使用方法相同。但注意，在符号计算中，MATLAB没有提供求相角的命令。

④ 矩阵代数命令　MATLAB提供的常用矩阵代数命令有diag、triu、tril、inv、det、rank、poly、expm、eig等，它们的用法几乎与数值计算中的情况完全一样。

例如：求矩阵$A=\begin{bmatrix} a_{11} & a_{12} \\ a_{21} & a_{22} \end{bmatrix}$的行列式值、非共轭转置、逆和特征值。

```
>> syms a11 a12 a21 a22
>> A=[a11 a12;a21 a22]     %创建符号矩阵
 A =
[ a11, a12]
[ a21, a22]


>> det(A)                              %计算行列式
 ans =
a11*a22 − a12*a21


>> A.'                                 %计算非共轭转置
 ans =
[ a11, a21]
[ a12, a22]


>> inv(A)            %求矩阵的逆
 ans =
[ a22/(a11*a22 − a12*a21), −a12/(a11*a22 − a12*a21)]
[ −a21/(a11*a22 − a12*a21), a11/(a11*a22 − a12*a21)]


>> eig(A)                              %计算特征值
 ans =
a11/2 + a22/2 − (a11^2 − 2*a11*a22 + a22^2 + 4*a12*a21)^(1/2)/2
a11/2 + a22/2 + (a11^2 − 2*a11*a22 + a22^2 + 4*a12*a21)^(1/2)/2
```

例如：计算多项式$P1=x^3+21x^2+20x$和多项式$P2=4x^2-16x+1$的和。

```
>>syms x
>> p1=x^3+21*x^2+20*x
```

```
p1 =
x^3 + 21*x^2 + 20*x
>> p2=4*x^2-16*x+1
p2 =
4*x^2 - 16*x + 1
>> p1+p2
ans =
x^3 + 25*x^2 + 4*x + 1
```

（3）符号对象与数值对象的转换

① 将数值对象转换为符号对象　sym 命令可以把数值对象转换成有理数型符号对象，vpa 命令可以将数值对象转换为任意精度的 VPA 型符号对象。

② 将符号对象转换为数值对象　使用 double 函数可以将有理数型和 VPA 型符号对象转换成数值对象。

语法：N=double(S)　%将符号变量 S 转换为数值变量 N

例如：将符号变量 $2\sqrt{5}+\pi$ 与数值变量进行转换。

```
>> a1=sym(2*sqrt(5)+pi)
 a1 =
 pi + 2*5^(1/2)
>>  b1=double(a1)                    %转换为数值变量
b1 =
     7.6137
>> a2=vpa(sym(2*sqrt(5)+pi),32)
 a2 =
7.6137286085893726312809907207421
```

4.2　符号表达式的替换、精度计算及化简

4.2.1　符号表达式的替换

有时，一个符号解或一个符号表达式中，需将一些符号变量替换成数字或其他符号，可利用 subs 函数实现。

subs 函数适用于单个符号矩阵、符号表达式、符号代数方程和微分方程。subs (S,old,new) 用新变量 new 替换 S 中的指定的变量 old。

例如：符号矩阵 G，用 'pi/3' 替换 G 中的变量 x。

```
>> syms a b x
>> G=[a*sin(b+x),a+b,exp(a*x),sqrt(x)]
 G =
```

```
[ a*sin(b + x), a + b, exp(a*x), x^(1/2)]
>> G1=subs(G,x,pi/3 )
G1 =
[ a*sin(b + pi/3), a + b, exp((pi*a)/3), (pi/3)^(1/2)]
```

4.2.2 精度计算

（1）**Symbolic Math Toolbox中的算术运算方式**

在Symbolic Math Toolbox 中有三种不同的算术运算：

① 数值型：MATLAB 的浮点运算。

② 有理数型：Maple 的精确符号运算。

③ VPA 型：Maple 的任意精度运算。

（2）**任意精度控制**

任意精度的 VPA 型运算可以使用 digits 和 vpa 命令来实现。

语法：digits(n)　　　　　　　　　　% 设定默认的精度

说明：n 为所期望的有效位数。digits 函数可以改变默认的有效位数来改变精度，随后的每个进行 Maple 函数的计算都以新精度为准。当有效位数增加时，计算时间和占用的内存也增加。命令"digits"用来显示默认的有效位数，默认为 32 位。

语法：S=vpa(s,n)　　　　　　　　　　% 将 s 表示为 n 位有效位数的符号对象

说明：s 可以是数值对象或符号对象，但计算的结果 S 一定是符号对象；当参数 n 省略时则以给定的 digits 指定精度。vpa 命令只对指定的符号对象 s 按新精度进行计算，并以同样的精度显示计算结果，但并不改变全局的 digits 参数。

例如：对表达式 $2\sqrt{5}+\pi$ 进行任意精度控制的比较。

```
>> a=sym(2*sqrt(5)+pi)
a =
2143074082783949/281474976710656
>> vpa(a,20)          %按指定的精度计算并显示
ans =
7.6137286085893726313
>> digits(10)          %改变默认的有效位数
>> vpa(a)              %按digits指定的精度计算并显示
ans =
7.613728609
```

（3）**Symbolic Math Toolbox中的三种运算方式的比较**

例如：用三种运算方式表达式比较 $2\sqrt{5}+\pi$ 的结果。

```
>> x=2*sqrt(5)+pi      %数值型
x =
    7.6137
```

```
>> y=sym(2*sqrt(5)+pi)              %有理数型
y =
2143074082783949/281474976710656
>> z=vpa(2*sqrt(5)+pi,10)           %VPA型
z =
7.613728609
```

① 三种运算方式中数值型运算的速度最快。

② 有理数型符号运算的计算时间和占用内存是最大的，产生的结果是非常准确的。

③ VPA 型的任意精度符号运算比较灵活，可以设置任意有效精度，当保留的有效位数增加时，每次运算的时间和使用的内存也会增加。

④ 数值型变量 x 结果显示的有效位数并不是存储的有效位数，显示的有效位数由 "format" 命令控制。如下面修改 "format" 命令就改变了显示的有效位数：

```
>> format long
>> x
x =
   7.613728608589373
```

4.2.3 符号表达式的化简

① pretty 函数　将给出排版形式的输出结果。

② collect 函数　将表达式中相同次幂的项合并，也可以再输入一个参数指定以哪个变量的幂次合并。

③ expand 函数　将表达式展开成多项式形式。

④ horner 函数　将表达式转换为嵌套格式。

⑤ factor 函数　将表达式转换为因式格式。

⑥ simplify 函数　利用函数规则对表达式进行化简。

⑦ simple 函数　调用 MATLAB 的其他函数对表达式进行综合化简，并显示化简过程。

例如：同一个数学函数的符号表达式可以表示成三种形式，例如以下的 f(x) 就可以分别表示为多项式形式、因式形式、嵌套形式三种形式，写出三种形式的符号表达式的表达方式。

多项式形式的表达方式：$f(x)=x^3+6x^2+11x-6$

因式形式的表达方式：$f(x)=(x-1)(x-2)(x-3)$

嵌套形式的表达方式：$f(x)=x[x(x-6)+11]-6$

```
>> f=sym(x^3-6*x^2+11*x-6)              %多项式形式
f =
x^3 - 6*x^2 + 11*x - 6
>> g= sym((x-1)*(x-2)*(x-3))            %因式形式
g =
```

```
(x – 1)*(x – 2)*(x – 3)
>> h= sym( x*(x*(x-6)+11)-6)                          %嵌套形式
h =
x*(x*(x-6)+11) –6
```

（1）利用**pretty**函数给出相应的符号表达式形式

```
>> pretty(f)
  3    2
x –6 x + 11 x–6
```

（2）利用**collect**函数给出相应的符号表达式形式

```
>> collect(g)
ans =
x^3 - 6*x^2 + 11*x – 6
```

当有多个符号变量时，可以指定按某个符号变量来合并同类项。下面有x、y符号变量的表达式：

```
>> f1=sym(x^3+2*x^2*y+4*x*y+6)
f1 =
x^3 + 2*y*x^2 + 4*y*x + 6

>> collect(f1,'y')                                   %按y来合并同类项
ans =
(2*x^2 + 4*x)*y + x^3 + 6
```

（3）利用**expand**函数给出相应的符号表达式形式

```
>> expand(g)
ans =
x^3 - 6*x^2 + 11*x – 6
```

（4）利用**horner**函数给出符号表达式的嵌套形式

```
>> horner(f)
ans =
x*(x*(x - 6) + 11) – 6
```

（5）利用**factor**函数给出符号表达式的因式形式

```
>> factor(f)
ans =
(x - 3)*(x - 1)*(x - 2)
```

（6）利用**simplify**函数来简化符号表达式 $\cos^2 x - \sin^2 x$

```
y=sym(cos(x)^2-sin(x)^2)
y =
```

```
cos(x)^2-sin(x)^2
>> simplify(y)
ans =
cos(2*x)
```

4.3　符号微分与积分及其变换

在进行符号微分与积分运算之前，首先要确定符号变量，当进行数学运算时，对应变量的选取很容易得到。如，对于函数f=x^n，当对f求导时，自然地是对x求导，n看成常数。而在MATLAB中，如何知道是对x求导而不是对n求导呢？它通过符号表达式中隐含的符号变量来确定。

在Symbolic Math Toolbox中，确定一个符号表达式中的符号变量的规则是：

① 只对（除i, j外）单个小写英文字母进行检索。

② 小写字母x是首选符号变量。

③ 其余小写字母被选用符号变量的次序：在英文字母表中，靠近"x"的优先，在"x"之后的优先。

按照这一规则，对f=x^{n}求导时，自然是对x求导，n看成常数。

工具箱中还提供了findsym函数来确定表达式中的符号变量。如，findsym(f,1)寻找第一个符号变量。findsym函数中的第二个参数，代表了在符号对象中想要寻找的符号变量的个数。默认时，将给出符号表达式中的所有符号变量。如下例给出了f中的符号变量。

```
>> syms a b c x
>> f=sym(a*x^2+b*x+c );
>> findsym(f,1)
ans =
x
>> findsym(f,2)
ans =
x,c
```

4.3.1　符号表达式的微分运算

对符号表达式微分的函数是diff( )。该函数可以求符号表达式的一阶导数、n阶导数。调用格式：

（1）**diff(f)**　%传回f对变量x的一次微分值

例如：求函数f=sin(ax)对x的一次微分值。

```
>> syms a x;
>> f=sin(a*x);
```

```
>> df=diff(f)
 df =
 a*cos(a*x)
```

（2）**diff(f,a)** %传回f对指定变量a的一次微分值

下列命令分别计算f对变量x和n的微分：

```
>> syms x n
>> f=x^n;
>> diff(f,x)        %计算f对变量x的微分
 ans =
 n*x^(n - 1)
>> diff(f,n)        %计算f对变量n的微分
 ans =
 x^n*log(x)
```

（3）**diff(f,n)**   %传回f变量x的n次微分值

　　　diff(f,a,n)   %传回f对指定变量a的n次微分值

```
>> syms a x;
>> f=sin(a*x);
>> df=diff(f,x,2)   %f对指定变量x的2次微分值
 df =
 -a^2*sin(a*x)
```

diff函数也可以使用符号矩阵作为它的输入，此时，微分按矩阵元素逐个进行。

数值微分函数也是用diff，因此这个函数是靠输入的参数决定是以数值或是符号微分，如果参数为向量则执行数值微分，如果参数为符号表示式则执行符号微分。

例如：求$S1=6x^3-4x^2+bx-5$对x的一次微分、二次微分、三次微分值，对b的一次微分值。

```
>> S1 =sym(6*x^3-4*x^2+b*x-5);
>> diff(S1)
 ans =
 18*x^2 - 8*x + b
>> diff(S1,2)
 ans =
 36*x - 8
>> diff(S1,3)
 ans =
 36
>> diff(S1,'b')
 ans =
 x
```

例如：对符号矩阵 $\begin{bmatrix} 2x & t^2 \\ t\sin(x) & e^x \end{bmatrix}$ 求微分。

```
>> syms t x
>> g=[2*x t^2;t*sin(x) exp(x)]        %创建符号矩阵
 g =
[   2*x,   t^2]
[t*sin(x), exp(x)]
 >> diff(g)                           %对默认自由变量x求一阶微分
 ans =
[    2,   0]
[t*cos(x), exp(x)]
 >> diff(g,'t')                       %对符号变量t求一阶微分
 ans =

[    0, 2*t]
[sin(x) ,   0]
 >> diff(g,2)                         %对默认自由变量x求二阶微分
 ans =
[   0,   0]
[ -t*sin(x), exp(x)]
```

4.3.2 符号表达式的级数

（1）**symsum函数**

语法：symsum(s,x,a,b)%计算表达式 s 的级数和

说明：x 为自变量，x 省略则默认为对自由变量求和；s 为符号表达式；[a,b] 为参数 x 的取值范围。

例如：求级数 $1+\dfrac{1}{2^2}+\dfrac{1}{3^2}+\cdots+\dfrac{1}{k^2}+\cdots$ 的和。

```
 >> syms x k
>> s1=symsum(1/k^2,1,10)             %计算级数的前10项和
s1 =
1968329/1270080
 >> s2=symsum(1/k^2,1,inf)           %计算级数和
s2 =
pi^2/6
```

（2）**taylor函数**

语法：taylor (F,x,n)%求泰勒级数展开

说明：x 为自变量；F 为符号表达式；对 F 进行泰勒级数展开至 n 项，参数 n 省略则

默认展开前5项。

例如：求 e^x 的泰勒展开式 $1+x+\dfrac{1}{2}x^2+\dfrac{1}{2\times3}x^3+\cdots+\dfrac{1}{k!}x^{k-1}+\cdots$。

```
>> syms x
>> s1=taylor(exp(x),x,8)
 s1 =
 exp(8) + exp(8)*(x - 8) + (exp(8)*(x - 8)^2)/2 + (exp(8)*(x - 8)^3)/6 + (exp(8)*(x -
8)^4)/24 + (exp(8)*(x - 8)^5)/120
 >> s2=taylor(exp(x))                %默认展开前5项
 s2 =
 x^5/120 + x^4/24 + x^3/6 + x^2/2 + x + 1
```

4.3.3 符号表达式的积分运算

int函数用以计算函数的积分项，这个函数要找出一符号式F使得diff(F)=f。如果积分式的解析式（analytical form, closed form）不存在或是MATLAB无法找到，则int传回原输入的符号式。相关的函数语法有：

① int(f)，传回符号表达式f对变量x的不定积分。

② int(f,t)，传回符号表达式f对指定变量t的不定积分。

③ int(f,a,b)，传回符号表达式f对变量x的积分值，积分区间为 [a,b]，a和b为数值式。

④ int(f,'t',a,b)，传回符号表达式f对变量t的积分值，积分区间为 [a,b]，a和b为数值式。

⑤ int(f,'m','n')，传回f对变量x的积分值，积分区间为 [m,n]，m和n为符号式。

例如：求 $\dfrac{1}{1+x^2}$ 的不定积分。

```
>> f=sym(1/(1+x^2) )
 f =
 1/(x^2 + 1)
 >> int(f)
 ans =
 atan(x)
```

例如：求 $\displaystyle\int_1^2|1-x|$ 和 $\displaystyle\int_{-\infty}^{+\infty}\dfrac{1}{1+x^2}$ 的值。

```
>> x=sym(x);
>> int(abs(1-x),1,2)
ans =
1/2

>> f=1/(1+x^2);
```

```
>> int(f,-inf,inf)
ans =
pi
```

例如：对于函数 $s(x,y)=xe^{-xy}$，先求 s 关于 x 的不定积分，再求所得结果关于 y 的不定积分，即计算 $\int(\int xe^{-xy}dx)dy$。

```
>> syms x y
>> s='x*exp(-x*y)';
>> int(int(s,x),y)
ans =
exp(-x*y)/y
```

即 $\int(\int xe^{-xy}dx)dy=\dfrac{e^{-xy}}{y}$。

例如：给定一个函数 $\dfrac{1}{x^2+4x+3}\sin x$，求该函数的微分，再将微分结果进行积分运算。

```
>> syms x y y1 y2
>> y= 1/(x^2+4*x+3)*sinx;
y1=diff(y,x)
y1 =
cos(x)/(x^2 + 4*x + 3) - (sin(x)*(2*x + 4))/(x^2 + 4*x + 3)^2
>> y2=int(y1,x)
y2 =
sin(x)/(x^2 + 4*x + 3)
```

4.3.4　符号积分变换

（1）傅里叶（Fourier）变换及其反变换

傅里叶变换和反变换可以利用积分函数 int 来实现，也可以直接使用 fourier 或 ifourier 函数实现。

① Fourier 变换。

语法：F=fourier(f,t ,w) %求时域函数 f(t) 的 Fourier 变换 F

说明：返回结果 F 是符号变量 w 的函数，当参数 w 省略，默认返回结果为 w 的函数；f 为 t 的函数，当参数 t 省略，默认自由变量为 x。

② Fourier 反变换。

语法：f=ifourier (F)　　　　%求频域函数 F 的 Fourier 反变换 f(t)

　　　f=ifourier (F,w,t)　　　%ifourier 函数的用法与 fourier 函数相同

例如：计算 $f(t)=\dfrac{1}{t}$ 的 Fourier 变换 F 以及 F 的 Fourier 反变换。

```
>> syms t w
>> F=fourier(1/t,t,w)
```

```
F =
-pi*sign(w)*1i
>> f=ifourier(F,t)
f =
1/t
>> f=ifourier(F)                          %Fourier反变换默认x为自变量
f =
1/x
```

（2）拉普拉斯（Laplace）变换及其反变换

① Laplace 变换。

语法：F=laplace(f,t,s) %求时域函数 f 的 Laplace 变换 F

说明：返回结果 F 为 s 的函数，当参数 s 省略，返回结果 F 默认为 's' 的函数；f 为 t 的函数，当参数 t 省略，默认自由变量为 't'。

例如：求 sin(at) 和阶跃函数的 Laplace 变换。

```
>> syms a t s
>> F1=laplace(sin(a*t),t,s)               %求sin(at)的Laplace变换
F1 =
a/(a^2 + s^2)
>> F2=laplace(sym(heaviside(t)))
F2 =
1/s
```

其中，Heaviside(t) 是单位阶跃函数 $\begin{cases} 1, & t \geq 0 \\ 0, & t < 0 \end{cases}$，函数名为数学家 Heaviside 的名字。

② Laplace 反变换。

语法：f=ilaplace(F,s,t) %求 F 的 Laplace 反变换 f

例如：求 $\dfrac{1}{s+a}$ 和 1 的 Laplace 反变换。

```
>> syms s a t
>> f1=ilaplace(1/(s+a),s,t)               %求1/(s+a)的Laplace反变换
f1 =
exp(-a*t)
>> f2=ilaplace(1,s,t)                     %求1的Laplace反变换是脉冲函数
f2 =
dirac(t)
```

其中，dirac(t) 为脉冲函数。

（3）Z 变换及其反变换

① ztrans 函数。

语法：F=ztrans(f,n, z) %求时域序列 f 的 Z 变换 F

说明：返回结果F以符号变量z为自变量；当参数n省略，默认自变量为'n'；当参数z省略，返回结果默认为'z'的函数。

例如：求阶跃函数、脉冲函数的Z变换。

```
>> syms a n z t
>> Fz1=ztrans(sym(heaviside(t)),n,z)          %求阶跃函数的Z变换
Fz1 =
(z*heaviside(t))/(z-1)
>> Fz2=ztrans(sym(dirac(t)),n,z)              %求脉冲函数的Z变换
Fz2 =
(z*dirac(t))/(z-1)
```

② iztrans 函数。

语法：f=iztrans(F,z,n) %求F的Z反变换f

例如：用Z反变换验算阶跃函数、脉冲函数的Z变换。

```
>> syms n z t
>> f1=iztrans(Fz1,z,n)
f1 =
Heaviside(t)*kroneckerDelta(n, 0) - Heaviside(t)*(kroneckerDelta(n, 0) - 1)
>> simplify(f1)
ans =
Heaviside(t)
>> f2=iztrans(Fz2,z,n)
f2 =
Dirac(t)*kroneckerDelta(n, 0) - Dirac(t)*(kroneckerDelta(n, 0) - 1)
>> simplify(f2)
ans =
Dirac(t)
```

4.4 符号方程求解

4.4.1 代数方程的求解

当方程不存在解析解又无其他自由参数时，MATLAB可以用solve命令给出方程的数值解。

语法：solve('eq','v') %求方程关于指定变量的解

　　　solve('eq1', 'eq2','v1','v2',…) %求方程组关于指定变量的解

说明：eq可以是含等号的符号表达式的方程，也可以是不含等号的符号表达式，但所指的仍是令eq=0的方程；当参数v省略时，默认为方程中的自由变量；其输出结果为结构数组类型。

例如：求方程 $ax^2+bx+c=0$ 的解。

```
>> f1=sym(a*x^2+b*x+c)                              %无等号
f1 =
a*x^2 + b*x + c
>> solve(f1)                                  %求方程的解x
ans =
 -(b + (b^2 - 4*a*c)^(1/2))/(2*a)
 -(b - (b^2 - 4*a*c)^(1/2))/(2*a)
```

例如：求三元非线性方程组 $\begin{cases} x^2+2x+1=0 \\ x+3z=4 \\ yz=-1 \end{cases}$ 的解。

```
>>syms x y z
 >>eq1=x^2+2*x+1;
>> eq2=x+3*z=4;
>> eq3=y*z=-1;
>> [x,y,z]=solve(eq1,eq2,eq3)          %解方程组并赋值给x,y,z
x =
-1
y =
-3/5
z =
5/3
```

4.4.2　微分方程的求解

MATLAB 提供的 dsolve 命令可以用于对符号常微分方程进行求解。

语法：dsolve('eq','con','v') %求解微分方程

　　　　dsolve('eq1,eq2,…','con1,con2,…','v1,v2,…') %求解微分方程组

说明：'eq' 为微分方程；'con' 是微分初始条件，可省略；'v' 为指定自由变量，省略时则默认为 x 或 t 为自由变量；输出结果为结构数组类型。

当 y 是因变量时，微分方程 'eq' 的表述规定为：

y 的一阶导数 $\dfrac{dy}{dx}$ 或 $\dfrac{dy}{dt}$ 表示为 Dy；

y 的 n 阶导数 $\dfrac{d^ny}{dx^n}$ 或 $\dfrac{d^ny}{dt^n}$ 表示为 Dny。

微分初始条件 'con' 应写成 'y(a)=b，Dy(c)=d' 的格式；当初始条件少于微分方程数时，在所得解中将出现任意常数符 C1，C2，…，解中任意常数符的数目等于所缺少的初始条件数。

例如：求微分方程 $x\dfrac{d^2y}{dx^2}-3\dfrac{dy}{dx}=x^2$，$y(1)=0$，$y(0)=0$ 的解。

```
>> y=dsolve('x*D2y-3*Dy=x^2','x')
y =
C5*x^4 - x^3/3 + C4
```

```
>> y=dsolve('x*D2y-3*Dy=x^2','y(1)=0,y(5)=0','x')          %求微分方程的特解
y =
(31*x^4)/468 - x^3/3 + 125/468
```

例如：求微分方程组 $\dfrac{dx}{dt}=y$，$\dfrac{dy}{dt}=-x$ 的解。

```
>> [x,y]=dsolve('Dx=y,Dy=-x')
x =
C9*cos(t) + C8*sin(t)
y =
C8*cos(t) - C9*sin(t)
```

第 5 章
MATLAB计算的可视化和GUI设计

MATLAB一向注重数据的图形表示，强大的数据可视化功能是MATLAB的特点之一，其提供了丰富和绘图函数和绘图工具，并可以对图形进行各种修饰。此外，MATLAB还提供了直接对图形句柄进行操作的低层画图功能。将图形的每个图形元素（如坐标轴、曲线、文字等）看作一个独立的对象，系统给每个对象分配一个句柄，能够通过句柄对该图形元素进行操作，而不影响其他部分。

5.1 绘图的基本步骤

在MATLAB中绘制图形的基本步骤如表5-1所示。

表5-1 绘制二维、三维图形的一般步骤

步骤	内容
步骤1	曲线数据准备： 对于二维曲线，横坐标和纵坐标数据变量； 对于三维曲面，矩阵参变量和对应的函数值
步骤2	指定图形窗口和子图位置： 默认时，打开Figure No.1窗口或当前窗口、当前子图； 也可以打开指定的图形窗口和子图
步骤3	调用绘图指令； 设置曲线的绘制方式： 线型、色彩、数据点型
步骤4	设置坐标轴： 坐标的范围、刻度和坐标分格线
步骤5	图形注释： 图名、坐标名、图例、文字说明
步骤6	着色、明暗、灯光、材质处理（仅对三维图形使用）
步骤7	视点、三度（横、纵、高）比（仅对三维图形使用）
步骤8	图形的精细修饰（图形句柄操作）： 利用对象属性值设置； 利用图形窗工具条进行设置

说明：

① 步骤1和3是最基本的绘图步骤，如果利用MATLAB的默认设置通常只需要这两个基本步骤就可以基本绘制出图形，而其他步骤并不完全必需。

② 步骤2一般在图形较多的情况下，需要指定图形窗口、子图时使用。

③ 除了步骤1、2、3的其他步骤用户可以根据自己需要改变前后次序。

5.2 二维图形的生成

5.2.1 plot基本命令

plot命令是MATLAB中最简单而且使用最广泛的一个绘图命令，用来绘制二维曲线。

plot命令的基本调用格式主要有以下三种：

plot(x)，绘制以x为纵坐标的二维曲线；

plot(x,y)，绘制以x为横坐标y为纵坐标的二维曲线；

plot(x1,y1,x2,y2,…)，绘制多条曲线。

说明：x和y可以是向量或矩阵。

（1）plot(x)调用格式

采用plot(x)调用格式时，x可以是向量或矩阵，也可以是实数或者复数。

① plot(x)绘制x向量曲线　当x是长度为n的数值向量时，坐标系的纵坐标为向量x，横坐标为MATLAB系统根据x向量的元素序号自动生成的从1开始的向量。plot(x)命令是在坐标系中顺序地用直线段连接各点，生成一条折线，当向量的元素充分多时，可以得到一条光滑的曲线。

例如：

```
>> x=[1 2 4 3 6 2 1];
>> plot(x)
```

plot(x)绘制的x向量曲线如图5-1所示。

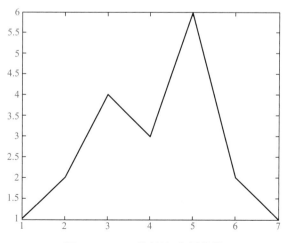

图5-1　plot(x)绘制的x向量曲线

② plot(x)绘制矩阵x的曲线　当x是一个m×n的矩阵时，plot(x)命令为矩阵的每一列画出一条线，共n条曲线，各曲线自动用不同颜色显示；每条线的横坐标为向量1:m，m是矩阵的行数，绘制方法与向量相同。

例如：

```
>> x1=magic(5);
>> plot(x1)
```

plot(x1)命令绘制的矩阵x1的曲线如图5-2所示。

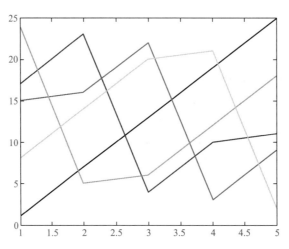

图5-2　plot(x1)命令绘制的矩阵x1的曲线

例如：

```
>> x2=peaks;
>> plot(x2)
```

plot(x2)命令绘制的矩阵x2的曲线如图5-3所示。

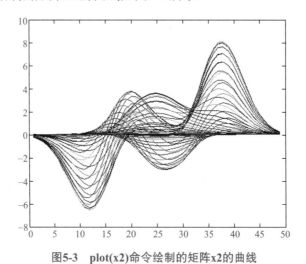

图5-3　plot(x2)命令绘制的矩阵x2的曲线

③ plot(z)绘制复向量曲线　plot(z)中的参数z为复向量时，plot(z)和plot(real(z),imag(z))是等效的，以实部为横坐标，虚部为纵坐标。

例如：

```
>> x=0:0.1:10;
>> y=sin(x);
>> z=2*x+i*y;
>> plot(z)
```

plot(z)绘制的复向量曲线如图5-4所示。

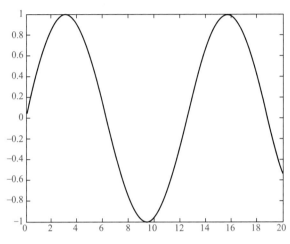

图5-4　plot(z)绘制的复向量曲线

（2）plot(x,y)调用格式

① plot(x,y) 绘制向量x和y的曲线。

例如：

```
>> x1=0:0.1:10;
>> x2=0:0.2:20;
>> y=power(x1,2)+power(x2,2);
>> plot(x,y)
```

plot(x,y)绘制向量x和y的曲线如图5-5所示。

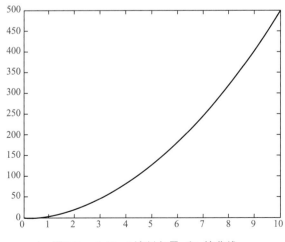

图5-5　plot(x,y)绘制向量x和y的曲线

② plot(x,y)绘制混合式曲线。当plot(x,y)命令中的参数x和y是向量或矩阵时，分别有以下几种情况：

如果x是向量，而y是矩阵，则x的长度与矩阵y的行数或列数必须相等，如果x的长度与y的行数相等，则向量x与矩阵y的每列向量对应画一条曲线；如果x的长度与y的列数相等，向量x与y的每行向量画一条曲线；如果y是方阵，则x和y的行数和列数都相等，将向量x与矩阵y的每列向量画一条曲线。

如果x是矩阵，而y是向量，则y的长度必须等于x的行数或列数，绘制的方法与前一种相似。

如果x和y都是矩阵，则大小必须相同，矩阵x的每列和y的每列画一条曲线。

例如：

```
>> x=0:1:9;
>> y=rands(6,10);
>> plot(x,y)   %每行一条曲线
```

plot(x,y)绘制混合式曲线如图5-6所示。

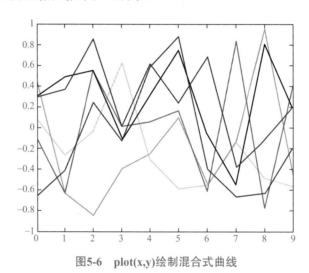

图5-6　plot(x,y)绘制混合式曲线

（3）plot(x1,y1,x2,y2,…)绘制多条曲线

plot命令还可以同时绘制多条曲线，用多个矩阵对为参数，MATLAB自动以不同的颜色绘制不同曲线。每一对矩阵(xi,yi)均按照前面的方式解释，不同的矩阵对之间，其维数可以不同。

例如：

```
>> x=0:.1:2*pi;
>> y1=sin(x);
>> y2=cos(x);
>> y3=sin(2*x);
>> plot(x,y1,x,y2,x,y3)
```

plot(x1,y1,x2,y2,…)绘制多条曲线如图5-7所示。

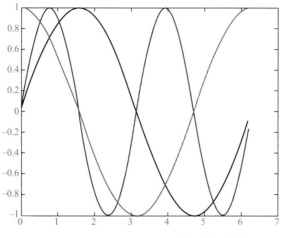

图5-7 plot(x1,y1,x2,y2,…)绘制多条曲线

5.2.2 线型、颜色及数据点型的设置

绘制曲线时为了使曲线更清晰直观，更具可读性，plot命令还可以设置曲线的线段类型、颜色和数据点型等，如表5-2所示。

表5-2 线段、颜色与数据点型

颜色		数据点间连线		数据点型	
类型	符号	类型	符号	类型	符号
黄色	y(Yellow)	实线（默认）	-	实点标记	.
品红色（紫色）	m(Magenta)	点线	:	圆圈标记	o
青色	c(Cyan)	点划线	-.	叉号形×	x
红色	r(Red)	虚线	--	十字形+	+
绿色	g(Green)			星号标记*	*
蓝色	b(Blue)			方块标记□	s
白色	w(White)			钻石形标记◇	d
黑色	k(Black)			向下的三角形标记	∨
				向上的三角形标记	∧
				向左的三角形标记	<
				向右的三角形标记	>
				五角星标记☆	p
				六连形标记	h

语法：plot(x,y,'string')

说明：x为横坐标矩阵，y为纵坐标矩阵，string为类型说明字符串参数；string字符串可以是线段类型、颜色和数据点型三种类型的符号之一，也可以是三种类型符号的组合。

例如：

```
>> x=0:0.1:10;
>> y1=sin(x);
>> y2=cos(x);
>> plot(x,y1,'y:d',x,y2,'+')
```

线型、颜色与数据点型的设置如图5-8所示。

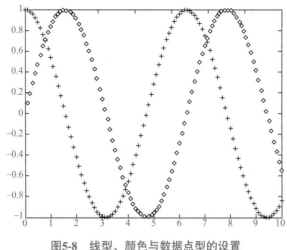

图5-8　线型、颜色与数据点型的设置

5.2.3　图形的标注、图例说明及网格

（1）文字标注

① 添加图名。

语法：title('string')　　　　　　　　%书写图名

说明：string 为图名，为字符串，可以是英文或中文。

② 添加坐标轴名。

语法：xlabel('string')　　　　　　%横坐标轴名

　　　　　ylabel('string')　　　　　　%纵坐标轴名

③ 添加图例。

语法：legend(＿,'Location',lcn)　　　%在指定位置建立图例

　　　legend off　　　　　　　　　%擦除当前图中的图例

说明：参数 string 是图例中的文字注释，如果多个注释则可以用 's1','s2',…的方式；参数 lcn 是图例在图上位置的指定符，例如，'northeast' 指右上角，'northwest' 指左上角。

用 legend 命令在图形窗口中产生图例后，还可以用鼠标对其进行拖拉操作，将图例拖到满意的位置。

④ 添加文字注释。

语法：text(xt,yt, 'string')　　　　　　%在图形的 (xt,yt) 坐标处书写文字注释

（2）网格（分格线）

网格也叫分格线，MATLAB 使用 grid 命令显示分格线。

语法：grid on　　　　　　　　　%显示分格线

　　　　grid off　　　　　　　　　%不显示分格线

　　　　grid　　　　　　　　　　%在以上两个命令间切换

说明：不显示分格线是 MATLAB 的默认设置。分格线的疏密取决于坐标刻度，如果要改变分格线的疏密，必须先定义坐标刻度。

例如：绘图并在图形窗口中添加图名、坐标轴名、图例及文字注释，并添加网格。

```
>> x=0:0.1:2*pi;
>> y1=sin(x);
>> y2=cos(x);
>> plot(x,y1,'ro');
>> hold on
>> plot(x,y2,'g+');
>> grid on
>> title('y1=sin(x),y2=cos(x)')                %添加标题
>> xlabel('x')                                 %添加横坐标名
>> ylabel('y')                                 %添加纵坐标名
>> legend('sin(x)','cos(x)','Location','northeast','Orientation','horizontal')   %添加图例
>> text(pi,sin(pi),'x=\pi')                    %在pi,sin(pi)处添加文字注释
```

图形的标注、图例说明及网格如图5-9所示。

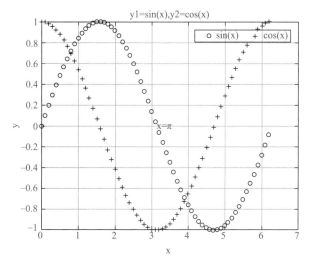

图5-9　图形的标注、图例说明及网格

5.2.4　多次叠图和多子图操作

MATLAB的绘图功能十分灵活，不但可以在一个图形窗口中绘制多个完全独立的子图（称为绘制子图），也允许用户在一个图形中绘制多条曲线（称为图形叠绘）。

当需要进行相关图形的比较或者是同类图形的分析时，比较方便的方式是把若干图形在同一个图形窗口显示出来。针对用户的这一点需要，MATLAB提供了子图的绘制功能，并约定了符合常规思维习惯的分栏方式。

（1）同一窗口多个子图

如果需要在同一个图形窗口中布置几幅独立的子图，可以在plot命令前加上subplot命令来将一个图形窗口划分为多个区域，每个区域一幅子图。

语法：subplot(m,n,k)　　　　　　%使m×n幅子图中的第k幅成为当前图

说明：将图形窗口划分为m×n幅子图，k是当前子图的编号，"，"可以省略。子图的序号编排原则是：左上方为第1幅，从左到右，从上到下依次排列，子图彼此之间独立。

例如：用subplot命令绘制子图。

```
>> x=0:0.1:2*pi;
>> y1=sin(x);
>> y2=cos(x);
>> subplot(3,1,1)
>> plot(x,y1)
>> subplot(3,1,2)
>> plot(x,y2)
>> subplot(3,1,3)
>> plot(y1,y2)
```

同一窗口绘制多个子图如图5-10所示。

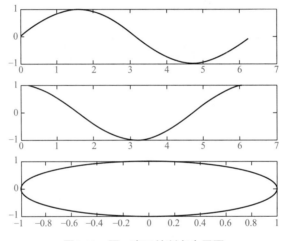

图5-10　同一窗口绘制多个子图

（2）同一窗口多次叠绘

在实际工作中，常常需要在已经绘制完成的图形上再次添加或删减图形，这时可以调用hold函数。

hold函数的调用格式和功能如下：

hold：在图形保持功能保持和关闭状态之间切换。

hold on：启动图形保持功能，在原图的基础上，再次绘制的图形将全部添加到图形窗口中，并自动调整坐标轴范围。

hold off：关闭图形保持功能。

例如：在同一窗口中绘制出以上三个图形。

```
>> x=0:0.1:2*pi;
>> y1=sin(x);
>> y2=cos(x);
>> plot(x,y1)
```

```
>> hold on
>> plot(x,y2)
>> hold on
>> plot(y1,y2)
```

同一窗口多次叠绘如图5-11所示。

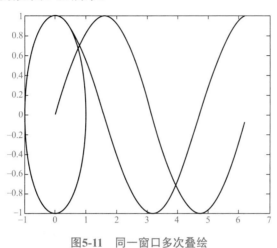

图5-11　同一窗口多次叠绘

（3）双纵坐标图

语法：plotyy(x1,y1,x2,y2)　%以左、右不同纵轴绘制两条曲线

说明：左纵轴用于(x1,y1)数据，右纵轴用于(x2,y2)数据来绘制两条曲线。坐标轴的范围、刻度都自动产生。

例如：用plotyy函数在同一图形窗口绘制两条曲线。

```
>> x=0:0.1:2*pi;
>> y1=sin(x);
>> y2=cos(x);
>> plotyy(x,y1,y1,y2)
```

双纵坐标图绘制如图5-12所示。

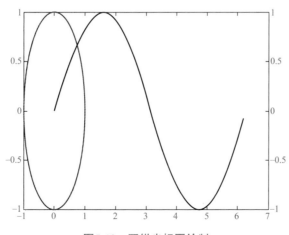

图5-12　双纵坐标图绘制

5.2.5 坐标轴的控制

（1）坐标控制命令axis

用坐标控制命令axis来控制坐标轴的特性，表5-3列出其常用控制命令。

表5-3　常用的坐标控制命令

命令	含义	命令	含义
axis auto	使用默认设置	axis equal	纵、横轴采用等长刻度
axis manual	使当前坐标范围不变	axis fill	在manual方式下起作用，使坐标充满整个绘图区
axis off	取消轴背景	axis image	纵、横轴采用等长刻度，且坐标框紧贴数据范围
axis on	使用轴背景	axis normal	默认矩形坐标系
axis ij	矩阵式坐标，原点在左上方	axis square	产生正方形坐标系
axis xy	普通直角坐标，原点在左下方	axis tight	把数据范围直接设为坐标范围
axis([xmin,xmax, ymin,ymax])	设定坐标范围，必须满足 xmin<xmax，ymin<ymax，可以取 inf 或 −inf	axis vis3d	保持高宽比不变，用于三维旋转时避免图形大小变化

（2）使用box命令显示坐标框

语法：box on　　　　　　　　　%使当前坐标框呈封闭形式

　　　　box off　　　　　　　　 %使当前坐标框呈开启形式

　　　　box　　　　　　　　　　 %在以上两个命令间切换

说明：在默认情况下，所画的坐标框呈封闭形式。

例如：在子图2、3、4中分别使用开放形式坐标框、加网格线并调整坐标范围、横纵坐标相等控制图形绘制。

```
>> x=0:0.1:2*pi;
>> y1=sin(x);
>> y2=cos(x);
>> subplot(2,2,1)
>> plot(y1,y2)
>> subplot(2,2,2)
>> box off
>> plot(y1,y2)
>> subplot(2,2,3)
>> box on
>> plot(y1,y2)
>> axis([0,2,-1,1])        %改变坐标轴范围
>> grid on
>> subplot(2,2,4)
>> grid off
```

```
>> plot(y1,y2)
>> axis equal          %纵、横轴采用等长刻度
```

坐标轴的控制如图5-13所示。

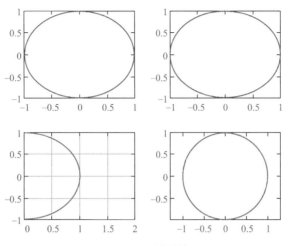

图5-13　坐标轴的控制

5.3　三维图形的生成

在很多场合，二维图形远远满足不了用户的需求，为了可以呈现更加形象和逼真的三维图形，MATLAB提供了丰富的三维绘图函数。虽然三维绘图可以看成二维绘图的拓展，一些绘制函数调用格式十分相似，很多图形绘制和设置函数也可以二、三维通用，但是三维图形仍有其特殊之处，例如需要进行二维图形所没有的视角、光照及透明度的设置。

5.3.1　plot3基本命令

plot3是用来绘制三维曲线的，它的使用格式与二维绘图的plot命令很相似。

语法：plot3(x,y,z, 's')　　　　　　　　　　　　　%绘制三维曲线

　　　　plot3(x1,y1,z1, 's1',x2,y2,z2, 's2',…)　　　　%绘制多条三维曲线

说明：当x、y、z是同维向量时，则绘制以x、y、z元素为坐标的三维曲线；当x、y、z是同维矩阵时，则绘制三维曲线的条数等于矩阵的列数。s是指定线型、色彩、数据点型的字符串。

例如：绘制三维螺旋线，三维曲线的参数方程为：x=x(t),y=y(t),z=z(t)。

```
>> t=[0:0.1:10*pi];
>> x=2*t;
>> y=sin(t);
>> z=cos(t);
>> plot3(x,y,z);
>> plot3(x,y,z,'*');
```

用plot3命令绘制三维图形如图5-14所示。

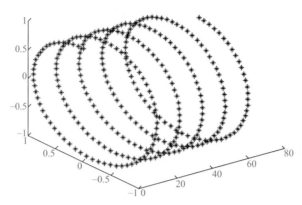

图5-14　用plot3命令绘制三维图形

5.3.2　三维网线图和表面图的绘制

网线图形是指连接相邻数据点形成的网状曲面，数据点是x-y平面的矩形网格上点的z轴坐标值。网线图的绘制步骤如下：

①　在x-y平面上指定一个矩形区域，采用与坐标轴平行的直线进行分格；

②　计算矩形网格点的z轴坐标值，得到三维空间的数据点；

③　利用以上得到的数据点，将x-z平面或者y-z平面内，以及平行平面内的数据点连接，形成网格图。

（1）网格生成函数meshgrid

为了绘制三维立体图形，MATLAB的方法是将x方向划分为m份，将y方向划分为n份，meshgrid命令是以x、y向量为基准，来产生在x-y平面的各栅格点坐标值的矩阵。

语法：[X,Y]=meshgrid(x,y)

说明：x, y为给定的向量，X, Y是网格划分后得到的网格矩阵。

（2）三维网线图

语法：mesh(z)　　　　　　　　　　　　　　%画三维网线图

　　　　mesh(x,y,z,c)

说明：当只有参数z时，以z矩阵的行下标作为x坐标轴，把z的列下标当作y坐标轴；x、y分别为x、y坐标轴的自变量；当有x、y、z参数时，c是用来定义相应点颜色等属性的数组，当c省略时默认使用z的数据。如果x、y、z、c四个参数都有，则应该都是维数相同的矩阵。

例如：使用mesh命令绘制三维网线图"墨西哥帽子"。

```
>> x=[-8:0.5:8];
>> y=[-8:0.5:8];
>> [X,Y]= meshgrid(x,y);
>> r=sqrt(X.^2+Y.^2)+eps;
>> Z=sin(r)./r;
>> mesh(X,Y,Z)
```

使用mesh命令绘制三维网线图如图5-15所示。

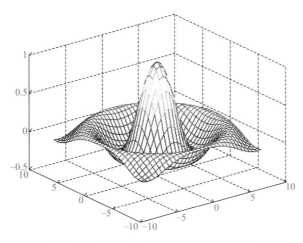

图5-15　使用mesh命令绘制三维网线图

（3）三维曲面图

曲面图是把网格图表面的网格围成的片状区域用不同的色彩填充而形成的彩色表面。除了网格空档被色彩填充之外，曲面图与网格图外观是一样的，但是前者更具立体感。MATLAB中的surf函数专门用于绘制三维着色曲面图，其调用格式和对数据准备的要求与mesh函数相同。

语法：surf (z)　　　　　　　　　%画三维曲面图

　　　　　surf (x,y, z,c)

说明：参数设置与mesh命令相同，c也可以省略。

例如：使用surf命令绘制三维曲面图。

```
>> x=[-8:0.5:8];
>> y=[-8:0.5:8];
>> [X,Y]= meshgrid(x,y);
>> r=sqrt(X.^2+Y.^2)+eps;
>> Z=sin(r)./r;
>> surf(X,Y,Z)
```

使用surf命令绘制三维曲面图如图5-16所示。

（4）其他立体网线图和曲面图

meshc：调用方式与mesh相同，在mesh基础上增加等高线。

meshz：调用方式与mesh相同，在mesh基础上绘制边界。

例如：利用meshz和meshc绘制带等高线和绘制边界的三维网线图。

```
>> x=[-8:0.5:8];
>> y=[-8:0.5:8];
>> [X,Y]= meshgrid(x,y);
>> r=sqrt(X.^2+Y.^2)+eps;
>> Z=sin(r)./r;
```

```
>> meshc(X,Y,Z)
>> meshz(X,Y,Z)
```

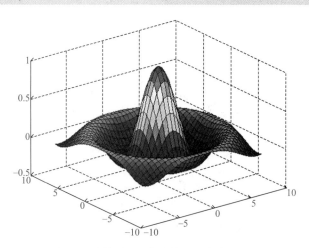

图5-16　使用surf命令绘制三维曲面图

　　用meshc命令和meshz命令绘制带等高线和带边界的三维网线图如图5-17和图5-18所示。

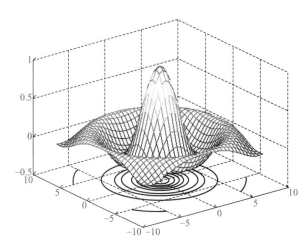

图5-17　用meshc命令绘制带等高线的三维网线图

cylinde(r,n)——三维柱面绘图函数，r为半径，n为柱面圆周等分数。

例如：绘制三维陀螺锥面。

```
>> t1=0:0.1:0.9;
>> t2=1:0.1:2;
>> r=[t1 -t2+2];
>> [x,y,z]=cylinder(r,30);
>> surf(x,y,z);
>> grid
```

绘制三维陀螺锥面如图5-19所示。

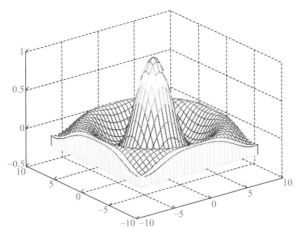

图5-18 用meshz命令绘制带边界的三维网线图

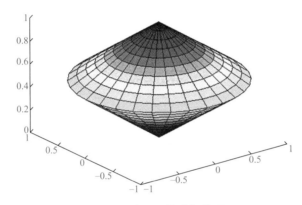

图5-19 绘制三维陀螺锥面

例如：绘制三维球面。

```
>>[x,y,z]=sphere(30);
>>surf(x,y,z);
```

绘制三维球面如图 5-20 所示。

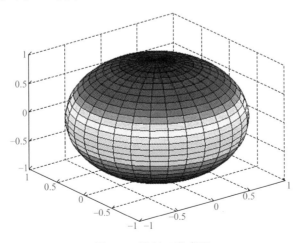

图5-20 绘制三维球面

5.3.3 立体图形与图轴的控制

（1）网格的隐藏

如果要使被遮盖的网格也能呈现出来，可用"hidden off"命令。

语法：hidden off   %显示被遮盖的网格

            hidden on   %隐藏被遮盖的网格

例如：绘制peaks的网线图，并显示被遮盖的网格。

```
>> [X,Y,Z]=peaks(30);          %peaks为MATLAB自动生成的三维测试图形
>> mesh(X,Y,Z)
>> hidden off                  %显示网格
```

图5-21为peaks函数的网线图，图5-22为显示peaks函数的网线图中被遮盖的网格。

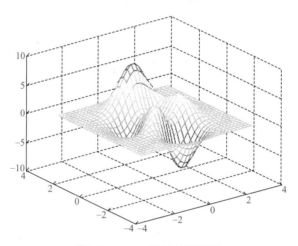

图5-21　peaks函数的网线图

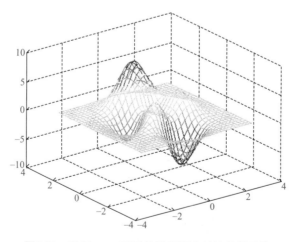

图5-22　显示peaks函数的网线图中被遮盖的网格

（2）改变视角

三维图形的观测角度不同则显示也不同，如果要改变观测角度，可用"view"命令。

语法：view([az,el])　　　　　　　　%通过方位角和俯仰角改变视角

　　　　view([vx,vy,vz])　　　　　　%通过直角坐标改变视角

说明：az表示方位角，el表示俯仰角，vx、vy、vz表示直角坐标。

例如：改变peaks函数的视角。

```
>> [X,Y,Z]=peaks(30);          %peaks为MATLAB自动生成的三维测试图形
>> mesh(X,Y,Z)
>> view(0,0)
>> view(0,90)
>> view(-37.5,30)              %恢复三维图形视角
```

程序分析：视角为(0,0)，得到一个(x,z)的二维图形效果；视角为(0,90)，得到一个(x,y)的二维图形效果。

图5-23和图5-24分别是视角为（0,0）和（0,90）时的peaks函数网线图。

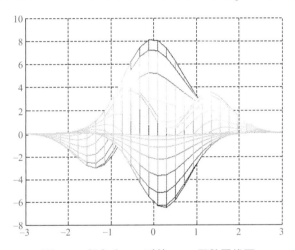

图5-23　视角为(0,0)时的peaks函数网线图

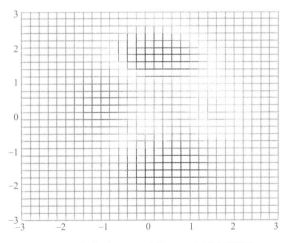

图5-24　视角为(0,90)时的peaks函数网线图

（3）曲面的镂空

例如：对peaks函数曲面实现镂空效果。

```
>> [X,Y,Z]=peaks(30);
>> Z(10:20,10:20)=nan; %将一部分数值用nan替换
>> surf(X,Y,Z)
```

图5-25为对peaks函数曲面实现镂空效果。

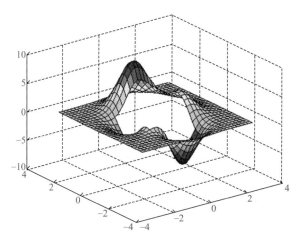

图5-25　对peaks函数曲面实现镂空效果

5.3.4　色彩的控制

（1）色图（Colormap）

RGB三元行数组表示一种色彩，数组元素R、G、B在0～1之间，分别表示红、绿、蓝基色的相对亮度，如表5-4所示。

表5-4　常用颜色的RGB成分

颜色	RGB成分		
	Red（红色）	Green（绿色）	Blue（蓝色）
Black（黑）	0	0	0
White（白）	1	1	1
Red（红）	1	0	0
Green（绿）	0	1	0
Blue（蓝）	0	0	1
Yellow（黄）	1	1	0
Magenta（品红）	1	0	1
Cyan（青）	0	1	1
Gray（灰）	0.5	0.5	0.5
Dark red（暗红）	0.5	0	0
Copper（铜色）	1	0.62	0.4
Aquamarine（碧绿）	0.49	1	0.83

（2）预定义色图函数

预定义色图的函数见表5-5。

表5-5　预定义色图的函数

命令	说明
hsv	HSV的颜色对照表（默认值），以红色开始和结束
hot	代表暖色对照表，黑、红、黄、白浓淡色
cool	代表冷色对照表，青、品红浓淡色
summer	代表夏天色对照表，绿、黄浓淡色
gray	代表灰色对照表，灰色线性浓淡色
copper	代表铜色对照表，铜色线性浓淡色
autumn	代表秋天颜色对照表，红、黄浓淡色
winter	代表冬天色对照表，蓝、绿浓淡色
spring	代表春天色对照表，青、黄浓淡色
bone	代表"X光片"的颜色对照表
pink	代表粉红色对照表，粉红色线性浓淡色
flag	代表"旗帜"的颜色对照表，红、白、蓝、黑交错色
jet	HSV的变形，以蓝色开始和结束
prim	代表三棱镜对照表，红、橘黄、黄、绿、蓝交错色

例如：查看色图peaks函数曲面图的色图和用暖色调汇制的色图。

```
>> [X,Y,Z]=peaks(30);
>> surf(X,Y,Z)
>> colormap
ans =
        0        0    0.5625
        0        0    0.6250
        0        0    0.6875
        0        0    0.7500
        0        0    0.8125
        0        0    0.8750
        0        0    0.9375
        0        0    1.0000
        0   0.0625    1.0000
        0   0.1250    1.0000
        0   0.1875    1.0000
        0   0.2500    1.0000
        0   0.3125    1.0000
        0   0.3750    1.0000
```

0	0.4375	1.0000
0	0.5000	1.0000
0	0.5625	1.0000
0	0.6250	1.0000
0	0.6875	1.0000
0	0.7500	1.0000
0	0.8125	1.0000
0	0.8750	1.0000
0	0.9375	1.0000
0	1.0000	1.0000
0.0625	1.0000	0.9375
0.1250	1.0000	0.8750
0.1875	1.0000	0.8125
0.2500	1.0000	0.7500
0.3125	1.0000	0.6875
0.3750	1.0000	0.6250
0.4375	1.0000	0.5625
0.5000	1.0000	0.5000
0.5625	1.0000	0.4375
0.6250	1.0000	0.3750
0.6875	1.0000	0.3125
0.7500	1.0000	0.2500
0.8125	1.0000	0.1875
0.8750	1.0000	0.1250
0.9375	1.0000	0.0625
1.0000	1.0000	0
1.0000	0.9375	0
1.0000	0.8750	0
1.0000	0.8125	0
1.0000	0.7500	0
1.0000	0.6875	0
1.0000	0.6250	0
1.0000	0.5625	0
1.0000	0.5000	0
1.0000	0.4375	0
1.0000	0.3750	0
1.0000	0.3125	0
1.0000	0.2500	0
1.0000	0.1875	0
1.0000	0.1250	0

1.0000	0.0625	0
1.0000	0	0
0.9375	0	0
0.8750	0	0
0.8125	0	0
0.7500	0	0
0.6875	0	0
0.6250	0	0
0.5625	0	0
0.5000	0	0

图 5-26 是 peaks 函数曲面图的 colormap 为 64×3 的矩阵。

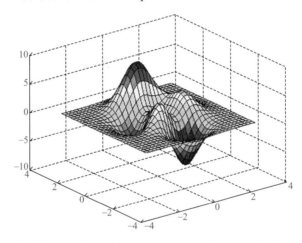

图5-26　peaks函数曲面图的colormap为64×3的矩阵

```
>> colormap hot(8)              %产生暖色peaks函数曲面
>> colormap
ans =
```

0.3333	0	0
0.6667	0	0
1.0000	0	0
1.0000	0.3333	0
1.0000	0.6667	0
1.0000	1.0000	0
1.0000	1.0000	0.5000
1.0000	1.0000	1.0000

图 5-27 是 peaks 函数暖色调曲面图的 colormap 为 8×3 的矩阵。

程序分析：peaks 函数的颜色如图 5-26 所示，colormap 是 64×3 的矩阵，每行为 RGB 颜色的相对亮度。第一行的颜色设定该曲面的最高点，最后一行的颜色设定该曲面的最低点，其余高度的颜色则根据线性内插法来决定。hot(8) 函数产生 8×3 的矩阵，表示黑、红、黄、白的浓淡色，读者可以对比该图与前面图形的不同颜色。

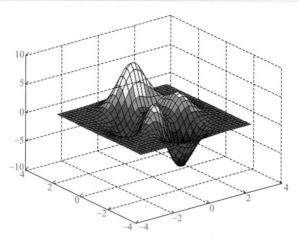

图5-27　peaks函数暖色调曲面图的colormap 为8×3的矩阵

（3）色图的显示和处理

① 色图的显示。

● rgbplot命令。

语法：rgbplot(map)

说明：map是表5-5中的各预定义色图，rgbplot命令可画出以行数为自变量红、绿、蓝相对亮度分量的直线图，反映R、G、B三色比重的变化。

● colorbar命令。colorbar命令以不同颜色来代表曲面的高度，显示一个水平或垂直的颜色标尺。

例如：用rgbplot和colorbar命令显示色图。

```
>> [X,Y,Z]=peaks(30);
>> surf(X,Y,Z)
>> subplot(2,1,1)
>> rgbplot(cool)
>> subplot(2,1,2)
>> peaks(30);
 z =  3*(1-x).^2.*exp(-(x.^2) - (y+1).^2) ...
     - 10*(x/5 - x.^3 - y.^5).*exp(-x.^2-y.^2) ...
     - 1/3*exp(-(x+1).^2 - y.^2) ;
>> colormap cool              %产生冷色peaks函数曲面
>> colorbar                   %显示颜色标尺
```

图5-28为用rgbplot和colorbar命令显示色图。

程序分析：rgbplot画出红、绿、蓝三色分量，横坐标是0～64行，纵坐标是0～1；colorbar则显示高度与颜色的对照长条标尺，曲面上每一个小方块的颜色就是根据此对照图而得出的。

② 浓淡处理shading。如果要使小方块表面的颜色产生连续性的变化可使用shading命令，shading命令的用法如表5-6所示。

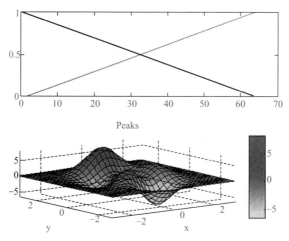

图5-28　用rgbplot和colorbar命令显示色图

表5-6　shading命令的用法

命令	功能
shading interp	使小方块根据四顶点的颜色产生连续的变化，或根据网线的线段两端产生连续的变化，这种方式着色细腻但最费时
shading flat	小方块或整段网线的颜色是一种颜色
shading faceted	在flat着色的基础上，同时在小方块交接的边勾画黑色，这种方式立体表现力最强（默认方式）

例如：使用浓淡处理peaks函数曲面图。

```
>> subplot(1,3,1)
>> peaks(30);
   shading interp
>> subplot(1,3,2)
>> peaks(30);
>> shading flat
>> subplot(1,3,3)
>> peaks(30);
>> shading faceted
```

图 5-29 为使用浓淡处理 peaks 函数曲面图。

③ 亮度处理 brighten。

例如：对 peaks 函数曲面加亮，并查看色图矩阵。

```
peaks;
brighten(0.5)
colormap
```

程序分析：可以通过图形查看亮度处理后的变化。

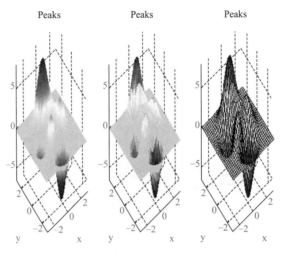

图5-29　使用浓淡处理peaks函数曲面图

5.4　特殊图形的操作

在工程实践中记录分析数据，在教学科研中演示统计结果，用户常需要使用一些特殊图形。由于图形的特殊性，故仅仅调用plot函数将很难绘制。

针对这种情况，MATLAB提供了若干特殊图形绘制函数。主要图形包括：

bar——绘制条形图；

pie——绘制饼形图；

hist——绘制统计直方图；

polar——绘制极坐标图；

stairs——绘制阶梯图；

stem——绘制火柴杆图；

scatter——离散点图；

area——面积图；

fill——填充图；

compass——射线图；

feather——羽毛图；

contour——等高线图。

5.4.1　条形图

条形图可以显示向量数据和矩阵数据，如果用户需要表现跨时间段的运算结果、不同数据的比较结果以及部分相对于整体比较结果，常会用到条形图绘制离散数据。MATLAB中提供了条形图绘制函数bar，函数bar有4种，见表5-7。

语法：

```
bar(x,y,width,'参数')        %画条形图
```

```
bar3(y,z,width,'参数')              %画三维条形图
```

表5-7　MATLAB提供的条形图绘制函数

函数	功能
bar	二维垂直条形显示m×n的矩阵，共m组，每组n个
barh	二维水平条形显示m×n的矩阵，共m组，每组n个
bar3	三维垂直条形显示m×n的矩阵，共m组，每组n个
bar3h	三维水平条形显示m×n的矩阵，共m组，每组n个

说明：x是横坐标向量，省略时默认值是1:m，m为y的向量长度；y是纵坐标，可以是向量或矩阵，当是向量时每个元素对应一个竖条，当是m×n的矩阵时，将画出m组竖条，每组包含n条；width是竖条的宽度，省略时默认宽度是0.8，如果宽度大于1，则条与条之间将重叠；'参数'有grouped（分组式）和stacked（累加式），省略时默认为grouped。bar3命令的格式也相同，y必须是单调增大或减小，省略时为1:m；'参数'除了grouped和stacked还有detached（分离式）。

例如：向量数据的二维垂直条形显示。

```
>> t=0:0.2:2*pi;
>> y=cos(t);
>> bar(y)
```

向量数据的二维垂直条形显示见图5-30。

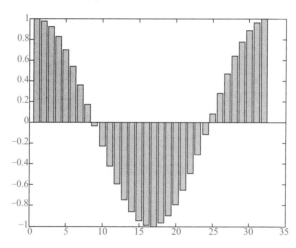

图5-30　向量数据的二维垂直条形显示

例如：矩阵数据的二维和三维条形显示。

```
>> x=-2:2;
>> Y=[3,5,2,4,1;3,4,5,2,1;5,4,3,2,5];
>> subplot(1,2,1)
>> bar(x',Y','grouped')
>> subplot(1,2,2)
>> bar3(x',Y','grouped')
```

矩阵数据的二维和三维条形显示见图5-31。

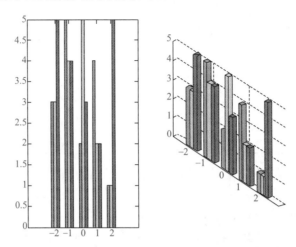

图5-31 矩阵数据的二维和三维条形显示

5.4.2 饼形图

饼形图是用于显示向量中的各元素占向量元素总和的百分比，可以用pie和pie3命令分别绘制二维和三维饼形图（见图5-32）。

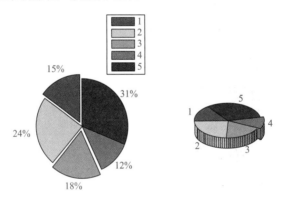

图5-32 绘制二维和三维饼形图

语法：

pie(x,explode,'label')　　　　　　　　%画二维饼形图

pie3(x,explode,'label')　　　　　　　　%画三维饼形图

说明：x是向量；explode是与x同长度的向量，用来决定是否从饼形图中分离对应的一部分块，非零元素表示该部分需要分离；'label'是用来标注饼形图的字符串数组。

```
>> a=[1,1.6,1.2,0.8,2.1];
>> subplot(1,2,1)
>> pie(a,[1 0 1 0 0])
>> legend({'1','2','3','4','5'})
>> subplot(1,2,2)
>> pie3(a,[0 0 0 1 0],{'1','2','3','4','5'})
```

5.4.3　统计直方图

语法：hist(y,m)　　　　　　　　%统计每段的元素个数并画出直方图

　　　hist(y,x)

说明：m是分段的个数，省略时则默认为10；x是向量，用于指定所分每个数据段的中间值；y可以是向量或矩阵，如果是矩阵则按列分段。

例如：统计随机数在各数据段元素的个数。

```
>> y=randn(10,3)
y =
      0.8404    -2.1384     2.9080
     -0.8880    -0.8396     0.8252
      0.1001     1.3546     1.3790
     -0.5445    -1.0722    -1.0582
      0.3035     0.9610    -0.4686
     -0.6003     0.1240    -0.2725
      0.4900     1.4367     1.0984
      0.7394    -1.9609    -0.2779
      1.7119    -0.1977     0.7015
     -0.1941    -1.2078    -2.0518
>> hist(y)
```

绘制统计直方图如图5-33所示。

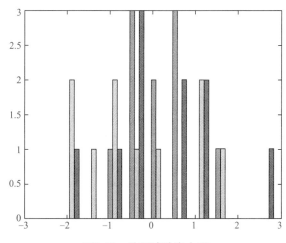

图5-33　绘制统计直方图

5.4.4　极坐标图

极坐标图由polar命令来实现。

语法：polar(theta,radius,'参数')　　　　%绘制极坐标图

说明：theta 为相角，radius 为离原点的距离。

例如：

```
>> t=0:2*pi/90:2*pi;
>> y=cos(4*t);
>> polar(t,y)
```

绘制极坐标图如图5-34所示。

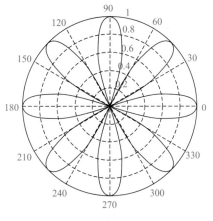

图5-34　绘制极坐标图

5.4.5　离散数据绘图

MATLAB提供了多个绘制离散数据的命令，有stem（火柴杆图）、stem3、stairs（阶梯图）和scatter（离散点图）等，具体的调用语法读者可以参考MATLAB提供的帮助指令。

```
>> t= -pi:pi/20:pi;
>> y=tan(sin(t))−sin(tan(t));
>> subplot(3,1,1)
>> stem(t,y)                    %画火柴杆图
>> subplot(3,1,2)
>> stairs(t,y)                  %画阶梯图
>> subplot(3,1,3)
>> scatter(t,y,'p')            %画离散点图
```

离散数据绘制如图5-35所示。

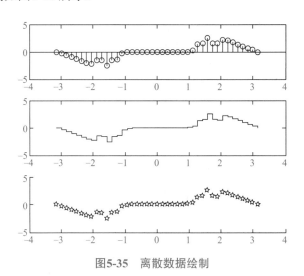

图5-35　离散数据绘制

5.4.6　面积图和图形填充

（1）面积图

面积图是在曲线与横轴之间填充颜色，只能用于二维绘图。

语法：area(y)   %画面积图

area(x,y)

说明：y可以是向量或矩阵，如果y是向量则绘制的曲线和plot命令相同，只是曲线和横轴之间填充颜色，如果y是矩阵则每列向量的数据构成面积叠加起来；x是横坐标，当x省略时则横坐标为1:size(y,1)。

（2）图形的填充

图形的填充是将数据的起点和终点连成多边形，并填充颜色。

语法：fill(x,y,c)　　　　　%画实心图

说明：c为填充的颜色，可以用'r'、'g'、'b'、'c'、'm'、'y'、'w'、'k'或RGB三元组行向量表示，也可以省略。

例如：绘制曲线图、面积图和填充图（见图5-36），并比较其区别。

```
>> t=1:6;
>> x=sin(t);
>> y=cos(t);
>> subplot(3,1,1)
>> plot(x,y)
>> subplot(3,1,2)
>> area(x,y)
>> subplot(3,1,3)
>> fill(x,y,'r')
```

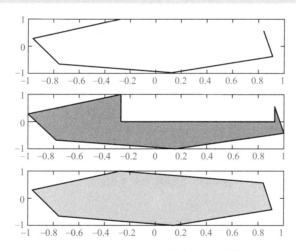

图5-36　曲线图、面积图和填充图的绘制

程序分析：由图5-36可知面积图是绘制曲线和横轴间的面积，而实心图是将起点和终点连接并填充颜色的多边形。

5.4.7　射线图和羽毛图

（1）compass命令

射线图compass绘制的是以原点为起点的一组复向量，因此又称为罗盘图。

语法：compass(u,v)　　　　　%画射线图

compass(Z)

说明：u、v分别为复向量的实部和虚部；当只有一个参数Z时，则相当于compass (real(Z),imag(Z))。

（2）feather命令

feather绘制的是起点为(k,0)的复向量图，又称为羽毛图。

语法：feather(u,v)   %画羽毛图

            feather (Z)

例如：分别绘制复数向量的射线图和羽毛图（见图5-37）。

```
>> t=-pi/2:pi/12:pi/2;
>> r=ones(size(t));
>> [x,y]=pol2cart(t,r);
>> subplot(1,2,1),
>> compass(x,y),title('Compass')
>> subplot(1,2,2)
>> feather(x,y),title('Feather')
```

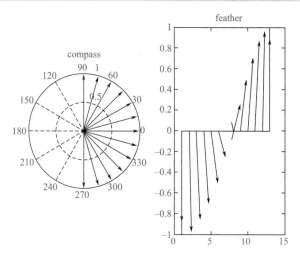

图5-37　射线图和羽毛图的绘制

5.4.8　等高线图

语法：contour(Z,n)   %绘制Z矩阵的等高线

          contour(x,y,z,n)   %绘制以x和y指定x、y坐标的等高线

说明：n为等高线的条数，省略时为自动条数。

例如：绘制"墨西哥帽子"三维曲面图及其二维等高线、三维等高线图（见图5-38）。

```
>> x=[-8:0.5:8];
>> y=[-8:0.5:8];
>> [X,Y]= meshgrid(x,y);
>> r=sqrt(X.^2+Y.^2)+eps;
```

MATLAB R2018b 完全实战学习手册

124

```
>> Z=sin(r)./r;
>> subplot(1,3,1)
>> surf(X,Y,Z)
>> subplot(1,3,2)
>> contour(X,Y,Z)
>> subplot(1,3,3)
>> contour3(Z,30)
```

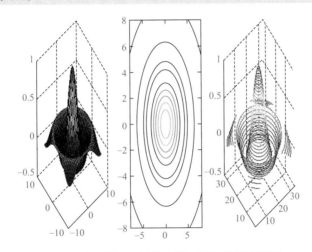

图5-38　曲面图、二维等高线图及三维等高线图

5.5　句柄图形

　　MATLAB 除了提供强大的绘图功能外，还提供了直接对图形句柄进行操作的低层画图功能。将图形的每个图形元素（如坐标轴、曲线、文字等）看作一个独立的图形对象，系统给每个图形对象分配一个句柄，能够通过句柄对该图形元素进行操作，而不影响其他部分。

5.5.1　图形对象的创建

　　句柄图形是一种面向对象的绘图系统，又称为低层图形。MATLAB 的图形对象包括计算机屏幕、图形窗口、坐标轴、用户菜单、用户控件、曲线、曲面、文字、图像、光源、区域块和方框等。系统将每一个对象按树形结构组织起来。

　　MATLAB 在创建每一个图形对象时，都为该对象分配唯一的一个值，称其为图形对象句柄（Handle）。句柄是图形对象的唯一标识符，不同对象的句柄不可能重复和混淆。

　　计算机屏幕作为根对象由系统自动建立，其句柄值为0，而图形窗口对象的句柄值为一正整数，并显示在该窗口的标题栏，其他图形对象的句柄为浮点数。MATLAB 提供了若干个函数用于获取已有图形对象的句柄。每个命令的格式及功能如表5-8所示。

表 5-8　创建图形对象的命令

命令	功能	说明
h_figure =figure(n)	创建第 n 个图形窗口	n 为正整数
h_axes =axes('position',[left,bottom,width,height])	创建坐标轴	定义轴的位置和大小
h_line =line(x,y,z)	创建直线	z 省略则在二维平面上
h_surface=surface(x,y,z,c)	创建面	x、y、z 定义三维曲面，c 是颜色参数
h_rectangle= rectangle('position',[x,y,w,h],'curvature',[xc,yc])	创建矩形	x、y 为左下顶点坐标，w、h 为长方形的宽和高，xc、yc 为曲率
h_patch=patch('faces',fac,'veitices',vert)	创建贴片	fac 为多边形顶点的序号矩阵，vert 为顶点矩阵
h_image=image(x)	创建图像	x 为图像数据矩阵
h_text=text(x,y,'string')	创建文字	x、y 为字符串 string 的标注位置
h_light=light('PropertyName',Propertyvalue)	创建光源	设置光的入射方向
h_uicontrol =uicontrol('PropertyName',Propertyvalue)	创建用户界面控件	PropertyName 和 Propertyvalue 指定控件的类型
h_uimenu = uimenu ('propertyName', Propertyvalue)	创建用户界面菜单	propertyName 和 Propertyvalue 指定菜单的形式

例如：利用表 5-8 中的指令创建图形对象（见图 5-39）。

```
>> x=0:0.1:10;
>> y=2*x+5;
h_figure =
      1
>> h_line =line(x,y)


h_line =

  Line - 属性:


            Color: [0 0.4470 0.7410]
        LineStyle: '-'
        LineWidth: 0.5000
           Marker: 'none'
       MarkerSize: 6
  MarkerFaceColor: 'none'
            XData: [1×101 double]
            YData: [1×101 double]
            ZData: [1×0 double]


显示 所有属性
```

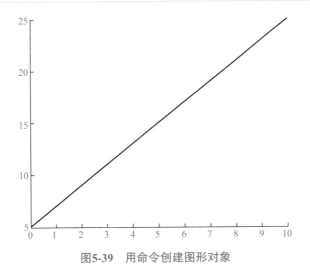

图5-39　用命令创建图形对象

5.5.2　图形对象句柄的获取

（1）当前对象句柄的获取

　　MATLAB提供了三个获取当前对象句柄的命令，分别是gcf、gca、gco。

　　语法：gcf　　　　　% 获取当前图形窗口句柄

　　　　　gca　　　　　% 获取当前坐标轴句柄

　　　　　gco　　　　　% 获取被鼠标最近点击对象的句柄

　　例如：使用命令获取图形对象的句柄（见图5-40）。

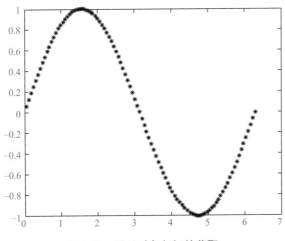

图5-40　图形对象句柄的获取

```
>> x=0:pi/50:2*pi;
>> y=sin(x);
>> plot(x,y,'r*')
>> h_fig=gcf                %获取图形窗口的句柄
h_fig =
```

Figure (1) – 属性:

      Number: 1
       Name: ''
      Color: [0.9400 0.9400 0.9400]
   Position: [403 246 560 420]
       Units: 'pixels'

  显示 所有属性
```
>> h_axes=gca          %获取坐标轴的句柄
h_axes =
```

  Axes – 属性:

          XLim: [0 7]
          YLim: [-1 1]
       XScale: 'linear'
       YScale: 'linear'
  GridLineStyle: '-'
     Position: [0.1300 0.1100 0.7750 0.8150]
       Units: 'normalized'

  显示 所有属性
```
>> h_obj=gco           %获取最近点击对象的句柄
h_obj =
```

  Line – 属性:

         Color: [1 0 0]
      LineStyle: 'none'
      LineWidth: 0.5000
        Marker: '*'
    MarkerSize: 6
MarkerFaceColor: 'none'
        XData: [1×101 double]
        YData: [1×101 double]
        ZData: [1×0 double]

显示 所有属性

（2）查找对象

用命令 findobj 可以快速查找所有对象，以及获取指定属性值的对象句柄。

语法：h=findobj   %返回根对象和所有子对象的句柄

　　　h=findobj(h_obj)   %返回指定对象的句柄

　　　h=findobj('PropertyName',PropertyValue)   %返回符合指定属性值的对象句柄

　　　h=findobj(h_obj, 'PropertyName', PropertyValue)

　　　%在指定对象及子对象中查找符合指定属性值的对象句柄

说明：h_obj 为指定对象句柄；PropertyName 为属性名；PropertyValue 为属性值。

例如：使用 findobj 命令获取图 5-40 中图形对象的句柄。

```
findobj                              %返回根对象和所有子对象的句柄
>> findobj
ans =
   4×1 graphics 数组:


   Root
   Figure    (1)
   Axes
   Line
```

（3）追溯父对象和子对象的句柄

如果一个对象的句柄已知，则可以追溯到其父对象和子对象的句柄。

语法：h_parent=get(h_obj,'parent')   %追溯父对象的句柄

　　　h_children=get(h_obj,'children')   %追溯子对象的句柄

例如：追溯上例中坐标轴对象的父对象和窗口对象的子对象。

```
>> h_parent=get(h_axes,'parent')          %轴对象的父对象为图形窗口对象
h_parent =
   Figure (1) - 属性:
       Number: 1
         Name: ''
        Color: [0.9400 0.9400 0.9400]
     Position: [403 246 560 420]
        Units: 'pixels'


   显示 所有属性
>> h_children=get(h_fig,'children')        %窗口对象的子对象为轴对象
h_children =
   Axes - 属性:
               XLim: [0 7]
               YLim: [-1 1]
             XScale: 'linear'
```

```
        YScale: 'linear'
 GridLineStyle: '-'
      Position: [0.1300 0.1100 0.7750 0.8150]
         Units: 'normalized'
```

显示 所有属性

（4）对象句柄的删除

删除图形对象使用命令delete(h_obj)，该命令将删除句柄所指对象和所有子对象，而且不提示确认，使用时要小心。

例如：删除坐标轴。

```
delete(h_axes)
```

5.5.3 图形对象属性的获取和设置

（1）创建对象时设置属性

对象的属性可以在创建时设置，在创建时句柄图形对象可以设置多个属性。

例如：创建图形对象。

```
h_fig=figure('color','red','menubar','none','position',[0,0,300,300])
```

或者使用结构数组创建图形对象：

```
>> ps.color='red';
>> ps.position=[0,0,300,300];
>> ps.menubar='none';
>> h_fig=figure(ps)
h_fig =
  Figure (1) - 属性:
      Number: 1
        Name: ''
       Color: [1 0 0]
    Position: [0 0 300 300]
       Units: 'pixels'

显示 所有属性
```

程序分析：创建一个窗口，背景为红色，没有菜单条，在屏幕的(0,0)位置，宽度、高度为300。

（2）用get函数获取属性值

get函数用于获取指定对象的属性值。

语法：get(h_obj)   % 获取句柄对象所有属性的当前值

　　　get(h_obj, 'PropertyName')   % 获取句柄对象指定属性的当前值

例如：获取图形对象属性。

```
>> p=get(h_fig,'position')
p =
     0    0   300   300
>> c=get(h_fig,'color')
c =
     1    0    0
```

程序分析：图形对象的颜色为红色，用RGB三元组表示。

（3）用set函数设置属性值

set函数用来设置对象的属性值。

语法：set(h_obj)　　　　　　　　　　　　%显示句柄对象所有属性和属性值

　　　set(h_obj, 'PropertyName')　　　　　%显示句柄对象指定属性名的属性值

　　　set(h_obj, 'PropertyName', ' PropertyValue ')　%设置句柄对象指定属性的属性值

　　　set(h_obj, 'PropertyStructure')　　%用结构数组设置句柄对象指定属性的属性值

例如：使用低层命令画图，并设置曲线对象线宽的属性（见图5-41）。

```
>> x=0:0.1:2*pi;
>> y=sin(x);
>> h_line1=plot(x,y,'b');
>> line1width=get(h_line1,'linewidth')          %获取曲线宽度
line1width =

    0.5000
>> set(h_line1,'linewidth',2)                    %设置曲线宽度
```

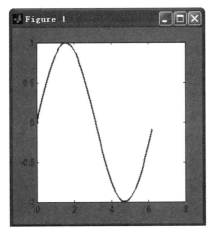

图5-41　图形对象属性的设置

（4）对象属性的默认设置和获取

对象属性的默认值也可以设置和获取。

语法：

get(h_obj, 'DefaultObjectTypePropertyName')   %获取对象属性的默认值

set(h_obj, 'DefaultObjectTypePropertyName', PropertyValue)

%设置属性的用户定义默认值

set(h_obj, 'DefaultObjectTypePropertyName', 'Remove')

%删除属性的用户定义默认值

说明：DefaultObjectTypePropertyName的表示为"Default+对象名+属性名"，例如线对象的线条宽度为"DefaultLineLineWidth"。

5.6 图形用户界面（GUI）设计

GUI是"Graphical User Interface（图形用户界面）"的意思。随着计算机技术的飞速发展，人与计算机的通信方式也发生了很大的变化。从原来的命令行通信方式（例如很早的DOS系统）变化到了现在的图形界面下的交互方式。而现在绝大多数的应用程序都是在图形化用户界面下运行的。像很多高级编程语言一样。MATLAB也有图形用户界面开发环境，能够帮助用户创建图形用户界面，这就是GUIDE——Graphic User Interface Development Environment。MATLAB的GUI是由各种图形对象组成的用户界面，在这种用户界面下，用户的命令和对程序的控制是通过"选择"各种图形对象来实现的。

基本图形对象分为控件对象和用户界面菜单对象，简称控件和菜单。

5.6.1 GUI开发环境（GUIDE）

MATLAB提供了一套可视化的创建图形窗口的工具GUIDE——Graphic User Interface Development Environment。使用用户界面开发环境可方便地创建GUI应用程序，它可以根据用户设计的GUI布局，自动生成M文件的框架，用户使用这一框架编制自己的应用程序。

MATLAB提供了可视化的界面环境Guide，打开可视化界面环境的方法有以下几种：

① 选择菜单"主页"→"新建"→"App"→构建具有完全二维和三维图形支持的图窗的App；

② 在命令窗口输入"Guide"命令或输入"Guide Filename"就会出现Guide快速开始界面，如图5-42所示。

MATLAB为GUI设计提供了4种模板，用户可根据需要选择使用：

① Blank GUI（空白模板，默认）；

② GUI with uicontrols（带控制框对象的GUI模板）；

③ GUI with Axes and Meau（带坐标轴和菜单的GUI模板）；

④ Modal Question Dialog（带模式问题对话框的GUI模板）；

当用户选择不同的设计模板时，相应的GUI设计模板界面就会显示GUI设计窗口，设计窗口中MATLAB提供了一套可视化的创建图形用户接口（GUI）的工具，包括布局编辑器、对象对齐、属性查看器、对象浏览器、菜单编辑器、"Tab"键顺序编辑器等，如图5-43所示。

图5-42　MATLAB GUI开发环境

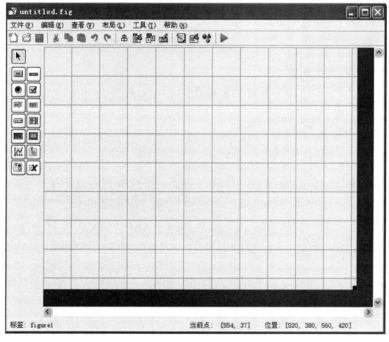

图5-43　可视化界面环境

（1）布局编辑器（Layout Editor）

　　它用于从控件选择板上选择控件对象并放置到布局区去，布局区被激活后就成为图形窗口。布局编辑器是可以启动用户界面的控制面板，上述工具都必须从布局编辑器中访问，用guide命令可以启动，或在启动平台窗口中选择GUIDE来启动布局编辑器。布局编辑器的基本操作步骤如下：

　　① 将控件对象放置到布局区：用鼠标选择并放置控件到布局区内，移动控件到适当的位置，改变控件至合适的大小。

　　② 激活图形窗口：若所建立的布局还没有进行存储，可用菜单"文件"→"另存为"，输入文件的名字，在激活窗口的同时将存储一对同名的M文件和带有.Fig扩展名的文件。

③ 运行 GUI 程序：在命令窗口直接键入文件名或用 openfig、open 或 hgload 命令运行 GUI 程序。也可以直接点击"运行图形"按钮，运行 GUI 程序。

④ 布局编辑器的弹出菜单：在任一控件上按下鼠标右键，会弹出一个菜单，通过该菜单可以完成布局编辑器的大部分操作。

（2）对象对齐（Alignment Tool）

它用于调整各对象相互之间的几何关系和位置。

（3）属性查看器（Property Inspector）

它用于查看每个对象的属性值。

（4）对象浏览器（Object Browser）

它用于获得当前 MATLAB 图形用户界面程序中所有的对象信息、对象的类型，同时显示控件的名称和标识，在控件上双击鼠标可以打开该控件的属性编辑器。

（5）菜单编辑器（Menu Editor）

它用于建立窗口菜单条的菜单和任何构成布局的弹出菜单。

（6）"Tab"键顺序编辑器

它用于设置用户按"Tab"键时对象被选中的先后顺序。

5.6.2 用户图形界面控件

（1）GUI控件对象类型

控件对象是事件响应的图形界面对象。当某一事件发生时，应用程序会作出响应并执行某些预定的功能子程序（Callback）。控件对象及其功能如表 5-9 所示。

表 5-9　控件对象及其功能

控件名	Property Name	功能
按钮	Push Button	最常用的控件，用于响应用户的鼠标单击，按钮上有说明文字说明其作用
切换按钮	Toggle Button	当单击时会凹凸状态切换
单选按钮	Radio Button	当单击时会用黑白点切换，总是成组出现，多个单选按钮互斥，一组中只有一个被选中
复选框	Check Box	当单击时会用√切换，有选中、不选中和不确定等状态，总是成组出现，多个复选框可同时选用
文本框	Edit Text	凹形方框，可随意输入和编辑单行和多行文字，并显示出来
静态文本框	Static Text	用于显示文字信息，但不接受输入
滚动条	Slider	可以用图示的方式显示在一个范围内数值的大概值范围，用户可以移动滚动条改变数值
框架	Frame	将一组控件围在框架中，用于装饰界面
列表框	List Box	显示下拉文字列表，用户可以从列表中选择一项和多项
弹出式菜单	Popup Menu	相当于文本框和列表框的组合，用户可以从下拉列表中选择
坐标轴	Axes	用于绘制坐标轴

（2）控件对象的描述

MATLAB中的控件大致可分为两种：一种为动作控件，鼠标点击这些控件时会产生相应的响应；一种为静态控件，是一种不产生响应的控件，如文本框等。

每种控件都有一些可以设置的参数，用于表现控件的外形、功能及效果，即属性。属性由两部分组成，即属性名和属性值，它们必须是成对出现的。

① 按钮（Push Button）：执行某种预定的功能或操作；

② 切换按钮（Toggle Button）：产生一个动作并指示一个二进制状态（开或关），当鼠标点击它时按钮将下陷，并执行callback（回调函数）中指定的内容，再次点击，按钮复原，并再次执行callback中的内容；

③ 单选按钮（Radio Button）：单个的单选按钮用来在两种状态之间切换，多个单选按钮组成一个单选按钮组时，用户只能在一组状态中选择单一的状态，或称为单选项；

④ 复选框（Check Box）：单个的复选框用来在两种状态之间切换，多个复选框组成一个复选框组时，可使用户在一组状态中作组合式的选择，或称为多选项；

⑤ 文本框（Edit Text）：用来使用键盘输入字符串的值，可以对编辑框中的内容进行编辑、删除和替换等操作；

⑥ 静态文本框（Static Text）：仅仅用于显示单行的说明文字；

⑦ 滚动条（Slider）：可输入指定范围的数量值；

⑧ 框架（Frame）：在图形窗口圈出一块区域；

⑨ 列表框（List Box）：在其中定义一系列可供选择的字符串；

⑩ 弹出式菜单（Popup Menu）：让用户从一列菜单项中选择一项作为参数输入；

⑪ 坐标轴（Axes）：用于显示图形和图像。

（3）控件对象的属性

用户可以在创建控件对象时，设定其属性值，未指定时将使用系统缺省值。

两大类控件对象属性：第一类是所有控件对象都具有的公共属性，第二类是控件对象作为图形对象所具有的属性。

① 控件对象的公共属性。

Children：取值为空矩阵，因为控件对象没有自己的子对象。

Parent：取值为某个图形窗口对象的句柄，该句柄表明了控件对象所在的图形窗口。

Tag：取值为字符串，定义了控件的标识值，在任何程序中都可以通过这个标识值控制该控件对象。

Type：取值为uicontrol，表明图形对象的类型。

UserDate：取值为空矩阵，用于保存与该控件对象相关的重要数据和信息。

Visible：取值为on或off。

② 控件对象的基本控制属性。

BackgroundColor：取值为颜色的预定义字符或RGB数值。

Callback：取值为字符串，可以是某个M文件名或一小段MATLAB语句，当用户激活某个控件对象时，应用程序就运行该属性定义的子程序。

Enable：取值为on（缺省值）、inactive或off。

Extend：取值为四元素向量[0,0,width,height]，记录控件对象标题字符的位置和尺寸。

ForegroundColor：取值为颜色的预定义字符或RGB数值。

Max,Min：取值都为数值。

String：取值为字符串矩阵或数组，定义控件对象标题或选项内容。

Style：取值可以是pushbutton, radiobutton, checkbox, edit, text, slider, frame, popupmenu 或 listbox。

Units：取值可以是pixels, normalized, inches, centimeters 或 points。

Value：取值可以是向量，也可以是数值，其含义及解释依赖于控件对象的类型。

③ 控件对象的修饰控制属性。

FontAngle：取值为 normal, italic, oblique。

FontName：取值为控件标题等字体的字库名。

FontSize：取值为数值。

FontWeight：取值为 points, normalized, inches, centimeters 或 pixels。

HorizontalAligment：取值为 left、right，定义对齐方式。

④ 控件对象的辅助属性。

ListboxTop：取值为数量值。

SliderStop：取值为两元素向量 [minstep,maxstep]，用于 slider 控件。

Selected：取值为 on 或 off。

SlectionHoghlight：取值为 on 或 off。

⑤ Callback 管理属性。

BusyAction：取值为 cancel 或 queue。

ButtDownFun：取值为字符串，一般为某个 M 文件名或一小段 MATLAB 程序。

Creatfun：取值为字符串，一般为某个 M 文件名或一小段 MATLAB 程序。

DeleteFun：取值为字符串，一般为某个 M 文件名或一小段 MATLAB 程序。

HandleVisibility：取值为 on, callback 或 off。

Interruptible：取值为 on 或 off。

5.6.3　对话框对象

对话框设计：在图形用户界面程序设计中，对话框是重要的信息显示和获取输入数据的用户界面对象。

（1）公共对话框

公共对话框是利用 Windows 资源的对话框，包括文件打开、文件保存、颜色设置、字体设置、打印设置、打印预览、打印等。

① 文件打开对话框：用于打开文件（见图5-44）。

uigetfile：弹出文件打开对话框，列出当前目录下所有 MATLAB 文件。

uigetfile('FilterSpec')：弹出文件打开对话框，列出当前目录下所有 'FilterSpec' 指定类型的文件。

uigetfile('FilterSpec','DialogTitle')：同时设定打开文件对话框的标题为 DialogTitle。

uigetfile('FilterSpec','DialogTitle',x,y)：x,y参数用于确定打开文件对话框的位置。

[fname,pname]=uigetfile(…)：返回打开文件的文件名和路径。

图5-44 文件打开对话框

② 文件保存对话框：用于保存文件（见图5-45）。

uiputfile：弹出文件保存对话框，列出当前目录下所有MATLAB文件。

uiputfile('InitFile')：弹出文件保存对话框，列出当前目录下所有'FilterSpec'指定类型的文件。

uiputfile('InitFile','DialogTitle')：同时设定保存文件对话框的标题为DialogTitle。

uiputfile('InitFile','DialogTitle',x,y)：x,y参数用于确定打开文件对话框的位置。

[fname,pname]=uiputfile(…)：返回打开文件的文件名和路径。

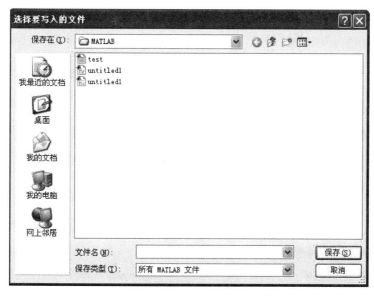

图5-45 文件保存对话框

③ 颜色设置对话框：用于图形对象颜色的交互设置（见图5-46）。

c=uisetcolor(h_or_c,'DialogTitle')：输入参数h_or_c可以是一个图形对象的句柄，也可以是一个三色RGB向量，DialogTitle为颜色设置对话框的标题。

例如：创建设置图形窗口的颜色的对话框。

```
>> h_figure =figure(1)
h_figure =
        1
>> c=uisetcolor(h_figure,'color')
c =
    0.8000    0.8000    0.8000
```

图5-46　颜色设置对话框

④ 字体设置对话框：用于字体属性的交互式设置（见图5-47）。

uisetfont：表示打开字体设置对话框，返回所选择字体的属性。

uisetfont(h)：h为图形对象句柄，使用字体设置对话框设置该对象的字体。

uisetfont(S)：S为字体属性结构变量，包含的属性有FrontName、FrontUnits、FrontSize、FrontWeight、FrontAngel，返回重新设置的属性值。

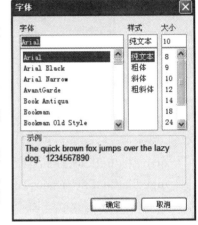

uisetfont(h,'DialogTitle')：h为图形对象句柄，使用字体设置对话框设置该对象的字体属性，同时设定该对话框的标题为DialogTitle。

uisetfont(S,'DialogTitle')：S为字体属性结构变量，包含的属性有FrontName、FrontUnits、FrontSize、FrontWeight、FrontAngel，返回重新设置的属性值，同时设定该对话框的标题为DialogTitle。

S=uisetfont(…)：返回字体属性值，保存在结构变量S中。

图5-47　字体设置对话框

⑤ 打印设置对话框：用于打印页面的交互式设置。

dlg=pagesetupdlg(fig)：fig为图形窗口的句柄，省略时为当前图形窗口，2018版本开始已由printpreview代替。

⑥ 打印预览对话框：用于对打印页面进行预览。

printpreview：对当前图形窗口进行打印预览。

printpreview(f)：对以f为句柄的图形窗口进行打印预览。

⑦ 打印对话框。

printdlg：对当前图形窗口打开Windows打印对话框。

printdlg(fig)：对以fig为句柄的图形窗口打开Windows打印对话框。

（2）MATLAB专用对话框

① 错误信息对话框：用于提示错误信息（见图5-48）。

errordlg：打开默认的错误信息对话框。

errordlg('errorstring')：打开显示 'errorstring' 信息的错误信息对话框。

errordlg('errorstring','dlgname')：打开显示 'errorstring' 信息的错误信息对话框，对话框的标题由 'dlgname' 指定。

erordlg('errorstring','dlgname','on')：打开显示 'errorstring' 信息的错误信息对话框，对话框的标题由 'dlgname' 指定。如果对话框已存在，'on' 参数将对话框显示在最前端。

h=errodlg(…)：返回对话框句柄。

例如：

>> errordlg('输入错误,请重新输入','错误信息')

② 帮助对话框：用于帮助提示信息（见图5-49）。

图5-48　MATLAB错误信息对话框　　　图5-49　MATLAB帮助对话框

helpdlg：打开默认的帮助对话框。

helpdlg('helpstring')：打开显示 'errorstring' 信息的帮助对话框。

helpdlg('helpstring','dlgname')：打开显示 'errorstring' 信息的帮助对话框，对话框的标题由 'dlgname' 指定。

h=helpdlg(…)：返回对话框句柄。

例如：helpdlg('输入字符不是MATLAB语句或表达式中的有效字符')。

③ 输入对话框：用于输入信息（见图5-50）。

answer=inputdlg(prompt)：打开输入对话框，prompt 为单元数组，用于定义输入数据窗口的个数和显示提示信息，answer 为用于存储输入数据的单元数组。

图5-50　MATLAB输入对话框

answer=inputdlg(prompt,title)：与上者相同，title 确定对话框的标题。

answer=inputdlg(prompt,title,lineNo)：参数 lineNo 可以是标量、列向量或 m×2 阶矩阵。若为标量，表示每个输入窗口的行数均为 lineNo；若为列向量，则每个输入窗口的行数由列向量 lineNo 的每个元素确定；若为矩阵，每个元素对应一个输入窗口，每行的第一列为输入窗口的行数，第二列为输入窗口的宽度。

answer=inputdlg(prompt,name,numlines,defaultanswer)：参数 defaultanswer 为一个单元数组，存储每个输入数据的默认值，元素个数必须与 prompt 所定义的输入窗口数相同，所有元素必须是字符串。

answer=inputdlg(prompt,name,numlines,defaultanswer,resize)：参数 resize 决定输入对话框的大小能否被调整，可选值为 on 或 off。

例如：

```
prompt={'Input Name','Input Age'};
title='Input Name and Age';
```

```
lines=[2 1]';
def={'John Smith','35'};
answer=inputdlg(prompt,title,lines,def);
```

④ 列表选择对话框：用于在多个选项中选择需要的值。

[selection,ok]=listdlg('Liststring',S,…)：输出参数 selection 为一个向量，存储所选择的列表项的索引号，输入参数为可选项 'Liststring'（单元数组）、'SelectionMode'（'single' 或 'multiple'、'ListSize'([wight,height])，'Name'（对话框标题）等。

⑤ 信息提示对话框：用于显示提示信息。

msgbox(message)：打开信息提示对话框，显示 message 信息。

msgbox(message,title)：title 确定对话框标题。

msgbox(message,title,'icon')：icon 用于显示图标，可选图标包括 none（无图标）、error、help、warn、custom（用户定义）。

msgbox(message,title,'custom',icondata,iconcmap)：当使用用户定义图标时，icondata 为定义图标的图像数据，iconcmap 为图像的色彩图。

msgbox(…,'creatmode')：选择模式 creatmode，选项为 modal、non_modal 和 replace。

h=msgbox(…)：返回对话框句柄。

⑥ 问题提示对话框：用于回答问题的多种选择（见图5-51）。

button=questdlg('qstring')：打开问题提示对话框，有三个按钮，分别为 yes、no 和 cancel，'questdlg' 确定提示信息。

图5-51　MATLAB问题提示对话框

button=questdlg('qstring','title')：title 确定对话框标题。

button=questdlg('qstring','title','default')：当按回车键时，返回 default 值，default 必须是 yes、no 或 cancel 之一。

button=questdlg('qstring','title','str1','str2','default')：打开问题提示对话框，有两个按钮，分别由 str1 和 str2 确定，'qstdlg' 确定提示信息，default 必须是 str1 或 str2 之一。

button=questdlg('qstring', 'title','str1','str2','str3','default')：打开问题提示对话框，有三个按钮，分别由 str1、str2 和 str3 确定，'qstdlg' 确定提示信息，default 必须是 str1、str2 或 str3 之一。

例如：创建问题提示对话框，点击"是"按钮。

```
>> button=questdlg('A为矩阵? ')
button =
Yes
```

⑦ 进程条：以图形方式显示运算或处理的进程（见图5-52）。

h=waitbar(x,'title')：显示以 title 为标题的进程条，x 为进程条的比例长度，其值必须在 0 ~ 1 之间，h 为返回的进程条对象的句柄。

waitbar(x,'title','creatcancelbtn','button_callback')：在进程条上使用 creatcancelbtn 参数创建一个撤销按钮，在进程中按下撤销按钮将调用 button_callback 函数。

waitbar(…,property_name,property_value,…)：选择其他由 prompt_name 定义的参数，

图5-52　MATLAB进程条

参数值由prompt_value指定。

例如：

> > h=waitbar(0,'pleas wait...');

⑧ 警告信息对话框：用于提示警告信息（见图5-53）。

h=warndlg('warnningstring','dlgname')：打开警告信息对话框，显示warnningstring信息，dlgname确定对话框标题，h为返回对话句柄。

例如：

> > h=warndlg('这是一个M文件!','warnning')

h =

　11.0039

图5-53　MATLAB的警告信息对话框

5.6.4　界面菜单

菜单是动态呈现的选择列表，菜单可以包含其他菜单或者菜单项，在MATLAB中，可以使用菜单编辑器创建菜单，也可以使用命令来创建菜单。

（1）使用菜单编辑器创建菜单

在GUIDE→工具→菜单编辑器中可以方便地创建菜单，如果是直接在可视化的界面环境中新建图形窗口，则从头开始新建菜单，如图5-54所示；如果在已存在的图形窗口中创建菜单，则新建的菜单从原有菜单最右边添加，如图5-55所示。

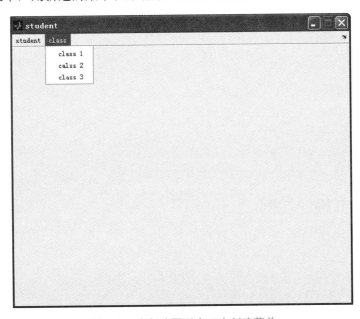

图5-54　在新建图形窗口中创建菜单

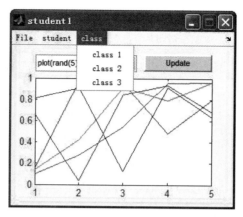

图5-55　在已存在的图形窗口中创建菜单

在图5-55中创建了两个菜单"student"和"class"，并具有两级下拉子菜单，"student"和"class"为第一级下拉菜单，"class 1"和"class 2""class 3"为第二级下拉菜单。

（2）使用uimenu函数创建菜单

uimenu函数用来建立自定义的用户菜单，该函数的调用格式如下。

① 建立一级菜单项的函数调用形式为：

一级菜单项句柄=uimenu（图形窗口句柄，属性名1，属性值1，属性名2，属性值2，…）

② 建立子菜单项的函数调用形式为：

子菜单项句柄=uimenu（一级菜单项句柄，属性名1，属性值1，属性名2，属性值2，…）

注：默认排列在标准菜单右边；自制子菜单按照创建先后自上而下排列。

例如：编程创建如图5-55所示的菜单。

```
>> h_fig=gcf
h_fig =
      1
>> h_menu1=uimenu(h_fig,'label','student');
>> h_menu2=uimenu(h_fig,'label','class');
>> h_menu21=uimenu(h_menu2,'label','class 1');
>> h_menu22=uimenu(h_menu2,'label','class 2');
>> h_menu23=uimenu(h_menu2,'label','class 3');
```

5.6.5　GUI设计实例

例如：用GUIDE创建图形用户界面。

① 界面中包含一个坐标轴用来显示三维表面（surface）；

② 包含两个按钮，用来绘制三维表面和修改颜色；

③ 通过几个文本框将颜色数值显示出来；

④ 通过滚动条修改三维表面的网格线色彩。

在图形界面上有一个菜单，通过菜单命令可以清除当前坐标轴的内容。如图5-56所示。

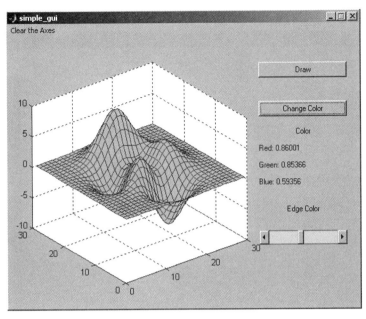

图5-56　用GUIDE创建图形用户界面

在该图形用户界面中包含如下控件：

① 两个按钮（Push Button），分别完成绘制三维曲面和改变色彩的功能；

② 五个静态文本框（Static Text），分别用来完成显示不同信息的功能；

③ 一个滚动条（Slide），用来完成改变三维曲面上的分隔线色彩；

④ 一个坐标轴（Axes），用来显示三维曲面；

⑤ 一个菜单（Menu），用来完成清除坐标轴的功能。

下面将详细介绍创建该图形用户界面的方法和步骤。

第一步：进行界面设计。在这一过程中，需要对界面空间的布局、控件的大小等进行设计。打开GUIDE，选择菜单"主页"→"新建"→"图形用户界面"，选择"Tools"菜单下的"Grid and Rulers"命令，在弹出的对话框中可以设置画布上网格线的尺寸，画布上的网格线可以帮助用户来设置控件的尺寸以及确定对齐控件的位置，所以需要选择合适的网格尺寸，默认的数值为50像素，如图5-57所示。

图5-57　网格和标尺设置

第二步：利用GUIDE的外观编辑功能，将必要的控件依次绘制在界面的"画布"上。在这一过程中，主要将所有控件摆放在合适的位置，并且设置控件合适的大小，如图5-58所示。

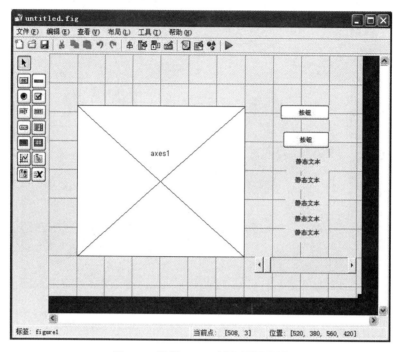

图5-58　利用GUIDE进行界面设计

在界面之中还需要创建菜单，创建菜单可以通过菜单编辑器完成。单击工具栏上的"菜单编辑"器按钮，可以打开"菜单编辑器"对话框，在对话框中单击"创建新菜单"按钮，则可以创建新的菜单，设置菜单属性如图5-59所示。

图5-59　利用菜单编辑器增设菜单项

设置菜单的标签（Label）属性和标记（Tag）属性。

标记Tag属性将在后面编写界面应用程序时使用。

再添加一个子菜单项，单击"新建菜单项"按钮，同样在"菜单编辑器"对话框中设置菜单项的标签（Label）属性和标记（Tag）属性分别为Done和Clear Axes Done。

到现在，整个图形界面元素就基本上创建完毕了，这时可以单击GUIDE工具栏中的"Run"按钮，激活图形界面，如图5-60所示。

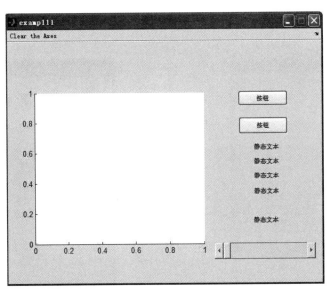

图5-60　激活图形界面

第三步：设置控件的属性，这一步骤重点需要设置控件重要的属性值，例如控件的回调函数、标签和显示的文本等。

控件的String属性和Tag属性：前者为显示在控件上的文本，后者相当于为控件取个名字，这个名字为控件在应用程序中的ID，控件的句柄和相应的回调函数都与这个名字有直接的关系。设置控件的属性可以使用GUIDE的属性查看器和控件浏览器完成。

单击工具条中的"控件浏览器"按钮，在弹出的对话框中，可以查看所有已经添加在图形界面中的对象以及对象的String和Tag属性，如图5-61所示。

图5-61　GUIDE的对象浏览器

首先设置图形窗体的属性，用鼠标双击控件对象浏览器中的"figure(Untitled)"，可以打开属性查看器编辑修改和查看图形窗体的属性。这里需要修改的属性包括图形的 Name 属性和 Tag 属性，将 Name 属性设置为 Simple GUi，将 Tag 属性设置为 simpleGui，如图 5-62 所示。

然后双击控件对象浏览器中的 uicontrol(pushbutton1" 按钮")，这时将打开按钮对象的属性查看器，同时，在 GUIDE 的外观编辑器中，可以看到画布上的第一个按钮被选中了。这时，需要将该按钮的 String 属性设置为 Draw，将 Tag 属性设置为 btnDraw，如图 5-63 所示。

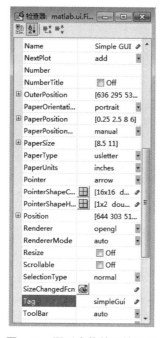

图5-62　图形窗体的属性设置

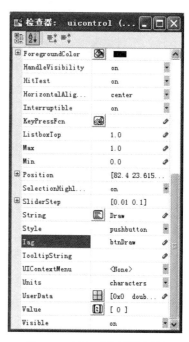

图5-63　按钮对象属性设置

依此类推，分别将其他的控件设置为如下的属性：

① 第二个按钮：

String：Change Color。

Tag：btnChangeColor。

② 静态文本框 1：

String：Color。

③ 静态文本框 2：

String：Red。

Tag：txtRed。

HorizontalAlignment：left。

④ 静态文本框 3：

String：Green。

Tag：txtGreen。

HorizontalAlignment：left。

⑤ 静态文本框4：

String：Blue。

Tag：txtBlue。

HorizontalAlignment：left。

⑥ 静态文本框5：

String：Edge Color。

⑦ 滚动条：

Tag：sliderEdgeColor。

设置控件对象后的效果如图5-64所示。

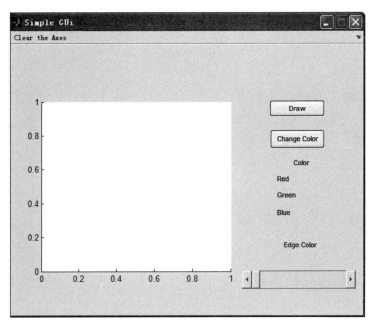

图5-64　设置控件对象后的效果

第四步：针对不同的控件需要完成的功能进行M语言编程。

完成了前面的工作之后，就要通过编写控件的回调函数来实现不同控件的界面功能了。图形用户界面的功能主要通过控件响应用户的动作来完成，特别在MATLAB的图形用户界面应用程序中，用户界面控件主要响应用户的鼠标动作——单击动作也就是选中控件的动作。响应鼠标动作的方法通过编写回调函数来完成。

MATLAB图形用户界面控件的回调函数，是指在界面控件被选中的时候，响应动作的M语言函数。在回调函数中，一般需要完成如下功能：

① 获取发出动作的对象句柄。

② 根据发出的动作，设置影响的对象属性。

一般回调函数的声明为：

function object_Callback(hObject，eventData，handles)

其中：

object为发生事件的控件的Tag属性字符串。

hObject为发生事件的控件的句柄。

eventData 为保留字段，目前版本的 MATLAB 还暂时不使用。

handles 为一个结构，这个结构中包含所有界面上控件的 Tag 属性值，还可以添加用户自己的数据。

程序的头部为程序的初始化和调度代码，一般情况下，用户不需要修改这部分代码。在程序执行的过程中，这部分代码起到了调度程序的功能，分别完成了打开图形界面、初始化以及响应用户动作的功能。一般地，此段代码如下：

```
% Begin initialization code - DO NOT EDIT
gui_Singleton = 1;
gui_State = struct('gui_Name',       mfilename, ...
                   'gui_Singleton',  gui_Singleton, ...
                   'gui_OpeningFcn', @simple_gui_OpeningFcn, ...
                   'gui_OutputFcn',  @simple_gui_OutputFcn, ...
'gui_LayoutFcn', [] , ...
           'gui_Callback',   []);
if nargin & isstr(varargin{1})
           gui_State.gui_Callback = str2func(varargin{1});
end

if nargout
    [varargout{1:nargout}] = gui_mainfcn(gui_State, varargin{:});
else
    gui_mainfcn(gui_State, varargin{:});
end
% End initialization code - DO NOT EDIT
```

在调度代码的后面紧跟着两个子函数，这两个子函数就是 GUI 的回调函数。第一个回调函数是：

function simple_gui_OpeningFcn(hObject, eventdata, handles, varargin)

该函数负责打开图形界面，同时，若程序中需要对一些全局的参数进行初始化或者设置时，可以将初始化用户数据的代码添加在该子函数中。

第二个回调函数是：

function varargout =simple_gui_OutputFcn(hObject, eventdata, handles)

该子函数负责将图形界面的句柄返回给用户的输出参数。

接下来的子函数是分别用来响应用户的动作输入，完成相应功能的 GUI 控件回调子函数。在这里首先编写 Draw 按钮的回调函数。在 M 文件中找到函数 btnDraw_Callback，并且添加相应的代码：

```
function btnDraw_Callback(hObject, eventdata, handles)
% 绘制三维曲面
hsurfc = surf(peaks(30),'FaceColor','blue');
% 保存三维曲面的句柄
```

```
handles.hsurface = hsurfc;
guidata(hObject,handles);
% 设置相应的文本显示当前色彩数值
set(handles.txtRed,'String',['Red: 0' ]);
set(handles.txtGreen,'String',['Green: 0']);
set(handles.txtBlue,'String',['Blue: 1']);
```

在上述的代码中，首先绘制了三维曲面，然后将三维曲面的句柄保存在handles结构中，最后还设置了相应色彩的文本属性以显示不同的色彩数值。

 注意

再次强调在GUIDE创建的M函数文件中，若修改了handles结构，则需要通过guidata函数将handles的结构保存起来，只有这样才能够通过handles结构将不同的用户数据传递到相应的子函数中。

若此时执行M文件，单击"Draw"按钮之后，就可以在坐标轴中观察到程序的输出效果——三维的曲面，如图5-65所示。

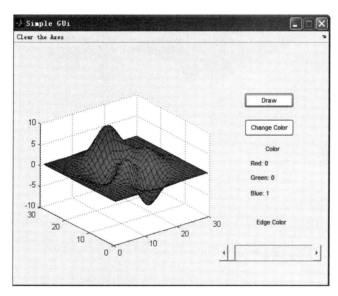

图5-65 通过按钮Draw绘制曲面的效果

继续修改M文件，在不同控件的回调函数中添加代码完成用户界面的功能。Simple GUi的M代码（回调函数部分）如下：

单击"Change Color"按钮的回调函数：

```
%单击ChangeColor按钮时执行以下程序
function btnChangeColor_Callback(hObject, eventdata, handles)
%修改曲面色彩
% 获取曲面的句柄
hsurf = handles.hsurface;
```

```
%hsurf = findobj(gcf,'Type','Surface');
% 生成随机的色彩
newColor = rand(1,3);
% 设置曲面的色彩
set(hsurf,'FaceColor',newColor);      %设置曲面的色彩
% 设置相应的文本显示当前色彩数值
set(handles.txtRed,'String',['Red: ' num2str(newColor(1,1))]);
set(handles.txtGreen,'String',['Green: ' num2str(newColor(1,2))]);
set(handles.txtBlue,'String',['Blue: ' num2str(newColor(1,3))]);
```

激活运行后，通过按钮 Change Color 就可以改变图形的颜色了，如图5-66所示。

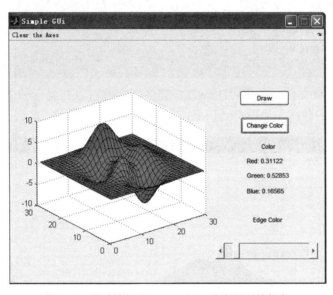

图5-66　通过按钮 Change Color改变图形的颜色

滚动条的回调函数：

```
%滚动条滚动时执行以下程序
function sliderEdgeColor_Callback(hObject, eventdata, handles)
% 修改曲面的边缘色彩
% 获取对象句柄
hsurf = handles.hsurface;
% 获取滚动条当前的数值
newRead = get(hObject,'Value');    %从滚动条获取新的色彩数值
EdgeColor= rand(1,3); %生成新的色彩
EdgeColor(1) = newRead;
set(hsurf,'EdgeColor',EdgeColor);
```

设置窗口背景色：

```
%创建对象，完成全部设置时执行以下程序
function sliderEdgeColor_CreateFcn(hObject, eventdata, handles)
```

```
usewhitebg = 1;
if usewhitebg
        set(hObject,'BackgroundColor',[.9 .9 .9]);
    else
    set(hObject,'BackgroundColor',get(0,'defaultUicontrolBackgroundColor'));
    end
```

菜单命令的回调函数：

```
% ----------------------------------------------------------------------
function CleartheAxes_Callback(hObject, eventdata, handles)


% ----------------------------------------------------------------------
function ClearAxesDone_Callback(hObject, eventdata, handles)
% 清除当前的坐标轴内容
cla
```

全部程序编写运行完成后，图形用户界面的执行状态如图5-67所示。

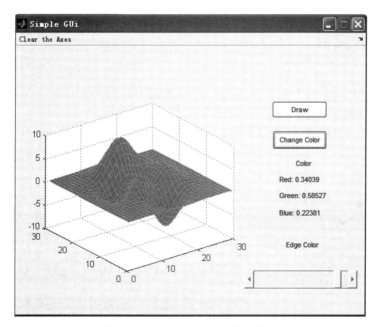

图5-67 图形用户界面的执行状态

本节通过以上的简单示例介绍了在MATLAB中创建图形用户界面的方法，以及MATLAB创建图形用户界面应用程序的集成开发环境GUIDE的使用方法和创建图形用户界面的过程。

第 *6* 章
MATLAB程序设计

MATLAB作为一种应用广泛的科学计算软件，不仅具有强大的数值计算、数据可视化功能，而且具有强大的程序设计功能。MATLAB是一种高级的计算机语言，在M文件的编程工作方式下，MATLAB像其他高级语言一样具有数据结构、控制流、输入输出和面向对象编程的能力，并且具有语法简单、使用方便、库函数丰富、易于调试的特点。本章主要介绍MATLAB中M文件、函数中的变量、程序控制结构、程序调试等内容。

6.1　M文件

用MATLAB语言编写的程序文件，扩展名为.m，称为M文件。M文件有两种形式，即脚本文件（Script）和函数文件（Function）。

单击MATLAB桌面上的□图标，或者选择菜单"主页"→"新建"→"脚本（Script）"命令，或选择"函数（Function）"可以分别打开空白的M脚本文件编辑器和M函数文件编辑器，如图6-1所示。

(a) 空白的M脚本文件编辑器

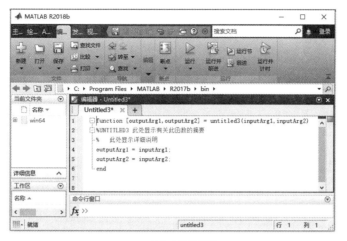

(b) M 函数文件编辑器

图6-1 空白的M脚本文件编辑器和M函数文件编辑器

6.1.1 函数

函数文件包含输入变量和输出变量，可以接收用户的输入参数，进行计算，并将计算结果作为函数的返回值返回给调用者。函数文件是用function声明的M文件，函数文件在运行时，具有自己的函数工作空间，函数运行时获取传递给它的变量，内部产生的中间变量是不会显示出来的，也不会存储到MATLAB工作空间窗口，只在函数执行期间临时存在，在函数运行结束时消失。自始至终用户看到的都只是输入的参数和输出的结果。因此，用户不能靠单独输入其文件名字来运行函数文件，而需要先给出输入参数，再调用函数。

（1）函数文件的基本结构

M函数文件的基本格式如下：

函数声明行；H1行（用％开头的注释行）；在线帮助文本（用％开头）；编写和修改记录（用％开头）；函数体。

说明：

① 函数M文件的第一行以function开始，是M函数文件必须有的；函数名和文件名一致，当不一致时，MATLAB以文件名为准，ex61函数保存在ex61.m文件中。

函数声明行的格式：

function [outputArg1,outputArg2] = filename (inputArg1,inputArg2)

其中函数名必须以字母开始，其后可以为字母、数字或者下划线，函数名不能超过规定的长度，超过的部分将会被忽略。

函数接收的输入参数可以是多个，多个输入参数间用逗号分开；输出参数是函数运算的结果，多个参数间也用逗号分开，当输出参数多于一个时，需要使用中括号括起来。下面的语句定义了一个ex61函数，包括三个输入参数和三个输出参数。

function [x, y, z] = ex61 (theta, phi, rho)

其中，函数名和文件名为ex61，输出参数为x、y、z，输入参数分别为theta、phi、rho。函数可以有多个输入参数和输出参数，如果没有输出参数，可忽略中括号或者使用空中括号表示。

```
function filename(x)
function [ ] = filename(x)
```

函数可以按少于函数 M 中所规定的输入和输出参数进行调用，但不能多于函数 M 中所规定的输入和输出参数数目。如果输入和输出参数数目多于函数中 function 语句所规定的数目，则调用时自动返回一个错误提示。

② H1 帮助行，函数文件中第一行帮助信息，通常包含函数文件名，可以提供 help 和 look for 关键词用于查询。用户在自己定义 M 文件时，一定要编写相应的 H1 帮助行。

③ 在线帮助文本为紧随在函数定义行的注释行，通常包含函数输入、输出变量的含义和格式说明。

④ 编写和修改记录一般在空 1 行后，记录作者、日期和版本记录，用于软件档案管理。

⑤ 函数体由 MATLAB 的命令或者通过流程控制结构组织的命令组成。通过函数体实现函数的功能。

【例6-1】设计一个函数文件，将华氏温度转化为开尔文温度。华氏温度(f)和开尔文温度(k)的转换关系式为：

$$k = \frac{5}{9}(f-32.0)+273.15$$

在打开的 M 文件编辑器中输入以下命令，其中 f 为华氏温度，k 为开尔文温度，保存函数文件为 ex601。

```
function k=ex601（f）
%To convert an input temperature from degrees Fahrenheit to an output temperature
in kelvins.
%Define variables:
%f—Temperature in degrees Fahrenheit
%k—Temperature in kelvins
% convert to kelvins.
f;
k=(5/9)*(f-32.0)+273.15;
```

M 函数文件中，f 为输入参数，k 为输出参数，ex601 为文件函数名。将文件添加到 MATLAB 的搜索路径中，然后在命令窗口输入输入参数：

```
>> f=30
```

调用函数文件 ex601，在命令窗口中输入：

```
>> k= ex601 (f)
```

这时，MATLAB 自动返回输出参数 k =272.0389。

【例6-2】任意给出两个向量 x 和 y，编写函数文件实现多项式的曲线拟合。在程序编辑窗口中编写以下语句，并以 ex602.m 为名存入相应的子目录。

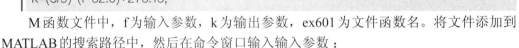

```
function curvefit=ex602(x，y，fitorder)
```

```
% ex602是用来求多项式的曲线拟合
% 任意给出向量x、y及拟合阶数fitorder，要求x和y的元素个数相同
% 利用拟合函数polyfit开始拟合
curvefit=polyfit(x,y,fitorder);
%求所得多项式在x处的值
yfit=polyval(curvefit，x);
% 画原始数据和拟合多项式曲线
plot(x,y,'o',x,yfit,'m:')
end
```

若在编写保存好程序后，在MATLAB命令窗口输入指令：

```
>> lookfor ex602
```

则返回H1帮助行信息为：“ex602是用来求多项式的曲线拟合”。

在MATLAB命令窗口输入指令：

```
>> help ex602
```

则返回在线帮助行信息为：“ex602是用来求多项式的曲线拟合；任意给出向量x、y及拟合阶数fitorder，要求x和y的元素个数相同”。

（2）函数文件的调用

函数调用的一般格式如下：

[输出实参表]=函数名（输入实参表）

函数调用时各实参出现的顺序、个数应与函数定义时形参的顺序、个数一致，否则会出错。函数调用时，先将实参传递给相应的形参，从而实现参数传递，再执行函数的功能。

以例6-1为例，在MATLAB命令窗口中调用函数文件，首先将文件添加到MATLAB的搜索路径中，然后在命令窗口输入：

```
>> f=30
```

调用函数文件ex601，在命令窗口中输入：

```
>>clear
>> k=ex601(f)
```

这时，MATLAB自动返回输出参数 k =272.0389。如果输入：

```
>>clear
>>k= ex601 (100)
```

输出结果为：

```
k=
    310.9278
```

当函数文件调用结束，查看工作空间的变量：

```
>>whos
Name    Size    Bytes    Class
```

```
K        1×1      8       double array
Grand total is 1 element using 8bytes
```

可见，在变量空间中并没有出现例6-1所示函数文件中的变量 f，因为函数文件中的变量为局部变量，只在函数运行器件有效，运行结束后就被清除了。

以例6-2为例，在MATLAB命令窗口中调用函数文件，首先在命令窗口给出向量 x、y 和阶数 fitorder，如下所示：

```
>>clear
>>x=[0.1 0.14 0.2 0.23 0.34 0.45 0.55 0.6 0.67 0.7 0.8 1];
>>y=[2.2 2.5 3.4 4.4 5.6 6.5 7.0 7.5 8 9 10 11];
>>fitorder=6;
```

调用函数 ex602，即：

```
>> ex602 (x,y,fitorder)
```

回车后，运行结果如图6-2所示。

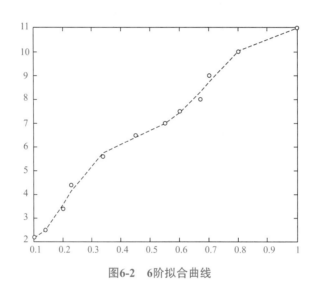

图6-2　6阶拟合曲线

（3）函数的参数

当调用一个函数时，所用的输入变量和输出变量的数量在函数内是确定的。nargin在函数体内获得确定输入变量的个数；nargout在函数体内获得确定输出变量的个数；nargin('fun')获取函数 fun 的输入参数个数；nargout('fun')获取函数 fun 的输出参数个数。

说明：fun是函数名，可以省略，当nargin和nargout函数在函数体内时fun可省略，在函数外时fun不省略。

【例6-3】函数 ex603.m 的功能是输出 a、b、c 的和，如果输入只有一个变量，则认为其他两个输入变量为零；如果输入有两个变量，则另外一个为零；如果三个变量都没有输入，则默认两者均为零。

```
Function y=ex603（a，b，c）
%参数个数可以变，是用来计算三个变量a、b、c的和
if nargin==0
a=0 ;b=0 ;c=0 ;
elseif nargin==1
b=0 ;c=0 ;
elseif nargin==2
c=0;
end
y=a+b+c;
```

在命令窗口分别使用0个、1个、2个、3个、4个参数调用ex603函数，结果如下：

```
>> y=ex603
y =
     0
>> y=ex603(7)
y =
     7
>> y=ex603(7,8)
y =
    15
>> y=ex603(7,8,9)
y =
    15
>> y=ex603(7,8,9,10)
```

错误使用ex603，输入参数太多。

函数的参数也可以是可变输入输出个数的，函数varargin和varargout函数允许编程者传递可变数量的输入参数给函数，或者让函数返回可变数量的输出参数。varargin和varargout函数将函数调用时实际传递的参数构成元胞数组，通过访问元胞数组中各元素内容来获得输入输出变量。

function y = fun(varargin)：输入参数为varargin的函数fun。

function varargout = fun(x)：输出参数为varargout的函数fun。

【例6-4】应用conv( )函数计算两个多项式的积，用varargin 实现任意多个多项式的积。

```
function a=ex604convs(varargin)
a=1;
for i=1:length(varargin)
a=conv(a,varargin{i});
end
```

在命令窗口输入三个多项式，分别为 P、Q、F，则结果如下：

```
>> P=[1 2 4 0 5]; Q=[1 2]; F=[1 2 3]; D= ex604convs (P,Q,F)
D =
     1     6    19    36    45    44    35    30
>> poly2sym(D)
ans =
x^7+6*x^6+19*x^5+36*x^4+45*x^3+44*x^2+35*x+30
>> E=conv(conv(P,Q),F)
```

若采用conv( )函数，则需要嵌套调用：

```
E =
     1     6    19    36    45    44    35    30
>> poly2sym(E)
ans =
x^7+6*x^6+19*x^5+36*x^4+45*x^3+44*x^2+35*x+30
>> G= ex604convs (P,Q,F,[1,1],[1,3],[1,1])
G =
     1    11    56   176   376   578   678   648   527   315    90
```

6.1.2 脚本

脚本文件具有如下特点。

① 脚本文件中的命令格式和前后位置，与在命令窗口中输入时没有任何区别。

② MATLAB在运行脚本文件时，只是简单地按顺序从文件中读取一条条命令，送到MATLAB命令窗口中去执行。

③ 与在命令窗口中直接运行命令一样，脚本文件运行产生的变量都是驻留在MATLAB的工作空间（workspace）中，可以很方便地查看变量，只要用户不使用clear命令清除，且MATLAB命令窗口不关闭，这些变量将一直保存在MATLAB基本工作空间中。脚本文件的命令也可以访问工作空间的所有数据，为此要注意避免变量的覆盖而造成程序出错。

脚本M文件不包含输入参数和输出参数，通常由M文件正文和注释部分构成。文件正文主要实现特定功能，而注释是给出代码说明，便于阅读。

例如，在MATLAB主界面中点击"新建脚本"，生成脚本M文件，并输入以下程序：

```
theta=-pi:0.01:pi;
rho(1,:)=2*sin(3*theta).^2;
polar(theta,rho(1,:))
```

将文件存为flower.m，该文件成为一个脚本M文件，在MATLAB命令行窗口中键入flower并回车，可运行此M文件。该M文件生成的曲线如图6-3所示。

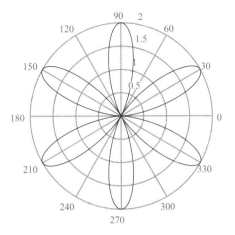

图6-3 花瓣图形

【例6-5】绘制花瓣图形，在程序编辑窗口中编写以下语句，并以ex605.m为名存入相应的目录。

```
theta = -pi:0.01:pi; % 产生一维向量
rho(1,:) = 3 * cos(2 * theta) .^ 2;
rho(2,:) = sin(5 * theta) .^ 3;
rho(3,:) = sin(theta) .^ 2;
rho(4,:) = 2 * cos(3 * theta) .^ 3;
for k = 1:4
polar(theta, rho(k,:)) % 图形输出
pause
end
```

在MATLAB命令行窗口中键入ex605可运行此M文件。程序运行结束后，变量k、theta和rho均保存在基本工作空间中，可用命令whos查看。

```
>> whos
  Name      Size          Bytes   Class      Attributes
  k         1x1               8   double
  rho       4x629         20128   double
  theta     1x629          5032   double
```

【例6-6】已知x=[0.1 0.14 0.2 0.23 0.34 0.45 0.55 0.6 0.67 0.7 0.8 1]，y=[2.2 2.5 3.4 4.4 5.6 6.5 7.0 7.5 8 9 10 11]，编写一脚本文件实现曲线拟合。

在程序编辑窗口中编写以下语句，并以ex606.m为名存入相应的子目录。

```
x=[0.1 0.14 0.2 0.23 0.34 0.45 0.55 0.6 0.67 0.7 0.8 1];
y=[2.2 2.5 3.4 4.4 5.6 6.5 7.0 7.5 8 9 10 11];
curvefit=polyfit(x,y,6);
yfit=polyval(curvefit,x);
plot(x, y, 'o' ,x, yfit,'m:')
```

请大家对比前面函数文件例6-2，在文件结构以及文件调用等方面均不同。

【例6-7】按照以上例题的形式编写函数文件和命令文件，求半径为r的圆的面积s和周长p，并以ex6071.m，ex6072.m为名存入相应的子目录。

① 函数文件：

```
function [s,p]= ex6071 (r)
s=pi*r*r;
p=2*pi*r;
```

② 命令文件：

```
clear;
r=input('Input The radius of the circle：');
s=pi*r*r;
p=2*pi*r;
```

6.2 MATLAB中的变量

函数中的变量包括局部变量、全局变量和永久变量，函数中的所有变量除非特殊声明外都是局部变量。全局变量是在不同的函数工作空间以及基本工作空间中可以被共享的变量。

局部变量（Local Variables）是在函数体内部使用的变量，其影响范围只能在本函数内，只在函数执行期间存在，当函数执行完变量就消失。每个函数在运行时，都占用独立的函数工作空间，此工作空间和MATLAB的工作空间是相互独立的，当函数运行结束，变量占用的内存空间自动释放，变量的数值也就不存在了。而且在命令窗口调用一个函数文件，工作窗口将看不见函数文件中含有的局部变量。

全局变量（Global Variables）是可以在不同的函数工作空间和MATLAB工作空间中共享使用的变量。全局变量的作用域是整个MATLAB工作空间，即全程有效。所有的函数都可以对它进行存取和修改，所以全局变量是函数之间传递信息的一种手段。任何函数如果需要使用全局变量，则必须首先用global命令定义，语法为：

```
global 变量名
```

在命令窗口输入以下命令定义一个全局变量a，则：

```
>> global a        %定义某个全局变量
>> whos
  Name      Size          Bytes   Class     Attributes
  a         0x0               0   double    global
```

要清除全局变量可以使用clear命令，命令格式如下：

```
>>clear global a          %清除某个全局变量
>>clear global            %清除所有的全局变量
```

除局部变量和全局变量外，MATLAB中还有一种变量类型为永久变量，永久变量的定义方法为：

```
persistent  变量名
```

永久变量有如下特点：只能在M函数文件内部定义；只有该变量从属的函数能够

访问该变量；当函数运行结束时，该变量的值保留在内存中，因此当该函数再次被调用时可以再次利用这些变量。

6.3 MATLAB 程序控制结构

MATLAB 语言和其他结构化编程语言一样，支持3种最基本的控制结构，分别是顺序结构、循环结构和选择结构。使用这3种基本的控制结构编写出的程序结构清晰，可读性好，使 MATLAB 的编程功能更加强大。

6.3.1 顺序结构

顺序结构的程序设计是最简单的。在顺序结构程序中，程序源代码是按照位置的先后依次执行的，直到最后的一条语句。一般主要涉及数据的输入、输出和处理等内容。

（1）数据的输入 input

input 命令用来提示用户应从键盘输入数值、字符串和表达式，并接受该输入。input 命令常用的调用格式如下。

> A=input(提示信息，选项)

其中提示信息为一个字符串，用于提示用户在键盘中输入什么样的数据，可以输入数值、字符串或表达式。如果在 input 函数中采用 's' 选项，则允许用户输入字符串。例如：

```
>>a=input('input a number:')        %输入数值给a
input a number:45
a=45
>>b=input('input a number:','s')    %输入字符串给b
input a number:ab
b=ab
>>input('input a number:')          %将输入值进行运算
input a number:2+3
ans=5
```

（2）数据的输出 disp

在命令窗口输出数据时，可以使用 disp 函数，其调用的格式为：

> disp(输出项)

其中输出项可以是字符串，也可以是矩阵。例如：

```
>>disp('a')
a
>>b=[1 2;3 4];    %输入矩阵b
>>disp('b')       %输出矩阵b
  1   2
  3   4
```

6.3.2 循环结构

MATLAB 的循环结构有2种：for…end 结构和 while…end 结构。for…end 循环的循环次数确定，而 while…end 循环的循环次数不确定。

（1）for…end 循环结构

for 语句的语法结构为：

```
for 循环变量=开始值: 增量: 结束量
    循环体语句
end
```

其中，开始值表示循环变量的初值，增量即为步长，结束量表示循环量的终值。当步长为1时，增量可以省略。

【例6-8】使用 for…end 循环编程求出 1+3+5+…+99 的值。

```
sum=0;
for n=1:2:100
    sum=sum+n
end
```

【例6-9】利用 for…end 循环编程生成 3×4 的矩阵，且矩阵中元素均为2，并以 ex609.m 为名存入相应的子目录。

```
for(i=1:3)
    for(j=1:4)
        A(i,j)=1.5;
    end
end
A
A =
1.5000    1.5000    1.5000    1.5000
1.5000    1.5000    1.5000    1.5000
1.5000    1.5000    1.5000    1.5000
```

【例6-10】使用 for…end 循环将单位阵转换为列向量。

```
sum=zeros(6,1);
for n=eye(6,6)
sum=sum+n
end
```

计算结果如下：

```
sum=
1
1
1
```

```
1
1
1
```

（2）while…end循环

while 语法格式如下：

```
while  表达式
    循环体语句
end
```

当表达式为逻辑真时，就执行循环体语句，执行后再判断条件是否成立，如果不成立则结束循环。

【例6-11】使用while…end循环编程求出1+2+3+…+100的值。

```
sum=0;
n=1;
while n<=100
    sum=sum+n
n=n+1
end
sum
n
```

输出结果为：

```
sum=
5050
n=
101
```

【例6-12】根据 $y=1+\dfrac{1}{3}+\dfrac{1}{5}+\cdots+\dfrac{1}{2n-1}$，求 y<3 时的最大 n 值 maxn 和 y 值 maxy。

```
y=0;
n=1;
while  y<3
    y=y+1/(2*n-1);
    n=n+1;
    z(n)=y;
end
maxn=n-2                         %y<3之前的n
maxy=z(n-1)
```

计算结果如下：

```
maxn =
    56
```

```
maxy =
    2.9944
```

6.3.3 选择结构

选择结构是根据不同的逻辑表达式的值来选择程序执行过程中需要执行的语句，主要的语句有if语句和switch语句。

（1）if 结构

if结构是最常见的条件转移结构，在MATLAB中，if语句主要有3种基本的格式。

格式1：

```
if   条件
    语句组
end
```

该格式表示当条件成立时，则执行语句组；当条件不成立时，则直接执行end后面的语句。

【例6-13】判断一个数是否为偶数。

```
if   rem(a, 2) == 0
disp('a is even')
b = a/2;
end
```

当输入a=8时，结果为：

```
>> a is even
b =4
```

格式2：

```
if   条件
    语句组1
else
    语句组2
end
```

当条件成立时，执行语句组1；否则执行语句组2。语句组1或语句组2执行以后再执行end后面的语句。

【例6-14】应用if-else-end语句结构计算分段函数的值，并以ex612.m为名存入相应的子目录。

$$y = \begin{cases} (x+\sqrt{\pi})/e^2, & x \leqslant 0 \\ \log(x+\sqrt{1+x^2})/2, & x > 0 \end{cases}$$

```
x=-10:0.1:10;
if    x<=0
    y= (x+sqrt(pi))/exp(2);
```

```
else
    y=log(x+sqrt(1+x.*x))/2;
end
plot(x,y,'m:* ')
```

格式 3：

```
if    条件1
    语句组1
elseif  条件2
    语句组2
    ……
elseif  条件m
    语句组m
else
    语句组m+1
end
```

该if语句可以实现多分支选择结构。

【例6-15】根据不同的分段表达式 $f(x)=\begin{cases} \sqrt{x}, & 0\leqslant x<4 \\ 2, & 4\leqslant x<6 \\ 5-x/2, & 6\leqslant x<8 \\ 1, & x\geqslant 8 \end{cases}$，绘制分段函数曲线。

```
x=0:0.5:10;
y=zeros(1,length(x));              %产生0行向量，y的初始值为0
for n=1:length(x)
    if  x(n)>=8
        y(n)=1;
    elseif x(n)>=6
        y(n)=5-x(n)/2;
    elseif x(n)>=4
        y(n)=2;;
    else
        y(n)=sqrt(x(n));
    end
end
plot(x,y)
axis([0 10 0 2.5]);
```

分段函数的曲线如图6-4所示。

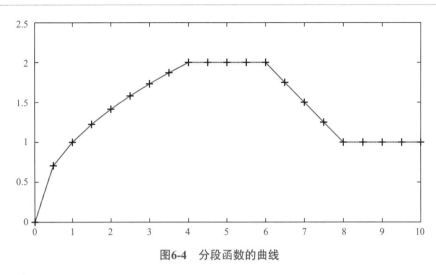

图6-4　分段函数的曲线

（2）switch…case结构

switch…case结构是有多个分支结构的条件转移结构。根据表达式的取值不同，分别执行不同的语句，其语法格式如下：

```
switch　表达式
    case　值1
        语句组1
    case　值2
        语句组2
        ……
    case　值m
        语句组m
    otherwise
        语句组m+1
end
```

其中，switch后边表达式的值必须是一个标量或者字符串；当表达式的值与某一个case后面的值相等时，就执行此case后面的语句；如果没有case后面的值与其相等，就执行otherwise后面的语句。

【例6-16】用switch…case开关结构得出各月份的季节。

```
for  month=1:12;
    switch month
    case{3,4,5}
        season='spring'
    case{6,7,8}
        season='summer'
    case{9,10,11}
        season='autumn'
    otherwise
```

```
                season='winter'
        end
end
```

【例6-17】使用switch…case结构，完成卷面成绩score的转换。90分以上为优；80~89分为良；70~79分为中；60~69分为及格；60分以下为不及格。

```
score=input('请输入卷面成绩: score=');
switch fix(score/10)
case {10,9}
        grade='优'
case 8
        grade='良'
case 7
        grade='中'
case 6
        grade='及格'
otherwise
        grade='不及格'
end
disp（grade）;
```

该程序运行结果如下：

```
请输入卷面成绩: score=67
命令窗口显示:
grade =及格
请输入卷面成绩: score=85
```

命令窗口显示：

```
grade = 良
```

6.3.4　其他流程控制语句

（1）break命令

当break命令使用在循环体中的时候，其作用是可以使包含break的最内层的for或while语句强制终止，立即跳出该结构，执行end后面的命令，即控制程序的流程，使其提前退出循环。break命令一般和if结构结合使用。

【例6-18】用if与break命令结合，停止while循环。计算 1+2+3+…+100的值，当和大于1000时终止计算。

```
sum=0;
n=1;
while   n<=100
    if   sum<1000
        sum=sum+n;
```

```
            n=n+1;
        else
            break
        end
end
sum
n
```

计算结果如下：

```
sum=
  1035
my =
  46
```

（2）continue命令

continue命令用于结束本次for或while循环，与break命令不同的是continue只结束本次循环而继续进行下次循环。该指令用于循环结构中，结束当前循环，执行下一次循环。

【例6-19】将if命令与continue命令结合，计算的1～100中除了5的倍数之外的所有整数和。

```
sum=0;
for n=1:100
    if  mod(n,5)==0
        continue;              %能被整除就跳出本次外循环
    else
        sum=sum+n;
    end
end
sum
```

计算结果如下：

```
sum=
    4000
```

（3）return命令

return命令用于终止当前命令的执行或终止被调用函数的运行，并且立即返回到上一级调用函数或等待键盘输入命令，可以用来提前结束程序的运行。return命令也可以用来终止键盘方式。例如，在某M函数中，有一个函数：

```
function d=det(A)
if   isempty(A)
   d=1;
   return
```

```
else
    …
end
```

执行 return 时表示终止 M 函数的执行，返回到调用语句之后。

（4）pause命令

pause命令用来使程序运行暂停，等待用户按任意键继续；用于程序调试或查看中间结果，也可以用来控制动画执行的速度。

语法格式如下：

```
pause                              %暂停
pause(n)                           %暂停n秒
```

pause on/off：允许/禁止其后的程序暂停。

例如，在显示两个图形窗口之间暂停3s，程序如下：

```
>>plot(0:10,0:1:10)
>>pause(3)
>>plot(0:10,10:-1:0)
```

6.4 MATLAB程序调试

用户在编写M文件过程中，不可避免地出现错误，即所谓的bug。为此，MATLAB提供了一些方法和函数用于M文件的调试。

应用程序中的错误主要有语法错误和逻辑错误。语法错误可以由编译器检测，在编写时，如果语法出现错误，则编辑器会在错误处标志红色弯曲下划线，同时如果将鼠标放置此处会显示错误内容提示。或者当下划线为橙色时，表示此处语法正确，但是可能会导致错误，即系统发出警告。在编写程序时，注意系统的提示可以避免大部分语法错误。另外，如果出现函数名错误或者变量错误，在编译运行时，系统会提示错误，用户可以将其改正。

例如在命令窗口输入如下程序：

```
>>x=0:10;
>>y=sine(x)
```

系统在此时会给出错误信息提示：

```
未定义函数或变量 'sine'。
是不是想输入：
>> y=sin(x)
```

由于将 sin 错误地写成 sine，系统认为此命令/函数为定义。

但是逻辑错误是程序运行结果有错误，是算法本身的问题，或者命令使用不当造成的运行结果错误。这些错误发生在运行过程中，影响因素很多，调试较为困难。此类错误系统不给出任何的提示信息，需要编程人员自己查找错误。

通常程序调试有两种方法：直接调试法和工具调试法（利用 MATLAB 调试工具进行调试）。

6.4.1 直接调试法

MATLAB 语言具有强大的运算能力，指令系统简单，因此程序通常比较简单。对于简单的程序可以采用直接调试的方法。

在程序调试时，程序运行中变量的值是一个重要的线索。因此，查看变量值是程序调试的重要线索，将函数中要调试的语句后面的分号（；）删除，将结果显示在命令窗口中，通过显示的结果进行查找。可以利用函数 disp 显示中间变量的值。

在调试一个单独的函数时，可以将函数改写为脚本文件。在 M 函数文件的函数声明语句之前插入 %，可以将声明语句变为注释，同时也将 M 函数文件变为脚本文件。这样可以直接对输入参数赋值，然后直接以脚本方式运行该 M 文件，并保存所有变量在工作空间中，以便查看和调试。

在程序中的适当位置添加 keyboard 指令。当 MATLAB 执行到此处时将暂停，等待用户反应。当程序运行到此时将暂停，在命令窗口中显示 k>> 提示符，用户可以查看工作区间中的变量，可以改变变量的值，输入 return 指定返回程序，继续执行。

利用 echo 命令，可以在运行时将文件的内容显示在屏幕上。Echo on 用于显示脚本文件执行的过程，但不显示被调用的函数文件的内容，如果希望检查函数文件的内容，用 echo Funname on 显示文件名为 Funname 的函数文件的执行过程。Echo off 用于关闭脚本文件的执行过程，echo Funname off 用于关闭函数文件的执行过程的显示。

6.4.2 工具调试法

上面的调试方法对于简单的程序比较适用，当一个函数文件容量很大，使用了递归调用或高度嵌套时，可以使用 MATLAB 提供的调试工具 Debug。利用 MATLAB 调试器可以提高编程的效率。调试工具包括命令行形式的调试函数和图形界面形式的菜单命令。M 文本编辑器中的 Debug 菜单提供了全部的调试选项，调试选项及其功能如下所示。

Open M-files when Debugging：调试打开 M 文件。

Step：下一步。

Step in：进入被调试函数内部。

Step out：跳出当前函数。

Continue：执行，直至下一断点。

Go until Cursor：执行至当前光标处。

Set/Clear Breakpoint：设置或删除断点。可以选择该选项对当前行进行操作，或者通过快捷键"F12"，或者直接单击该行左侧的 '-'。设置断点时该处显示为红点，再次进行相同的操作则删除该断点。

Set/Modify Conditional Breakpoint…：设置或修改条件断点；条件断点为一种特殊的断点，当满足指定的条件时则程序执行至此处时运行停止，条件不满足时则程序继续运行。

Enable/Disable Breakpoint：开启或关闭光标行的断点。如果当前行不存在断点，则设置当前行为断点；如果当前行为断点，则改变该断点的状态。在调试时，被关闭的断点将会被忽略。

Clear Breakpoints in All Files：删除所有文件中的断点。

Stop if Errors/Warnings：遇到错误或者警告时停止。

在Debug菜单中，可以进行单步运行操作和断点操作。在程序运行前，单步菜单Step、Step in、Step out都处于非激活状态，Run是处于激活状态的。只有当设置了断点的程序在运行时才可以激活单步菜单功能。

设置断点是程序调试的重要手段之一，当程序运行到断点处时会暂停，此时可以通过检查相关变量的值等方法来确定程序的运行是否正确。

除了使用调试器调试程序外，MATLAB还提供了一些命令来调试程序。下面分别对常用的几个调试命令进行简单的介绍。

（1）dbstop：设置断点

该命令的功能是在M文件中设置断点，调用格式如下：

dbstop in filename：在指定文件名为filename的M文件第一个可执行语句之前设断点；

dbstop in filename at lineno：在指定M文件filename的第lineno行设断点，lineno是行号；

dbstop in filename at subfun：当程序执行到子程序subfun时，暂时中止执行，并设断点；

dbstop if error：当M文件运行发生错误时，终止M文件运行，并停在错误行，此时不能采用dbcont指令恢复运行；

dbstop if all error：遇到任何类型错误均停止（包括try…catch语句中检测到的错误）；

dbstop if warning：当M文件运行发生警告时，中断程序执行，可恢复运行；

dbstop if naninf或dbstop if infnan：当M文件运行过程中检测到非数值NaN，或无穷大（inf）时，中断程序执行。

（2）dbclear：断点清除

该命令的功能是清除断点，调用格式如下：

dbclear：清除由dbstop设置的断点；

dbclear all：清除所有M文件中的断点，由keyword设置的断点除外；

dbclear all in filename：清除文件名为filename的M文件中的所有断点；

dbclear in filename：清除文件名为filename中第一个可执行语句之前的断点；

dbclear in filename at lineno：清除文件名为filename的指定行lineno中的断点；

dbclear if keyword：清除由dbstop if keyword设置的断点。

（3）dbcount：恢复运行

该命令的功能是恢复执行，调用格式如下：

dbcount：该命令可以从M文件的断点处恢复程序的执行，直到下一个断点或错误或正常结束为止。

（4）dbstep：执行一行或多行语句

该命令的功能是从断点处执行一行或多行语句，调用格式如下：

dbstep：从M文件的断点处执行一行语句，它会跳过该行调用的M文件所设置的断点；执行下一个可执行语句。

dbstep nlines：可执行nlines行语句。

dbstep in：执行下一行可执行语句，如有子函数，进入；如果当前行为调用一个M文件，则dbstep in将进入该M文件，并停在第一个可执行语句上；而dbstep命令是直接执行完该M文件，并返回到原M文件；如果当前为一般语句，则dbstep与dbstep in语句相同。

dbstep out：执行函数剩余部分，离开函数时停止。

（5）dbquit：退出调试模式

在程序调试时，变量的值是查找错误的重要线索，在MATLAB中查看变量的值可以有以下几种方法。首先，在编辑器中将鼠标放置在待查看的变量处，停留，则在此处显示该变量的值；其次，可以在工作区浏览器中查看该变量的值；最后，在命令窗口中输入该变量的变量名，则显示该变量的值。

第 *7* 章

Simulink 仿真

7.1　Simulink概论

7.1.1　Simulink的概述

利用Simulink进行系统的建模仿真，它的优点是易学、易用，并能依托MATLAB提供的丰富的仿真资源。这里对Simulink的强大功能进行简单的介绍。

（1）交互式、图形化的建模环境

Simulink提供了丰富的模块库以帮助用户快速地建立动态系统模型。建模时只需使用鼠标拖放不同模块库中的系统模块并将它们连接起来。

（2）交互式的仿真环境

Simulink框图提供了交互性很强的仿真环境，既可以通过下拉菜单执行仿真，也可以通过命令行进行仿真。菜单方式对于交互工作非常方便，而命令行方式对于运行一些仿真如蒙特卡罗仿真非常有用。

（3）专用模块库

作为Simulink建模系统的补充，MathWorks公司还开发了专用功能块程序包，如DSP Blockset和Communication Blockset等。通过使用这些程序包，用户可以迅速地对系统进行建模、仿真与分析。更重要的是用户还可以对系统模型进行代码生成，并将生成的代码下载到不同的目标机上。

（4）提供了仿真库的扩充和定制机制

Simulink的开放式结构允许用户扩展仿真环境的功能：采用MATLAB、FORTRAN和C代码生成自定义模块库，并拥有自己的图标和界面。因此用户可以将使用FORTRAN或C编写的代码链接进来，或者购买使用第三方开发提供的模块库进行更高级的系统设计、仿真与分析。

（5）与MATLAB工具箱的集成

由于Simulink可以直接利用MATLAB的诸多资源与功能，因而用户可以直接在

Simulink下完成诸如数据分析、过程自动化、优化参数等工作。工具箱提供的高级的设计和分析能力可以融入仿真过程。

由于Simulink具有强大的功能与友好的用户界面，因此它已经被广泛地应用到诸多领域之中，如：通信与卫星系统、航空航天、生物系统、船舶系统、汽车系统、金融系统等。在电气工程中，Simulink可以完成电力系统分析、电力电子等电气专业方面的仿真和分析，是学习中必备的工具软件。

7.1.2 Simulink的启动

Simulink是基于MATLAB环境基础上搭建的高性能仿真设计平台，所以启动Simulink之前应该先运行MATLAB，再启动Simulink建立系统模型。

启动Simulink的常用方法主要有：

① 单击工具栏中的图标，就可以进入Simulink环境，如图7-1所示。点击Blank Model 就会出现Simulink Editor，一个空白的模型如图7-2所示。点击Simulink Editor菜单中"View"→"Simulink Library Browser"，或者点击按钮，就可以进入 Simulink 模块库浏览器（Simulink Library Browser）窗口，如图7-3所示。

② 在MATLAB的命令窗口运行simulink命令，也可以进入Simulink Editor。

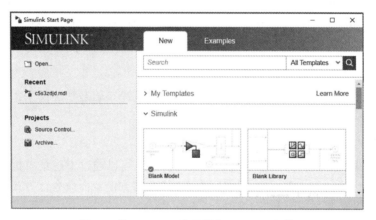

图7-1 从MATLAB窗口进入Simulink环境

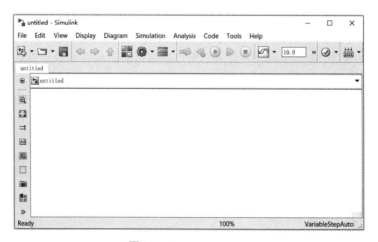

图7-2 Simulink Editor

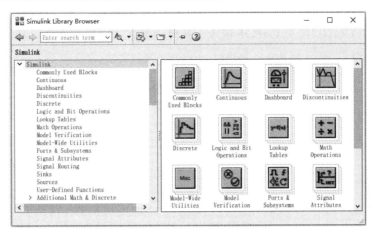

图7-3　Simulink Library Browser

进入Simulink模型窗口的操作有以下几种：

① 在MATLAB主页的命令窗口选择菜单"新建"→"Simulink Model"命令，Simulink Editor界面点击Blank Model；

② 在如图7-2所示的Simulink Editor窗口选择菜单上选择"File"→"New"→"Blank Model"；

③ 在如图7-3所示的Simulink模块库浏览器Simulink Library Browser窗口单击工具栏的图标，选择Blank Model。

如果要打开已经存在的模型文件，可以用以下方法：

① 在MATLAB命令窗口直接输入模型文件名，不要加扩展名".mdl"，此方式要求该文件在当前的路径范围内；

② 在MATLAB菜单上选择"打开文件"→"Open"；

③ Simulink模块库浏览器窗口单击工具栏的图标，打开模型。

7.1.3　Simulink模型的特点

（1）Simulink工作环境的特性

Simulink工作环境具有如下特性：

① 自动代码生成，可以处理连续时间、离散时间以及混合系统；优化代码，以保证快速执行；可移植的代码使其应用范围更加广泛。

② 从Simulink下载到外部硬件上的交互参数使系统在工作状态下很容易调试；一个菜单驱动的图形用户界面使得软件的使用非常容易。

（2）Simulink建模的特点

首先，Simulink模型设计简单，系统结构使用方框图绘制，以绘制模型化的图形代替程序输入，以鼠标操作代替编程，大大降低了建模的难度。

其次，对系统的分析直观，用户不需要考虑系统各模块内部，只要考虑系统中各模块的输入输出。

最后，Simulink仿真速度快、准确，可以智能化地建立各环节的方程，自动地在给定精度要求下以最快速度仿真，还可以交互式地进行仿真。

7.1.4 Simulink Editor 窗口菜单命令

Simulink Editor 窗口各菜单命令如表7-1~表7-10所示。

表7-1 File文件菜单

选型	选型含义
New	创建新的Simulink窗口
Open	打开已经存在的模型文件
Close	关闭当前的Simulink窗口
Open Recent	打开最近使用的模型文件
Save	保存当前的仿真模型文件,文件的路径和文件名保持不变
Save as	将当前的仿真模型文件按照新的文件名及路径保存
Simulink Project	建立Simulink Project
Export Model to	把模型导出到网络/上一个版本/保护模型/模板中
Reports	模型文件设置清单
Model properties	模块属性
Print	打印模型文件
Simulink preferences	Simulink预设置选项
Exit MATLAB	退出MATLAB

表7-2 Edit编辑菜单

选型	选型含义
Can't Undo	撤销前一次操作
Can't Redo	恢复前一次操作
Cut	剪切选定的内容,放到剪贴板上
Copy	复制选定的内容,放到剪贴板上
Copy Current View to Clipboard	复制当前的图形到剪贴板上
Paste	将剪贴板上的内容粘贴到指定位置
Select All	全部选择整个窗口的内容
Delete	清除选定的内容
Find	寻找目标的位置
Bus Editor	总线编辑
Lookup Table Editor	模型的表格编辑

表7-3 View查看菜单

选型	选型含义
Library Browser	显示模块库浏览器
Model Explorer	模型资源管理

选型	选型含义
Simulink Project	建立 Simulink 工程
Diagnostic viewer	诊断观察
Requirements Traceability at this level	模型的链接设置
Model Browser	模型浏览器
Property Inspector	属性编辑器
Configure Toolbars	仿真设置工具栏
Toolbars	显示或隐藏工具栏
Stadus Bar	显示隐藏状态栏
Explorer Bar	显示隐藏搜索栏
Zoom	放大或缩小模型显示比例
MATLAB Desktop	返回 MATLAB 桌面

表 7-4 Display 文件菜单

选型	选型含义
Library Link	显示模块库链接
Sample Time	采样时间
Blocks	模块
Signals&Port	信号和端口设置
Chart	统计图表
Data Display in Simulation	仿真数据显示
Highlight Signal to Source	加亮信号来源
Highlight Signal to Destination	加亮信号目的地
Remove Highlinghting	去掉加亮

表 7-5 Diagram 文件菜单

选型	选型含义
Refresh Blocks	更新模块
Subsystem &Model Reference	子系统和模型参考图
Format	模块格式设置
Rotate &Flip	顺时针旋转90°和顺时针旋转180°
Arrange	排列模块
Mask	封装
Library Link	模块库链接
Signals & Ports	信号和端口
Block Parameters	显示选定模块的参数
Properties	属性

表7-6　Simulation 仿真功能菜单

选型	选型含义
Update Diagram	更新模型框图的外观
Model Configuration Parameter	模型仿真参数设置
Mode	模式设置
Data Display	数据显示
Step back(uninitialized)	后退
Run	运行仿真
Step Forward	单步前进
Stop	停止仿真
Output	输出
Stepping Options	单步运行选项
Debug	调试

表7-7　Analysis 分析菜单

选型	选型含义
Model Advisor	模型指导
Compare Simulink XML Files	对比 Simulink 生成的表格文件
Simscape	观察 Simscape 模块
Performance Tools	参数工具
Requirements Traceability	模块的追溯性需求
Control Design	控制设计
Parameter Estimation	参数估计
Response Optimization	优化设计
Design Verifier	设计验证
Coverage	范围设置
Fixed-Piont Tool	定点运算工具

表7-8　Code 仿真功能菜单

选型	选型含义
C/C++ Code	C/C++编码器
HDL Code	硬件描述语言编码器
PLC Code	PLC 编码器
Data Objects	数据对象
External Mode Control Panel	外部控制模式面板
Simulink Code Inspector	Simulink 代码检查工具
Verification Wizards	FPGA/HDL 设置向导

表7-9　Tools工具菜单

选型	选型含义
Library Browser	Simulink 模块库浏览器
Model Explorer	模型资源管理器
Report Generator	模型文件设置清单
System Test	系统测试
Mplay Video Viewer	视频播放
Run on Target Hardware	在指定硬件上运行

表7-10　Help帮助菜单

选型	选型含义
Simulink	Simulink 模型仿真
Stateflow	Stateflow 状态流
Keyboard Shortcuts	键盘快捷键
Web Resources	Web 资源
Terms of use	术语的使用
Patents	专利
About Simulink	关于 Simulink
About Stateflow	关于 Stateflow 状态流

7.1.5　Simulink模块库

Simulink的模块库包括标准模块库和专业模块库。标准模块库是MATLAB中最早开发的模块库，包括很多常用的典型模型，在系统仿真时，只要有典型的环节就可以方便地构成系统的仿真模型。由于Simulink在工程仿真环节中的广泛应用，为满足不同的专业领域又开发了很多专业模块库，例如电力系统、模糊控制、通信系统等。Simulink的模块库浏览器将各种模块按照应用领域和功能进行分类以方便用户查找，首先我们介绍标准模块库。在Simulink的模块浏览器窗口左侧的Simulink选项上右击，选择弹出菜单中的Open Simulink library命令，就可以打开Simulink的标准模块库窗口，如图7-4所示。

标准Simulink模块库包含信号源模块库（Sources）、接收模块库（Sinks）、连续系统模块库（Continuous）、非连续系统模块库（Discontinuities）、离散系统模块库（Discrete）、逻辑与位模块库（Logic and Bit Operation）、查表模块库（Lookup Tables）、数学运算模块库（Math Operations）、通用模块库（Commonly Used Blocks）、信号属性模块库（Signal Attributes）、信号线路模块库（Signal Routing）、用户自定义函数模块库（User-Defined Functions）、端口和子系统模块库（Ports &Subsystems）、模块检测模块库（Model Veification）、模型扩充模块库（Model-Wide Utilities）、外加数学函数运算与离散型系统模块库（Additional Math & Discrete）、仪表板示波器（Dashboard）等多个子库。下面对常见的几类模块加以介绍。

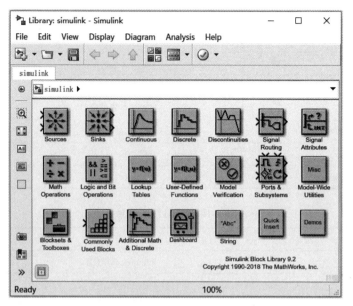

图7-4 标准Simulink模块库窗口

（1）信号源模块库（Sources）

信号源模块库（Sources）用于向模型提供输入信号。信号源模块库窗口如图7-5所示。

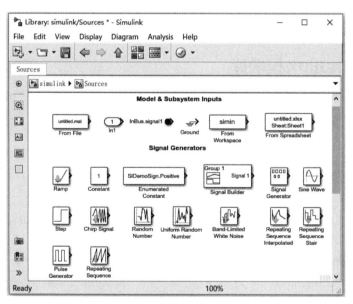

图7-5 信号源模块库窗口

① Constant：产生一个常数。该常数可以是实数，也可以是复数。

② Step：阶跃信号。

③ Ramp：斜坡信号，线性增加或减少的信号。

④ Sine Wave：正弦信号。

⑤ Repeating Sequence：锯齿波形信号源。

⑥ Signal Generator：产生不同的信号，其中包括正弦波、方波、锯齿波信号等。

⑦ Random Number：随机数模块。产生正态分布的随机数，默认的随机数是期望为0、方差为1的标准正态分布量。

⑧ From File：从文件读取信号。从MAT文件中读取信号，读取的信号为一个矩阵，其矩阵的格式与To File模块中介绍的矩阵格式相同。

⑨ From Workspace：从工作空间读取信号模块。

⑩ Clock：仿真时钟，输出每个仿真步点的时间。

⑪ Chirp Signal：变频信号源，产生一个频率不断变化的正弦波。

⑫ Digital Clock：数字时钟信号。

⑬ Band Limited White Noise：带宽限制白噪声模块，实现对连续或者混杂系统的白噪声输入。

⑭ In：输入模块。

⑮ Gnd：共地端。

（2）接收模块库（Sinks）

接收模块用来接收模块信号。接收模块库窗口如图7-6所示。

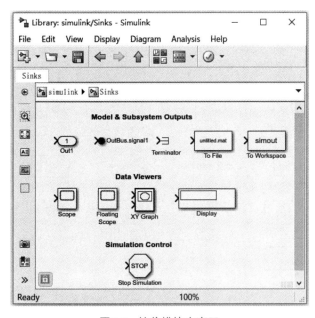

图7-6　接收模块库窗口

① Scope：示波器模块，显示在仿真过程中产生的输出信号，仿真时间为X轴。

② XY Graph：显示二维图形模块，在MATLAB的图形窗口中显示一个二维信号图，并将两路信号分别作为示波器坐标的X轴与Y轴，同时把它们之间的关系图形显示出来。

③ Display：实时数值显示器。

④ To File：输出到文件模块，把输入信号保存到一个指定的MAT文件。

⑤ To Workspace：输出到工作空间模块，把信号保存到MATLAB的当前工作空间，是另一种输出方式。

⑥ Terminator：通用终端模块，中断一个未连接的信号输出端口。

⑦ Stop Simulation：当输入为非零时，停止系统仿真。

（3）连续系统模块库（Continuous）

连续系统模块是构成连续系统的环节，提供了连续系统运算功能的多种模块。连续系统模块库窗口如图7-7所示。

① Integrator：积分模块，对输入信号进行积分。输入信号可以是标量，也可以是向量。

② Derivative：微分模块，对输入信号进行微分。

③ State-Space：线性状态空间系统模型，用数学方程描述系统，如：$\begin{cases} x'=Ax+Bu \\ y'=Cx+Du \end{cases}$。

④ Transfer Fcn：传递函数模型。

⑤ Zero-Pole：零极点传递函数模型。

⑥ Memory：存储器模块，存储上一时刻的状态值。

⑦ Transport Delay：传输延迟模块，输入信号延迟指定的时间后再输出。

⑧ Variable Transport Delay：可变传输延迟模块，输入信号延迟可变的时间后再输出。

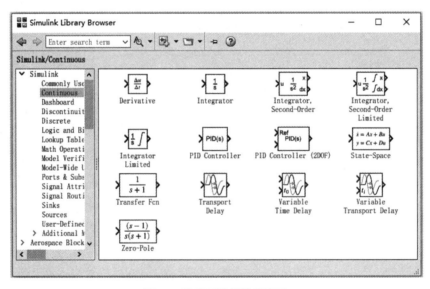

图7-7　连续系统模块库窗口

（4）离散系统模块库（Discrete）

离散系统模块库（Discrete）主要用于建立离散采样的系统模型，包括的主要模块如图7-8所示。

① Unit Delay：采样保持，延迟一个周期。

② First Order Hold：一阶保持器。

③ Zero-Order Hold：零阶保持器。

④ Discrete Filter：离散滤波器。

⑤ Discrete Zero-Pole：离散零极点传递函数模型。

⑥ Discrete Transfer Fcn：离散传递函数模型。

⑦ Discrete State-Space：离散状态方程模型。

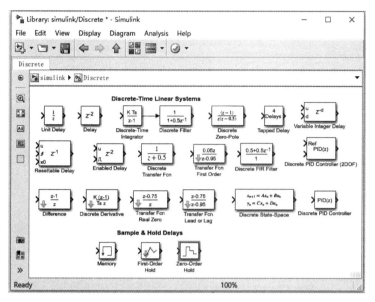

图7-8　离散系统模块库窗口

（5）数学运算模块库（Math Operations）

数学运算模块库中提供了包括数学运算、关系运算、复数运算等多种用于数学运算的模块，如图7-9所示。

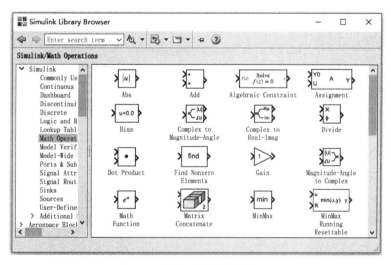

图7-9　数学运算模块库窗口

① Sum：加、减运算。

② Add：信号求合运算。

③ Product：乘法模块，实现对多路输入的乘积、商、矩阵乘法等。

④ Subtract：信号的加、减法混合运算。

⑤ Divide：乘除运算。

⑥ Gain：增益模块，把输入信号乘以一个指定的增益因子，使输入产生增益。

⑦ Sign：符号函数。

⑧ Logical Operator：逻辑运算。

⑨ Math Function：常用数学函数模块，包括指数函数、对数函数、求平方根、开根号等常用数学函数。

⑩ Relational Operator：关系运算。

⑪ Sine Wave Function：正弦运算。

⑫ Abs：取绝对值。

⑬ Rounding Function：取整函数。

（6）信号线路模块库（Signal Routing）

信号线路模块库（Signal Routing）主要包括信号的分离、合成及通道选择等，如图 7-10 所示。

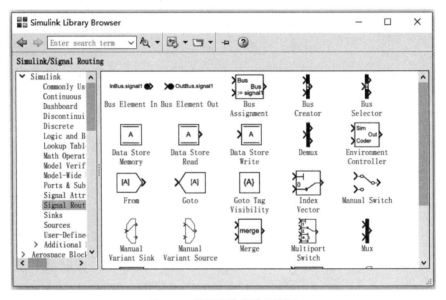

图7-10　信号线路模块库窗口

① Bus Selector：信号选择模块，可得到从 Mux 模块或其他模块引入的 Bus 信号。

② Bus Creator：信号的汇合模块。

③ Mux：混路器模块，把多路信号组成一个向量信号或者 Bus 信号。

④ Demux：分路器模块，把混路器组成的信号按照原来的构成方法分解成多路信号。

⑤ Switch：选择开关。

⑥ Manual Switch：手动开关。

⑦ Selector：输入信号选择器。

⑧ Merge：信号合成模块，把多路信号进行合成一个单一的信号。

⑨ From：接收信号模块(From)与传输信号模块（Goto）常常配合使用，From 模块用于从一个 Goto 模块中接收一个输入信号。

⑩ Goto：传输信号模块，Goto 模块用于把输入信号传递给 From 模块。

（7）通用模块库（Commonly Used Blocks）

通用模块库中包含建模常用的模块，虽然这些模块在各自的分类模块库中均能找到，但为了使用方便，特将一些常用的模块集中起来组成了该库，如图7-11所示。

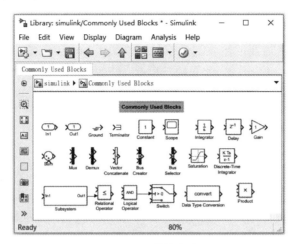

图7-11　通用模块库窗口

① In：输入模块。

② Out：输出模块。

③ Saturation：饱和度模块，用于设置输入信号的上下饱和度，即上下限的值，来约束输出值。

④ Gnd：共地端。

⑤ Terminator：通用终端模块。

⑥ Constant：产生一个常数。

⑦ Scope：示波器模块。

⑧ Mux：混路器模块，把多路信号组成一个向量信号或者Bus信号。

⑨ Demux：分路器模块，把混路器组成的信号按照原来的构成方法分解成多路信号。

⑩ Switch：选择开关。

⑪ Sum：加、减运算。

⑫ Gain：增益模块。

⑬ Product：乘法模块，实现对多路输入的乘积、商、矩阵乘法等。

⑭ Logical Operator：逻辑运算。

⑮ Relational Operator：关系运算。

⑯ Integrator：积分模块。

⑰ Unit Delay：延迟器。

7.1.6　Simulink实例

下面介绍两个简单的实例，演示模型建立的过程及步骤。

【例7-1】创建一个正弦信号的仿真模型。

① 在MATLAB中打开Simulink Editor窗口，单击工具栏中的图标▓，就可以打开

Simulink模块库浏览器(Simulink Library Browser) 窗口，如图7-3所示。

② 单击Simulink模块库浏览器窗口工具栏上的 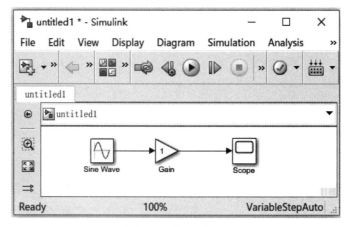 图标或选择菜单"File" →"New"→"Model"，新建一个名为"untitled"的空白模型窗口。

③ 在Simulink Library Browser 窗口的左侧子模块窗口中，单击Simulink下的Source子模块库，在右侧子模块窗口中就可以看到各种输入源模块。

④ 用鼠标单击所需要的输入正弦信号源模块"Sine Wave"，将其拖放到的空白模型窗口"untitled"，则"Sine Wave"模块就被添加到untitled窗口；也可以用鼠标选中"Sine Wave"模块，单击鼠标右键，在快捷菜单中选择"add to 'untitled'"命令，就可以将"Sine Wave"模块添加untitled窗口。

⑤ 用同样的方法打开通用模块库"Commonly Used Blocks"，选择其中的示波器模块"Scope"和增益模块"Gain"拖放到"untitled"窗口中。

⑥ 在"untitled"窗口中，用鼠标指向"Sine Wave"右侧的输出端，当光标变为十字符时，按住鼠标拖向增益模块"Gain"的输入端，松开鼠标按键，就完成了两个模块间的信号线连接。用同样的方法将增益模块"Gain"和示波器模块"Scope"连接在一起，这样一个简单模型就建成了，如图7-12所示。

图7-12　例7-1模型

⑦ 双击增益模块"Gain"进入参数设置窗口，将放大倍数改为2，如图7-13所示。

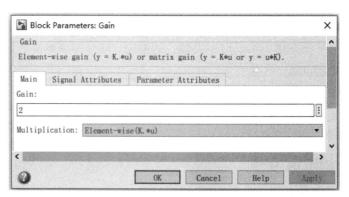

图7-13　Gain参数设置窗口

⑧ 开始仿真，单击"untitled"模型窗口中 ▶ 图标，或者选择菜单"Simulink"→

"Run"，则仿真开始。双击"Scope"模块出现示波器显示屏，可以看到正弦波形，如图7-14所示。

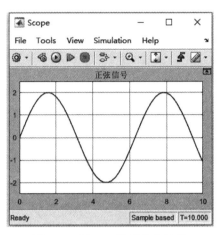

图7-14 例7-1示波器输出波形

⑨ 保存模型，单击工具栏的图标，将该模型保存为"ex71.mdl"文件。

【例7-2】将一个阶跃输入信号送到积分环节，并将积分后的信号送到示波器显示。

（1）进入Simulink，创建空白模型

单击MATLAB工具栏中的Simulink图标，进入 Simulink，点击Blank Model 就会出现Simulink Editor；点击█按钮，就可以进入 Simulink 模块库浏览器（Simulink Library Browser）窗口，单击Simulink模块库浏览器工具栏中的█图标，创建新的空白模型。

（2）添加模块

在Source子模块库中，选中输入源模块Step模块，同样，在Contiuous子模块库中选中积分环节模块Integrator，在Sinks子模块库中选中Scope,分别将其拖入新模型中。

（3）添加连接

按照上一个例题中的方法，将各模块按照次序连接好，如图7-15所示。

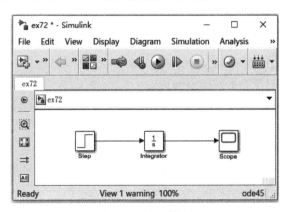

图7-15 例7-2模型

（4）仿真

开始仿真，单击图7-15所示模型窗口工具栏中的图标▶。然后双击模型中的示波器 Scope 模块，显示出仿真输出波形。波形如图 7-16 所示。

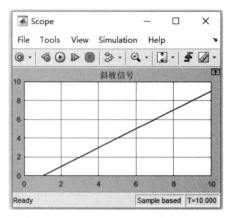

图7-16　例7-2示波器输出波形

（5）保存模型

将该模型保存为"ex72.mdl"文件。

7.2　Simulink模型创建

7.2.1　Simulink模块简易操作

模块是系统模型中最基本的元素，因此简单地说，用 Simulink 建模实际上可以理解为从模块库中选择合适的模块，然后将其连接在一起，最后进行仿真。各模块的大小、放置方向、标签都是可以进行调节的。有关模块的操作有很多，这些操作都可以使用菜单功能和鼠标来完成。下面对模块的操作、信号线的连接及模型的文本注释等进行主要的、常用的介绍。

（1）模块的基本操作

① 模块的选定　当选定单个对象时，只要在对象上单击鼠标，被选定的对象的四角处会出现小黑块编辑框并变色。如果选定多个对象，可以按下"Shift"键，再单击所需选定的模块；或者用鼠标拉出矩形线框，将所有待选模块框圈在其中，则矩形框中所有的对象均被选中。如果要选定所有对象，可以选择菜单"Edit"→"Select all"。

② 模块的复制和粘贴　对于不同模型窗口之间的模块复制，可以采用以下方法完成：选定模块，用鼠标将其拖到另一模型窗口；使用菜单的"Copy"和"Paste"命令；使用工具栏的"Copy"和"Paste"按钮。

在同一模型窗口内的复制模块，在选定模块的情况下，可以按下鼠标右键，拖动模块到合适的地方，释放鼠标；或按住"Ctrl"键，再用鼠标拖动对象到合适的地方，释放鼠标，这样就会在其他地方复制出相同的模块；另外也可以使用菜单和工具栏中的"Copy"和"Paste"按钮。

③ 模块的移动　选定需要移动的模块，用鼠标将模块拖到合适的地方；若要脱离线而移动，可以按下"Shift"键，再用鼠标移动。

④ 模块的删除　选中要删除的模块，使用键盘的"Delete"键来删除；或者用菜单"Edit"→"Clear"或"Cut"；也可以直接用工具栏的"Cut"按钮。

⑤ 模块的放大和缩小　在建模时，为改变模型的外观，调整这个模型的布置，有时需要对各模块的大小进行调节。选中需要改变大小的模块，在模块的四角处会出现小方块编辑框，然后用鼠标单击一个角上的小方块并拖动编辑框，可以实现放大或缩小。

⑥ 模块的翻转　模型中，为适应各模块之间的连线及实际系统的方向，经常需要对模块进行旋转。选中需要旋转的模块，选择菜单命令"Diagram"→"Rotate & Flip"→"Clockwise"，这时模块顺时针旋转90°；如果选择菜单命令"Rotate & Flip"→"Flip Block"，这时模块顺时针旋转180°。如果一次翻转不能达到要求，可以多次翻转来实现。另外也可以采用右键单击目标模块，在弹出的快捷菜单中选择"Rotate & Flip"命令。

⑦ 模块的编辑　模块的编辑包括修改模块的名字，模块的名字体的设置，模块名的翻转、隐藏和显示。

修改模块名时需要单击模块下面或旁边的模块名，单击后会发现"|"在模块名编辑框内闪烁，这时就可以修改模块名了。

模块名的字体是可以设置的，首先选中模块，选择菜单"Format"→"Font Style"，打开字体对话框"Select Font"设置"Font""Font Style"和"Size"。

当需要显示和隐藏模块名时，应选中目标模块，选择菜单"Format"→"Show Block name"，可以隐藏或显示模块名。

翻转模块名时，选定模块，选择菜单"Rotate & Flip"→"Flip Block name"，可以翻转模块名。

⑧ 模块颜色的改变　菜单"Diagram"→"Format"中的Foreground Color/Background Color分别改变模块的前景和背景颜色。

（2）信号线的基本操作

Simulink模型中的信号总是由模块之间的连线携带并传送，模块之间的连线即是信号线。

① 模块与模块间连线　先将光标指向一个模块的输出端，待光标变为十字符后，按下鼠标左键并拖动，直到另一模块的输入端，这时两个模块之间就出现了带箭头的连线，并且箭头表示了信号的流向。

② 信号线的折线　如果信号线的中间需要弯折，只需要在拉出信号线时，在需要弯折的地方松开鼠标停顿一下，然后继续按下鼠标左键改变鼠标移动方向就可以画出折线。如果选中已存在的信号线，在每一个弯曲处均有一个折点，将光标指向折点处，当光标变成小圆圈时，按住"Shift"键，同时按下鼠标左键，用鼠标拖动小圆圈将折点拉至合适处，释放鼠标，这时便产生曲折线。

③ 信号线的移动　要移动信号线的位置，首先是选中要移动的线条，将光标指向该线条后点击，线条变色，表明该线已经被选中，然后将光标指向线条上需要移动的那一段，拖动鼠标即可。

④ 分支的产生　将光标指向信号线的分支点上，按鼠标右键，光标变为十字符，拖动鼠标直到分支线的终点，释放鼠标；或者按住"Ctrl"键，同时按下鼠标左键拖动

鼠标到分支线的终点。

⑤ 信号线文本注释　添加文本注释时，双击需要添加文本注释的信号线，则出现一个空的文字填写框，在其中输入文本即可。修改文本注释时，则单击需要修改的文本注释，出现变色编辑框即可修改文本。

移动文本注释时，要单击标识，出现编辑框后，按住鼠标就可以移动文本注释。

（3）模型添加文本注释

给模型添加文本注释时，在需要当作注释区的中心位置，双击鼠标左键，就会出现编辑框，在编辑框中就可以输入文字注释。

移动注释时，先用鼠标指向文本注释，然后在注释文字处单击鼠标左键并按住，鼠标就可以拖动该文本编辑框移动。

【例7-3】按照上述操作方法对模块的大小、复制、颜色，信号线的分支、折曲，文本注释等完成如图7-17所示操作。

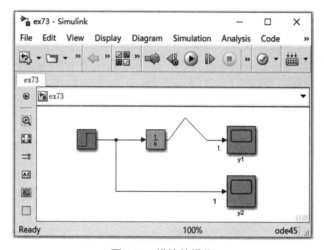

图7-17　模块的操作

（4）模块参数的设置

在Simulink模型建立好后，为了对动态系统进行正确的仿真与分析，必须对模块参数进行正确设置。每个模块都有一个参数设置对话框，打开的方法：在所建立的模型窗口中，选中相应的模块，右击鼠标，在弹出的快捷菜单中单击"Block Parameters"选项，即可打开该模块的参数设置对话框。右击鼠标，在弹出的快捷菜单中单击"Block Properties"选项，也可打开该模块的属性设置对话框。下面主要介绍几种常用模块的参数设置。

① 正弦信号（Sine Wave）　双击Sine Wave模块，会出现参数设置对话框，如图7-18所示。对话框中上半部分内容为模块参数说明，下半部分为参数的设置。其中：Sine type为正弦类型，包括Time-based和Sample-based；Amplitude为正弦幅值；Bias为幅值偏移值；Frequency为正弦频率；Phrase为初始相角；Sample time为采样时间。

② 阶跃信号源（Step）　双击Step模块，会出现参数设置对话框，如图7-19所示。其中：Step time为阶跃信号的变化时刻；Initial value为初始值；Final value为终止值；Sample time为采样时间。

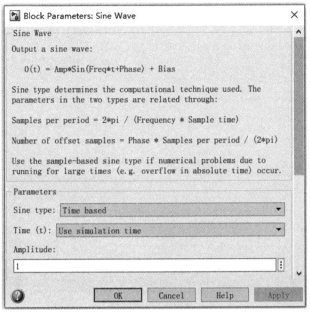

图7-18 正弦信号模块的参数设置对话框

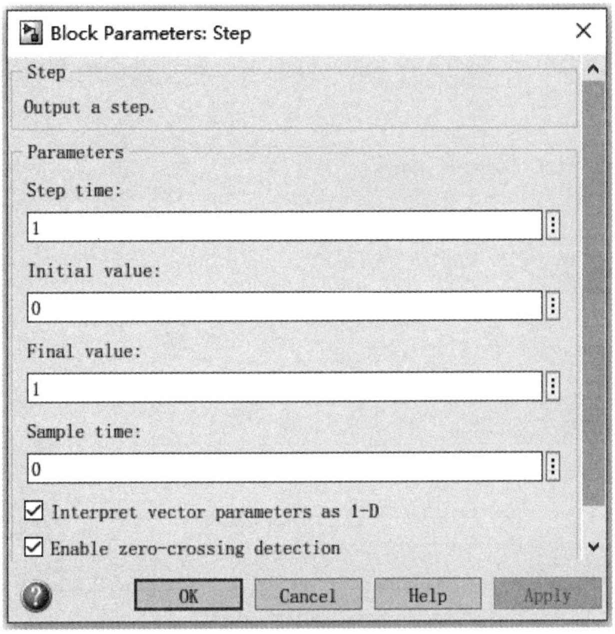

图7-19 阶跃信号模块的参数设置对话框

③ 传递函数模块 传递函数模块参数设置对话框如图7-20所示。"Numerator coefficients"为传递函数的分子多项式系数,"Denominator coefficients"为分母多项式系数,传递函数默认值为$\dfrac{1}{s+1}$。当设置"Denominator coefficients"为[2 3 1],则传递函数为$\dfrac{1}{2s^2+3s+1}$。

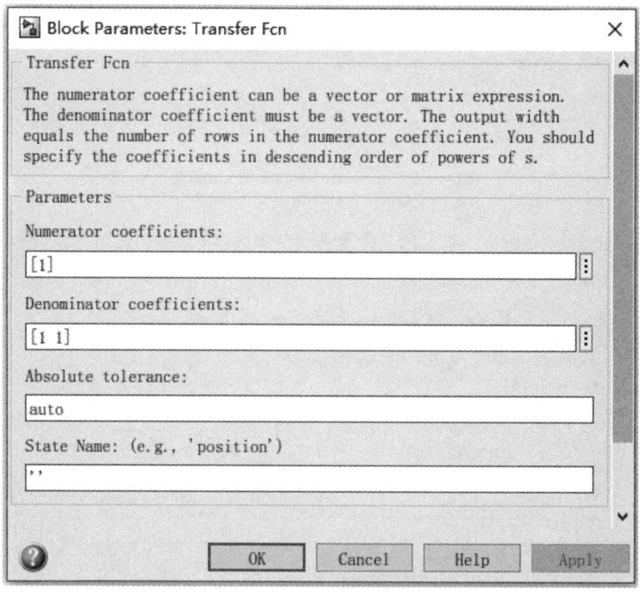

图7-20　传递函数模块参数设置对话框

④ 零极点传递函数模块　零极点传递函数模块参数设置窗口如图7-21所示，"Zeros"表示传递函数中的零点，"Poles"表示传递函数中的极点，传递函数默认值为 $\dfrac{(s-1)}{s(s+1)}$。若设置"Zeros"为空[ ]，"Poles"设置为[−1]，则传递函数为 $\dfrac{1}{s+1}$。

图7-21　零极点传递函数模块参数设置对话框

⑤ 从工作空间获取信号模块　从工作空间获取数据模块的输入信号源，参数设置窗口如图7-22所示。

图7-22　从工作空间获取信号模块参数设置窗口

【例7-4】在MATLAB工作空间计算变量t和y，将其运算的结果作为系统的输入。

```
>> t=0:0.1:10;
>> y1=2*cos(t);
>> y2=sin(t);
>> t=t';
>> y1=y1';
>> y2=y2';
```

在Simulink中建立模型，并将"From Workspace"模块的"参数设置"对话框打开，在"Data"栏填写"[t,y1,y2]"，单击"OK"按钮，则在Simulink模型窗口显示，如图7-23所示。用示波器作为接收模块，可以查看输出波形为正余弦波，如图7-24所示。

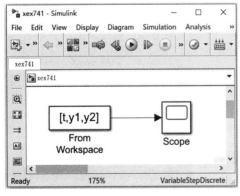

图7-23　例7-4模型

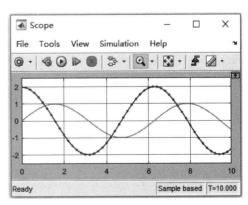

图7-24　输出的正余弦波形

⑥ 从文件读取信号 从MAT文件中读取信号，参数设置窗口如图7-25所示。

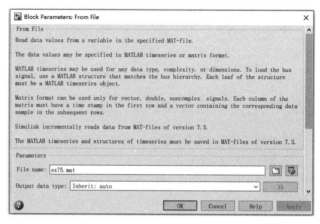

图7-25 从文件读取信号模块参数设置窗口

【例7-5】将例7-4中的数据保存到.mat文件。在MATLAB命令窗口输入以下命令，并将数据保存在名为ex75.mat的文件中。

```
>> t=0:0.1:10;
>> y1=2*cos(t);
>> y2=sin(t);
>> y3=[t;y1;y2];
>> save ex75 y3
```

建立Simulink模型，如图7-26所示。将"From File"模块的"参数设置"对话框打开，在"File name"栏填写"ex75.mat"，单击"OK"按钮。用示波器作为接收模块，同样可以得到例7-4中的输出波形。

⑦ 示波器模块 示波器模块用来接收输入信号并实时显示信号波形曲线，双击示波器模块出现示波器窗口，如图7-27所示。

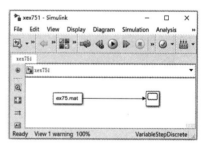

图7-26 例7-5建立的模型

打开示波器窗口，菜单栏功能如下：

: Stepping Options，调试步长选择。

: Configuration Properties，设置属性对话框。这个下拉菜单中含有以下四个功能： （Configuration Properties）、 （Style…）、 （Layout）、 （Show legend）。

: Highlight Simulink Block，突出相应仿真模块。

: Stop，停止。

: Run，运行。

: Step Forward，单步向前调试。

: Zoom，X-Y坐标变焦。

图7-27 示波器窗口

：Zoom X-axis，X- 坐标变焦。

：Zoom Y-axis，Y- 坐标变焦。

：Scale X&Y Axes Limits，X&Y 轴坐标刻度限制。

：Triggers，触发器。

：Cusor Measurement，标尺测量。

打开设置属性对话框按钮"Configuration Properties"，出现如图7-28 ～图7-31所示的 Main、Time、Display、Logging四个参数设置选项卡。图7-28 中的"Number of input ports"栏表示示波器的输入端口个数，默认值为1，表示只有1 个输入，如果设置为2 则表示有2个输入端口；"Sample time"表示显示点的采样时间步长，默认值为0，表示连续信号，大于0表示离散信号的时间间隔，−1表示由输入信号决定。

在图7-29中"Time"参数设置对话框中，"Time span"表示示波器的横坐标时间的范围，可以用户自己定义，也可以选择自动设置；"Time-axis labels"是用来设置X轴标签的位置。

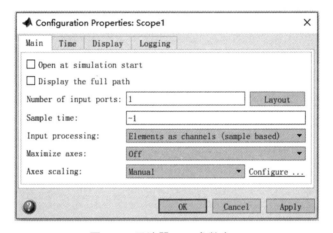

图7-28　示波器Main参数窗口

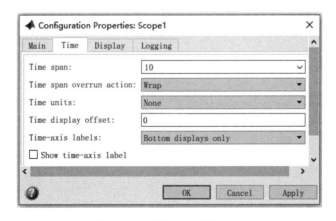

图7-29　示波器Time参数窗口

在图7-30中"Display"参数设置对话框中，"Title"用来设置示波器显示波形的名字；"Show legend"用来添加图例；"Show grid"用来添加网格；"Plot signals as magnitude and phase"是按照信号的幅值和角度分别绘制波形。

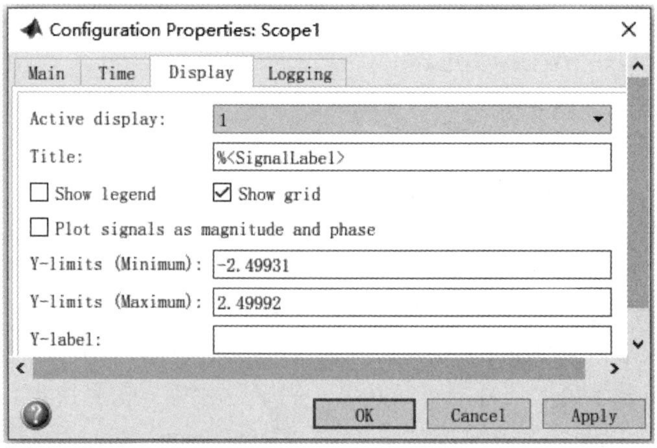

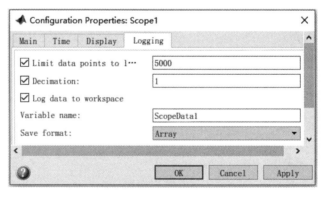

图7-30　示波器Display参数窗口

在图7-31中"Logging"参数设置对话框中,"Limit data points to last"栏表示缓冲区接收数据的长度,默认为5000;"Decimation"表示频度,默认值为1,表示每隔1个数据点显示;"Log data to workspace"保存数据至工作空间,表示数据在显示的同时被保存在工作空间。当选中该项时,将激活该对话栏下面的两个参数设置:Variable name变量名字和Save format数据保存的格式。变量名是仿真结果被保存到工作空间时用来识别和调用该数据时使用。Save format数据保存的格式有四种:数组(Array)用于只有一个输入变量的数据保存格式;Structure with time带实践变量的结构用来保存数据和时间;而Structure 结构仅用于保存波形数据;除此之外,2017以后版本还多出一种格式Dataset。

图7-31　示波器Logging参数窗口

打开格式参数设置对话框Style,如图7-32所示。其中,"Plot type"表示绘图中线的形式,有线形、阶梯形、柱形;"Figure color"是设置示波器窗口外部的颜色;"Axes colors"可以设置示波器窗口内部的颜色和坐标的颜色;"Active display"为1时,表示当有多个输出波形时,第一个波形是当前有效的;"Axes colors""Properties for line"表示示波器窗口中线的属性,其中"Line"表示曲线的线型、粗细和颜色,"Marker"表示曲线的标识。

Triggers触发器和标尺的参数设置对话框如图7-33、图7-34所示,增加的功能更加完善了仿真示波器,缩小了仿真和真实示波器之间的差距。

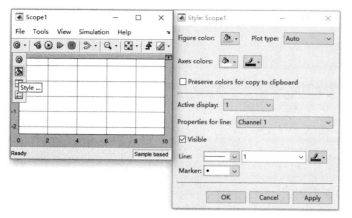

图7-32　Style参数设置对话框

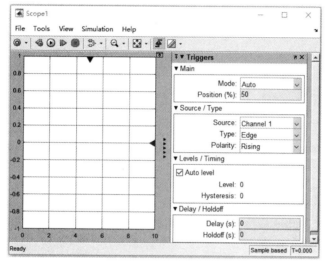

图7-33　Triggers参数设置对话框

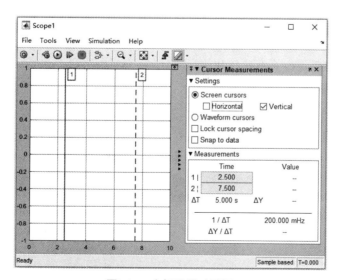

图7-34　坐标设置对话框

（5）模块属性设置

每个模块的属性对话框的内容都相同，选中该模块右键单击，选择"Properties"就会出现如图7-35所示的属性对话框。

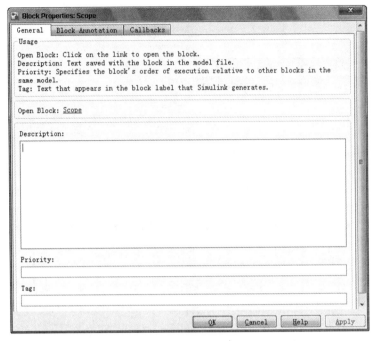

图7-35　模块属性对话框

General中Description是对模块在模型中用法进行注释说明；Priority优先级规定该模块在模型中相对于其他模块执行的优先顺序，数级越小优先级越高；Tag标记指用户为模块添加的文本格式标记。

Block Annotation 选项卡中制定在该模块的图表下显示模块的哪些参数；Callbacks指对模块实施某种操作时需要执行的MATLAB命令或指令。

7.2.2　创建模型的基本步骤

当利用Simulink进行系统建模和仿真时，其一般步骤如下：

（1）仿真模块的建立

首先，要分析待仿真系统，确定建立模型的功能和结构，画出系统草图。将要仿真的系统功能划分为多个较小的子系统，而每个子系统又是由多个具体的模块搭建成的。

其次，启动Simulink模块库浏览器，新建一个模型；将模块按照系统草图适当排列，正确连接，并对模块和信号线重新进行标注。

最后，如果系统简单，则直接用模块连接；如果系统复杂，模块较多，这时建议建立子系统使模型简洁大方。

（2）设置模块参数

完成仿真模型的建立后，需要给各个模块赋值，即根据系统的实际需要来设置相关模块的参数。

（3）设置仿真参数

在对绘制好的模型进行仿真前，需要确定仿真的时间、仿真的算法等，这就是设置仿真参数。这部分内容将在随后的章节中详细介绍。

（4）保存模型

模型文件的后缀名为 .mdl。

（5）运行仿真

在模块参数和仿真参数设置完后，保存已设置和连接的模型，即可以开始仿真。在菜单"Simulation"下选择"Run"或者在模型的工具栏中直接选择 ▶ 按钮，就可以开始仿真。如果仿真中途想要结束仿真，可以点击按钮 ■，或者在菜单"Simulation"下选择"Stop"。

（6）仿真结果分析

仿真结束后，要观测仿真结果并进行分析。一般仿真中采用示波器显示仿真结果，因此双击示波器就可以查看仿真输出的波形结果。

【例7-6】仿真一阶惯性环节 $H(s)=\dfrac{1}{0.2s+1}$ 在单位阶跃信号在产生的响应。

根据系统功能和已知条件，经过分析，该模型需要以下几个功能模块。

Simulink → Sources → Step 模块：单位阶跃信号；

Simulink → Continuous → Transfer Fcn 模块：传递函数模块；

Simulink → Sinks → Scope 模块：示波器。

建立模型如图7-36所示，将示波器的"Configuration Properties"→"Main"→"Number of axes"对话栏设置为2，这时示波器出现两个输入信号端。

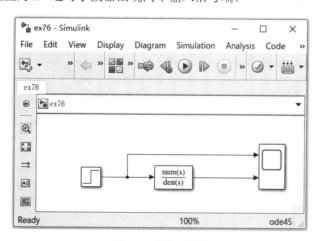

图7-36　例7-6模型

设置模块中 Transfer Fcn 的参数，Numerator coefficients 和 Denominator coefficients 的设置如图7-37所示。

系统的仿真参数中，在"Simulation"→"Model Configuration Parameter"→"Sovler"中的"Simulation time"设置仿真时间为2s。开始仿真，示波器输出波形如图7-38所示。

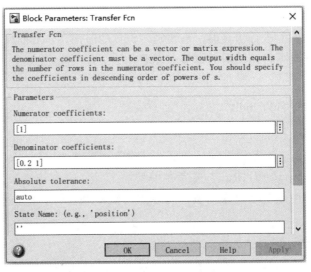

图7-37　Transfer Fcn的参数设置

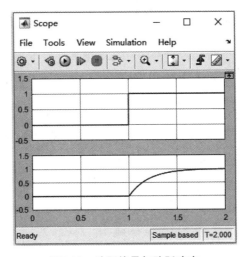

图7-38　阶跃信号与阶跃响应

从图7-38中可以看出，阶跃信号是从1s时作用在一阶惯性环节上的，在此以后惯性环节产生的响应按照指数曲线逐渐上升，后趋于平缓。

7.3　仿真的运行及结果分析

建立好所需的系统模型后，除了需要对各个模块进行设置，还需要正确地设置仿真参数，才能运行仿真，得出仿真结果并分析。一个完整的仿真过程分成三个步骤：设置仿真参数、启动仿真和分析仿真结果。

7.3.1　仿真参数的设置

由于Simulink仿真系统的多样性，用户需要针对不同的仿真模型，按照各种不同算法的不同特点、仿真性能与适应范围，正确地选择算法，确定适当的仿真参数，才可以达到最佳的仿真结果。

选择菜单命令"Simulation"→"Model Configuration Parameter"就会出现仿真参数对话框，如图7-39所示。

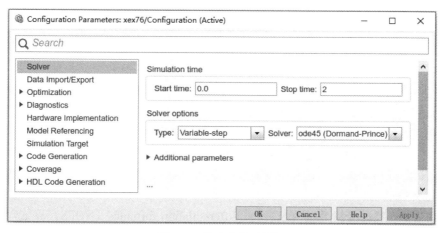

图7-39　仿真参数对话框

该仿真参数对话框包含7个可以互相切换的选项卡。

Solver：设置仿真参数起始和终止时间，选择解法器及步长等参数。

Data Import/Export：Simulink和MATLAB工作空间Workspace数据输入输出的设置，可以将仿真的结果保存到Workspace，也可以从Workspace中取得输入和初始状态。

Optimization：设置仿真的优化参数。

Diagnostics：系统对仿真过程中出现的异常情况所做的警告信息。

Hardware Implementation：设置仿真硬件特性。

Model Referencing：模型参考设置。

Simulation Target：配置仿真目标。

Code Generation：生成代码。

Coverage：覆盖设置。

HDL Code Generation：HDL代码生成。

（1）Solver（解法器）

① 仿真时间　仿真时间Simulation time是指设置仿真的起始和停止时间，默认起始时间Start time为0.0s，停止时间Stop time为10.0s。仿真时间决定了模型仿真的时间或取值区域，显示在输出上就是示波器的横轴坐标的取值范围。

② 仿真算法的选择　在Simulink的仿真过程中，选择合适的算法是很重要的，仿真算法是求常微分方程、状态方程解的数值计算方法，这些方法主要有欧拉法（Euler）、阿达姆斯法（Adams）、龙格-库塔法（Rung-Kutta），这些算法都是建立在泰勒级数的基础上。Simulink汇集了各种数值计算方法，但是由于动态系统的差异性，使得某种算法只对某种问题有效，因此对不同的问题需要选择适应的算法，这样才可以得到准确快速的解。根据仿真步长模式，这些算法主要分为两大类，即可变步长类算法和固定步长类算法。

第一类：Variable Step，可变步长类算法。可变步长类算法是指在仿真过程中可以自动调节步长，并通过减小步长来提高计算的精度。该类解法器有：ode45、ode23、ode113、ode15s、ode23s、ode23t、ode23tb 和 discrete。

ode45：它是仿真算法对话框的默认值，四/五阶龙格-库塔法，适用于大多数连续或离散系统，但不适用于刚性系统。它是基于显示 Rung-Kutta（4,5）和 Dormand-Prince 组合的算法，是一种单步解法器，即在计算时，它仅需要最近处理时刻的结果。对于大多数仿真模型来说，ode45 首先是解算模型的最佳选择，因此仿真问题一般选 ode45 先试试。

ode23：二/三阶龙格-库塔法，它是基于显示 Rung-Kutta（2,3）和 Bogacki-Shampine 相组合的算法，也是一种单步解法器。它在容许误差要求不高和求解的问题略带刚性、不太难的情况下，会比 ode45 更有效。

ode113：一种可变阶数的 Adams-Bashforth-Moulton PECE 算法，是一种多步解法器，即在计算当前输出时，它需要以前多个时刻的解。它在容许误差要求严格的情况下通常比 ode45 有效。

ode15s：一种可变阶数的 Numerical differentiation formulas（NDFS）算法，也是多步解法器，适用于刚性系统。当用户不能使用 ode45 或使用效果不好（很慢）的情况下，可以选用 ode15s。

ode23s：是一种单步解法器，专门应用于刚性系统，在容许误差较大时优于 ode15s。它能解决某些 ode15s 所不能有效解决的刚性问题。

ode23t：是一种自由内插方法的梯形算法。这种解法器适用于求解中度刚性的问题而又没有数值衰减的情况。

ode23tb：采用 TR-BDF2 算法。TR-BDF2 是具有两个阶段的隐式龙格-库塔公式。它适用于刚性系统解法器，一般电路建模时首选该算法。

discrete：一个实现积分的固定步长解法器，适用于离散无连续状态的系统。

第二类：Fixed Step，固定步长类算法。固定步长类算法是指在仿真过程中，采取基准时间作为步长，步长是固定不变的。对于固定模式的解法器类型有：ode5、ode4、ode3、ode2、ode1 和 discrete。

ode5：它是步长固定时仿真算法对话框的默认值，采用 Dormand-Prince 算法，是 ode45 的固定步长算法。它适用于大多数连续离散系统，不适用于刚性系统。

ode4：四阶龙格-库塔法，具有一定计算精度。

ode3：固定步长的二/三阶龙格-库塔法。

ode2：采用固定步长的二阶龙格-库塔法，改进的欧拉法。

ode1：固定步长的欧拉法（Euler）。

discrete：不含积分的固定步长解法器，它适合于离散无连续状态的系统。

在 Solver options 解法器选项对话框中，包括两个下拉菜单：Type 仿真步长模式和 Solver 解算器类型选择。在 Type 仿真步长模式下拉菜单中有两种选择：Variable-step 可变步长和 Fixed-step 固定步长。可变步长模式可以在仿真的过程中改变步长，提供误差控制和过零检测；固定步长模式在仿真过程中提供固定的步长，不提供误差控制和过零检测。

③ 步长参数设置　在可变步长模式下，用户可以设置最大步长、最小步长和初始步长参数，默认情况下，步长自动地确定，值均由 auto 表示。

Max step size：最大步长参数。它决定了解法器能够使用的最大时间步长，它的默认值为"仿真时间/50"，即整个仿真过程中至少取50个样点，但这样的取法对于仿真时间较长的系统则可能造成取样点过于稀疏，而使仿真结果失真。一般建议对于仿真时间不超过15s的采用默认值即可，对于超过15s的每秒至少保证5个采样点，对于超过100s的，每秒至少保证3个采样点。

Min step size：最小步长参数，一般建议使用"auto"默认值即可。

Initial step size：初始步长参数，一般建议使用"auto"默认值即可。

Relative tolerance：相对误差。它指误差相对于状态的值，是一个百分比，默认值为1e-3，表示状态的计算值要精确到0.1%。

Absolution tolerance：绝对误差。它表示误差值的门限，或者是在状态值为零的情况下，可以接受的误差。如果它被设成"auto"，那么Simulink为每一个状态设置初始绝对误差为1e-6。

在固定步长模式下，用户只有"Type"和"Solver"两项可供选择。

（2）Data Import/Export（数据输入/输出）

Data Import/Export对话框如图7-40所示。

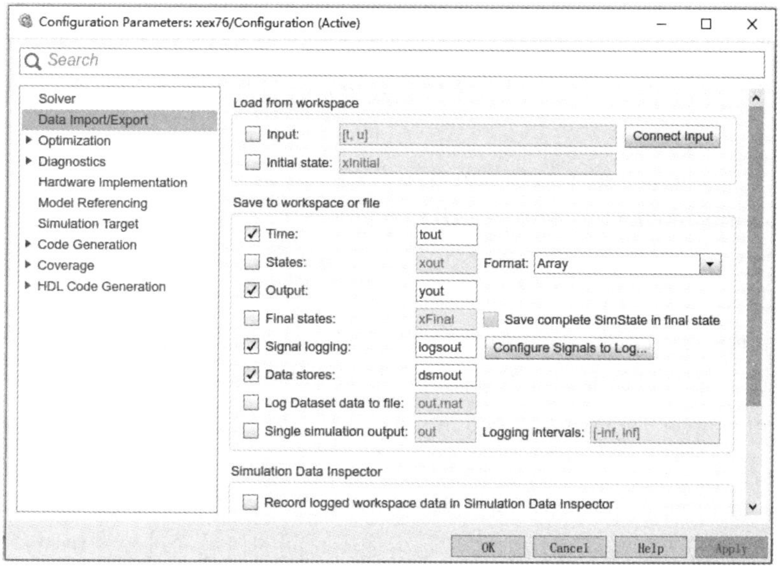

图7-40　Data Import/Export对话框

Load from workspace：从工作空间获取数据。当选中前面的复选框，在后面的编辑框中输入数据变量名，即可从MATLAB工作空间获取时间和输入变量。一般时间变量定义为t，输入变量定义为u。Initial state用来定义获取的状态初始值的变量名。

Save to workspace or file：将仿真数据存入工作空间。用来设置存入MATLAB工作空间的变量类型和变量名，选中变量类型前的复选框使相应的变量有效。一般存往工作空间的变量包括输出时间向量Time、状态向量State和输出变量Output。时间向量Time默认为tout，状态向量State默认为xout，输出变量Output默认为yout。Final state用来定义存往MATLAB工作空间所使用的变量名。

Save option：用来设置存往工作空间的相关选项。

（3）Diagnostics（诊断）

Diagnostics主要用于在仿真过程中出现的一些异常情况所做出的反应，其窗口如图7-41所示。

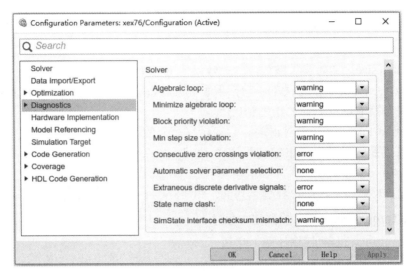

图7-41　Diagnostics对话框

Algebraic loop：代数环，它的异常存在将会严重地影响仿真的速度，可能会导致仿真失败；

Minimize algebraic loop：最小代数环；

Block priority violation：模块优先级异常；

Min step size violation：最小步长异常，说明仿真过程中需要更小的步长，这是解法器不允许的；

Consecutive zero crossings violation：如果Simulink检测到连续过零的数目已经达到允许的最大值，那么该选型可以设置忽略、显示警告信息或出现错误；

Automatic solver parameter selection：从指定值计算或更改的报表自动求解其参数值；

Extraneous discrete derivative signals：为端口提供信号会跟踪过多的离散信号，这可能导致不必要的求解器重置，当具有连续采样时间的信号通过模型块时，可能会发生这种情况，那么该选型可以设置忽略、显示警告信息或出现错误；

State name clash：检测到名称是否用于模型中的多个状态，如果超过多个状态则可以选择设置忽略、显示警告信息；

SimState interface checksum mismatch：如果模型检测模型配置参数是否与初始状态中存储的参数不同，那么该选项可以设置为显示警告信息或出现错误。

7.3.2　Simulink仿真过程需要注意的技巧

（1）Simulink的数据类型

Simulink在仿真过程中，始终都要检查模型的类型安全性。模型的类型安全性是指从该模型产生的代码不出现上溢或者下溢现象，当产生溢出现象时，系统将出现错误。

查看模块的数据类型的方法是：在模型窗口的菜单中执行Format/Port Data Types命令，这样每个模块支持的数据类型就显示出来了。要取消数据类型的查看方式，单击Port Data Types去掉其前面的勾号即可。

（2）数据的传输

在仿真过程中，Simulink首先查看有没有特别设置的信号的数据类型，以及检验信号的输入和输出端口的数据类型是否产生冲突。如果有冲突，Simulink将停止仿真，并给出一个出错提示对话框，在此对话框中将显示出错的信号以及端口，并把信号的路径以高亮显示。遇到该情形，必须改变数据类型以适应模块的需要。

（3）提高仿真速度

Simulink仿真过程中，仿真的性能受诸多因素的影响，包括模型的设计和仿真参数的选择等。对于大多数问题，使用Simulink系统默认的解法和仿真参数值就能够比较好地解决。如果仿真的时间步长太短，这时可以把最大仿真步长参数设置为默认值auto；如果仿真的时间过长，则可酌情减短仿真的时间。如果选择了错误的解法，可以通过改变解法器来解决。

如果仿真的精度要求过高，在仿真时绝对误差限度太小，则会使仿真在接近零的状态附近耗费过多时间，一般地，相对误差限为0.1%就已经足够了。

（4）改善仿真精度

检验仿真精度的方法是：通过修改仿真的相对误差限和绝对误差限，并在一个合适的时间跨度反复运行仿真，对比仿真结果有无大的变化，如果变化不大，表示解是收敛的，说明仿真的精度是有效的，结果是稳定的。

如果仿真结果不稳定，其原因可能是系统本身不稳定或仿真解法不适合。如果仿真的结果不精确，其原因很可能有两种。第一种，模型有取值接近零的状态。如果绝对误差过大，会使仿真在接近零区域运行的仿真时间太短。解决的办法是修改绝对误差参数或者修改初始的状态。第二种，如果改变绝对误差限还不能达到预期的误差限，则修改相对误差限，使可接受的误差降低，并减小仿真的步长。

7.3.3 观测输出 Simulink 的仿真结果

一般仿真后均会输出仿真结果，仿真结果通常有以下几种形式：

① 将信号输出到显示模块。显示模块可以是示波器Scope、XY Graph和Display。其中示波器可以显示信号的波形；XY Graph可以绘制自定义横纵坐标的二维图形；Display模块可以直接显示数字。

② 将仿真结果存储到工作空间，然后在工作空间对信号进行分析。这里有3种方法可以将仿真结果存储到工作空间。首先，可以通过示波器模块参数的设置，实现向工作空间存储数据。其次，还可以在模型建立时选择Sinks中的To workspace模块，将数据保存到工作空间的simout变量中，同时还可以产生一个存放时间数据的变量，默认为tout。最后，通过设置仿真参数中的数据输入输出Data Import/Export命令，根据各个参数的设置来确定存储的数据内容。

③ 将仿真结果通过输出端口返回到MATLAB命令窗口，再利用绘图命令绘出输出图形。

④ 将仿真结果输出到文件。这是指在建立模型时，输出部分采用的是 **To File** 模块，表示将仿真后的数据保存在MAT文件中，并采用悬浮示波器显示仿真模型中多条信号线输出的波形。

【例7-7】已知某连续系统的数学表达式为$y=x_0+kx_1$，已知$x_0=0.01$，$k=30$，x_1为斜坡信号，利用Simulink绘制该系统的输出特性曲线。

首先，根据已知条件建立模型如图7-42所示。

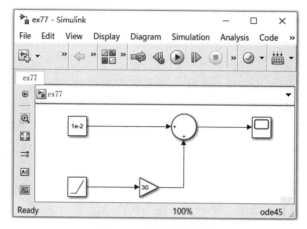

图7-42　连续系统模型

模型参数设置如图7-43～图7-47所示。

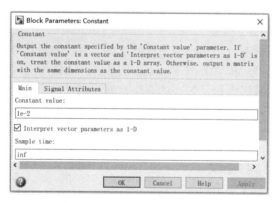

图7-43　Constant模块参数对话框

图7-44　Ramp模块参数对话框

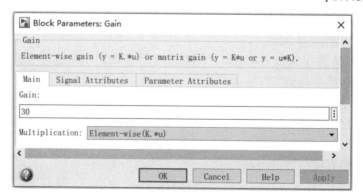

图7-45　Gain模块参数对话框

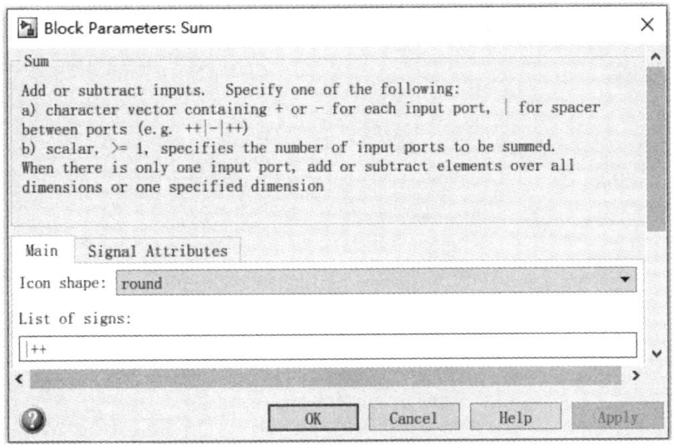

图7-46 Sum 模块参数对话框

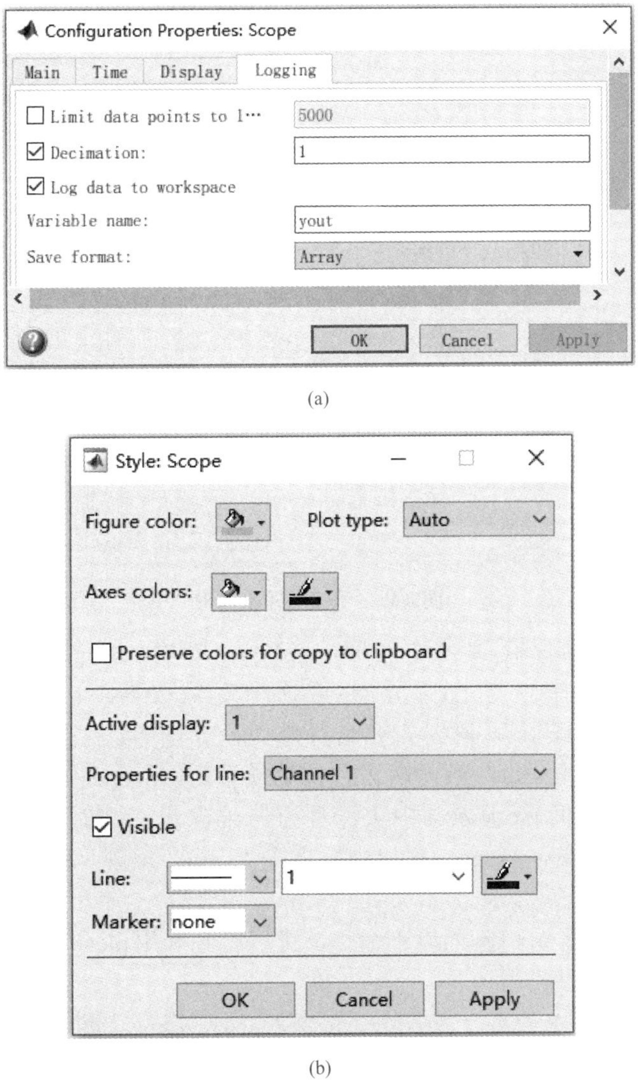

图7-47 Scope模块参数对话框

仿真参数设置如图7-48所示。

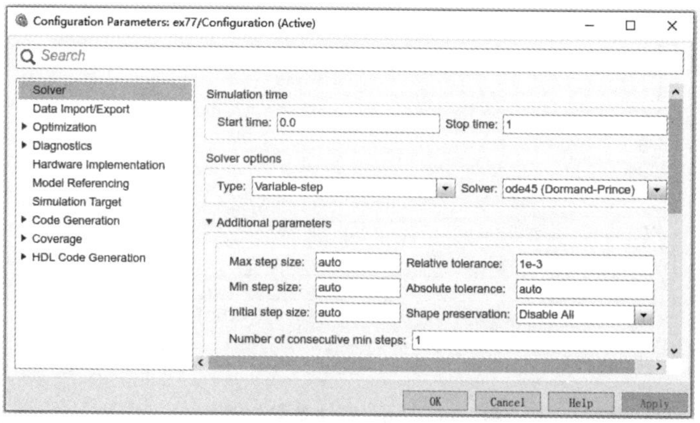

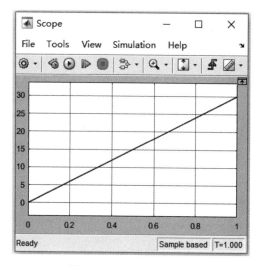

图7-48　仿真参数设置对话框

输出波形如图7-49所示。

图7-49　示波器输出波形

导出Simulink数据保存到工作空间，在Scope模块的Logging参数中，将"Log data to workspace"选择栏勾上(√)，并给这个变量取名，在Simulink中，该变量的默认名为"Scopedata"，可根据需要自行修改，如图7-47（a）所示。将默认变量名"ScopeData"再改为yout，当再次运行仿真模型后，Scope模块中的数据将保存到MATLAB中的工作空间Workspace中去，且为二维向量。这时查看MATLAB工作空间可以看到yout变量在workspace窗口中，点击"yout"出现"Array Edit"，如图7-50所示。

在MATLAB命令行窗口输入以下命令，可以得到利用plot绘制的仿真结果，如图7-51所示。

```
>> x=yout(:,1);
>> y=yout(:,2);
>> plot(x,y)
```

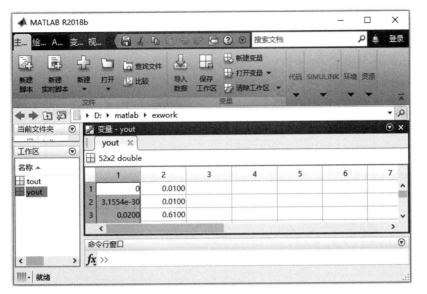

图7-50 数据在工作空间和数组编辑中的显示

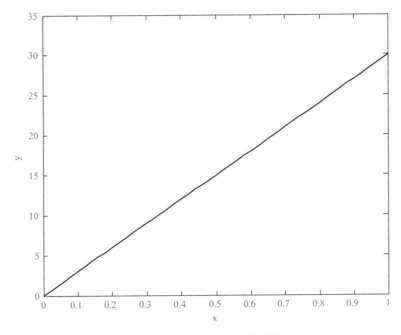

图7-51 plot命令绘制仿真结果

或者，双击yout出现Array Edit后选中数组使其变色，点击MATLAB主菜单中的绘图，选择plot，如图7-52所示，也可以得到yout仿真结果的输出。

【例7-8】创建一个单位负反馈的二阶系统，输入为阶跃信号，仿真后将输出送到MAT文件中。创建模型如图7-53所示。

设置模块参数时，将Step模块的"Step time"设置为0，Gain模块的参数设置为-1，将Transfer Fcn模块的分子系数设置为[2]，分母系数设置为[1 3]。

To File模块参数设置如图7-54所示。

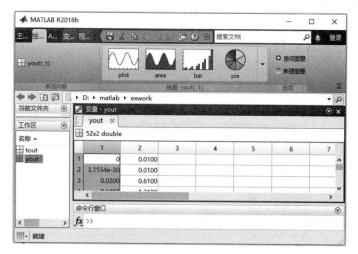

图7-52　利用Excel绘图窗口

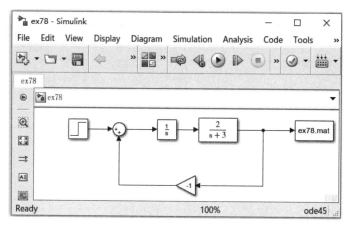

图7-53　二阶反馈系统模型

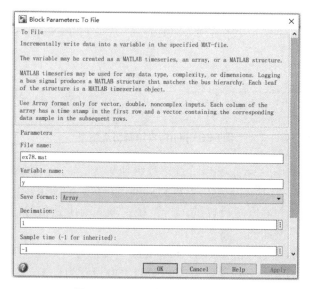

图7-54　To File 模块参数对话框

在MATLAB命令窗口输入命令查看ex78.mat文件中的变量y的值：

>>load ex78 y

双击变量y，出现ex78.mat文件中保存的变量y的数值，如图7-55所示。

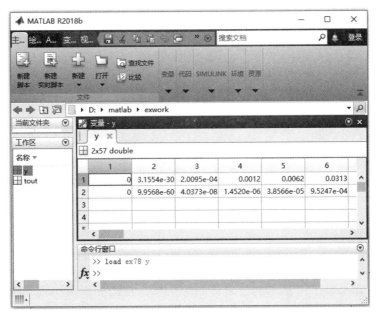

图7-55　工作空间中保存的仿真数据y

如果想要显示输出信号的波形，则可以在模型中添加悬浮示波器，如图7-56所示。

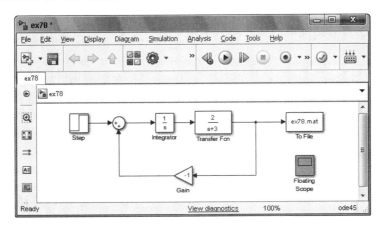

图7-56　添加悬浮示波器后的模型

悬浮示波器是不带输入端口的，它可以显示仿真过程中任何一个被选中的信号线中的波形。单击示波器窗口中![icon]，选择![icon]Signal Selection，则会出现Signal Selector的对话框，在右边的List contents中显示模型所有的信号线。选中需要显示的信号线名称，则会出现相对应的波形，如图7-57所示。

另外，在Sinks模块组中有一个名为Out1的模块，将数据输入到这个模块，该模块就会将数据输出到MATLAB命令窗口，并用名为yout的变量保存，同时还将时间数据用tout变量保存。

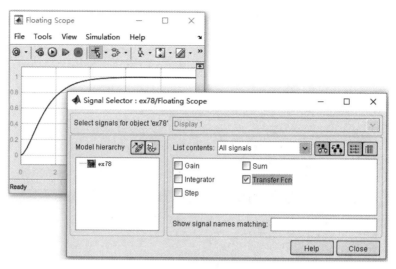

图7-57　悬浮示波器显示波形

7.3.4　仿真诊断

在仿真过程中若出现错误，Simulink将会终止仿真，并弹出一个标题为"Diagnostic Viewer"的带有明显出错标志的仿真诊断对话框。点击提示框中的"Filtered"按键，将显示出错信息内容。仿真诊断对话框中主要包含 filter errors、filter warnings、filter information、filter similar warning 几种不同类型的诊断结果。同时在出错信息的最后会给出出错或警告的元器件 Component，并且还包含错误或警告的类型，比如是模块上的错误。

当点击错误信息后面的命令按键"Open"时，这时可以打开出错模型并以黄色突出显示。

当点击出错信息前面的白色按钮"×"时，会将所有的错误信息都关闭，重新仿真再诊断。

7.4　模型的调试

Simulink 模型在仿真过程中有时也会出现错误，MATLAB中有专门的仿真调试器，可以对仿真过程中模型的状态、输入输出进行检查和跟踪。

7.4.1　Simulink调试器

在模型窗口中选择菜单"Simulation"→"debug"→"Debug model"进入 Simulink Debugger，Simulink 仿真调试器的窗口就会出现，如图7-58所示。

（1）调试窗口的选项

Break Points：用于设置断点，使仿真运行到断点就停止；

Simulation Loop：包含 Method、Breakpoints 和 ID 三列内容，用于显示各仿真步以及正在运行的相关信息；

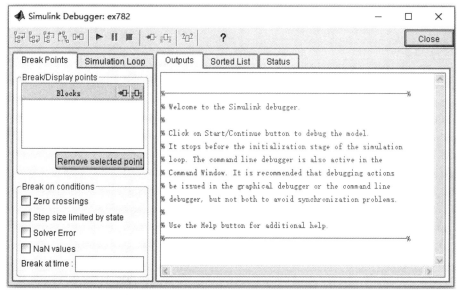

图7-58　Simulink调试器

Outputs：用于显示调试结果，包括调试命令提示，当前运行模块的输入、输出和模块的状态；

Sorted List：用于显示被调试的模块列表，该列表按模块执行的顺序排列；

Status：用于显示调试器各种选项设置的值以及其他状态信息。

（2）调试器工具栏

Simulink Debugger工具栏中的按钮功能如下：

：进入当前方法；

：跳过当前方法；

：跳出当前方法；

：在下一个仿真时间步跳转到第一个方法；

：跳转到下一个模块；

：开始或继续调试；

：暂停仿真；

：停止仿真；

：在模块前设置断点；

：当选中的模块被执行时显示输入输出；

：显示选中模块的当前输入输出。

当按下开始调试按钮时，Simulink Debugger窗口提示有警告信息，如图7-59所示。第1条是说明MATLAB 2012b中Simulink Debugger有所修改。第2～4条可以根据警告信息的提示，在"Model Configuration Parameters"→"Configuration Parameters"→"Optimization"中取消Block reduction选项，在"Model Configuration"→"Parameters"→"Optimization"→"Signals and Parameters"中取消Signal storage reuse选项。修改相应的对话框如图7-60所示。运行Simulink Debugger后，Sorted List和Status选项显示内容如图7-61、图7-62所示。

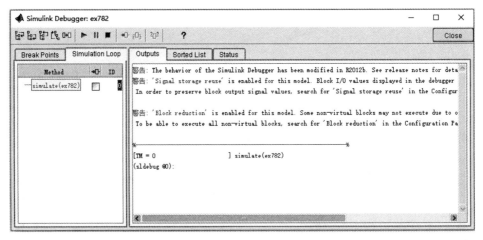

图7-59　Simulink Debugger警告信息

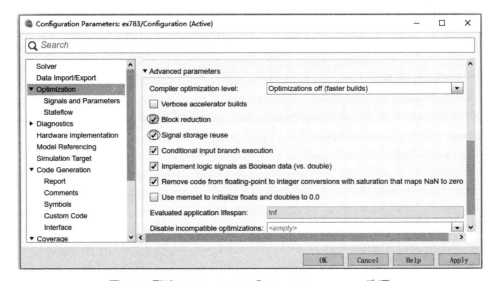

图7-60　取消Block reduction和Signal storage reuse选项

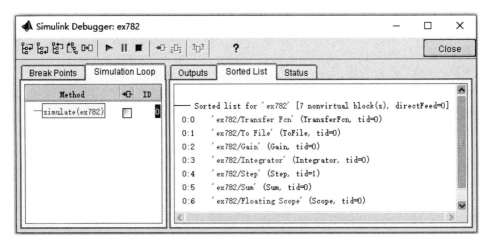

图7-61　Sorted List选项

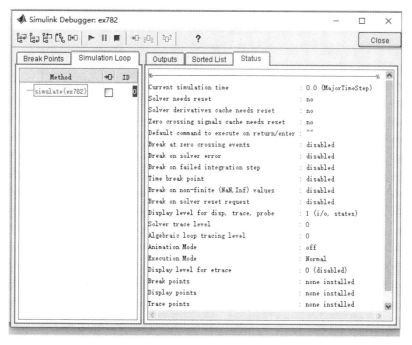

图7-62　Status选项

7.4.2　调试模型及设置断点

Simulink Debugger可以实现调试模块过程中的单步运行、设置断点、取消断点等多种调试方法。

（1）单步运行

在工具栏中单击 ，可以实现仿真的单步运行，在模型的窗口中每个正在运行的模块都会变色。单步运行时仿真调试窗口和模型窗口如图7-63、图7-64所示。图7-63中右边的Simulation Loop 按顺序显示了运行模型过程中的每一个方法；而Outputs则会显示当前运行模块时间和输入输出。

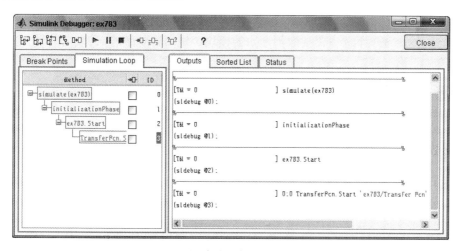

图7-63　调试过程中的调试器窗口

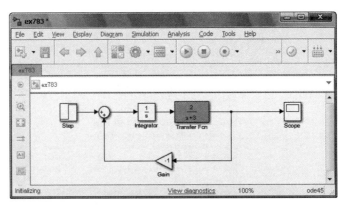

图7-64 调试过程中的模型窗口

（2）设置断点

模型的仿真运行也可以设置断点，当仿真执行到断点处时就停止，这时便可以通过调试器查看此时的信息。Simulink Debugger 设置了两种断点，分别是无条件断点和条件断点。

无条件断点：这类断点是指当仿真运行到该断点时会无条件地停止。在"Simulink Debugger"→"Simulation Loop"选项下选中需要设置断点的模块，然后在其后对应的 框选中即可。

条件断点：在仿真过程中满足某种特定的条件时仿真停止，这种断点在"Simulink Debugger"→"Break Points"→"Break on conditions"栏下有四个。

Zero crossing：当检测到非采样零穿越现象时进入断点；

Step size limited by state：当使用可变步长算法时，模型状态限制了步长，这种情况发生时进入断点；

Solver Error：当出现算法错误时；

NaN valued：当系统发生溢出时进入断点。

当然，如果想要在仿真过程中的某个时刻设置断点，这时只需要在"Break Points"→"Break at time"栏中设置断点的实践就可以了。如果想要取消断点，则需要在 Break Points 中将要取消的断点选中，单击"Remove select point"按钮；或者，Simulation Loop 选项下选中需要取消断点的模块，然后将对应的 取消即可。

7.5 子系统创建与封装

7.5.1 子系统介绍

在利用 Simulink 仿真时，如果模型的规模很大很复杂，包含较多数量的模块时，模块之间的输入输出关系复杂。这时可以通过把这些模块组合成一个子系统来简化模型。模块和子系统之间的关系好像 C 语言中的子程序和主程序，增强模型的可读性。建立子系统有以下几个优点。

减少模型中显示的模块数量，可以使模型窗口层次分明、简洁清晰；将功能相关的一些模块组合在一起，用户可以建立自己的子系统模块库，可以实现功能复用；子系统可以实现模型图表层次化，方便用户采用适合的系统设计方法。

7.5.2　创建子系统

在Simulink中创建子系统的方法主要有以下两种：

（1）采用子系统模块来创建子系统

该方法是先向模型中添加Subsystem模块，然后打开该模块向其中添加模块。具体步骤如下：

① 新建一个空白模型。

② 打开Port & Subsystems模块库，选取其中的子系统模块Subsystem并把它复制到新建的仿真平台窗口中。

③ 用鼠标双击Subsystem模块，弹出Subsystem模块编辑窗口，如图7-65所示。编辑窗口中自动添加了一个子系统的输入和输出端子，名为In1和Out1，这是子系统与外部联系的端口。

④ 将组成子系统需要的模块都添加到Subsystem模块编辑窗口中，合理排列，用信号线连接好。

⑤ 修改子系统标签和外接端子标签，使子系统更具可读性。保存好新创建的子系统。

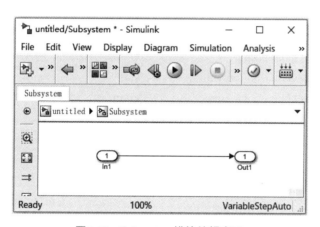

图7-65　Subsystem模块编辑窗口

（2）组合已存在的模块创建子系统

该方法使用在模型中已经有组成子系统所需的所有模块，并且连接好，具体步骤如下：

① 在已经存在的模型中选中要组合到子系统中所有的模块；

② 选择模型菜单"Diagram" → "Subsystem & Reference" → "Create Subsystem from selection"，生成子系统；

③ 修改子系统标签和外接端子标签，保存好新创建的子系统。

【例7-9】创建Simulink模型构成PID控制的二阶系统，并将其模型中的PID控制器创建为子系统，查看输出响应。模型如图7-66所示。

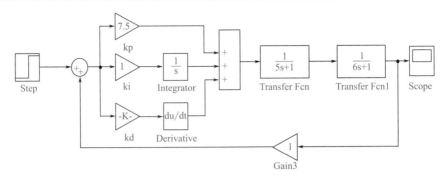

图7-66　PID控制系统

① 模型中各模块及参数设置。

模块库	参数名	参数值
Sources\Step	Step time	0
Sinks\Scope		
Continuous\Integrator		
Continuous\Derivative		
Continuous\Transfer Fcn	Denominator	[5 1]
Continuous\Transfer Fcn1	Denominator	[6 1]
Math Operations\Sum	List of signs	|+−
Math Operations\Sum1	List of signs	|+++
Math Operations\Sum1	Icon shape	Rectangular
Math Operations\Gain（kp）	Gain	7.5
Math Operations\Gain（ki）&Gain3	Gain	1
Math Operations\Gain（kd）	Gain	14.5

② 仿真参数设置。模型仿真参数设置如图7-67所示。

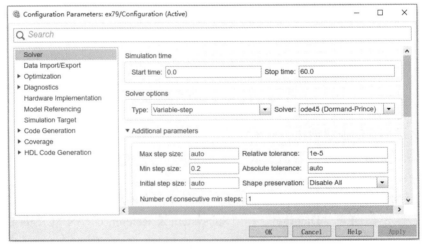

图7-67　模型仿真参数设置

③ 建立PID子系统。将模型中的比例、积分、微分都选中，如图7-68所示；点击菜单"Diagram" → "Subsystem & Reference" → "Create Subsystem from selection"，或

者右键"Create Subsystem from selection",生成子系统后模型如图7-69所示,子系统模型如图7-70所示。

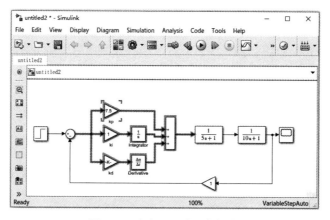

图7-68 选中子系统组成模块

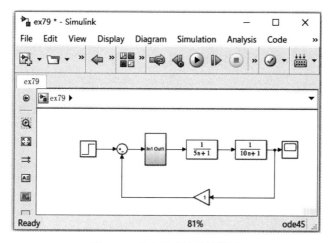

图7-69 建立子系统后的模型

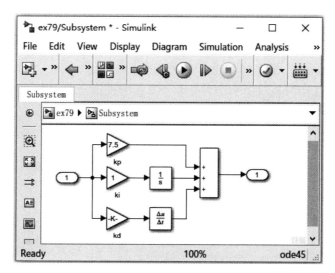

图7-70 子系统模型

7.5.3 封装子系统

封装子系统与建立子系统并不相同，封装子系统是指对已经建立好的具有一定功能的子系统进行封装，封装的目的在于生成用户自定义的模块，此模块与子系统功能完全一样。子系统在设置参数时仍然需要打开各个模块分别设置，而封装后的子系统则统一设置各模块的参数。

封装子系统具有如下优点：在设置子系统中各个模块参数时只需要设置一个参数对话框就可以完成；隐藏子系统模块中不需要过多展示的内容；保护子系统模块中的内容，防止用户在无意间修改子系统中模块的参数。

封装子系统具有如下特点：自定义系统模块及其图标；用户双击封装后的图标显示子系统参数设置对话框；用户自定义子系统模块的帮助文档；封装后的子系统拥有自己的工作区。

封装子系统的步骤：

① 选择需要封装的子系统。

② 菜单选择"Diagram"→"mask"，或右键选择"mask"，这时会弹出如图7-71所示的封装编辑器，通过它进行各种设置。

③ 单击"Apply"或"OK"按钮保存设置。

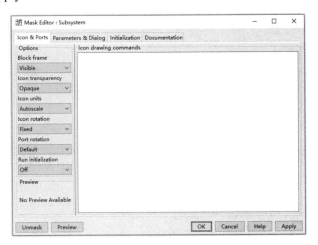

图7-71　封装编辑器

【例7-10】建立如图7-72所示的含有一子系统的模型，并设置子系统中Gain模块的Gain参数为一变量m。子系统如图7-73所示。

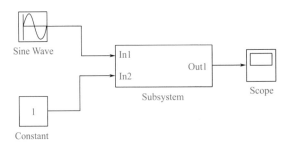

图7-72　系统模型

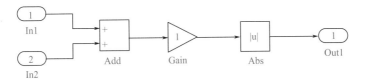

图7-73　子系统模型

选中模型中的Subsystem子系统，菜单选择"Diagram"→"mask"，或右键单击子系统弹出上下文菜单，选择菜单mask，打开封装编辑器，如图7-71所示。

进行封装设置。按照图7-74设置Icon & Ports选项，主要用来设定封装模块的名字和外观。

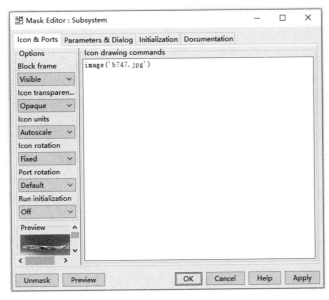

图7-74　设置Icon&Ports选项

Icon Options：用于设置封装模块的外观。其中Frame用来显示模块的外框线；Transparency用来设置封装模块的输入输出端口的说明；Rotation表示翻转模块；Units用来设置画图时的坐标系选择。

Icon drawing commands：创建用户封装图标的，可以在图标中显示文字、图像或传递函数等，该例中显示的是图像。在Examples of drawing commands下的Command下拉列表中有常用的port-label标注端口和文字、disp显示变量和文字、plot 画曲线和image显示图像的命令。

按照图7-75设置Parameters选项，该选项主要用于输入变量名和相应的提示。Dialog Parameters：Prompt用于输入变量的含义，其内容显示在输入提示中；Value用于输出变量的值；Type用来选择输入控件；Edit是文本。

Initialization选项设置如图7-76所示。Initialization选项用于初始化封装子系统，在Initialization commands中输入MATLAB命令，则当开始仿真时运行初始化。

Documentation选项用于编写与该封装子系统模块相对应的Help和文字说明，如图7-77所示。Mask type设置模块显示的封装类型；Mask description 输入描述文件；Mask help输入帮助文本。

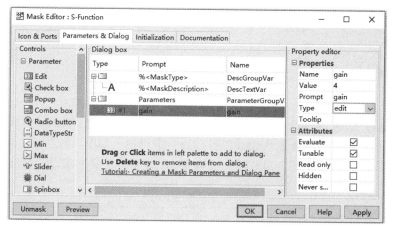

图7-75　设置Parameters选项

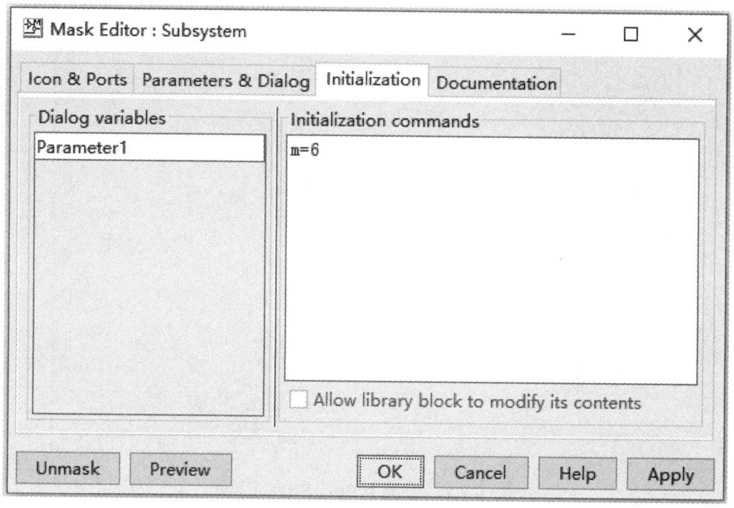

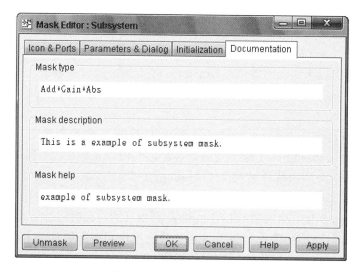

图7-76　Initialization选项

图7-77　Documentation选项

当前面的 Mask Editor 设置完成后，双击 Subsystem 子系统模块，则会出现封装子系统后的参数设置对话框，如图7-78所示。

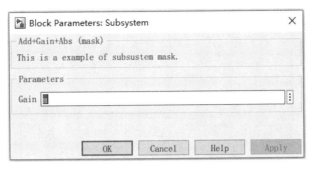

图7-78　封装后的子系统参数设置对话框

7.6　S函数

7.6.1　S函数工作原理

S函数是系统函数，是System Function的简称。它是用户自己创建Simulink模块所必需的特殊调用格式的函数文件。

S函数是MATLAB为用户提供的一种Simulink功能的编程机制，是一种强大的对模块库进行扩展的新工具。用户可以采用MATLAB、C、C++、Fortran等语言来创建自己的Simulink模块。S函数采用一种特殊的调用方法，使函数和Simulink解法器进行交互，它的形式十分通用，能够支持连续、离散和混合系统。

（1）S函数的作用

S函数的作用如下：

① 可以用多种语言在Simulink中增加一个用户编写的新的通用模块；

② 用自己的算法生成S函数；

③ 生成模拟硬件装置的S函数模块；

④ 可以用图形动画表现的S函数；

⑤ 将系统表示成为一系列数学方程。

（2）S函数模块

S-Function是一个动态系统的计算机语言描述，它采用非图形化的方式来描述功能模块。在MATLAB里，用户可以用M文件编写，也可以用S或MEX文件编写。S函数模块放在Simulink模块库中的User-Defined Functions用户定义模块库中，通过S-Function模块可以创建包含S函数的Simulink模型。S-Function模块参数设置对话框如图7-79所示。其中，S-function name：填写不带扩展名的S函数文件名；S-function parameters：填写模块的参数。

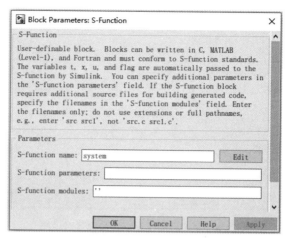

图7-79　S-Function模块参数设置对话框

（3）S函数工作原理

首先了解一下Simulink模型的结构，如图7-80所示。

图7-80　Simulink模型的结构

输入u、输出y和状态x的数学关系为：

$$
\begin{cases}
y=f_0(t,u,x) & \text{输出} \\
\dot{x}_c=f_d(t,x,u) & \text{其中 } x=x_c+x_d \text{ 微分} \\
x_{d_{k+1}}=f_u(t,x,u) & \text{更新}
\end{cases}
$$

Simulink的仿真过程主要有初始化和仿真运行两个过程。在初始化阶段，S函数主要完成的功能有：用基本模块库展开多层次的封装模块；确定模型中各模块的执行顺序；为未直接指定相关参数的模块确定信号属性，如信号名称，数值类型、维数，模块的采样时间等；分配内存。在仿真运行过程中，主要包括计算下一个采样时间点，计算模块的输出，更新各模块的离散状态和计算连续状态的微分，仿真时将这些方程对应于上面的输入、输出和状态的数学关系式。在每个阶段Simulink都重复地对模型进行调用。

（4）M文件S函数的开发步骤

① 利用MATLAB提供的S函数的标准模板程序进行适当的修改，生成用户自己的S函数；

② 把自己编写的S函数嵌入到Simulink提供的S-Function标准库模块中，生成自编的S函数模块；

③ 对自编的S函数模块进行适当的封装。

7.6.2　编写S函数

（1）S函数的模板程序

MATLAB为Simulink提供了一个用M文件编写S函数的模板。在建立实际的S函数时，可以在该模板必要的子程序中编写自己的程序，并输入参数。该模板程序存放在 toolbox\simulink\blocks 目录下，文件名为 sfuntmpl.m。用户可以从这个模板出发构建自己的 S 函数。下面为该模板文件的主要内容及说明。

```matlab
%===========================主程序===============================
function [sys,x0,str,ts,simStateCompliance] = sfuntmpl(t,x,u,flag)
switch flag,                    %flag是S函数的标记，指向不同的子函数
  case 0,                          %初始化子函数
    [sys,x0,str,ts,simStateCompliance]=mdlInitializeSizes;
  case 1,                          %计算连续状态微分子函数
    sys=mdlDerivatives(t,x,u);
  case 2,                          %更新离散状态子函数
    sys=mdlUpdate(t,x,u);
  case 3,                          %计算输出子函数
    sys=mdlOutputs(t,x,u);
  case 4,                          %计算下一个采样时刻点
    sys=mdlGetTimeOfNextVarHit(t,x,u);
  case 9,                          %结束仿真
    sys=mdlTerminate(t,x,u);
  otherwise
    DAStudio.error('Simulink:blocks:unhandledFlag', num2str(flag));
 end
%===========================初始化===============================
function [sys,x0,str,ts,simStateCompliance]=mdlInitializeSizes
sizes = simsizes;          %调用simsizes函数，用于设置模块参数的结构
sizes.NumContStates = 0;              %模块的连续变量的个数
sizes.NumDiscStates = 0;              %模块的离散变量的个数
sizes.NumOutputs = 0;                 %模块的输出变量的个数
sizes.NumInputs = 0;                  %模块的输入变量的个数
sizes.DirFeedthrough = 1;             %模块的直通前向通道数，默认值为1
sizes.NumSampleTimes = 1;             %模块的采样周期个数，默认值为1
sys = simsizes(sizes);                %给sys赋值
x0   = [ ];                           %向模块赋初值，默认值为[ ]
str = [ ];                            %特殊保留变量
ts    = [0 0];                        %采样时间和偏移量，默认值为[0 0]
simStateCompliance = 'UnknownSimState';
%===========================计算导数子程序===========================
function sys=mdlDerivatives(t,x,u)

sys = [ ];
```

```
% 结束 mdlDerivatives函数
%========================更新离散状态子程序========================
function sys=mdlUpdate(t,x,u)

sys = [ ];
% 结束 mdlUpdate函数
%========================计算输出子程序========================
function sys=mdlOutputs(t,x,u)

sys = [ ];
% 结束 mdlOutputs函数
%========================计算下一个采样时间点========================
function sys=mdlGetTimeOfNextVarHit(t,x,u)

sampleTime = 1;        % 例如，设置下一个采样点为1s之后
sys = t + sampleTime;
      % 结束 mdlGetTimeOfNextVarHit函数
%========================结束========================
function sys=mdlTerminate(t,x,u)

sys = [ ];
      % 结束 mdlTerminate函数
```

（2）S函数的组成

在sfuntmpl.m程序中，S函数的各子程序如表7-11所示。

表7-11　S函数的子程序

flag	调用S函数子程序	所处的仿真阶段
flag=0	mdlInitializeSizes	S函数初始化，定义S函数模块的基本属性
flag=1	mdlDerivatives	连续状态微分，输出值为状态的微分
flag=2	mdlUpdate	更新离散状态，输出值为状态值在下一时刻的更新
flag=3	mdlOutputs	计算输出，输出值为输出值和状态值的函数
flag=4	mdlGetTimeOfNextVarHit	计算下一个采样时间，输出值为下一次被触发时间
flag=9	mdlTerminate	仿真结束

（3）S函数标准模板程序主要参数

主函数sfuntmpl的格式：function [sys,x0,str,ts,simStateCompliance] = sfuntmpl(t,x,u,flag)。

sfuntmpl中输入输出参数分别为：

sfuntmpl：S函数的名称；

t：当前仿真时间；

x：S 函数模块的状态变量；

u：S 函数模块的输入向量；

flag：标志 S 函数当前所处的仿真阶段，以便执行相应的子程序；

sys：S 函数根据 flag 的值运算出的解，不同的 flag 返回不同的解；

x0：返回的初始状态值；

str：是保留参数，一般在初始化时设置为空矩阵；

ts：是一个 1×2 的向量，ts（1）是采样周期，ts（2）是偏移量；

simStateCompliance：指定仿真状态的保存和创建方法，可以有以下四种选择。"DefaultSimState"表示采用内建模块的方法保存和重建；"HasNoSimState"没有仿真状态要处理；"DisallowSimState"表示不允许保存和重建；"UknownSimState"先给出警告，然后采用默认设置。通常使用"DefaultSimState"。

（4）S 函数的应用

下面使用 S 函数实现和 Simulink 中的 Gain 模块一样的功能。

【例 7-11】使用 S 函数实现 y=nx，将一个输入信号放大 n 倍后进行输出。

① 编写 Gain 模块程序　使用 S 函数标准模板改写程序，将 sfuntmpl.m 文件重新命名为 msgain.m。在编写 Gain 模块程序时，只用到了主程序中的初始化和输出部分的设置，因此在子程序中，只用到了初始化子程序、输出子程序和计算下一个采样时间的子程序，程序编写较为简单。整个程序如下所示：

```
function [sys,x0,str,ts,simStateCompliance] = msgain(t,x,u,flag,gain)
switch flag,
case 0,
        [sys,x0,str,ts,simStateCompliance]=mdlInitializeSizes;
case 1,
        sys=[ ];
case 2,
        sys=[ ];
case 3,
        sys=mdlOutputs(t,x,u);
case 4,
        sys=[ ];
case 9,
        sys=[ ];
otherwise
    DAStudio.error('Simulink:blocks:unhandledFlag', num2str(flag));
End
function [sys,x0,str,ts,simStateCompliance]=mdlInitializeSizes
sizes = simsizes;
sizes.NumContStates     = 0;
sizes.NumDiscStates     = 0;
```

```
sizes.NumOutputs     = 1;
sizes.NumInputs      = 1;
sizes.DirFeedthrough = 1;
sizes.NumSampleTimes = 1;
sys = simsizes(sizes);
x0     = [ ];
str = [ ];
ts     = [-1 0];
simStateCompliance = 'UnknownSimState';
function sys=mdlDerivatives(t,x,u)
sys = [ ];
function sys=mdlUpdate(t,x,u)
sys = [ ];
function sys=mdlOutputs(t,x,u,gain)
sys = gian*u;
function sys=mdlGetTimeOfNextVarHit(t,x,u)
sampleTime = 1;
sys = t + sampleTime;
function sys=mdlTerminate(t,x,u)
sys = [ ];
```

② 建立 S 函数的仿真模型　建立 Simulink 模型，在 User-Defined Functions 用户定义模块库中，添加 S-Function 模块，模型如图 7-81 所示。

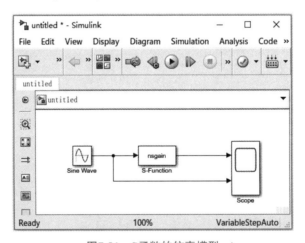

图7-81　S函数的仿真模型

③ 设置 S-Function 模块参数并封装子系统　双击 S-Function 模块，将 S-function name 设置为编写好的 M 文件的名称，即 nsgain；将 S-function parameters 设置为 gain，即生成的模块中用户自定义的参数，其设置如图 7-82 所示。

在模型中选中 S-Function 模块，对其进行封装，封装过程中的参数选项设置如图 7-83、图 7-84 所示。

228

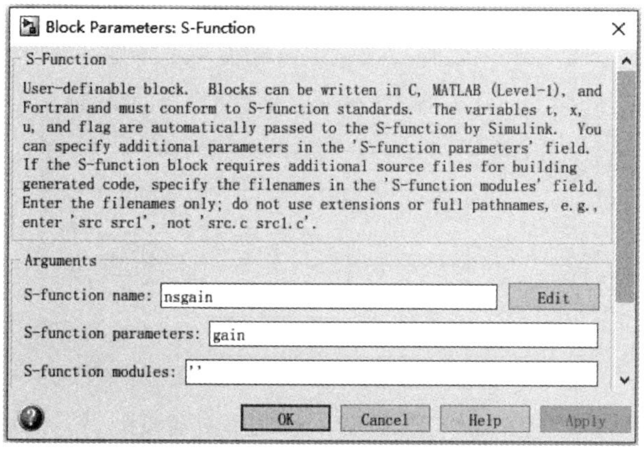

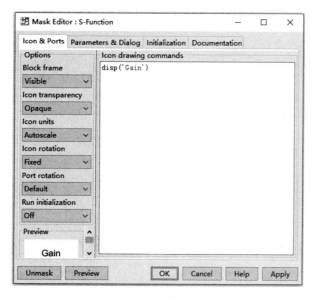

图7-82　S-Function模块参数设置

图7-83　S-Function模块封装设置Icon&Ports选项

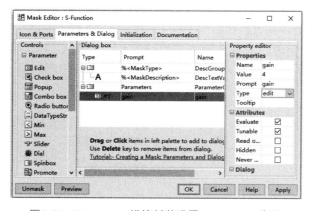

图7-84　S-Function模块封装设置Parameters选项

　　经过以上设置后，由S函数开发建立的模型最终如图7-85所示，输出波形如图7-86所示。可以看出由S函数开发的模块与模块库中的标准模块Gain具有同样的功能。

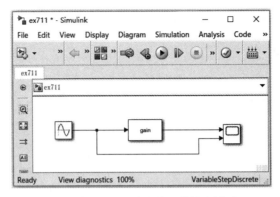

图7-85　S函数模块生成后的仿真模型

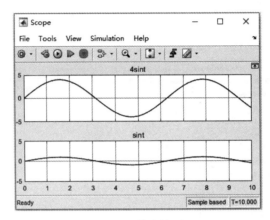

图7-86　仿真波形

7.7　Simulink与MATLAB结合建模的实例

（1）连续系统中的仿真应用

【例7-12】二阶系统的微分方程为 $x''+6x'+4x=2u(t)$，$x'=x=0$，$u(t)$ 是单位阶跃信号。用积分模块创建求解该微分方程的模型。

① 首先根据公式推导建模　将方程修改为 $x''=2u(t)-6x'-4x$，确定所建立模型的输入输出，其中输入信号为单位阶跃信号 $u(t)$，输出为方程的解，即为 x。根据表达式关系最终确立模型如图7-87所示。

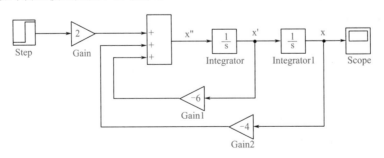

图7-87　二阶系统模型

② 设置模块和仿真参数　首先设置模块参数，其中Sum模块参数设置如图7-88所示。Icon shape输入"rectangular"，List of signs输入"|+++"。Gain模块根据题意增益参数分别设置为2、-6、-4；由于x'=x=0，所以积分模块的参数初始值都设置为零。

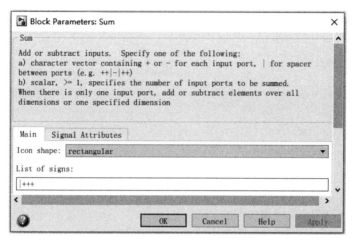

图7-88　Sum模块参数

仿真参数的设置中，只需调整仿真时间，Stop time设置为20s，其余参数采用默认形式。

③ 仿真结果输出　启动仿真后，示波器中波形如图7-89所示。

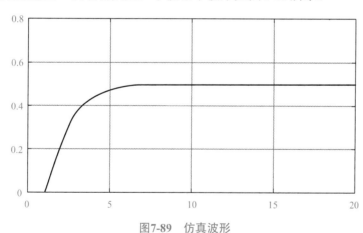

图7-89　仿真波形

【例7-13】二阶系统的微分方程为x"+6x'+4x=2u(t)，x'=x=0,u(t)是单位阶跃信号。用传递函数求解该微分方程的模型。

首先将二阶微分方程两边进行拉普拉斯变换得$s^2X(s)+0.2sX(s)+0.4X(s)=0.2U(s)$，将其整理得系统的传递函数为$H(s)=\dfrac{X(s)}{U(s)}=\dfrac{0.2}{s^2+0.2s+0.4}$，因此，Simulink模型如图7-90所示。

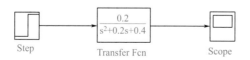

图7-90　传递函数建立的微分方程模型

输出波形如图7-91所示。

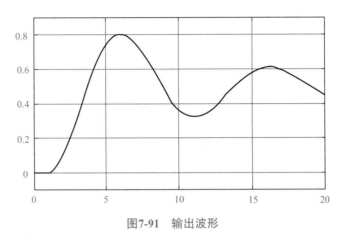

图7-91　输出波形

（2）离散系统中的仿真应用

【例7-14】使用Simulink模型创建一个包含连续环节和离散环节的混合系统，输入为连续阶跃信号，控制部分为离散环节，被控对象为连续环节，其中1个有反馈环，反馈环引入了零阶保持器。当系统中离散采样时间改变时，对系统的输出响应和控制信号进行观察。

① 选择系统组成模块，创建模型　选择1个"Step"模块、2个"Transfer Fcn"模块、2个"Sum"模块、1个"Scope"模块、1个"Gain"模块，在"Discrete"离散模块库中选择1个"Discrete Filter"和1个"Zero-Order Hold"模块。将各模块按顺序连接好，模型如图7-92所示。

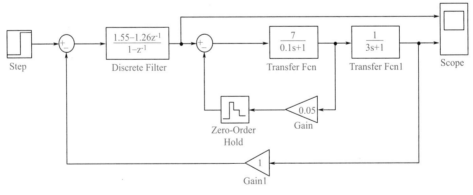

图7-92　模型

② 设置参数　将"Discrete Filter"和"Zero-Order Hold"模块的"Sample time"都设置为0.1s。其中Discrete Filter和Zero-Order Hold参数设置如图7-93、图7-94所示。

③ 仿真输出　将仿真参数Simulation parameters命令中的"Max step size"设置为0.05s，仿真后输出波形如图7-95所示。其中上面的波形是系统离散环节的输出，而下面的波形则是系统的阶跃响应。

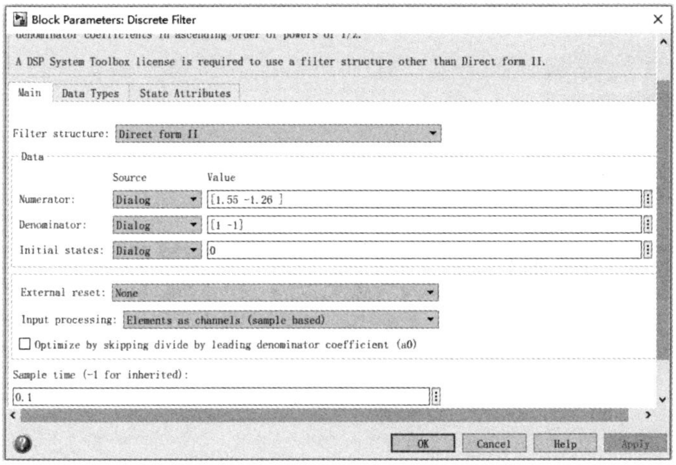

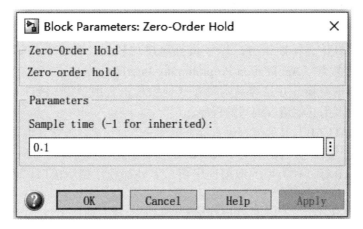

图7-93　Discrete Filter参数设置

Block Parameters: Zero-Order Hold ×

Zero-Order Hold

Zero-order hold.

Parameters

Sample time (-1 for inherited):

0.1

OK　Cancel　Help　Apply

图7-94　Zero-Order Hold参数设置

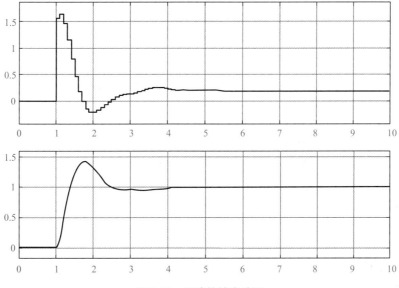

图7-95　系统的输出波形

第 *8* 章

MATLAB 应用程序接口

8.1 MATLAB 应用程序接口介绍

MATLAB是解释性语言，程序执行速度比较慢，为了解决这个问题，MATLAB提供了应用接口（Application Programming Interface，API），允许MATLAB和其应用程序进行数据交换，并且容易实现在其他编程语言中调用 MATLAB的高效算法和在MATLAB中调用其他语言编写的程序。

实现MATLAB与其他编程语言混合编程的方法很多，通常在混合编程时根据是否需要MATLAB运行，分为两大类：MATLAB在后台运行和可以脱离 MATLAB环境运行。

MATLAB有三种类型的应用程序接口：外部程序调用接口、MAT文件应用程序、计算引擎。

① 外部程序调用接口：以MEX文件形式实现，使得用户可以在MATLAB系统的环境下直接调用C语言等所编写的程序代码。编译MEX文件时，需要对MATLAB进行系统配置，以使MATLAB知道编译外部程序所使用的编译器类型与路径。

② MAT文件应用程序：实现MATLAB与外部环境数据的输入输出，即数据交互。

③ 计算引擎：用于两大类的应用。第一类，外部程序调用MATLAB强大的计算函数库；第二类，以外部程序实现友好的操作界面，以MATLAB实现后台运算。

8.1.1 MEX文件

MEX文件是一种具有特定格式的文件，是在MATLAB环境下调用外部应用程序的接口，是能够被MATLAB系统中的解释器识别并执行的动态链接函数。用户可以在MATLAB环境下调用C语言或者Fortran语言编写的应用程序模块，更为重要的是，在用户调用外部应用程序的过程中，不需要对原来的程序模块进行任何的重新编译处理，具有很好的移植性。

通过MEX文件，用户可以把原有程序代码中在MATLAB系统中执行效率较低的运算部分转移到其他外部的高级程序设计语言中去完成，大大提高整个程序的执行速度。通过使用MEX文件，用户还可以在MATLAB系统中实现许多MATLAB系统自身不能实现的任务，如对硬件的操作等。

8.1.2　MAT文件

MAT文件是MATLAB使用的一种特有的二进制数据文件。MAT文件可以包含一个或者多个MATLAB 变量。MATLAB通常采用MAT文件把工作空间的变量存储在磁盘里，在MAT文件中不仅保存各变量数据本身，而且同时保存变量名以及数据类型等。所以在MATLAB中载入某个MAT文件后，可以在当前MATLAB工作空间完全再现当初保存该MAT 文件时的那些变量。这是其他文件格式所不能做到的。同样，用户也可以使用MAT文件从MATLAB环境中导出数据。MAT文件提供了一种更简便的机制在不同操作平台之间移动MATLAB数据。

MATLAB系统中提供了大量的函数可以对MAT文件进行操作，通过调用这些函数，用户在编写C语言或者FORTRAN语言的应用程序过程中就可以实现对MATLAB数据的处理，进而实现与MATLAB系统之间的数据交换。

8.1.3　计算引擎

MATLAB计算引擎（engine）是指MATLAB提供的一组接口函数，支持C/C++、FORTRAN等语言，通过这些接口函数，用户可以在其他编程环境中实现对MATLAB的控制，调用MATLAB强大的计算函数库，充分发挥MATLAB在计算方面的优势。

与其他各种接口相比，引擎所提供的MATLAB功能支持是最全面的。通过引擎方式，应用程序会打开一个新的MATLAB进程，可以控制它完成任何计算和绘图操作。对所有的数据结构提供100%的支持。同时，引擎方式打开的MATLAB进程会在任务栏显示自己的图标，打开该窗口，可以观察主程序通过engine方式控制MATLAB运行的流程，并可在其中输入任何MATLAB命令。

通过计算引擎，用户在使用C/C++、FORTRAN等语言时，可以将MATLAB视为一个数学函数库来进行调用，可以在很大程度上简化程序设计，同时可以使得程序易于维护，这种不同程序设计语言之间的交互操作，可以在大规模程序设计中做到取长补短，充分发挥各自的优势。

8.2　MATLAB编译器

用户在使用MATLAB强大运算功能的同时，往往希望程序可以快速运行，甚至脱离MATLAB环境而独立运行可执行程序。MATLAB Compiler是MATLAB自带的一个编译器，它能将M文件转化成C、C++或p等各种类型的源代码，并根据需要生成可执行文件、lib文件（库文件）、dll文件或S函数文件等。

8.2.1　编译器概述

MATLAB Compiler（编译器）最主要的功能是对用户输入的代码或者命令进行解释和编译，将其转换为机器能够识别的指令代码。MATLAB Compiler的具体功能描述如下：

① 使M文件经由C源码生成MEX文件。MEX文件的优点：一是可提高运行速度；二是由于MEX文件采用二进制代码生成，能更好地隐藏文件算法，程序保密性好。

② 使M文件经由C或C++源码，生成独立的外部应用程序，即EXE文件。该EXE文件运行时不需MATLAB环境的支持，但是往往需要MATLAB提供的C/C++数学库以及图形库。

③ 产生C MEX的S函数，与Simulink配合使用以提高S函数的运行速度。

④ 产生C共享库（动态链接库、DLL）或C++静态库，它们的使用不需MATLAB环境的支持，但是需要MATLAB的数学库。

配备MATLAB C/C++ Graphics Library后，编译器能将含有绘图指令的M文件编译成外部独立应用程序。

8.2.2 编译器的安装和配置

对于不同的用户来说，可以根据实际需要来选择安装编译器，不同编译目标对应的条件如表8-1所示。

表8-1 编译器安装组件

编译目标	安装时勾选的组件	为完成编译目标，系统必须具备的条件
MEX文件	MATLAB Compiler	ANSI C 编译器 MATLAB 编译器
EXE文件	MATLAB Compiler C/C++ Math Labrary C/C++Graphics Labrary	ANSI C 编译器 MATLAB 编译器 C/C++ Math Labrary C/C++Graphics Labrary

一般情况下，在正确地安装之后，不需要对系统的编译器进行设置，因为MATLAB软件本身就具有一定的兼容性，可以进行自动检测以适应当前环境参数配置要求，也可以使用mbuild-setup自动实现MATLAB编译器与外部环境适应的配置，具体代码格式如下：

mbuild-setup

如果调用mex-setup C++ -client MBUILD 命令，显示没有找到任何支持的编译器或SDK。用户可以安装免费的MinGW-w64 C/C++编译器；如下：

```
>> mbuild -setup
错误使用 mbuild (line 164)
Unable to complete successfully.
未找到支持的编译器或 SDK。您可以安装免费提供的 MinGW-w64 C/C++ 编译器；请参阅
安装 MinGW-w64 编译器。有关更多选项，请访问
http://www.mathworks.com/support/compilers。
```

需要下载MinGW-w64 C/C++编译器或其他编译器，以下载安装MinGW-w64 C/C++编译器为例，下载安装完成后，新建环境变量（我的电脑右键→管理→高级设置→环境变量→系统变量新建）MW_MINGW64_LOC，设置为TDM-GCC-64的安装位置（例如

C:\TDM-GCC-64\mingw64\bin），注意检查安装目录不要有空格，以及自己安装编译器 bin 目录的准确目录名称；在 MATLAB 中键入命令行：

>>setenv('MW_MINGW64_LOC','C:\TDM-GCC-64\mingw64')

设置完成后重启 MATLAB，再次输入 mbuild -setup：

```
>> mbuild -setup
MBUILD 配置为使用 'MinGW64 Compiler (C)' 以进行 C 语言编译。

要选择不同的语言，请从以下选项中选择一种命令：
  mex -setup C++ -client MBUILD
  mex -setup FORTRAN -client MBUILD
```

安装设置完毕后需要验证配置的正确性，验证 mex 命令是否可以将 C 源码转换成 MEX 文件：将 <MATLAB>\extern\example\mex 目录下的 yprime.c 文件复制到自己的目录下，并改名为 my_yprime.c。

```
>> mex my_yprime.c
使用 'MinGW64 Compiler (C)' 编译。
MEX 已成功完成。
>> my_yprime(1,1:4)

ans =
     2.0000    8.9685    4.0000    -1.0947

>> which my_yprime
D:\work\my_yprime.mexw64

MATLAB2018b 不再支持 mcc -x 的用法。

>> mcc -x my_yprime_m.m
Error: -x is no longer supported. The MATLAB Compiler no longer generates
MEX files because there is no longer any performance advantage to doing so: the
MATLAB JIT accelerates MATLAB files by default.
To hide proprietary algorithms, use the PCODE function.
```

8.2.3 创建 C 语言 MEX 文件

MEX 文件的优点：

① 运行速度快，利用 C 代码实现循环体要比 MATLAB 快很多；

② 对于已存在的 C 或 FORTRAN 子程序，可以通过 MEX 文件在 MATLAB 环境中直接调用，而不必重新编写 M 文件；

③ 对于 A/D、D/A 卡，或其他 PC 硬件，可以直接用 MEX 文件进行访问；

④ 利用 MEX 文件，可以使用如 Windows 用户图形界面等资源。

C语言MEX文件的构成：程序主要由入口子程序和计算功能子程序两部分组成。

① 入口子程序必须是mexFunction，其构成形式为：

```
void mexFunction( int nlhs, mxArray *plhs[ ], int nrhs, const mxArray*prhs[ ] )
{
    /*用来完成MATLAB与计算子程序之间通信任务的代码*/
}
```

入口子程序的作用是在MATLAB系统与被调用的外部子程序之间建立通信联系。

② 计算功能子程序包含所有的实际需要完成的功能源代码，可以是用户以前所编写的算法和程序，以函数的形式存在。

C语言MEX文件必须包含mex.h库：# include"mex.h"。mex.h库中包含了C语言MEX文件所需要的mex-函数和matrix.h库（定义了mx-函数）。

mex-和mx-函数是MATLAB提供与外界程序接口的函数。mx-函数用来实现MATLAB的矩阵操作；mex-函数用来实现从MATLAB环境中获取矩阵数据并返回信息。

```
timestwo.c
#include "mex.h"
/*计算功能子程序timestwo，计算一个数的两倍*/
void timestwo(double y[], double x[ ])
{
  y[0] = 2.0*x[0];
}
/*入口子程序mexFunction*/
void mexFunction( int nlhs, mxArray *plhs[],
                        int nrhs, const mxArray *prhs[ ] )
{
  double *x,*y;
  int    mrows,ncols;
/* 检查输入输出参数 */
  if(nrhs!=1) {
    mexErrMsgTxt("One input required.");
  } else if(nlhs>1) {
    mexErrMsgTxt("Too many output arguments");
  }
    /* 输入只能是一个双精度型的实数*/
  mrows = mxGetM(prhs[0]);
  ncols = mxGetN(prhs[0]);
  if( !mxIsDouble(prhs[0]) || mxIsComplex(prhs[0]) ||
      !(mrows==1 && ncols==1) ) {
    mexErrMsgTxt("Input must be a noncomplex scalar double.");
```

```
    }
      /* 为输出参数创建矩阵，输出指针指向该矩阵 */
    plhs[0] = mxCreateDoubleMatrix(mrows,ncols, mxREAL);
      /* 输入指针输出指针赋值 */
    x = mxGetPr(prhs[0]);
    y = mxGetPr(plhs[0]);
      /* 调用功能子程序 */
    timestwo(y,x);
    }
```

```
>> mex timestwo.c
使用 'MinGW64 Compiler (C)' 编译。
MEX 已成功完成。
>> y=timestwo(3)

y =

    6
```

8.2.4 创建独立的应用程序

MATLAB 的各种指令、M 文件指令、MEX 文件指令都是在 MATLAB 解释器 (MATLAB Interpreter) 的操纵下进行的。MEX 文件虽然编码形式与 M 文件不同，但 MEX 文件仍是只能在 MATLAB 环境中运行的文件，它与 MATLAB 其他指令的作用，依靠动态链接实现。

除了需要个别库文件的支持外，EXE 独立外部程序的动作是在 MATLAB 过程外进行的，即完全与 MATLAB 无关。

独立外部程序或完全由 M 文件产生，但不能由 MEX 文件转换而来。得到的 EXE 文件可以独立于 MATLAB 环境运行，但是需要 MATLAB 提供的数学库和图形库的支持。

M 文件创建独立的应用程序：建立 M 文件，具体源代码如下。

```
function test_plot
t=0:pi/50:10*pi;
plot3(sin(t),cos(t),t)
grid on
```

将上述代码保存在用户路径下，然后在 MATLAB 命令窗口中输入如下命令：

```
mcc –m test_plot.m
```

即可在工作目录下生成独立运行应用程序，如图 8-1 所示，绘图结果如图 8-2 所示。

图 8-1　独立运行应用程序

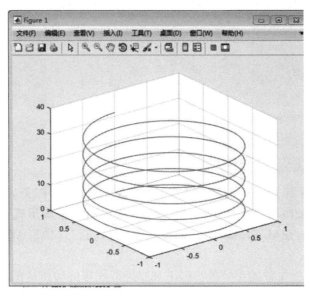

图8-2　绘图结果

8.3　MAT文件的使用

　　MAT文件是MATLAB使用的一种特有的二进制数据文件。MAT文件可以包含一个或者多个MATLAB变量。MATLAB通常采用MAT文件把工作空间的变量存储在磁盘里，在MAT文件中不仅保存各变量数据本身，而且同时保存变量名以及数据类型等。所以在MATLAB中载入某个MAT文件后，可以在当前MATLAB工作空间完全再现当初保存该MAT文件时的那些变量，这是其他文件格式所不能做到的。同样，用户也可以使用MAT文件从MATLAB环境中导出数据。MAT文件提供了一种更简便的机制在不同操作平台之间移动MATLAB数据。

8.3.1　在 MATLAB 中读写 MAT 文件

在 MATLAB 环境中，通常使用 load 和 save 两个命令进行 MAT 文件的读和写。在默认情况下，这两个命令以 MAT 文件格式处理文件，但是也可以用 –ascii 参数选项来强制用文件方式处理文件。

（1）load 函数的使用

load 函数可以从 MAT 文件中读取数据，例如要读取 mymat.dat 文件，可以直接执行命令 load mymat.dat，因为给出要读取的文件的后缀名是 MAT，因此命令则以 MAT 文件格式读取数据，否则将以文本文件读取数据。命令中的文件名可以包含单引号，也可以不包含，也就是说该函数也可以这样调用：load 'mymat.mat'。

load 函数还可以指定只读取文件中的某几个变量，只需在文件名之后列出想要读取的变量的变量名就可以了，变量名也可以使用通配符。

比如命令 load mymat.mat y*，执行结果就是将文件中所有以 y 开头的变量读取出来。

load 还有一种函数形式的调用方式。这种调用方式就要求文件名必须是字符串，比如要导入 mymat.mat 文件，那么函数形式的调用必须是 s = load('mymat.mat')。

（2）save 函数的使用

save 函数的功能是把当前 MATLAB 工作空间的一个或多个变量存写到外部文件。在默认情况下，save 函数以 MAT 格式存写数据。若在命令中直接调用该函数，不带任何参数，执行结果是把 MATLAB 工作空间的所有变量保存到系统默认的 MATLAB.mat 文件中。当然，带上文件名参数，就可以将当前工作空间中的所有变量存写在指定的 MAT 文件中。

如果用户需要保存指定的某几个变量，只需在文件名参数后列出要保存的文件名即可。比如，命令 "save mymat.mat x,y,z" 执行后的结果就是将当前工作空间中的变量 x、y、z 保存到 mymat.mat 文件中，要求 x、y、z 是当前工作空间中已经存在的变量。

save 和 load 指令的使用方法如下：

```
>> clear all
>> x1=2;x2=3;x3=4;y1=0;
>> save xdata x1 x2 x3
>> dir *.mat


xdata.mat


>> clear all
>> whos
>> load xdata
>> whos
  Name      Size            Bytes  Class     Attributes

  x1        1x1                 8  double
```

| x2 | 1x1 | 8 | double |
| x3 | 1x1 | 8 | double |

8.3.2 在普通的 C/C++ 程序中读写 MAT 文件

（1）使用 MATLAB 提供的 MAT 文件接口函数

在 C/C++ 程序中有两种方式可以读取 MAT 文件数据。一种是利用 MATLAB 提供的有关 MAT 文件的编程接口函数。MATLAB 的库函数中包含了 MAT 文件接口函数库，其中有各种对 MAT 文件进行读写的函数，都是以 mat 开头的函数，如表 8-2 所示。

表 8-2　C 语言中的 MAT 文件读写函数

MAT 函 数	功　能
matOpen	打开 MAT 文件
matClose	关闭 MAT 文件
matGetDir	从 MAT 文件中获得 MATLAB 阵列的列表
matGetFp	获得一个指向 MAT 文件的 ANSI C 文件指针
matGetVariable	从 MAT 文件中读取 MATLAB 阵列
matPutVariable	写 MATLAB 阵列到 MAT 文件
matGetNextVariable	从 MAT 文件中读取下一个 MATLAB 阵列
matDeleteVariable	从 MAT 文件中删去下一个 MATLAB 阵列
matPutVariableAsGlobal	从 MATLAB 阵列写入到 MAT 文件中
matGetVariableInfo	从 MAT 文件中读取 MATLAB 阵列头信息
matGetNextVariableInfo	从 MAT 文件中读取下一个 MATLAB 阵列头信息

（2）在 C/C++ 程序中读取 MAT 文件内容

另外一种在 C/C++ 程序中读写 MAT 文件的方法是根据 MAT 文件结构，以二进制格式在 C/C++ 中读入文件内容，然后解析文件内容，从而获得文件中保存的 MATLAB 数据。因为 MAT 文件格式是公开的，用户只要在找到安装路径下的一个名为 matfile_format.pdf 的文件，就可以详细了解 MAT 文件结构，从而在 C/C++ 程序中以二进制格式读取文件内容，解析以后得到文件中保存的数据。

8.4　MATLAB 实时编辑器

在以往的 MATLAB 版本当中，提供 Notebook 的功能在于：使用户能在 Word 环境中使用 MATLAB 的科技资源，为用户营造融文字处理、科学计算、工程设计于一体的完美工作环境。

MATLAB Notebook 制作的 M-book 文档不仅拥有 MS-Word 的全部文字处理功能，而且具备 MATLAB 无与伦比的数学解算能力和灵活自如的计算结果可视化能力。它既可以看作解决各种计算问题的字处理软件，也可以看作具备完善文字编辑功能的科技应用软件。它为论文、科技报告、讲义教材、学生作业的撰写营造了文字语言思维和科学计算思维的和谐环境。

在 MATLAB R2016a 以后的版本当中，提供实时编辑器（实时脚本 Live Script）功能，MATLAB R2018b 版本中更是开始不再支持 Notebook 功能，而是完全以实时编辑器（实时脚本 Live Script）代替。

实时编辑器（实时脚本 Live Script）主要具有以下功能：

① 将代码转换为交互式文档。利用格式、图像和超链接来增强代码和输出，从而将实时脚本变成案例。使用互动式编辑器插入方程式，或者使用 LaTeX 创建方程式。添加互动式控件，在脚本中设置值。然后可以直接与他人分享用户的实时脚本，以便他们可以复制或扩展用户的工作，或者创建用于发布的静态 PDF、HTML 和 LaTeX 文档。

② 加速探索性编程。在单一环境中工作并消除上下文切换；结果和可视化内容就显示在生成它们的代码旁边。将脚本划分为可管理的区段，然后独立运行每个区段。MATLAB 通过有关参数、文件名等内容的上下文提示来帮助用户编码。用户可以使用交互式工具来探索图形，以及添加格式和注释。

③ 创建实时函数。创建和调试实时函数和脚本。添加格式化的文档到函数中。

④ 使用实时脚本进行教学。创建结合了说明文本、数学方程式、代码和结果的引人入胜的讲义。逐步教授主题，每次一个小节，同时修改代码来展示概念。开发示例以用于说明工程师如何使用数学来解决实际和复杂的问题。使用 MATLAB 代码创建实时脚本，以构建让学生自行探索和学习的作业。

结果和可视化内容就显示在生成它们的代码旁边。将脚本划分为可管理的区段，然后独立运行每个区段。MATLAB 通过有关参数、文件名等内容的上下文提示来帮助用户编码。用户可以使用交互式工具来探索图形，以及添加格式和注释。

下面以一个实例介绍实时编辑器（实时脚本 Live Script）的使用，打开 MATLAB2016a 及以上版本，在首页→新建→实时脚本即可打开格式为 *.mlx 的实时脚本，如图 8-3 所示。

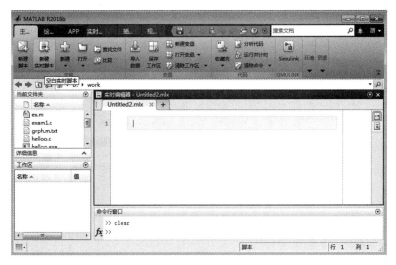

图8-3　新建实时脚本

打开实时脚本后，显示如图 8-4 所示界面，里面有代码、文本、分节符、方程、超链接、图像等内容。

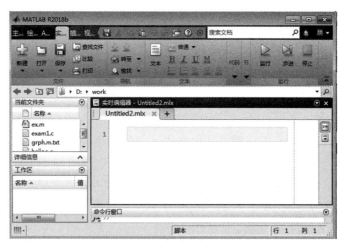

图8-4　实时编辑器的主要菜单功能

（1）代码

与普通脚本一样，可将普通脚本代码直接复制进来，点击运行菜单执行。值得说明的是，实时脚本可以在不保存的情况下，直接点击运行来执行。如果出现错误会在错误行右侧出现红色标记提示，并附有详细说明。代码的执行见图8-5。

```
n = 50;
r = rand(n,1);
plot(r)

m = mean(r);
hold on
plot([0,n],[m,m])
hold off
title('Mean of Random Uniform Data')
```

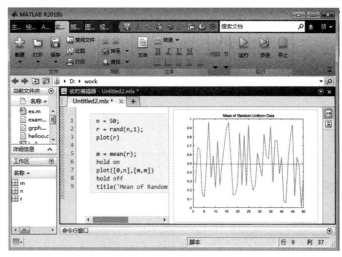

图8-5　实时编辑器代码的执行

（2）文本

点击文本按钮，可以直接在编辑区添加需要注释的内容，并且可以修改注释内容的字体、格式等。

（3）方程

点击方程，会弹出响应的公式编辑框，可以输入想要添加的公式，方便日后对代码的查看和理解。

（4）分节符

点击分节符，可以将鼠标位置上下分为独立的两段，可单独运行每一段的代码，便于代码的分区管理。

（5）超链接

点击超链接，弹出对话框，可以将所需链接的网址以及对网址的命名进行输入，以便链接与代码相关的网络资料。

（6）图像

点击图像，可以添加所需要的图片文件，文件格式包括*.bmp，*.jpg，*.wbmp，*.jpeg，*.png，*.gif。

8.5　MATLAB与Excel的联机使用

Excel和MATLAB在数据显示和数值计算上各有优势，Excel是商业运用最广泛的工具，非常直观，但是数值编程比较差，而MATLAB可以弥补这一点，有时在程序开发上需要将两者结合起来，实现两者之间的优势互补，为此MATLAB提供了Excel Link连接工具，实现MATLAB与Excel之间的混合编程。

Excel Link是一个在Microsoft Windows环境下实现对Microsoft Excel和MATLAB进行连接的插件。通过对Excel和MATLAB的连接，用户可以在Excel的工作空间里，利用Excel的宏编程工具，使用MATLAB的数据处理和图形处理功能进行相关操作，同时由Excel Link来保证两个工作环境中数据的交换和同步更新。使用Excel Link时，不必脱离Excel环境，而是直接在Excel工作区或宏操作中调用MATLAB函数。

Excel Link允许在MATLAB和Excel之间进行数据交换，在两个功能强大的数学处理、分析与表示平台之间建立无缝连接。Excel作为一个可视化的数据处理环境，是进行数组编辑的最佳选择，而MATLAB则作为数据分析和可视化的引擎。任何输入到Excel环境中的数据都可以直接进入MATLAB进行处理，而这一过程完全是"现场"处理的，没有任何中间文件，也不需要进行编程工作。图8-6为Excel Link工作示意图。

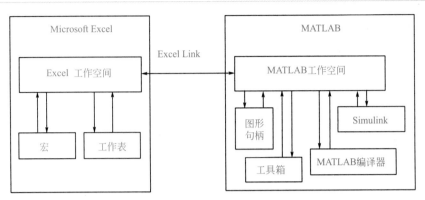

图8-6　Excel Link工作示意图

8.5.1　Excel Link的设置

首先，在系统中安装Excel软件。在安装MATLAB时选中组件Excel Link。安装完Excel Link后还需要在Excel中进行一些设置后才能使用。

启动Excel，选择菜单"工具"项下的"加载宏"项（有些版本的Excel可以在"开始"→"其他命令"→"加载项"→"Excel"加载项中找到），选中Excel Link项。如果该项不存在，则通过浏览目录，在目录MATLAB安装目录下toolbox\exlink下找到excllink.xlam文件，如图8-7所示，并确定。

图8-7　Excel Link的设置

选中Excel Link项并确定后，在Excel中多了一个Excel Link工具条，如图8-8所示。

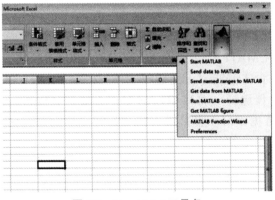

图8-8　Excel Link工具条

经过以上的设置后就可以开始使用Excel Link了。

8.5.2 Excel Link数据管理函数

（1）**MATLABfcn**

根据给定的Excel数据执行MATLAB命令。

在工作表中使用的语法：MATLABfcn(command,(inputs))

参数command：MATLAB将执行的命令。参数 inputs 传给MATLAB命令的变长输入参数列表。列表是包含数据的工作表单元格范围。

函数返回单一数值或者是字符串，结果返回到调用函数的单元格中。

例如MATLABfcn(SUM,(C1:C10))，把从C1 ~ C10的单元格中数据相加，如图8-9所示。

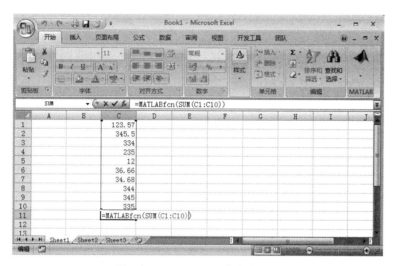

图8-9　MATLABfcn功能的使用

并将结果返回到当前的活动单元格，即C11，结果如图8-10所示。

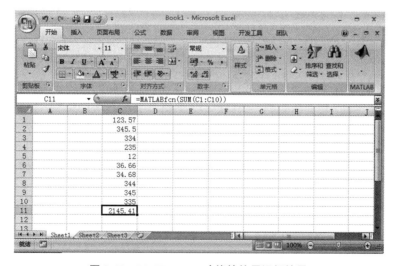

图 8-10　MATLABfcn功能的使用运行结果

（2）MLAppendMatrix

将 Excel 工作表中的数据追加到 MATLAB 中指定的矩阵中，如果该矩阵不存在，则创建矩阵。

在工作表中使用的语法：MLAppendMatrix(var_name，mdat)

在宏中使用的语法：MLAppendMatrix var_name，mdat

注意要追加的数据维数要和原矩阵中的维数相匹配，否则出错。

在 MATLAB 命令提示符下输入如下命令生成矩阵 a。

```
>> a=rand(2,3)
a =
    0.8147    0.1270    0.6324
    0.9058    0.9134    0.0975
```

例如：MLAppendMatrix（"a"，A1:A2），如图8-11所示。

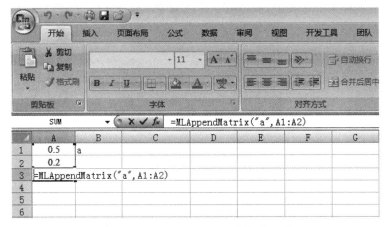

图8-11 MLAppendMatrix指令的使用

返回 MATLAB 命令窗口，查看矩阵 a：

```
>> a
a =
    0.8147    0.1270    0.6324    0.5000
    0.9058    0.9134    0.0975    0.2000
```

单元格 B1 中是字符 a，函数 MLAppendMatrix（B1，A1:A2）的作用与 MLAppendMatrix（"a"，A1:A2）相同。 其他数据管理函数可以参照 MATLAB 帮助文档中的格式和范例。

8.5.3   xlswrite 与 xlsread

MATLAB 提供的函数 xlswrite，具有将 MATLAB 中的数据写入 Excel 的功能。

调用方式：

xlswrite('filename', M)

xlswrite('filename', M, sheet)

xlswrite('filename', M, 'range')

xlswrite('filename', M, sheet, 'range')

输入参数：

filename   % Excel 文件名

M   % MATLAB 工作空间中的大小为 m×n 的数组，该数组可以是字符型的、数值型的，也可以是单元数组，其中 m < 65536 且 n < 256

sheet   % Excel 中的工作簿

range   % Excel 工作簿中的数据区域

例如：将一个向量写入 Excel 文件 v.xls。在 MATLAB 中执行如下命令：

```
>>xlswrite('v', [1 5 -8 3.9 0])
```

打开 v.xls，用户就可以看到数据已经写入到文件 v.xls 中了，注意文件 v.xls 将会被存储到 MATLAB 当前工作位置。xlswrite 的使用如图 8-12 所示。

图 8-12   xlswrite 的使用（1）

把元胞数组 d = {'Time', 'Temp'; 12 98; 13 99; 14 97} 写入到 Excel 文件 m.xls 的一个规定的工作簿当中。

在 MATLAB 中执行如下命令：

```
>> d = {'Time', 'Temp'; 12 98; 13 99; 14 97}
d =
  4×2 cell 数组
    {'Time'}    {'Temp'}
    {[  12]}    {[  98]}
    {[  13]}    {[  99]}
    {[  14]}    {[  97]}
>> s = xlswrite('m.xls', d, 'Temperatures', 'E1')
警告: 已添加指定的工作表。
> In xlswrite>activate_sheet (line 300)
  In xlswrite/ExecuteWrite (line 266)
  In xlswrite (line 220)
s =
  logical
  1
```

打开 m.xls 文件，就可以看到数据已经写入了文件 m.xls 中，如图 8-13 所示。

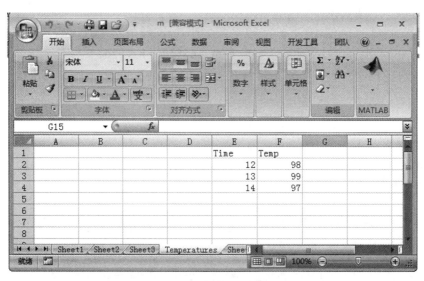

图 8-13　xlswrite的使用（2）

MATLAB 提供的函数 xlsread，具有将 Excel 中的数据读入 MATLAB 的功能。

num = xlsread(filename)

num = xlsread(filename, -1)% 同时打开相应的 Excel 文件，手动选择要读入的数据区域

num = xlsread(filename, sheet)

num = xlsread(filename, 'range')

num = xlsread(filename, sheet, 'range')

[num, txt] = xlsread(filename, sheet, 'range')

输入参数：

filename　　% Excel 文件名

sheet　　　% Excel 中的工作簿名

range　　　% Excel 工作簿中的数据区域

输出参数：

num　　　　%读入 Excel 文件数据

txt　　　　%保存文本内容

将 m.xls 复制到 MATLAB 当前工作目录下，并在 MATLAB 命令窗口输入以下命令：

```
>> num=xlsread('m.xls','Temperatures')
num =
    12    98
    13    99
    14    97
```

Part two

第2篇

MATLAB应用

第 *9* 章
MATLAB工具箱概述

    MATLAB 2018b的工具箱包括并行计算工具箱，数学、统计和优化工具箱，控制系统工具箱，信号处理和通信工具箱，图像处理和计算机视觉工具箱，测试和测量工具箱，计算金融学工具箱，计算生物学工具箱，代码生成、数据库访问和报告工具箱，每类工具箱里面还包括各种功能函数的工具箱。尤其MATLAB 2018b在神经网络工具箱中包含了深度学习工具箱。

9.1 工具箱的安装和卸载

9.1.1　工具箱的安装

    工具箱安装函数为installedToolbox，如：假设在当前工作文件夹中有MyToobox.mltbx工具箱文件，现安装该工具箱。则在命令行窗口输入：

```
>> toolboxFile = 'MyToolbox.mltbx';
>> installedToolbox = matlab.addons.toolbox.installToolbox(toolboxFile)
```

9.1.2　工具箱的卸载

    工具箱安装函数为uninstallToolbox，假设以前安装了两个工具箱MyToolbox和MyOutoToBox，现在要卸载MyToolbox工具箱，并获取已安装工具箱的结构数组，将其显示在表中，则在命令行窗口输入：

```
>> toolboxes = matlab.addons.toolbox.installedToolboxes;
>> struct2table(toolboxes)
```

9.2　数学、统计和优化工具箱

9.2.1　优化工具箱

    优化工具箱（Optimization Toolbox）™提供用于寻找满足约束条件的最小化或最

大化问题的功能。工具箱包括线性规划（LP）、混合整数线性规划（MILP）、二次规划（QP）、非线性规划（NLP）、约束线性最小二乘、非线性最小二乘和非线性方程的求解器。可以利用函数和矩阵或表达式来定义优化问题。可以使用工具箱求解器来找到连续和离散问题的最优解决方案，执行折中分析，并将优化方法结合到算法和应用程序中。该工具箱允许执行设计优化任务，包括参数估计、组件选择和参数调优。它可以用于在诸如投资组合优化、资源分配、生产计划和调度等应用中寻找最优解。

9.2.2 神经网络工具箱

神经网络工具箱（Neural Network Toolbox）提供算法、预训练模型和应用程序来创建、训练、可视化和模拟浅层与深层神经网络，可以执行分类、回归、聚类、降维、时间序列预测和动态系统建模和控制。深度学习网络包括卷积神经网络（ConvNets，CNN）、有向无环图（DAG）网络拓扑，以及用于图像分类、回归和特征学习的自编码器。对于时间序列分类和预测，工具箱提供了长短期记忆（LSTM）深度学习网络，也可以可视化中间层和激活，修改网络架构，并监控培训进度。对于小型培训集，可以通过使用预先训练的深层网络模型（GoogLeNet、AlexNet、VGG16和VGG19）和来自Caffe Model Zoo的模型执行转移学习来快速应用深层学习。为了加快对大型数据集的培训，可以利用桌面上的多核处理器和GPU（使用并行计算工具箱）分发计算和数据，或者扩展到集群和云。

9.3 控制系统

9.3.1 控制系统工具箱

控制系统工具箱（Control System Toolbox）提供用于系统分析、设计和调优线性控制系统的算法和应用程序，可以将系统指定为传递函数、状态空间、零极点增益或频率响应模型。应用程序和函数，如步骤响应图和Bode图，允许分析和可视化系统在时间和频率领域的行为。可以使用诸如Bode环路整形和根轨迹法的交互式技术来调整补偿器参数。工具箱自动调整SISO和MIMO补偿器，包括PID控制器。补偿器可以包括多个反馈环路的多个可调谐块，也可以调整增益调度控制器并指定多个调整目标，例如参考跟踪、干扰抑制和稳定裕度，并可以通过验证上升时间、超调、稳定时间、增益和相位裕度以及其他要求来验证设计。

9.3.2 模糊逻辑工具箱

模糊逻辑工具箱（Fuzzy Logic Toolbox）提供MATLAB®函数、应用程序和Simulink®块，用于基于模糊逻辑分析、设计和仿真系统。该产品可指导设计模糊推理系统的步骤。函数为许多常用的方法提供，包括模糊聚类和自适应神经模糊学习。该工具箱允许使用简单的逻辑规则对复杂的系统行为建模，然后在模糊推理系统中实现这些规则。也可以用它作为一个独立的模糊推理引擎，或者可以在Simulink中使用模糊推理块，并在整个动态系统的综合模型中模拟模糊系统。

9.3.3 机器人系统工具箱

机器人系统工具箱（Robotics System Toolbox）提供算法和硬件连通性，用于开发地面机器人、机械手和仿人机器人的自主机器人应用。工具箱算法包括差分驱动机器人的路径规划和路径跟踪、扫描匹配、避障和状态估计。对于机械手机器人，系统工具箱包括使用刚体树表示的逆运动学、运动学约束和动力学的算法。系统工具箱提供了MATLAB®和Simulink®和机器人操作系统（ROS）之间的接口，能够测试和验证ROS使能机器人和机器人模拟器（例如GazeBo）上的应用。机器人系统工具箱支持C++代码生成，能够从Simulink模型生成ROS节点并将其部署到ROS网络。支持Simulink外部模式可以在部署的模型运行时查看信号并更改参数。

9.3.4 系统识别工具箱

系统识别工具箱（System Identification Toolbox）提供了MATLAB®函数、Simulink®块，以及用于根据测量的输入输出数据构建动态系统的数学模型的应用程序。允许创建和使用不容易建模的动态系统模型。也可以使用时域和频域输入输出数据来识别连续时间和离散时间传递函数、过程模型和状态空间模型。工具箱还提供了用于嵌入式在线参数估计的算法。该工具箱提供了诸如最大似然、预测误差最小化（PEM）和子空间系统识别之类的识别技术。为了表示非线性系统动力学，可以使用小波网络、树划分和Sigmoid网络非线性来估计Hammerstein-Weiner模型和非线性ARX模型。工具箱执行灰色箱系统辨识，用于估计用户定义模型的参数。在Simulink中，可以使用所识别的模型进行系统响应预测和系统建模。工具箱还支持时间序列数据建模和时间序列预测。

9.3.5 鲁棒控制工具箱

鲁棒控制工具箱（Robust Control Toolbox）提供了用于分析和优化控制系统的功能和块，以便在存在模型不确定性的情况下实现性能和鲁棒性。也可以通过将标称动态与不确定性元素（如不确定参数或未建模动态）组合来创建不确定模型。同时可以分析对象模型不确定性对控制系统性能的影响，并识别不确定元素的最坏情况组合。H∞和MU合成技术允许设计最大化鲁棒稳定性和性能的控制器。工具箱自动调整SISO和MIMO控制器的不确定性的系统模型。控制器可以包括分散的、固定结构的控制器，该控制器具有多个反馈回路的可调块。

9.4 信号处理和通信

9.4.1 DSP系统工具箱

DSP系统工具箱（DSP System Toolbox）为Matlab®和Simulink®中的信号处理系统设计、仿真和分析提供算法、应用程序，可以为通信、雷达、音频、医疗设备、物联网和其他应用建立实时DSP系统模型。

利用DSP系统工具箱，可以设计和分析FIR、IIR、多速率、多级和自适应滤波器，也可以从变量、数据文件和网络设备流信号来进行系统开发和验证。时间范围、频谱分析仪和逻辑分析仪可以动态地可视化和测量流信号。工具箱支持 C/C++ 代码生成，它还支持为 FFT、IFFT 等算法生成 HDL 代码。算法可用作 MATLAB 函数、系统对象和 Simulink 块。

9.4.2 信号处理工具箱

信号处理工具箱（Signal Processing Toolbox）提供函数和应用程序来生成、测量、转换、过滤和可视化信号。该工具箱包括用于重采样、平滑和同步信号、设计和分析滤波器、估计功率谱以及测量峰值、带宽和失真的算法。工具箱还包括参数化和线性预测建模算法。也可以使用信号处理工具箱来分析和比较时间、频率和时频域中的信号，识别模式和趋势，提取特征，以及开发和验证定制算法以深入了解数据。

9.4.3 小波工具箱

小波工具箱（Wavelet Toolbox）提供了用于分析和合成信号、图像和数据的功能和应用程序，这些信号、图像和数据显示出带有突变的规则行为。工具箱包括连续小波变换（CWT）、尺度图和小波相干性的算法。它还提供了用于离散小波分析的算法和可视化，包括抽取、非抽取、双树复小波包变换。此外，还可以使用自定义小波扩展工具箱算法。该工具箱允许分析信号的频率内容如何随时间变化，并揭示多个信号中常见的时变模式。也可以执行多分辨率分析，以提取精细或大规模特征，识别不连续性，并检测原始数据中不可见的变化点或事件。还可以使用小波工具箱来有效地压缩数据，同时保持感知质量，并且去噪信号和图像，同时保留其平滑的特性。

9.5 图像处理和计算机视觉

9.5.1 图像获取工具箱

图像获取工具箱（Image Acquision Toolbox）提供能够将工业和科学相机连接到 MATLAB® 和 Simulink® 的功能和块。它包括一个 MATLAB 应用程序，交互式地检测和配置硬件属性。该工具箱支持采集模式，例如环路内处理、硬件触发、背景采集以及多个设备同步采集。图像获取工具箱支持所有主要标准和硬件供应商，包括 USB3 Vision、GIGE Vision®、GenICam™ GenTL。同时可以连接到 3D 深度相机、机器视觉相机和框架捕捉器，以及高端的科学和工业设备。

9.5.2 图像处理工具箱

图像处理工具箱（Image Processing Toolbox）为图像处理、分析、可视化和算法开发提供了一组全面的参考标准算法和工作流应用程序，可以执行图像分割、图像增强、噪声降低、几何变换、图像配准和 3D 图像处理。

图像处理工具箱应用程序可以自动处理常见的图像处理工作流，可以交互式地分割图像数据、比较图像配准技术和批量处理大型数据集。可视化功能和应用程序允许浏览图像、3D体积和视频，调整对比度，创建直方图，以及操作感兴趣区域（ROI）。

可以通过在多核处理器和GPU上运行它们来加速算法。许多工具箱功能支持用于桌面原型和嵌入式视觉系统部署的C/C++代码生成。

9.6　测试和测量

9.6.1　数据采集工具箱

数据采集工具箱（Data Acquisition Toolbox）提供了将MATLAB®连接到数据采集硬件的功能。该工具箱支持各种DAQ硬件，包括USB、PCI、PCI Express®、PXI和PXI-Express设备，它们来自National Instruments和其他供应商。通过工具箱，可以配置数据采集硬件并将数据读入MATLAB以进行即时分析。还可以通过数据采集硬件提供的模拟和数字输出通道发送数据。工具箱的数据采集软件包括用于控制DAQ设备的模拟输入、模拟输出、计数器/定时器和数字I/O子系统的功能。也可以访问特定于设备的特性，并同步从多个设备获取的数据。也可以在获取数据时分析数据，或者将其保存以后处理。还可以根据测试结果自动进行测试并对测试设置进行迭代更新。

9.6.2　仪器控制工具箱

仪器控制工具箱（Instrument Control Toolbox）允许将MATLAB®直接连接到诸如示波器、函数发生器、信号分析器、电源和分析仪器之类的仪器。工具箱通过诸如IVI和VXI即插即用之类的仪器驱动程序，或通过诸如GPIB、VISA、TCP/IP和UDP等常用通信协议通过基于文本的SCPI命令连接到仪器。也可以在不编写代码的情况下控制和获取测试设备的数据。使用仪器控制工具箱，可以在MATLAB中生成数据发送给仪器，或者将数据读取到MATLAB中进行分析和可视化。也可以自动化测试，验证硬件设计，并建立基于LXI、PXI和AXEY标准的测试系统。为了与MATLAB中的其他计算机和设备进行远程通信，该工具箱提供了对TCP/IP、UDP、I²C、SPI、MODBUS®和蓝牙®串行协议的内置支持。

9.7　计算金融学工具箱

9.7.1　数据库工具箱

数据库工具箱（Database Toolbox）提供了函数和应用关系数据库的应用程序。它包括对非关系数据库的支持，并提供原生SQLite数据库。也可以使用SQL命令访问关系数据库中的数据，或者使用Database Explorer应用程序在不使用SQL的情况下与数据库交互。工具箱可以连接到任何符合ODBC或JDBC的关系数据库，包括Oracle®、SAS®、MySQL®、Microsoft®SQL Server®、Microsoft Access™和PostgreSQL。也可以创建、查询和操作本机SQLite关系数据库，而不需要附加的软件或数据库驱动程序。工具箱支持非关系数据库 Neo4j® 和 MongoDB®。Neo4j 接口允许访问作为图表存储的数据或使用非图形操作查询。MongoDB 的 NoSQL 数据库接口提供对非结构化数据的访问。该工具箱允许在单个会话中同时访问多个数据库，并使用 DatabaseDatastore 实现大数据集的分段导入。可以分割 SQL 查询并并行化对数据的访问［使用 MATLAB® 分布式计算服务器（Distributed Computing Server）和并行计算工具箱（Parallel Computing Toolbox）］。

9.7.2　计量经济学工具箱

计量经济学工具箱（Econometrics Toolbox）提供了建模经济数据的功能。可以选择和估计经济模型进行仿真和预测。对于时间序列建模和分析，工具箱包括单变量贝叶斯线性回归、具有多个 GARCH 变量的单变量 ARIMAX/GARCH 组合模型、多变量 VARX 模型和协整分析。它还提供了使用状态空间模型和使用卡尔曼滤波器估计经济系统的建模方法。也可以使用各种诊断来选择模型，包括假设测试、单位根、稳定性和结构变化。

9.7.3　金融工具箱

金融工具箱（Financial Toolbox）为金融数据的数学建模和统计分析提供功能，可以优化金融工具的投资组合，可考虑周转率和交易成本。该工具箱能够估计风险，分析利率水平、价格权益和利率衍生品，并衡量投资业绩。时间序列分析函数和应用程序允许使用丢失的数据执行转换或回归，并在不同的交易日历和日计数约定之间进行转换。

第 *10* 章
MATLAB在图形图像处理中的应用

10.1 MATLAB系统中的图像类型

MATLAB系统中的图像类型包括真彩色图像、索引图像、灰度图像、二值图像。各种类型的图像之间可以相互转换。

（1）灰度图像转换为索引图像

灰度图像转换为索引图像所用的函数为gray2ind，其调用格式为：

[X, map] = gray2ind(I,n)：将灰度图像I转换为索引图像X，n为指定色图的大小。

[X, map] = gray2ind(BW,n)：将二进制图像BW转换为索引图像X。

【例10-1】将灰度图像读入工作空间。使用gray2ind函数将图像转换为索引图像。该示例创建了索引为16个索引的图像。最后显示该图像。

命令行窗口输入：

```
>> I = imread(' cameraman.tif ');
>> [X, map] = gray2ind(I, 16);
>> imshow(X, map)
```

运行结果如图10-1所示。

图10-1　灰度图像转换为索引图像

（2）矩阵转换成图像

矩阵转换成图像所用的函数为mat2gray，其调用格式为：

I = mat2gray(A, [amin amax])：将矩阵A转换为灰度图像I。

I = mat2gray(A)：将A中的最小值和最大值设置为amin和amax。

gpuarrayI = mat2gray(gpuarrayA,＿＿)：在GPU上执行操作。

【例10-2】读取图像并显示图像。执行返回数字矩阵的操作。

命令行窗口输入：

```
>> I = imread('rice.png');
>> figure
>> imshow(I)
```

运行结果如图10-2所示。

注意：矩阵的数据类型是double，超出范围[0, 1]的值。

命令行窗口输入：

```
>> J = filter2(fspecial('sobel'),I);
>> min_matrix = min(J(:))
>> max_matrix = max(J(:))
```

运行结果如图10-3所示。

```
min_matrix =
    -779
max_matrix =
    560
```

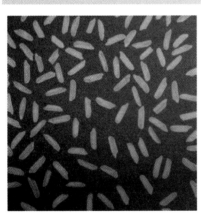

图10-2　原始图像

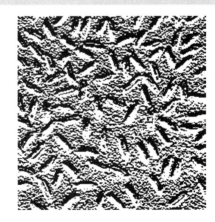

图10-3　设定范围

将矩阵转换成图像，显示图像的最大值和最小值。

命令行窗口输入：

```
>> K = mat2gray(J);
>> min_image = min(K(:))
>> max_image = max(K(:))
```

运行结果如图10-4所示。

```
min_image =
      0
max_image =
      1
```

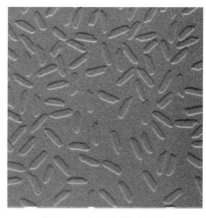

（3）真彩色图像转换成灰度图像

真彩色图像转换成灰度图像所用函数为rgb2gray函数，其调用格式为：

I = rgb2gray(RGB)：将真彩色图像RGB转换为灰度图像I。

newmap = rgb2gray(map)：将彩色色图map转换成灰度色图newmap。

图10-4　矩阵转换为图像

【例10-3】读取并显示RGB图像，然后将其转换为灰度图像。

命令行窗口输入：

```
>> RGB = imread('peppers.png');
>> imshow(RGB)
```

首先，显示的RGB图像如图10-5所示。

然后将其转换为灰度图像，在命令行窗口输入。

```
>> I = rgb2gray(RGB);
>> figure
>> imshow(I)
```

运行结果如图10-6所示。

图10-5　真彩色图像

图10-6　真彩色图像转换成灰度图像

（4）灰度图像转换成二值图像

灰度图像转换成二值图像所用函数为graythresh，其调用格式为：

level = graythresh(I)：计算一个全局阈值level，可将灰度图像转换成具有二值化的二值图像。

[level,EM] = graythresh(I)：返回有效性量度EM，EM作为第二输出参数。

【例10-4】将灰度图像读入工作空间，使用灰度阈值计算阈值。将阈值归一化到范围[0, 1]，利用阈值将图像转换成二值图像，在二值图像旁边显示原始图像。

命令行窗口输入：

```
>> BW = imbinarize(I,level);
>> imshowpair(I,BW,'montage')
```

运行结果如图10-7所示。

```
level =
     0.4941
```

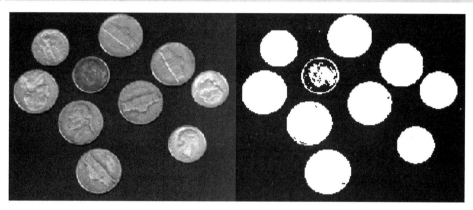

图10-7　灰度图像转换成二值图像

（5）灰度图像转换成索引图像

灰度图像转换成索引图像所用函数为grayslice函数，其调用格式为：

X = grayslice(I, n)：将图像I均匀量化为n个等级，并转换成索引图像。

【例10-5】将灰度图像读入工作空间。将灰度图像设定阈值，返回索引图像。使用标准色标中的一个显示原始图像和索引图像。

命令行窗口输入：

```
>> I = imread('snowflakes.png');
>> X = grayslice(I,16);
>> imshow(I)
>> figure
>> imshow(X,jet(16))
```

运行结果如图10-8和图10-9所示。

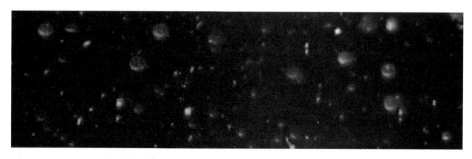

图10-8　原始图像

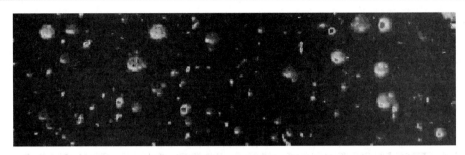

图10-9　索引图像

10.2　图形图像的基本运算

10.2.1　图像绝对差值

图像差的绝对值所用函数为imabsdiff，其调用格式为：

Z = imabsdiff(X,Y)：从数组X中的对应元素中减去数组Y中的每个元素，并返回输出数组Z的对应元素中的绝对值。

【例10-6】将图像读入工作空间，对图像进行滤波，计算两幅图像差的绝对值，显示绝对差分图像。

命令行窗口输入：

```
>> I = imread('cameraman.tif');
>> J = uint8(filter2(fspecial('gaussian'), I));
>> K = imabsdiff(I,J);
>> figure
>>imshow(K,[])
```

运行结果如图10-10所示。

图10-10　绝对差值图像

10.2.2　图像相加

图像相加所用函数为imadd，其调用格式为：

Z = imadd(X,Y)：将数组X中的每个元素与数组Y中的对应元素相加，并返回对应元素的和到输出数组Z。

【例10-7】完成两幅图像相加。

命令行窗口输入：

```
>> I = imread('rice.png');
>> J = imread('cameraman.tif');
>> K = imadd(I,J,'uint16');
>> imshow(K,[ ])
```

运行结果如图10-11所示。

图10-11　两幅图像相加

10.2.3　图像颜色组合

图像颜色组合所用函数为 imapplymatrix，其调用格式为：

Y = imapplymatrix(M,X)：将 X 的图像颜色与默认颜色属性 M 线性组合。

Y = imapplymatrix(M,X,C)：将 X 的图像颜色与默认颜色属性 M 线性组合，将相应的常数值从 C 添加到每个组合。

Y = imapplymatrix(⋯,output_type)：返回数组中线性组合的结果。

【例 10-8】完成图像颜色组合。

命令行窗口输入：

```
>> RGB = imread('peppers.png');
>> M = [0.30, 0.59, 0.11];
>> gray = imapplymatrix(M, RGB);
>> imshowpair(RGB,gray,'montage')
```

运行结果如图 10-12 所示。

图 10-12　图像颜色组合

10.2.4　图像求补运算

图像求补运算的函数为 imcomplement，其调用格式为：

IM2= imcomplement(IM)：计算图像 IM 的补码。

gpuarrayIM2 = imcomplement(gpuarrayIM)：在 GPU 上计算图像的补码。

【例 10-9】将二值图像中的黑白反转。

命令行窗口输入：

```
>> bw = imread('text.png');
>> bw2 = imcomplement(bw);
>> imshowpair(bw,bw2,'montage')
```

运行结果如图 10-13 所示。

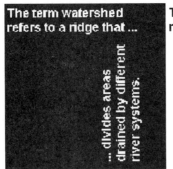

图10-13　图像颜色黑白反转

10.2.5　图像相除

图像相除所用函数为imdivide，其调用格式为：

Z=imdivide(X,Y)：将数组X中的每个元素除以数组Y中的对应元素，并返回结果到输出数组Z的对应元素中。

【例10-10】去除图像背景。

命令行窗口输入：

```
>> I = imread('rice.png');
>> J = imdivide(I,2);
>> imshow(I)
>> figure
>> imshow(J)
```

运行结果如图10-14和图10-15所示。

图10-14　原始图像

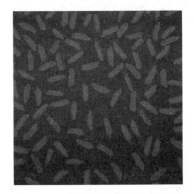

图10-15　去除图像背景后的图像

10.2.6　图像的线性运算

图像的线性运算所用函数为imlincomb，其调用格式为：

Z = imlincomb(K1,A1,K2,A2,…,Kn,An)：计算$K1 \times A1 + K2 \times A2 + \cdots + Kn \times An$，其中K1,K2,…,Kn是实数双精度标量，且A1,A2,…,An是实数，具有相同阶数的非稀疏数值数组。

Z=imlincomb(K1,A1,K2,A2,...,Kn,An,K)：计算K1×A1+K2×A2+…+Kn×An+K，其中K是实数双精度标量。

Z = imlincomb(___,output_class)：指定Z的阶数。

gpuarrayZ = imlincomb(gpuarrayK,gpuarrayA,___,output_class)：在GPU上执行操作，其中输入值K和A是gpu数组，输出值gpuarrayZ是gpuArray。

【例10-11】使用线性组合缩放图像，将图像读入工作空间，创建图像的低通滤波副本，找到差异图像，并用I和J的线性组合将零值移到128，显示所得差分图像。

命令行窗口输入：

```
>> I = imread('cameraman.tif');
>> J = uint8(filter2(fspecial('gaussian'), I));
>> K = imlincomb(1,I,-1,J,128); %K(r,c) = I(r,c) – J(r,c) + 128
>> imshow(K)
```

运行结果如图10-16所示。

图10-16   图像的线性运算

10.2.7　图像相乘

图像相乘所用的函数为immultiply，其调用格式为：

Z = immultiply(X,Y)：将数组X中的每个元素乘以数组Y中的对应元素，并返回相应元素中的乘积给输出数组Z。

【例10-12】将下列图像本身相乘。将灰度图像读入工作空间，然后将图像转换为unit8型。注意，在执行乘法运算之前，将图像从unit8型转换为unit16型。

命令行窗口输入：

```
>> I = imread('moon.tif');
>> I16 = uint16(I);
>> J = immultiply(I16,I16);
>> imshow(I)
>> figure
>> imshow(J)
```

运行结果如图10-17和图10-18所示。

图10-17　　原始图像

图10-18　　图像自乘以后的图像

10.2.8　图像相减

图像相减所用函数为imsubtract，其调用格式为：

Z = imsubtract(X,Y)：从数组X中的对应元素中减去数组Y中的每个元素，并返回对应元素中的差给输出数组Z。

【例10-13】这个例子展示了如何减去两个unit8数组。请注意，负值结果被舍入到0。读取灰度图像到工作空间，从图像中减去背景，显示原始图像和处理后的图像。

命令行窗口输入：

```
>> I = imread('rice.png');
>> background = imopen(I,strel('disk',15));
>> J = imsubtract(I,background);
>> imshow(I)
>> figure
>> imshow(J)
```

运行结果如图10-19和图10-20所示。

图10-19　原始图像

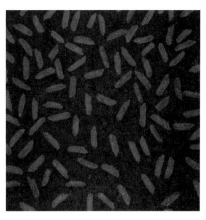

图10-20　减去图像背景后的图像

10.3　图形图像的二维傅里叶变换

10.3.1　连续二维傅里叶变换

连续二维傅里叶变换所用函数为fft2函数，其调用格式如下：

Y=fft2(X)：将矩阵X采用快速傅里叶变换算法进行二维傅里叶变换，并返回值给Y。

【例10-14】用重复块建立和绘制二维数据，计算数据的二维傅里叶变换。将零频率分量移到输出中心，并绘制得到100×200矩阵，计算128×256变换。

在命令行窗口输入：

```
>> P = peaks(20);
>> X = repmat(P,[5 10]);
>> imagesc(X)
>> Y = fft2(X);
>> imagesc(abs(fftshift(Y)))
>> Y = fft2(X,2^nextpow2(100),2^nextpow2(200));
>> imagesc(abs(fftshift(Y)));
```

运行结果如图10-21所示。

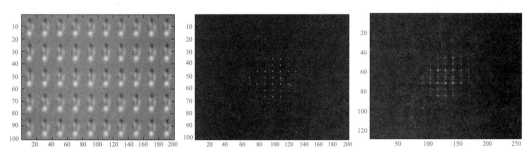

图10-21　图像进行二维傅里叶变换

10.3.2 二维离散傅里叶逆变换

二维离散傅里叶逆变换所用函数为ifft2函数，其调用格式如下：

X = ifft2(Y)：使用快速傅里叶变换算法返回矩阵的二维离散傅里叶逆变换。

X = ifft2(___,symflag)：指定Y的对称性。

【例10-15】可以使用ifft函数将频率采样的二维信号转换成在时间或空间上采样的信号。ifft2函数还允许控制转换的大小。

在命令行窗口输入：

```
>> X = magic(3)
>> Y = fft2(X)
>> ifft2(Y)
>> Z = ifft2(Y,8,8);
```

运行结果如下：

```
X =
    8    1    6
    3    5    7
    4    9    2
Y =
   45.0000 + 0.0000i    0.0000 + 0.0000i    0.0000 + 0.0000i
    0.0000 + 0.0000i   13.5000 + 7.7942i    0.0000 - 5.1962i
    0.0000 - 0.0000i    0.0000 + 5.1962i   13.5000 - 7.7942i
ans =
    8.0000    1.0000    6.0000
    3.0000    5.0000    7.0000
    4.0000    9.0000    2.0000
ans =
    8    8
```

10.4 数字图像的离散余弦变换

10.4.1 图像的离散余弦变换

数字图像的离散余弦变换所用函数为dct2，其调用格式如下：

B = dct2(A)：返回A的二维离散余弦变换。

B = dct2(A,m,n)：在变换之前，将矩阵A用0设置大小为m×n。

B = dct2(A, [m n])：与上述相同。

【例10-16】使用二维离散余弦传递（DCT）从图像中去除高频。将图像读入工作空间，然后将图像转换成灰度级，利用dct2函数对灰度图像进行二维DCT变换，用对数刻度显示变换后的图像。

在命令行窗口输入：

```
>> RGB = imread('autumn.tif');
>> I = rgb2gray(RGB);
>> J = dct2(I);
>> figure
>> imshow(log(abs(J)),[])
>> colormap(gca,jet(64))
>> colorbar
```

运行结果如图10-22所示。

图10-22 图像进行二维离散余弦

10.4.2 计算离散余弦变换矩阵

计算离散余弦变换矩阵所用函数为dctmtx，其调用格式如下：

D = dctmtx(n)：返回n×n的离散余弦变换矩阵。

【例10-17】计算离散余弦变换矩阵，将图像读入工作空间，并将其转换成double类型。

在命令行窗口输入：

```
>> A = im2double(imread('rice.png'));
>> D = dctmtx(size(A,1));
>> dct = D*A*D';
>> figure, imshow(dct)
```

运行结果如图10-23所示。

图10-23 计算离散余弦变换矩阵

10.5　图形图像对比度的调整

10.5.1　调整图像对比度

调整图像强度值或颜色图所用函数为 imadjust 函数，其调用格式为：

J = imadjust(I)：将灰度图像 I 中的强度值映射到 J 中的新值。

J = imadjust(I,[low_in high_in],[low_out high_out])：将 I 中的强度值映射到 J 中的新值，范围为将 low_in 和 high_in 之间的值映射到 low_out 和 high_out 之间的值。

J = imadjust(I,[low_in high_in],[low_out high_out],gamma)：将 I 中的强度值映射到 J 中的新值，其中利用 gamma 指定描述 I 和 J 中的值之间的关系的曲线的形状。

newmap = imadjust(map,___)：调整与索引图像关联的 m×3 数组颜色映射。

RGB2 = imadjust(RGB,___)：在图像 RGB 的每个平面（红色、绿色和蓝色）上进行调整。

gpuarrayB = imadjust(gpuarrayA,___)：在 GPU 上执行对比度调整。

【例 10-18】将低对比度灰度图像读入工作空间并显示，调整图像的对比度，使 1% 的数据在低强度和高强度下饱和，并显示出来。

在命令行窗口输入：

```
>> I = imread('pout.tif');
>> imshow(I);
>> J = imadjust(I);
>> figure
>> imshow(J)
```

运行结果如图 10-24 和图 10-25 所示。

图10-24　原始图像

图10-25　调整对比度后的图像

10.5.2　有限对比度自适应直方图均衡化（CLAHE）

有限对比度自适应直方图均衡化所用函数为adapthisteq函数，其调用格式为：

J = adapthisteq(I)：通过使用有限对比度的自适应直方图均衡（CLAHE）进行变换来增强灰度图像的对比度。

J = adapthisteq(I,Name,Value)：设定图像的属性名Name和属性值Value。

【例10-19】将有限对比度自适应直方图均衡化（CLAHE）应用于图像并显示结果。

在命令行窗口输入：

```
>> I = imread('tire.tif');
>> A = adapthisteq(I,'clipLimit',0.02,'Distribution','rayleigh');
>> figure, imshow(I);
>> figure, imshow(A);
```

运行结果如图10-26和图10-27所示。

图10-26　原始图像　　　　　　　图10-27　　CLAHE后的图像

10.6　图形图像的分析

10.6.1　跟踪二值图像中的对象

跟踪二值图像中的对象所用函数为bwtraceboundary，其调用格式如下：

B = bwtraceboundary(BW,P,fstep)：跟踪二值图像BW中对象的轮廓。

B=bwtraceboundary(bw,P,fstep,conn)：跟踪边界时指定在使用的连接。

【例10-20】跟踪边界和可视化轮廓。

在命令行窗口输入：

```
>> BW = imread('blobs.png');
>> imshow(BW,[]);
>> r = 163;
```

```
>> c = 37;
>> contour = bwtraceboundary(BW,[r c],'W',8,Inf,'counterclockwise');
>> hold on;
>> plot(contour(:,2),contour(:,1),'g','LineWidth',2);
```

运行结果如图10-28和图10-29所示。

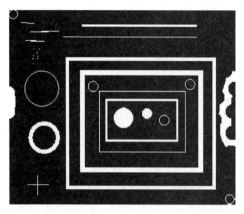

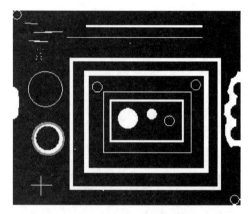

图10-28　原始图像　　　　　　　　　　图10-29　跟踪边界图像

10.6.2　霍夫变换

霍夫变换是一种特征检测，被广泛应用在图像分析、电脑视觉以及数位影像处理。霍夫变换用来辨别找出物件中的特征，例如线条。霍夫变换所用的函数为hough函数，其调用格式如下：

[H,theta,rho] = hough(BW)：计算图像BW边界的标准霍夫变换。

[H,theta,rho] = hough(BW,Name,Value,…)：计算图像BW边界的标准霍夫变换，其中命名计算的参数。

【例10-21】计算并显示霍夫变换。

在命令行窗口输入：

```
>> RGB = imread('gantrycrane.png');
>> I = rgb2gray(RGB);
>> BW = edge(I,'canny');
>> [H,T,R] = hough(BW,'RhoResolution',0.5,'ThetaResolution',0.5);
>> subplot(2,1,1);
>> imshow(RGB);
>>title('gantrycrane.png');
>>subplot(2,1,2);
>>imshow(imadjust(rescale(H)),'XData',T,'YData',R,...
   'InitialMagnification','fit');
>>title('Hough transform of gantrycrane.png');
>>xlabel('\theta'), ylabel('\rho');
```

```
>>axis on, axis normal, hold on;
>>colormap(gca,hot);
```

运行结果如图10-30所示。

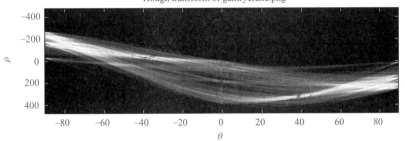

图10-30 霍夫变换图像

10.7 图形图像边界的提取

图形图像边界的提取所用函数为bwpropfilt，其调用格式如下：

BW2 = bwpropfilt(BW,attrib,range)：从满足指定属性和范围标准的二值图像BW中提取所有连接的组件。

BW2 = bwpropfilt(BW,attrib,n)：根据指定的属性值将对象进行排序，返回只包含前n个最大对象的二值图像。

【例10-22】使用过滤创建第二个图像，该图像只包含原始图像中没有孔的区域。对于这些区域，EulerNumber性质等于1。并显示滤波图像。

在命令行窗口输入：

```
>> BW = imread('text.png');
>> figure
>> imshow(BW)
>> title('Original Image')
>> BW2 = bwpropfilt(BW,'EulerNumber',[1 1]);
>> figure
>> imshow(BW2)
>> title('Regions with Euler Number == 1')
```

运行结果如图10-31和图10-32所示。

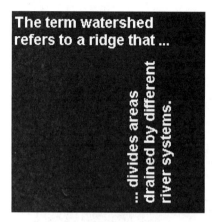

图10-31 原始图像

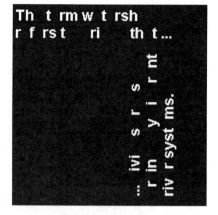

图10-32 滤波后的图像

第 *11* 章
MATLAB在优化设计中的应用

11.1 建立优化问题

11.1.1 选择求解器

选择求解器和优化选项，运行问题所用函数为optimtool，其调用格式为：

optimtool：优化工具打开优化应用程序。使用优化应用程序来选择求解器、优化选项和运行问题。

optimtool(optstruct)：启动优化应用程序并加载optstruct。

optimtool('solver')：使用指定的求解器（标识为字符向量）和相应的默认选项和问题字段启动优化应用程序。

打开方式为：在MATLAB R2018b上点击APP，如图11-1所示，然后选择Optimation Tool，如图11-2所示。

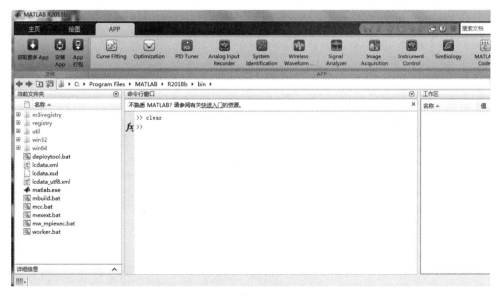

图11-1　优化问题APP

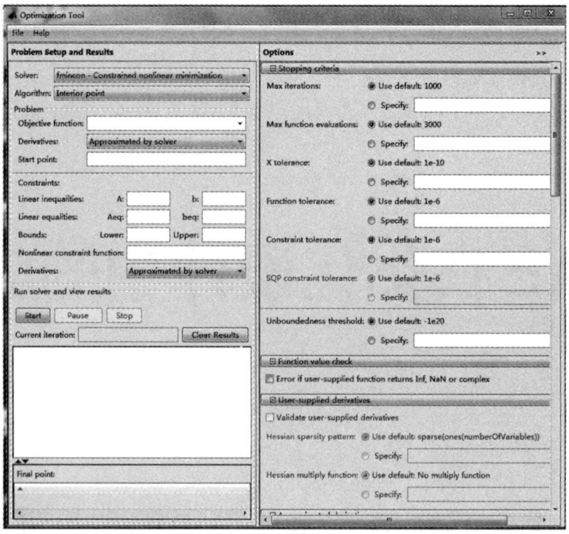

图11-2　优化工具箱

11.1.2　参数设置

（1）创建优化问题选项

创建优化问题所用函数为optimoptions函数，其调用格式为：

options = optimoptions(SolverName)：返回名称为SolverName的求解器的默认选项集。

options = optimoptions(SolverName,Name,Value)：返回具有指定值更改的命名参数的选项。

options = optimoptions(oldoptions,Name,Value)：返回具有指定值更改的命名参数的oldoptions副本。

options = optimoptions(SolverName,oldoptions)：返回SolverName求解器的默认选项，并将oldoptions中的适用选项复制到选项中。

【例11-1】创建fmincon求解器的默认选项。

在命令行窗口输入：

```
>> options = optimoptions('fmincon')
```

运行结果如下：

```
options =

  fmincon options:

   Options used by current Algorithm ('interior-point'):
   (Other available algorithms:'active-set','sqp','sqp-legacy','trust-region-reflective')

   Set properties:
     No options set.

   Default properties:
              Algorithm: 'interior-point'
         CheckGradients: 0
```

```
            ConstraintTolerance: 1.0000e-06
                        Display: 'final'
      FiniteDifferenceStepSize: 'sqrt(eps)'
          FiniteDifferenceType: 'forward'
         HessianApproximation: 'bfgs'
                     HessianFcn: [ ]
             HessianMultiplyFcn: [ ]
                    HonorBounds: 1
        MaxFunctionEvaluations: 3000
                  MaxIterations: 1000
                 ObjectiveLimit: -1.0000e+20
            OptimalityTolerance: 1.0000e-06
                      OutputFcn: [ ]
                        PlotFcn: [ ]
                   ScaleProblem: 0
      SpecifyConstraintGradient: 0
        SpecifyObjectiveGradient: 0
                   StepTolerance: 1.0000e-10
            SubproblemAlgorithm: 'factorization'
                       TypicalX: 'ones(numberOfVariables,1)'
                     UseParallel: 0
  Show options not used by current Algorithm ('interior-point')
```

（2）创建或编辑优化选项结构

创建或编辑优化选项结构所用函数为 optimset 函数，其函数调用格式为：

options = optimset('param1','value1','param2',value2,…)：创建一个称为选项的优化选项结构，其中指定的选项（param）具有指定的值。

options = optimset：options = optimset (with no input arguments)：创建一个结构选项，其中所有选项设置为 [ ]。

options = optimset(optimfun)：创建具有所有选项名称和与优化函数 optimfun 相关的默认值的选项结构。

options = optimset(oldopts,'param1',value1,…)：创建一个 oldopts 副本，用指定的值修改指定的选项。

options = optimset(oldopts,newopts)：将现有的选项结构 oldopts 与一个新的选项结构 newopts 结合起来。

【例 11-2】此语句创建一个优化选项结构，称为 options，其中 Display 选项设置为"iter"，TolX 选项设置为 1e-8。

在命令行窗口输入：

```
>> options = optimset('Display','iter','TolX',1e-8)
```

运行结果如下：

```
options =

  包含以下字段的 struct:

                      Display: 'iter'
                   MaxFunEvals: [ ]
                       MaxIter: [ ]
                        TolFun: [ ]
                          TolX: 1.0000e-08
                   FunValCheck: [ ]
                     OutputFcn: [ ]
                      PlotFcns: [ ]
                ActiveConstrTol: [ ]
                     Algorithm: [ ]
        AlwaysHonorConstraints: [ ]
               DerivativeCheck: [ ]
                   Diagnostics: [ ]
                 DiffMaxChange: [ ]
                 DiffMinChange: [ ]
                 FinDiffRelStep: [ ]
                    FinDiffType: [ ]
              GoalsExactAchieve: [ ]
                    GradConstr: [ ]
                       GradObj: [ ]
                       HessFcn: [ ]
                       Hessian: [ ]
                      HessMult: [ ]
                   HessPattern: [ ]
                    HessUpdate: [ ]
               InitBarrierParam: [ ]
          InitTrustRegionRadius: [ ]
                      Jacobian: [ ]
                     JacobMult: [ ]
                  JacobPattern: [ ]
                    LargeScale: [ ]
                     MaxNodes: [ ]
                    MaxPCGIter: [ ]
                  MaxProjCGIter: [ ]
                    MaxSQPIter: [ ]
                       MaxTime: [ ]
                 MeritFunction: [ ]
                    MinAbsMax: [ ]
```

```
                   NoStopIfFlatInfeas: [ ]
                       ObjectiveLimit: [ ]
              PhaseOneTotalScaling: [ ]
                      Preconditioner: [ ]
                 PrecondBandWidth: [ ]
                      RelLineSrchBnd: [ ]
          RelLineSrchBndDuration: [ ]
                       ScaleProblem: [ ]
              SubproblemAlgorithm: [ ]
                             TolCon: [ ]
                        TolConSQP: [ ]
                       TolGradCon: [ ]
                            TolPCG: [ ]
                        TolProjCG: [ ]
                    TolProjCGAbs: [ ]
                          TypicalX: [ ]
                        UseParallel: [ ]
```

（3）选择求解器和优化选项

选择求解器和优化选项所用函数为 optimtool 函数，其调用格式为：

optimtool(optstruct)：启动优化应用程序并加载 optstruct。

optimtool('solver')：使用指定的求解器（标识为字符向量）和相应的默认选项及问题字段启动优化应用程序。

（4）重置选项

重置选项所用函数为 resetoptions 函数，其函数调用格式为：

options2 = resetoptions(options,optionname)：将指定的选项重置为其默认值。

options2 = resetoptions(options,multioptions)：将多个选项重置为默认值。

【例 11-3】创建非默认设置的选项，检查最大迭代设置。

在命令行窗口输入：

```
>> options = optimoptions('fmincon','Algorithm','sqp','MaxIterations',2e4,...
    'SpecifyObjectiveGradient',true);
>> options.MaxIterations
```

运行结果如下：

```
ans =
        20000
```

将 MaxIterations 选项重置为其默认值。

在命令行窗口输入：

```
>> options2 = resetoptions(options,'MaxIterations');
>> options2.MaxIterations
```

运行结果如下：

```
ans =
    400
```

11.2 非线性优化问题

11.2.1 无约束最优化问题

（1）无导数方法求无约束多变量函数的最小值

求无约束多变量函数的最小值所用函数为 fminsearch 函数，其函数调用格式为：

x = fminsearch(fun,x0)：从 x0 点开始，找到使 fun 函数局部最小的 x 值。

x = fminsearch(fun,x0,options)：使用结构体 options 中指定的优化选项。使用 optimset 可设置这些选项。

x = fminsearch(problem)：找到使 problem 最小的 x 值，其中 problem 是结构体。

【例 11-4】从 x0 出发，求 Rosenbrock 函数 $f(x)=100(x_2-x_1^2)^2+(1-x_1)^2$ 最小的 x 值。Rosenbrock 函数在 x=[1, 1] 处有最小值为 0。

在命令行窗口输入：

```
>> fun = @(x)100*(x(2) - x(1)^2)^2 + (1 - x(1))^2;
>> x0 = [-1.2,1];
>> x = fminsearch(fun,x0)
```

运行结果如下：

```
x =
    1.0000    1.0000
```

（2）无约束多变量函数的最小值

无约束多变量函数的最小值可用 fminunc 函数求解，其函数调用格式为：

x = fminunc(fun,x0)：从 x0 点开始，试图找到 fun 中描述的函数的局部最小值 x。

x = fminunc(fun,x0,options)：使用 options 中指定的优化选项最小化 fun。

x = fminunc(problem)：找到问题的最小值，problem 是输入参数中描述的结构体。

【例 11-5】求 $f(x)=3x_1^2+2x_1x_2+x_2^2-4x_1+5x_2$ 在 [1,1] 附近的最小值。

在命令行窗口输入：

```
>> fun = @(x)3*x(1)^2 + 2*x(1)*x(2) + x(2)^2 - 4*x(1) + 5*x(2);
>> x0 = [1,1];
>> [x,fval] = fminunc(fun,x0)
```

运行结果如下：

```
x =
    2.2500    -4.7500
fval =
  -16.3750
```

11.2.2　有约束最优化问题

（1）求固定区间上单变量函数的最小值

求固定区间上单变量函数的最小值可用 fminbnd 函数，其函数调用格式为：

x = fminbnd(fun,x1,x2)：返回一个值 x，它是标量值函数的局部极小化函数，定义区间为 x1 ＜ x ＜ x2。

x = fminbnd(fun,x1,x2,options)：使用 options 中指定的优化选项最小化。

x = fminbnd(problem)：找出问题的最小值，其中 problem 是结构体。

【例 11-6】当 $0 ＜ x ＜ 2\pi$ 时，求 sin(x) 达到最小值时 x 的值。

在命令行窗口输入：

```
>> fun = @sin;
>> x1 = 0;
>> x2 = 2*pi;
>> x = fminbnd(fun,x1,x2)
```

运行结果如下：

```
x =
    4.7124
```

（2）求有约束的非线性多变量函数的最小值

求有约束的非线性多变量函数的最小值可用 fmincon 函数，其函数调用格式为：

x = fmincon(fun,x0,A,b)：从 x0 开始，并试图找到满足线性不等式 A*x ≤ b 的 fun 描述的函数的最小值 x。x0 可以是标量、向量或矩阵。

x = fmincon(fun,x0,A,b,Aeq,beq)：求 fun 的最小值，满足线性等式 Aeq*x=beq 和 A*x ≤ b。

x = fmincon(fun,x0,A,b,Aeq,beq,lb,ub)：定义 x 中设计变量的一个下界和上界，使得该解总是在范围 lb ≤ x ≤ ub 范围内。

x = fmincon(fun,x0,A,b,Aeq,beq,lb,ub,nonlcon)：求最小值，满足 nonlcon 中的定义的非线性不等式 c(x) 或等式 ceq(x)。

【例 11-7】给定初值为 [−1，2]，约束条件为 $x_1+2x_2 ≤ 1$，求 $f=(x)-100(x_2-x_1^2)^2+(1-x_1)^2$ 最小值。

在命令行窗口输入：

```
>> fun = @(x)100*(x(2)-x(1)^2)^2 + (1-x(1))^2;
>> x0 = [-1,2];
>> A = [1,2];
>> b = 1;
>> x = fmincon(fun,x0,A,b)
```

运行结果如下：

```
x =
    0.5022    0.2489
```

（3）求半无限约束多变量非线性函数的最小值

求半无限约束多变量非线性函数的最小值所用函数为 fseminf 函数，其函数调用格式为：

x = fseminf(fun,x0,ntheta,seminfcon)：从 x0 开始，找出由 ntheta 半无限约束定义的函数 fun 的最小值。

x = fseminf(fun,x0,ntheta,seminfcon,A,b)：也尽量满足线性不等式 A*x ≤ b。

【例 11-8】求函数 $(x-1)^2$ 的最小值，约束条件为 $\begin{cases} 0 \leqslant x \leqslant 2 \\ g(x,t)=(x-1/2)-(t-1/2)^2 \leqslant 0, 0 \leqslant t \leqslant 1 \end{cases}$。

首先编写 .m 文件，代码如下：

```
function [c, ceq, K1, s] = seminfcon(x,s)
%非线性不等式和等式约束
c = [ ];
ceq = [ ];
% 样本集
if isnan(s)
% 初始化采样间距
s = [0.01 0];
end
t = 0:s(1):1;
 % 计算半无限约束
K1 = (x - 0.5) - (t - 0.5)^2;
```

然后在命令行窗口输入：

```
>> objfun = @(x)(x-1)^2;
>> x = fseminf(objfun,0.2,1,@seminfcon)
```

运行结果如下：

```
x =
    0.5000
```

11.2.3 多目标优化问题

（1）解决多目标目标实现问题

解决多目标目标实现问题所用函数为 fgoalattain 函数，其函数调用格式为：

x = fgoalattain(fun,x0,goal,weight)：通过改变 x，使由 fun 提供的目标函数达到 goal 指定的目标，从 x0 开始，用 weight 指定权重。

x = fgoalattain(fun,x0,goal,weight,A,b)：求解线性不等式 A*x ≤ b 的目标实现问题。

x = fgoalattain(fun,x0,goal,weight,A,b,Aeq,beq)：在满足线性等式 Aeq*x=beq 的情况下，解决了目标实现问题。如果不存在不等式，则设置 A = [ ] and b =[ ]。

【例 11-9】设 计 输 出 反 馈 控 制 器 $\begin{aligned} \dot{x}&=(A+BKC)x+Bu \\ y&=Cx \end{aligned}$，使系统在复平面实轴上点

$[-5 \ -3 \ -1]$ 左侧有极点。其中 $A = \begin{bmatrix} -0.5 & 0 & 0 \\ 0 & -2 & 10 \\ 0 & 1 & -2 \end{bmatrix}$，$B = \begin{bmatrix} 1 & 0 \\ -2 & 2 \\ 0 & 1 \end{bmatrix}$，$C = \begin{bmatrix} 1 & 0 & 0 \\ 0 & 0 & 1 \end{bmatrix}$，

$K = \begin{bmatrix} -1 & -1 \\ -1 & -1 \end{bmatrix}$。

编写下面的 .m 文件：

```
function F = eigfun(K,A,B,C)
F = sort(eig(A+B*K*C)); % Evaluate objectives
```

在命令行窗口输入：

```
>> A = [-0.5 0 0; 0 -2 10; 0 1 -2];
>>B = [1 0; -2 2; 0 1];
>>C = [1 0 0; 0 0 1];
>>K0 = [-1 -1; -1 -1];          % 初始化控制矩阵
>>goal = [-5 -3 -1];            % 设置目标特征值
>>weight = abs(goal);           % 设置相同百分比的权重
>>lb = -4*ones(size(K0));       % 设置控制器的下限值
>>ub = 4*ones(size(K0));        % 设置控制器的上限值
>>options = optimoptions('fgoalattain','Display','iter');    % 设置显示参数
>> [K,fval,attainfactor] = fgoalattain(@(K)eigfun(K,A,B,C),...
   K0,goal,weight,[ ],[ ],[ ],[ ],lb,ub,[ ],options)
```

运行结果如下：

Iter	F-count	Attainment factor	Max constraint	Line search steplength	Directional derivative	Procedure
0	6	0	1.88521			
1	13	1.031	0.02998	1	0.745	
2	20	0.3525	0.06863	1	-0.613	
3	27	-0.1706	0.1071	1	-0.223	Hessian modified
4	34	-0.2236	0.06654	1	-0.234	Hessian modified twice
5	41	-0.3568	0.007894	1	-0.0812	
6	48	-0.3645	0.000145	1	-0.164	Hessian modified
7	55	-0.3645	0	1	-0.00515	Hessian modified
8	62	-0.3675	0.0001548	1	-0.00812	Hessian modified twice
9	69	-0.3889	0.008327	1	-0.00751	Hessian modified
10	76	-0.3862	0	1	0.00568	
11	83	-0.3863	4.547e-13	1	-0.998	Hessian modified twice

Local minimum possible. Constraints satisfied.

fgoalattain stopped because the size of the current search direction is less than

twice the default value of the step size tolerance and constraints are

satisfied to within the default value of the constraint tolerance.

```
<stopping criteria details>
K =
    -4.0000    -0.2564
    -4.0000    -4.0000
fval =
    -6.9313
    -4.1588
    -1.4099
attainfactor =
    -0.3863
```

（2）求解极大极小约束问题

求解极大极小约束问题所用函数为 fminimax 函数，其函数调用格式为：

x = fminimax(fun,x0)：以 x0 为初值，并找到一个在 fun 中描述的函数的极大极小解 x。

x = fminimax(fun,x0,A,b)：解决了线性不等式 A*x ≤ b 的极大极小问题。

x = fminimax(fun,x0,A,b,Aeq,beq)：解决了满足线性等式 Aeq*x=beq 的极大极小问题。

【例 11-10】求解下面函数最大值的最小化问题，并给出此时的 x 值。

$$[f_1(x), f_2(x), f_3(x), f_4(x), f_5(x)]$$

$$其中：f_1(x) = 2x_1^2 + x_2^2 - 48x_1 - 40x_2 + 304$$

$$f_2(x) = -x_1^2 - 3x_2^2$$

$$f_3(x) = x_1 + 3x_2 - 18$$

$$f_4(x) = -x_1 - x_2$$

$$f_5(x) = x_1 + x_2 - 8$$

建立 .m 文件如下：

```
function f = myfun(x)
f(1)= 2*x(1)^2+x(2)^2-48*x(1)-40*x(2)+304;    % 目标函数
f(2)= -x(1)^2 - 3*x(2)^2;
f(3)= x(1) + 3*x(2) -18;
f(4)= -x(1)- x(2);
f(5)= x(1) + x(2) - 8;
```

在命令行窗口输入：

```
>> x0 = [0.1; 0.1];      % 设置初值
>> [x,fval] = fminimax(@myfun,x0)
```

运行结果如下：

```
x =
    4.0000
```

```
     4.0000
fval =
     0.0000  -64.0000  -2.0000  -8.0000  -0.0000
```

11.3　线性规划和混合整数线性规划

11.3.1　基于问题的最优化

基于问题的最优化所用函数如表 11-1 所示。

表 11-1　基于问题的最优化所用函数

函数名	说明
optimproblem	创建优化问题
optimvar	创建优化变量
showbounds	显示变量界限
showproblem	显示优化问题
showvar	显示优化变量
writebounds	保存变量边界描述
writeproblem	保存优化问题描述
writevar	保存优化变化描述
optimconstr	创建空的优化约束数组
optimexpr	创建优化表达式数组
showconstr	显示优化约束
showexpr	显示优化表达式
writeconstr	保存优化约束描述
writeexpr	保存优化表达式描述
evaluate	求解优化表达式
infeasibility	某点违反约束
prob2struct	最优化问题转化为求解形式
solve	求解最优化问题
OptimizationConstraint	优化约束
OptimizationExpression	目标函数或约束
OptimizationProblem	优化问题
OptimizationVariable	优化变量

（1）创建优化变量

创建优化变量所用函数为 optimvar，其函数的调用格式为：

x = optimvar(name)：创建标量优化变量 。

x = optimvar(name,n)：创建n−1个向量优化变量。

x = optimvar(name,cstr)：创建一个可以使用cstr进行索引的优化变量向量。

【例11-11】创建一个优化变量，命名为"dollars"。

在命令行窗口输入：

```
>> dollars = optimvar('dollars')
```

运行结果如下：

```
dollars =
    Optimization Variable − 属性:
            Name: 'dollars'
            Type: 'continuous'
        IndexNames: {{}  {}}
        LowerBound: −Inf
        UpperBound: Inf
    See variables with showvar.
    See bounds with showbounds.
```

（2）显示变量界限

显示变量界限所用函数为showbounds，其函数的调用格式为：

showbounds(var)：显示变量界限。

【例11-12】创建连续优化变量数组并显示其边界。

在命令行窗口输入：

```
>> x = optimvar('x',2,2);
>>showbounds(x)
```

运行结果如下：

```
x is unbounded.
```

（3）保存变量边界描述

保存变量边界描述所用函数为writebounds，其函数的调用格式为：

writebounds(var)：保存名为 variable_bounds.txt 的文件中变量边界的描述。

writebounds(var,filename)：保存名为 filename 的文件中变量边界的描述。

【例11-13】创建优化变量，并且将边界值保存到文件。

在命令行窗口输入：

```
>> x = optimvar('x',10,4,'LowerBound',randi(8,10,4),...
    'UpperBound',10+randi(7,10,4),'Type','integer');
>>writebounds(x,'BoundFile.txt')
```

BoundFile.txt文件中的内容为：

```
    7 <= x(1, 1) <= 14
        8 <= x(2, 1) <= 13
        2 <= x(3, 1) <= 16
```

8 <= x(4, 1) <= 16
6 <= x(5, 1) <= 12
1 <= x(6, 1) <= 14
3 <= x(7, 1) <= 14
5 <= x(8, 1) <= 15
8 <= x(9, 1) <= 15
8 <= x(10, 1) <= 16
2 <= x(1, 2) <= 12
8 <= x(2, 2) <= 15
8 <= x(3, 2) <= 15
4 <= x(4, 2) <= 12
7 <= x(5, 2) <= 11
2 <= x(6, 2) <= 14
4 <= x(7, 2) <= 17
8 <= x(8, 2) <= 13
7 <= x(9, 2) <= 15
8 <= x(10, 2) <= 12
6 <= x(1, 3) <= 16
1 <= x(2, 3) <= 12
7 <= x(3, 3) <= 14
8 <= x(4, 3) <= 15
6 <= x(5, 3) <= 17
7 <= x(6, 3) <= 17
6 <= x(7, 3) <= 14
4 <= x(8, 3) <= 11
6 <= x(9, 3) <= 12
2 <= x(10, 3) <= 12
6 <= x(1, 4) <= 16
1 <= x(2, 4) <= 12
3 <= x(3, 4) <= 16
1 <= x(4, 4) <= 12
1 <= x(5, 4) <= 17
7 <= x(6, 4) <= 13
6 <= x(7, 4) <= 12
3 <= x(8, 4) <= 12
8 <= x(9, 4) <= 15
1 <= x(10, 4) <= 14

（4）求解优化表达式

求解优化表达式所用函数为evaluate，其函数的调用格式为：

val = evaluate(expr,pt)：在值 pt 返回优化表达式 expr 的值。

【例 11-14】在两个变量中创建优化表达式，并计算在某一点的表达式。

在命令行窗口输入：

```
>>x = optimvar('x',3,2);
>>y = optimvar('y',1,2);
>>expr = sum(x,1) − 2*y;
>>xmat = [3,−1; 0,1; 2,6];
>>sol.x = xmat;
>>sol.y = [4,−3];
>>val = evaluate(expr,sol)
```

运行结果如下：

```
val =
     -3    12
```

（5）求解最优化问题

求解最优化问题所用函数为 solve，其函数的调用格式为：

sol = solve(prob)：解决优化问题。

sol = solve(prob,solver)：使用指定的求解器解决 prob。

sol = solve(___,options)：其中，"___"表示以前的任何输入参数，使用指定的选项解决 prob。

【例 11-15】求解下面优化问题的线性规划问题。

目标函数：$\min(-x-y/3)$

约束条件为：$\begin{cases} x+y \leqslant 2 \\ x+y/4 \leqslant 1 \\ x-y \leqslant 2 \\ x/4+y \geqslant -1 \\ x+y \geqslant 1 \\ -x+y \leqslant 2 \end{cases}$

在命令行窗口输入：

```
>> x = optimvar('x');
>>y = optimvar('y');
>>prob = optimproblem;
>>prob.Objective = −x − y/3;
>>prob.Constraints.cons1 = x + y <= 2;
>>prob.Constraints.cons2 = x + y/4 <= 1;
>>prob.Constraints.cons3 = x − y <= 2;
>>prob.Constraints.cons4 = x/4 + y >= −1;
>>prob.Constraints.cons5 = x + y >= 1;
>>prob.Constraints.cons6 = −x + y <= 2;
>>sol = solve(prob)
```

运行结果如下：

```
sol =
    包含以下字段的 struct:
        x: 0.6667
        y: 1.3333
```

11.3.2　基于求解器的最优化

基于求解器的最优化所用函数如表11-2所示。

表11-2　基于求解器的最优化所用函数

函数名	说明
intlinprog	（MILP）整数线性规划求解器
linprog	求解线性规划问题
mpsread	对线性规划和整数规划优化数据读取MPS文件

（1）整数线性规划求解

整数线性规划求解所用函数为intlinprog，其函数的调用格式为：

x = intlinprog(f,intcon,A,b)：求解 min　f*x，使 intcon 中的x分量为整数，并且满足 A*x ≤ b。

x = intlinprog(f,intcon,A,b,Aeq,beq)：解决上述问题，同时满足等式约束 Aeq*x = beq。如果不存在不等式，则设置A=[ ]和b=[ ]。

x = intlinprog(f,intcon,A,b,Aeq,beq,lb,ub)：定义了设计变量x和上界的集合，使得该解总是在范围 lb ≤ x ≤ ub 范围内。

【例11-16】求解下面优化问题。

目标函数：$\min(8x_1+x_2)$

约束条件：$\begin{cases} x_2\text{是整数} \\ x_1+2x_2 \geqslant -14 \\ -4x_1-x_2 \leqslant -33 \\ 2x_1+x_2 \leqslant 20 \end{cases}$

在命令行窗口输入：

```
>> f = [8;1];
>> intcon = 2;
>> A = [-1,-2; -4,-1; 2,1];
>> b = [14;-33;20];
>> x = intlinprog(f,intcon,A,b)
```

运行结果如下：

```
LP:                  Optimal objective value is 59.000000.
Optimal solution found.
Intlinprog stopped at the root node because the objective value is within a gap
tolerance of the optimal value, options.AbsoluteGapTolerance = 0 (the default value).
```

```
The intcon
variables are integer within tolerance, options.IntegerTolerance = 1e-05 (the default
value).
x =
    6.5000
    7.0000
```

（2）求解线性规划问题

求解线性规划问题所用函数为 linprog，其函数的调用格式为：

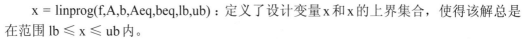

x = linprog(f,A,b)：求解 f*x 的最小值，满足 A*x ≤ b。

x = linprog(f,A,b,Aeq,beq)：包括等式约束 Aeq*x = beq。

x = linprog(f,A,b,Aeq,beq,lb,ub)：定义了设计变量 x 和 x 的上界集合，使得该解总是在范围 lb ≤ x ≤ ub 内。

【例 11-17】求解下面优化问题。

目标函数：$\min(-x_1 - x_2/3)$

约束条件：$\begin{cases} x_1 + x_2 \leqslant 2 \\ x_1 + x_2/4 \leqslant 1 \\ x_1 - x_2 \leqslant 2 \\ -x_1/4 - x_2 \leqslant 1 \\ -x_1 - x_2 \leqslant -1 \\ -x_1 + x_2 \leqslant 2 \end{cases}$

在命令行窗口输入：

```
>> A = [1 1 1 1/4 1 -1 -1/4 -1 -1 -1 -1 1];
>> b = [2 1 2 1 -1 2];
>> f = [-1 -1/3];
>> x = linprog(f,A,b)
```

运行结果如下：

```
Optimal solution found.
x =
    0.6667
    1.3333
```

（3）对线性规划和整数规划优化数据读取MPS文件

对线性规划和整数规划优化数据读取 MPS 文件所用函数为 mpsread，其函数的调用格式为：

problem = mpsread(mpsfile)：读取线性规划（LP）和混合整数线性规划（MILP）问题的数据。

【例 11-18】从公共存储库加载 EIL33-2.MPS 文件，查看问题类型。

在命令行窗口输入：

```
>> gunzip('http://miplib.zib.de/download/eil33-2.mps.gz')
```

```
>>problem = mpsread('eil33-2.mps')
```

运行结果如下：

```
problem =
    包含以下字段的 struct：
             f: [4516×1 double]
         Aineq: [0×4516 double]
         bineq: [0×1 double]
           Aeq: [32×4516 double]
           beq: [32×1 double]
            lb: [4516×1 double]
            ub: [4516×1 double]
        intcon: [4516×1 double]
        solver: 'intlinprog'
       options: [1×1 optim.options.Intlinprog]
```

11.4 二次规划问题

二次规划所用函数为 quadprog 函数，其函数的调用格式为：

x = quadprog(H,f)：返回一个向量 x，使 1/2*x'*H*x + f*x 最小。其中 H 必须是正定的，具有有限的最小值。

x = quadprog(H,f,A,b)：最小化 1/2*x'*H*x + f*x，约束为 A*x ≤ b。

【例 11-19】利用 quadprog 函数求解以下二次规划问题。

目标函数：$f(x) = \frac{1}{2}x_1^2 + x_2^2 - x_1 x_2 - 2x_1 - 6x_2$

约束条件：$\begin{cases} x_1 + x_2 \leqslant 2 \\ -x_1 + 2x_2 \leqslant 2 \\ 2x_1 + x_2 \leqslant 3 \\ 0 \leqslant x_1, 0 \leqslant x_2 \end{cases}$

在命令行窗口输入：

```
>> H = [1 -1; -1 2];
>>f = [-2; -6];
>>A = [1 1; -1 2; 2 1];
>>b = [2; 2; 3];
>>lb = zeros(2,1);
>> options = optimoptions('quadprog',...
      'Algorithm','interior-point-convex','Display','off')
>> [x,fval,exitflag,output,lambda] = ...
      quadprog(H,f,A,b,[],[],lb,[],[],options)
```

运行结果如下：

```
x =
    0.6667
    1.3333
fval =
   -8.2222
exitflag =
        1
output =
   包含以下字段的 struct:
message: 'Minimum found t…… 1e-08 (default)'
algorithm: 'interior-point-convex'
firstorderopt: 2.6645e-14
constrviolation: 0
iterations: 4
cgiterations: []
lambda =
   包含以下字段的 struct:
     ineqlin: [3×1 double]
      eqlin: [0×1 double]
      lower: [2×1 double]
      upper: [2×1 double]
```

11.5 最小二乘法

11.5.1 线性最小二乘法

线性最小二乘法所用函数如表 11-3 所示。

表 11-3　线性最小二乘法所用函数

函数名	说明
lsqlin	求解约束线性最小二乘问题
lsqnonneg	求解非负线性最小二乘问题
mldivide, \	求解 x 方程的线性方程组 Ax=B

（1）求解约束线性最小二乘问题

求解约束线性最小二乘问题所用函数为 lsqlin 函数，其函数的调用格式为：

x = lsqlin(C,d,A,b)：在最小二乘意义下求解线性系统 C*x= d，约束条件为 A*x ≤ b。

x = lsqlin(C,d,A,b,Aeq,beq,lb,ub)：增加线性等式约束 Aeq*x = beq 和边界条

件 lb ≤ x ≤ ub。如果不需要某些约束，例如 Aeq 和 beq，将它们设置为 [ ]。

x = lsqlin(C,d,A,b,Aeq,beq,lb,ub,x0,options)：最小化初始点 x0 和优化选项为指定选项。

【例 11-20】求如下线性不等式约束最小二乘优化问题的最优解。

$$\min_x \frac{1}{2} \|Cx-d\|_2^2$$

$$Ax \leq b$$

$$lb \leq x \leq ub$$

在命令行窗口输入：

```
>> C = [0.9501      0.7620      0.6153      0.4057
        0.2311      0.4564      0.7919      0.9354
        0.6068      0.0185      0.9218      0.9169
        0.4859      0.8214      0.7382      0.4102
        0.8912      0.4447      0.1762      0.8936];
   d = [0.0578
        0.3528
        0.8131
        0.0098
        0.1388];
   A = [0.2027   0.2721   0.7467   0.4659
        0.1987   0.1988   0.4450   0.4186
        0.6037   0.0152   0.9318   0.8462];
   b = [0.5251
        0.2026
        0.6721];
>> x = lsqlin(C,d,A,b)
```

运行结果如下：

```
x =
    0.1299
   -0.5757
    0.4251
    0.2438
```

（2）求解非负线性最小二乘问题

求解非负线性最小二乘问题所用函数为 lsqnonneg 函数，其函数的调用格式为：

x = lsqnonneg(C,d)：返回向量 x，当 x ≥ 0 时，使 (C*x-d) 的范数最小。

x = lsqnonneg(C,d,options)：最小化结构体 options 中指定的优化选项。

【例 11-21】计算一个线性最小二乘问题的非负解，并将结果与无约束问题的解进行比较。

$$\min_{x} \|Cx-d\|$$

$$\text{s.t.} \quad x \geq 0$$

在命令行窗口输入：

```
>> C = [0.0372    0.2869
        0.6861    0.7071
        0.6233    0.6245
        0.6344    0.6170];
>> d = [0.8587
        0.1781
        0.0747
        0.8405];
>>x = lsqnonneg(C,d)
>>xunc = C\d
>>constrained_norm = norm(C*x - d)
>>unconstrained_norm = norm(C*xunc - d)
```

运行结果如下：

```
x =
         0
    0.6929
xunc =
   -2.5627
    3.1108
constrained_norm =
    0.9118
unconstrained_norm =
    0.6674
```

（3）求解x方程的线性方程组Ax= B

求解x方程的线性方程组Ax= B 所用函数为 "mldivide,\" 函数，其函数的调用格式为：

x = A\B：求解线性方程组 Ax = B。

x = mldivide(A,B)：是执行 x= A\B 的另一种方式，但很少使用。

【例11-22】求解简单系统线性方程 Ax=B。

在命令行窗口输入：

```
>> A = magic(3);
>> B = [15; 15; 15];
>> x = A\B
```

运行结果如下：

```
x =
    1.0000
    1.0000
    1.0000
```

11.5.2　非线性最小二乘法

线性最小二乘法所用函数如表11-4所示。

表 11-4　非线性最小二乘法所用函数

函数名	说明
lsqcurvefit	最小二乘法求解非线性曲线拟合（数据拟合）问题
lsqnonlin	求解非线性最小二乘（非线性数据拟合）问题

（1）最小二乘法求解非线性曲线拟合（数据拟合）问题

最小二乘法求解非线性曲线拟合（数据拟合）问题所用函数为lsqcurvefit函数，其函数的调用格式为：

x = lsqcurvefit(fun,x0,xdata,ydata)：从x0开始，找到系数x以最适合非线性函数fun(x,xdata)的数据ydata（在最小二乘意义上）。

x = lsqcurvefit(fun,x0,xdata,ydata,lb,ub)：定义x中设计变量的一个下界和上界，使得该解总是在范围lb≤x≤ub内。

x = lsqcurvefit(fun,x0,xdata,ydata,lb,ub,options)：使用选项中指定的优化选项最小化。

【例11-23】假定已知时间数据XDATA和响应数据YDATA，拟合如下形式的模型，并画出数据和拟合的曲线。

$$ydata=x(1)e^{x(2)xdata}$$

在命令行窗口输入：

```
>> xdata =[0.9 1.5 13.8 19.8 24.1 28.2 35.2 60.3 74.6 81.3];
>> ydata = [455.2 428.6 124.1 67.3 43.2 28.1 13.1 −0.4 −1.3 −1.5];
>> fun = @(x,xdata)x(1)*exp(x(2)*xdata);
>> x0 = [100,−1];
>> x = lsqcurvefit(fun,x0,xdata,ydata)
>> times = linspace(xdata(1),xdata(end));
>> plot(xdata,ydata,'ko',times,fun(x,times),'b−')
>> legend('Data','Fitted exponential')
>> title('Data and Fitted Curve')
```

运行结果如下：

```
x =
   498.8309   −0.1013
```

拟合结果如图11-3所示。

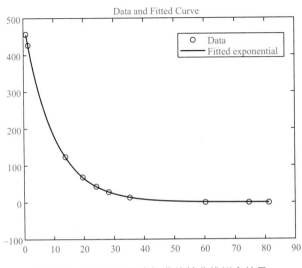

图11-3 最小二乘法求解非线性曲线拟合结果

（2）求解非线性最小二乘（非线性数据拟合）问题

求解非线性最小二乘（非线性数据拟合）问题所用函数为 lsqnonlin 函数，其函数的调用格式为：

x = lsqnonlin(fun,x0)：从点 x0 开始，在 fun 中找到函数的平方和的最小值。

x = lsqnonlin(fun,x0,lb,ub)：定义 x 中的设计变量的一个下界和上界，使得该解总是在范围 lb ≤ x ≤ ub 内。

x = lsqnonlin(fun,x0,lb,ub,options)：使用选项中指定的优化选项最小化。

【例11-24】根据数据拟合一个简单的指数衰减曲线，从指数衰减加噪声的模型产生数据。

$$y=\exp(-1.3t)+\varepsilon$$

其中，t 范围为 0 ~ 3，ε 为噪声平均值为 0、标准偏差为 0.05 的正态分布。

在命令行窗口输入：

```
>> rng default % for reproducibility
>> d = linspace(0,3);
>> y = exp(-1.3*d) + 0.05*randn(size(d));
>> fun = @(r)exp(-d*r)-y;
>> x0 = 4;
>> x = lsqnonlin(fun,x0)
```

运行结果如下：

```
x =
    1.2645
```

11.6 非线性方程组

非线性方程组所用函数如表11-5所示。

表 11-5　非线性方程组所用函数

函数名	说明
fsolve	求解非线性方程组
fzero	求解非线性函数的根

（1）求解非线性方程组

求解非线性方程组所用函数为 fsolve 函数，其函数的调用格式为：

x = fsolve(fun,x0)：从 x0 开始，尝试求解方程组 fun(x)=0。

x = fsolve(fun,x0,options)：用选项中指定的优化选项求解方程。

x = fsolve(problem)：求解 problem，其中 problem 是输入参数中描述的结构体。

【例 11-25】求解如下具有两个变量、两个方程的非线性方程组。

$$e^{-e^{-(x_1+x_2)}}-x_2(1+x_1^2)=0$$

$$x_1\cos(x_2)+x_2\sin(x_1)-\frac{1}{2}=0$$

新建脚本文件为：

```
function F = root2d(x)
F(1) = exp(-exp(-(x(1)+x(2)))) - x(2)*(1+x(1)^2);
F(2) = x(1)*cos(x(2)) + x(2)*sin(x(1)) - 0.5;
```

在命令行窗口输入：

```
>> fun = @root2d;
>> x0 = [0,0];
>> x = fsolve(fun,x0)
```

运行结果如下：

```
x =
    0.3532   0.6061
```

（2）求解非线性函数的根

求解非线性函数的根所用函数为 fzero 函数，其函数的调用格式为：

x = fzero(fun,x0)：试图找到一个点 x，使 fun(x) = 0。

x = fzero(fun,x0,options)：使用选项修改解的过程。

x = fzero(problem)：解决 problem 指定的求根问题。

【例 11-26】通过找到在 3 附近的正弦函数的零点，计算 π 值。

在命令行窗口输入：

```
>> fun = @sin;        % 函数
>> x0 = 3;            % 初值点
>> x = fzero(fun,x0)
```

运行结果如下：

```
x =
3.1416
```

第 *12* 章
MATLAB在数字信号处理中的应用

数字信号与处理是一门理论与实践紧密结合的课程，其中频谱分析和滤波器的设计是该门课程的主要内容。在近几十年中，数字信号处理无论在理论上还是在技术上都有了突破性的发展，在工业中的应用越来越广泛。MATLAB中的信号处理工具箱可以对一系列的数字信号进行处理，包括波形变化、滤波器分析设计、频谱分析等。它的功能很强大，在很大程度上使数字信号处理工作变得简单、直观。利用MATLAB进行学习有助于进一步巩固与理解理论知识，并提高分析、解决问题的能力。

12.1 离散信号与系统

本节主要学习用MATLAB来表示和实现离散时间信号与线性时不变离散系统的方法。由于MATLAB 数值计算的特点，用它来分析离线信号与系统是很方便的。在MATLAB中，向量x的下标只能从1开始，不能取0或负数；离散时间信号用x(n)来表示，其中变量n为整数并代表时间的离散时刻，在此时间变量不受限制。因此，离散序列x(n)一般用两个向量来表示，用向量x来表示序列幅值，用一个等长的向量定位时间变量n。例如序列x(n)={2 6 3 4 0 6 5 7 8}，用如下MATLAB语句来表示：

n=[−4 −3 −2 −1 0 1 2 3 4];

x=[2 6 3 4 0 6 5 7 8];

如果不需要采样位置信息的时候，例如序列是从n=0开始的，就可以只使用向量x来表示序列。

【例12-1】绘制离散时间信号的棒状图，其中x(n)={2 6 3 4 0 6 5 7 8}。

解：定义时间变量。

```
>>n=−2:6;
>>x=[2 6 3 4 0 6 5 7 8];
>> stem(n,x);
>> xlabel('n');
>> ylabel('x(n)')
```

程序结果运行如图12-1所示。

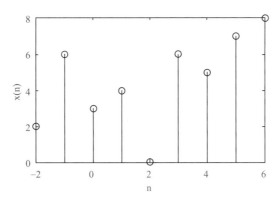

图12-1　例12-1离散棒状图

12.1.1　常用离散信号

下面介绍数字信号处理系统中常用的几种基本离散信号。

（1）单位脉冲序列

单位脉冲序列定义为：

$$\delta(n)=\begin{cases}1, & n=0\\0, & n\neq0\end{cases}$$

实现语句为：

\>> N=10; x=zeros(1,N); x(1)=1; stem(x);或者 >>n=1：N; x=[n==1]; stem(n,x);

单位脉冲序列如图12-2所示。

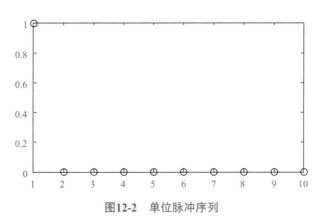

图12-2　单位脉冲序列

对于延时的单位脉冲序列：

$$\delta(n-n_0)=\begin{cases}1, & n=n_0\\0, & n\neq n_0\end{cases}$$

实现语句为：

N=10; x=zeros(1,N); x(1，n0)=1; stem(x);或者n=1：N; x=[(n-n0) ==0]; stem(n,x);

当n0=3时，延时的单位脉冲序列如图12-3所示。

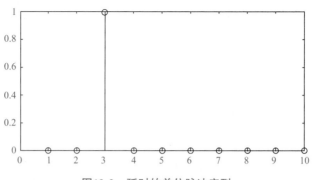

图12-3　延时的单位脉冲序列

（2）单位阶跃序列

单位阶跃信号表达式为：

$$u(n)=\begin{cases} 1, & n \geqslant 0 \\ 0, & n < 0 \end{cases}$$

实现语句为：

n=1：N; x=[n >=0]; stem(n,x); 或者 ones(1,N);

延时单位阶跃序列为：

$$u(n-n_0)=\begin{cases} 1, & n \geqslant n_0 \\ 0, & n < n_0 \end{cases}$$

实现语句为：

n=1：N; x=[zeros(1,n0),ones(1,N−n0+1); stem(n,x); 或者 n=1：N; x=[(n−n0)>=0]; stem(n,x);

当n0=6时，单位阶跃序列如图12-4所示。

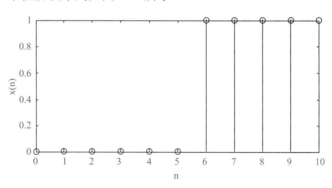

图12-4　单位阶跃序列

（3）实指数序列

$$x(n)=a^n \qquad \forall n \qquad a \in R$$

实现语句为：

n=n1：n2; x=a.^n; stem(n,x);

当n1=0,n2=20,a=6/5时，实指数序列如图12-5所示。

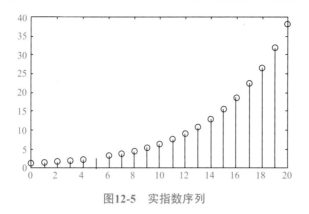

图12-5 实指数序列

（4）复指数序列

复指数序列表示为：

$$x(n)=e^{(j\omega+\sigma)n}$$

实现语句为：

n=n1：n2;x=exp((sigma+jw)*n);

当sigma=0.3，w=0.4时，绘制复指数序列如图12-6所示，具体语句如下：

```
>> n=0:20
>>x=exp((0.3+j*0.4)*n);
>> subplot(2,1,1)
>> stem(n,real(x))
>> title('exp((\omega)*j+\sigma)*n的实部')
>> subplot(2,1,2)
>> stem(n,imag(x))
>> title('exp((\omega)*j+\sigma)*n的虚部')
```

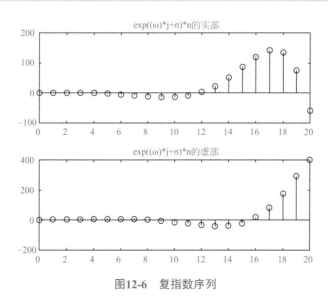

图12-6 复指数序列

（5）正(余)弦序列

余弦序列表示为：

$$x(n)=\cos(\omega n+\theta)$$

正弦序列表示为：

$$y(n)=\sin(\omega n+\theta)$$

MATLAB实现语句为：

n=n1：n2; x=cos(w*n+sita); x=sin(w*n+sita);

当w=π/6，sita=π/3时，正弦和余弦序列如图12-7所示。程序如下：

```
>>n=-20:20;
>> sita=pi/3;
>> w=(pi/6) ;
>> subplot(2,1,1)
>> x=cos(w*n+sita);
>> title('cos(\omega*n+\theta)')
>> subplot(2,1,2)
>> y=sin(w*n+sita);
>> title('sin(\omega*n+\theta)')
```

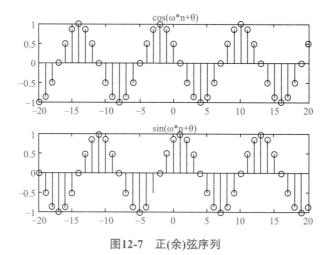

图12-7　正(余)弦序列

12.1.2　信号的基本运算

（1）信号的相加和相乘

两信号的相加或者相乘是指两信号对应时间的相加或相乘，其数学描述为：

$$x(n)=x_1(n)+x_2(n)$$
$$y(n)=x_1(n)\,x_2(n)$$

如果两个序列在时间上已经对齐，并且长度相等，则直接相加；如果长度不等，MATLAB必须将两序列时间变量延拓到同长，可以通过zeros函数左右补零，使两者具有相同的长度，再相加或相乘。

（2）信号时移

对于离散时间序列，信号的时移表示为：

$$y(n)=x(n+n_0)$$

上式表示信号 $y(n)$ 相对于序列 $y(n)$ 右移 n_0 个采样周期。

$$y(n)=x(n-n_0)$$

上式表示信号 $y(n)$ 相对于序列 $y(n)$ 左移 n_0 个采样周期。具体程序如下：

```
>> ns=0;nf=25;
>> n=ns:nf;
>> y1=0.75.^n;
>> ny=n+3;
>> y2=0.75.^ny;
>> subplot(2,1,1)
>> stem(n,y1)
>> subplot(2,1,2)
>> stem(ny,y2)
```

程序运行结果如图12-8所示。

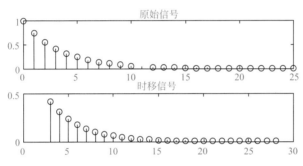

图12-8　序列信号时移

（3）信号的翻转

信号翻转就是将信号以 Y 轴进行轴对称翻转，其离散的数学表达式为：

$$y(n)=x(-n)$$

$y(n)$ 和 $x(n)$ 相对于 $n=0$ 的纵轴坐标对称。MATLAB 中序列翻转可以由函数 fliplr 实现。该函数是将行向量左右翻转，其格式为：

$$y=\text{fliplr}(x)$$

【例12-2】离散序列 e^{-n} 的折叠信号，并绘图进行比较。

```
>> n=-10:10;
>> x=exp(-n);
>> y=fliplr(x);
>> n1=-fliplr(n);
>> subplot(2,1,2),stem(n,x),title('原始信号');
>> subplot(2,1,1),stem(n,x),title('原始信号');
>> subplot(2,1,2),stem(n1,y),title('翻转信号');
```

程序运行结果如图12-9所示。

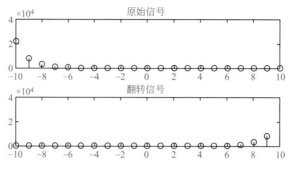

图12-9　序列信号翻转

（4）尺度变换

尺度变换是指信号在时间轴上可以被压缩或者拉伸，数学表示为：

$$y(n)=a\{x(n)\}$$

当a>1时，将序列在时间轴上压缩为原信号序列的1/a；当a<1时，将序列在时间轴上扩展为原信号序列的a倍。

【例12-3】存在余弦序列信号，x=cos(ωn)，y=cos(an)，z=cos(bn)，其中$\omega=\frac{\pi}{6}$，$a=\frac{\pi}{12}$，$b=\frac{\pi}{3}$，对比三个余弦序列，并绘图进行比较。

程序为：

```
>> n=-20:20;
>>w=(pi/6) ;a=0.5*w;b=2*w;
>> x=cos(w*n);y=cos(a*n);z=cos(b*n);
>> subplot(3,1,1);stem(n,x);title('原始信号cos(\omega*n)')
>> subplot(3,1,2); stem(n,y); title('扩展信号cos(a*n)')
>> subplot(3,1,3); stem(n,z); title('压缩信号cos(b*n)')
```

运行结果如图12-10所示。

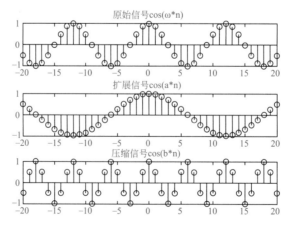

图12-10　序列信号尺度变换

（5）序列的卷积运算

两个序列卷积运算的数学描述为 $y=x_1(n)x_2(n)=\sum\limits_{m}x_1(m)x_2(n-m)$，两个序列卷积的MATLAB实现为 $y=conv(x_1,x_2)$，其中序列 $x_1(n)$ 和 $x_2(n)$ 必须长度有限。

例如：

```
>> x1=[1 1 0 1];
>> x2=[1 0 1];
>> y=conv(x1,x2)
y =
        1   1   1   2   0   1
```

12.1.3 线性时不变系统的响应

如果一个系统是线性时不变系统，则该系统的输出可以由系统单位冲激响应来表示。对于连续线性时不变系统LTI系统来说，系统的响应为：

$$y(t)=x(t)h(t)=\int_{-\infty}^{+\infty}x(\tau)h(t-\tau)d\tau$$

离散LTI系统的响应为：

$$y=x(n)h(n)=\sum_{m=-\infty}^{+\infty}x(m)h(n-m)$$

在MATLAB中用conv函数来求取系统的响应。

（1）conv函数

格式为：

y=conv(x,h)；

【例12-4】已知离散LTI系统的单位冲激响应为 $h(n)=0.8^n(n=0,1,2\cdots,14)$，求输入信号序列 $x(n)=1(-5\leqslant n\leqslant 4)$ 的系统响应。

解：应用MATLAB中conv函数来求系统响应，程序如下。

```
>> clear
>> x=ones(1,10);
>> n=0:14;
>> h=0.8.^n;
>> y=conv(x,h);
>> stem(y);
>> xlabel('n');
>> ylabel('y(n)');
```

运行结果如图12-11所示。

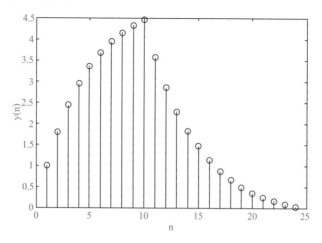

图12-11　离散系统的响应

【例12-5】设线性时不变系统的冲激响应为：

$$h(n)=(0.9)^n u(n)$$

输入序列为：

$$x(n)=u(n)-u(n-10)$$

求系统的输出y(n)。

解：系统输出y(n)为输入x(n)与系统冲激响应h(n)的卷积，可以应用conv函数求出输出序列y(n)，程序如下。

```
>> clear
>> n=-5:50;
>> n10=0;n11=-5;n12=50;
>> n1=[n11:n12];x1=[(n1-n10)>=0];
>> n20=10;n2=[n11:n12];x2=[(n2-n20)>=0];
>> x=x1-x2;h=((0.9).^n).*x1;
>> subplot(3,1,1);stem(n,x);axis([-5,50,0,2]);title('输入序列');ylabel('x(n)');
>> subplot(3,1,2);stem(n,h);axis([-5,50,0,2]);title('冲激响应');ylabel('h(n)');
>> ny1=n(1)+n(1);ny2=n(length(x))+n(length(h));
>> ny=[ny1:ny2];
>> y=conv(x,h);
>> subplot(3,1,3);stem(ny,y);axis([-5,50,0,8]);title('输出序列');ylabel('y(n)');
```

运行结果如图12-12所示。

（2）dinitial函数

当需要计算离散时间LTI系统由初始状态x_0所引起的零输入响应y和状态响应x，这时可以应用MATLAB中的dinitial函数来实现，其取样的点数由函数自动选取，n为仿真所用的点数。

dinitial 函数格式为：

$$dinitial(A,B,C,D,X0)$$

离散时间 LTI 系统描述为：

$$x[n+1] = Ax[n] + Bu[n]$$
$$y[n] = Cx[n] + Du[n]$$

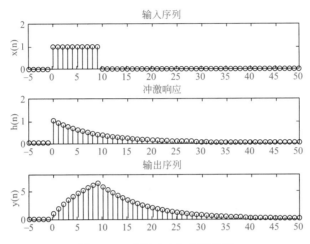

图12-12　冲激响应与系统输出

则可以使用 dinitial(A,B,C,D,X0) 画出离散系统的时间响应函数。

【例12-6】二阶系统：

$$\begin{bmatrix} x_1(n+1) \\ x_2(n+1) \end{bmatrix} = \begin{bmatrix} -0.55 & -0.78 \\ 0.78 & 0 \end{bmatrix} \begin{bmatrix} x_1(n) \\ x_2(n) \end{bmatrix} + \begin{bmatrix} 1 \\ 0 \end{bmatrix} u(n)$$

$$y[n] = \begin{bmatrix} 1.96 & 6.45 \end{bmatrix} \begin{bmatrix} x_1(n) \\ x_2(n) \end{bmatrix}$$

当初始状态 $x(0) = \begin{bmatrix} 1 \\ 0 \end{bmatrix}$ 时，求系统的零输入响应。

解：MATLAB 程序如下。

```
>> A=[-0.55 -0.78;0.78,0];
>> B=[1;0];
>> C=[1.96 6.45];
>> D=0;
>> X0=[1;0];
>> dinitial(A,B,C,D,X0)
```

程序运行结果如图12-13所示。

在 MATLAB 中，系统的冲激响应和阶跃响应可以通过 filter 函数计算得出，也可以单独应用 impz 函数来计算单位冲激响应，stepz 函数计算单位阶跃响应。

（3）filter 函数

filter 函数格式为：

y= filter(b,a,x)；

它表示由b和a组成的系统对输入x进行滤波，如果输入为单位冲激信号 $\delta(n)$，那么输出y就是系统的单位冲激响应h(n)；如果输入为单位阶跃信号u(n)，那么输出y就是系统的单位阶跃响应。a和b分别是系统函数的分母和分子多项式的系数，要求差分方程y(n)的系数为1，否则需要归一化处理。

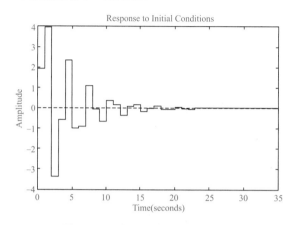

图12-13　离散系统的零输入响应

【例12-7】设系统差分方程为：

$$y(n)-0.7y(n-1)=2x(n)$$

求当输入信号为x(n)=0.65^n时系统输出的响应。

解：程序如下。

```
>> N=50;
>> n=0:N-1;
>> a=[1 -0.7];
>> b=2;
>> x=0.65.^n;
>> y=filter(b,a,x);
>> subplot(2,1,1);stem(n,x);title('输入信号x(n)');xlabel('n');ylabel('x(n)');
>> subplot(2,1,2);stem(n,y);title('输出信号y(n)');xlabel('n');ylabel('y(n)');
```

运行结果如图12-14所示。

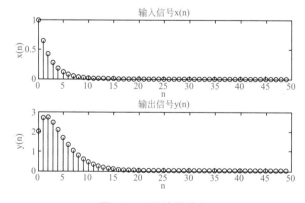

图12-14　系统的响应

（4）impz函数

该函数的格式为：

impz(b,a); impz(b,a,n);

该函数可以直接计算出系统的单位冲激响应，并且画出其图形。其中，n为计算系统冲激响应的n个值。

（5）stepz函数

该函数的格式为：

stepz(b,a);

该函数可以直接计算出系统的单位阶跃响应，并且画出其图形。

【例12-8】设一个离散系统为：

$$y(n)+0.7y(n-1)-0.5y(n-2)-0.66y(n-3)=0.7x(n)-0.5x(n-1)+0.4x(n-2)+0.1x(n-3)$$

求该系统的单位冲激响应和单位阶跃响应。

解：应用filter函数，程序如下。

```
>> N=50;
>> x=[1,zeros(1,N-1)];
>> n=0:N-1;
>> b=[0.7 -0.5 0.4 0.1];
>> a=[1 0.7 -0.5 -0.66];
>> y=filter(b,a,x);
>> stem(n,y)
>> x1=ones(1,N);
>> y1=filter(b,a,x1);
>> yy=impz(b,a,N)
>> y11=stepz(b,a,N);
>> subplot(2,2,1);stem(n,y);title('冲激响应--filter');xlabel('n');ylabel('y(n)');
>> subplot(2,2,2);stem(n,y1);title('阶跃响应--filter');xlabel('n');ylabel('y(n)');
>> subplot(2,2,3);stem(n,yy);title('冲激响应--impz');xlabel('n');ylabel('y(n)');
>> subplot(2,2,4);stem(n,y11);title('阶跃响应--stepz');xlabel('n');ylabel('y(n)');
```

运行结果如图12-15所示。

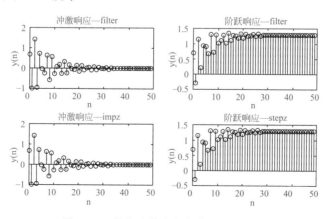

图12-15　单位冲激响应和单位阶跃响应

12.2 数字信号的处理

12.2.1 离散傅里叶变换

在信号处理中，离散傅里叶变换有着十分重要的意义，对信号的很多操作和处理都需要通过离散傅里叶变换来完成。离散傅里叶变换（DFT）就是在时间域和频率域都离散的傅里叶变换。

（1）离散傅里叶定义

设 x(n) 为长度为 N 的有限长序列，则该序列的傅里叶变换及其逆变换分别为：

$$X(k)=DFT[x(n)]=\sum_{n=0}^{N-1}x(n)W_n^{nk},0\leq k\leq N-1$$

$$x(n)=IDFT[X(k)]=\frac{1}{N}\sum_{k=0}^{N-1}W_N^{-nk},0\leq n\leq N-1$$

其中，$W_N=e^{-j\frac{2\pi}{N}}$，N 为 DFT 变换区间长度。其中 X(k) 在 MATLAB 中可以写成：

$$X(k)=x(n)*exp(-j*2*pi/N).\wedge([0:N-1]'*[0:N-1])$$

【例12-9】已知序列 x=[3 4 6 6 9 8 8 0 3 1]，计算所给序列的离散傅里叶变换。

解：在 MATLAB 中输入程序如下。

```
>> x=[3 4 6 6 9 8 8 0 3 1];
>> N=length(x);
>> n=0:N-1;
>> k=0:N-1;
>> WN=exp(-j*2*pi/N);
>> X=x* WN.^(n'*k);
>> subplot(2,1,1);
>> stem(n,x);
>> title('x(n)');
>> subplot(2,1,2);
>> stem(n,X);title('DFT[x(n)]');
```

运行程序如图12-16所示。

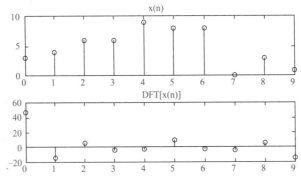

图12-16 信号的离散傅里叶变换

对于任意序列来说，可以建立函数文件，编写离散傅里叶变换的函数，实现对所给序列的离散傅里叶变换。只需要将上述的脚本文件改编为函数文件即可，程序简单实用。

（2）DFT特性

① 线性　有两个有限长序列和的线性组合为：

$$x(n)=ax_1(n)+bx_2(n)$$

则有

$$DFT[x(n)]=aDFT[x_1(n)]+bDFT[x_2(n)]$$

其中，a、b为任意常数。

【例12-10】已知$x_1(n)=\{2\ 6\ 3\ 4\ 0\ 6\ 5\ 7\ 8\}$，$x_2(n)=\{1\ 2\ 3\ 2\ 0\ 3\ 7\ 6\}$。求$x(n)=2x_1(n)+x_2(n)$的离散傅里叶变换，并验证其线性特性。

MATLAB程序如下：

```
>> x1=[2 6 3 4 0 6 5 7 8];x2=[1 2 3 2 0 3 7 6];
>> N=max(length(x1),length(x2));
>> if length(x1)>length(x2)
x2=[x2 zeros(1,length(x1)−length(x2))];
else
x1=[x1 zeros(1,length(x2)−length(x1))];
end
>> n=0:N−1;
>> k=n;
>> x=2*x1+x2;X1=x1*exp(−j*2*pi/N).^(n'*k);X2=x2*exp(−j*2*pi/N).^(n'*k);
>> X=x*exp(−j*2*pi/N).^(n'*k); Y=2*x1+x2;
>> subplot(3,2,1);stem(n,x1);title('x1(n)');
>> subplot(3,2,2);stem(n,X1);title('X1(k)');
>> subplot(3,2,3);stem(n,x2);title('x2(k)');
>> subplot(3,2,4);stem(n,X2);title('X2(k)');
>> subplot(3,2,5);stem(n,X);title('X(k)');
>> subplot(3,2,6);stem(n,Y);title('2*x1(k)+x2(k)');
```

程序运行结果如图12-17所示。

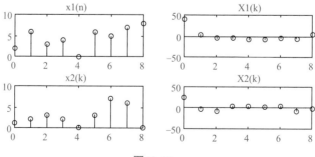

图12-17

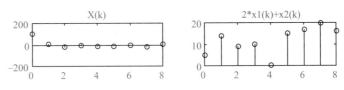

图12-17 序列离散傅里叶变换的线性

② 圆形折叠 由于N点序列折叠后不再是N点序列，致使DFT不存在，因此变量−n上采用模N运算，具体圆形折叠定义为：

$$x((-n))=\begin{cases}x(0), & n=0 \\ x(N-n), & 1\leqslant n\leqslant N-1\end{cases}$$

它的DFT为：

$$DFT[x((-n))]=x((-k))_N=\begin{cases}X(0), & k=0 \\ X(N-k), & 1\leqslant k\leqslant N-1\end{cases}$$

③ 共轭

$$DFT[x^*(n)]=X^*((-k))_N$$

④ 实序列对称性 设$x(n)$为N点实序列，$x(n)=x^*(n)$，因此由共轭特性可知：

$$X(k)=X^*((-k))_N$$

$$Re[X(k)]=Re[X((-k))_N]$$

$$Im[X(k)]=-Im[X((-k))_N]$$

$$|X(k)|=|X((-k))_N|$$

$$\angle X(k)=-\angle X(-k)_N$$

设实序列$x(n)$可以分解为奇分量$x_1(n)$和偶分量$x_2(n)$，即

$$x_1(n)=\frac{1}{2}[x(n)+x((-n))_N]$$

$$x_2(n)=\frac{1}{2}[x(n)-x((-n))_N]$$

则其相应的DFT为：

$$DFT[x_1(n)]=Re[X(k)]=Re[X((-k))_N]$$

$$DFT[x_2(n)]=Im[X(k)]=Im[X((-k))_N]$$

【例12-11】已知序列x=[3 4 6 6 9 8 8 0 3 1]，将所给序列分解为奇偶序列，并验证离散傅里叶变换的实序列对称性。

解：编写函数文件求出序列的奇偶序列，m文件中程序如下。

```
function [x1,x2] = xex14e10(x)
y=imag(x);
if y~=0
    error('x is not a real sequence')
end
N=length(x);
```

```
n=0:N-1;
x1=0.5*(x+x(mod(-n,N)+1));
x2=0.5*(x-x(mod(-n,N)+1));
x1,x2
end
```

输入序列为x=[3 4 6 6 9 8 8 0 3 1]，运行结果中偶序列和奇序列分别为：

x1 =3.0000 2.5000 4.5000 3.0000 8.5000 8.0000 8.5000 3.0000 4.5000 2.5000

x2 = 0 1.5000 1.5000 3.0000 0.5000 0 −0.5000 −3.0000 −1.5000 −1.5000

然后分别求x(n)、$x_1(n)$、$x_2(n)$序列的离散傅里叶变换，并验证其实序列的对称性，程序为：

```
>> x1 =[3.0000 2.5000 4.5000 3.0000 8.5000 8.0000 8.5000 3.0000 4.5000
2.5000];
>> x2 =[0 1.5000 1.5000 3.0000 0.5000 0 -0.5000 -3.0000 -1.5000 -1.5000];
>> X1=x1*exp(-j*2*pi/N).^(n'*k);
>> X2=x2*exp(-j*2*pi/N).^(n'*k);
>> subplot(2,2,1);stem(n,x); title('x(n)');
>> subplot(2,2,2);stem(n,X);title('DFT[x(n)]');
>> subplot(2,2,3);stem(n,X1);title('DFT[x1(n)]');
>> subplot(2,2,4);stem(n,X2);title('DFT[x2(n)]');
```

运行结果如图12-18所示。

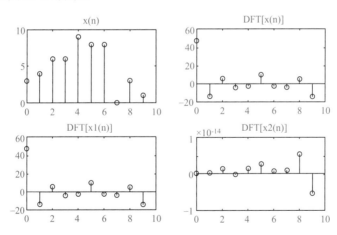

图12-18　实序列离散傅里叶变换的对称性

⑤ 移位定理　x(n)的周期位移定义为：

$$\tilde{x}(n-m)=x((n-m))_N$$

x(n)的循环位移定义为：

$$\tilde{x}(n-m)R_N(n)=x((n-m))_N R_N(n)$$

若DFT[x(n)]=X(k),$x((n-m))_N R_N(n)$的DFT为：

$$DFT[x((n-m))_N R_N(n)]=W_N^{km}X(k)$$

称为时域移位定理。

若 DFT[x(n)]=X(k)，则

$$DFT[X((k-m))_N R_N(k)]=x(n)W^{-nm}$$

称为频域移位定理。

【例12-12】设 $x(n)=5(0.75)^n$，$0 \le n \le 10$，求 $y(n)=x((n-5))_{12}$。

解：程序如下。

```
>> n=0:10;
>> x=5*(0.75).^n;
>> N=12;
>> if length(x)>N
    error('N must be >= the length of x')
end
>> x=[x zeros(1,N-length(x))];
>> n=0:1:N-1;
>> n=mod(n-5,N);
>> y=x(n+1)
>> subplot(2,1,1);stem(n,x),title('原始序列x(n)');
>> axis[-1,12,-1,6];
>> subplot(2,1,2);stem(n,y),title('移位序列y(n)=x((n-5))mod12');
axis([-1,12,-1,6]);
```

运行结果如图12-19所示。

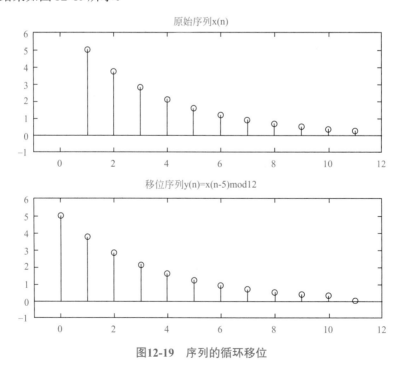

图12-19 序列的循环移位

这种计算离散傅里叶变换的方法概念清晰，编程简单，但是占用内存大，运行速度较慢，不实用。

12.2.2　快速傅里叶变换

离散傅里叶变换是计算机对信号进行分析的理论依据，具有非常重要的意义，是数字信号处理的基本方法。然而，这种算法当 N 很大时，数据点数增多后，运算的速度会变得很慢。快速傅里叶变换 FFT 是离散傅里叶变换的快速算法，通过减少 DFT 的计算次数来提高计算速度，因而在实际中得到广泛的应用。

MATLAB 中提供了 fft、ifft、fft2 和 ifft2 等快速傅里叶变换的函数，它们使傅里叶变换时的运算速度提高了若干个数量级别。下面我们分别学习以上函数及应用。

（1）fft 和 ifft

格式：X=fft(x,N)

该函数称为一维快速正傅里叶变换函数，表示采用 FFT 算法计算序列向量 x 的 N 点 DFT 变换。当参数 N 省略时，自动按照 x 的长度计算 DFT。

格式：x=ifft(X,N)

该函数称为一维快速傅里叶变换逆变换，采用 FFT 算法计算序列向量 X 的 N 点 IDFT 变换。

（2）fft2 和 ifft2

格式：X=fft2(x)

该函数称为二维快速正傅里叶变换函数，返回矩阵 x 的二维 DFT 变换。

格式：x=ifft(X)

该函数称为二维快速傅里叶变换逆变换，返回矩阵 X 的二维 IDFT 变换。

【例 12-13】计算正弦序列 $x(n)=\sin(\dfrac{\pi}{6}n)R_N(n)$ 的离散傅里叶变换，分别对 N=6 和 N=12 计算其 N 点 DFT。

解：程序如下。

```
>> N=6;N1=12;
>> n=0:N-1;
>> n1=0:N1-1;
>> xn=5*sin(pi*n/6);
>> Xn=fft(xn,N);
>> Xn1=fft(xn,N1);
>> subplot(1,2,1);stem(n,Xn(n+1));title('N=6 DFT');
>> subplot(1,2,2);stem(n1,Xn1(n1+1));title('N=12 DFT');
```

运行结果如图 12-20 所示。

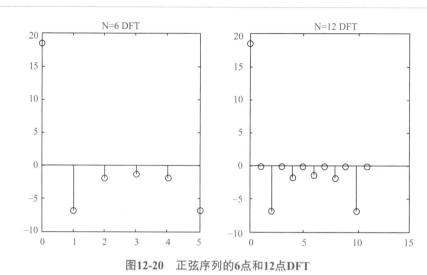

图12-20　正弦序列的6点和12点DFT

【例12-14】模拟信号由x(n)=0.7sin（2π×50t）+2sin（2π×70t）正弦信号组成。数据采样频率fs=200Hz（对应于采样间隔为0.005s），试分别绘制N=128点FFT幅频图和N=256点幅频图。

```
>> fs=200;N=128;
>> n=0:N-1;t=n/fs;
>> x=0.7*sin(2*pi*50*t)+2*sin(2*pi*70*t);
>> y=fft(x,N);
>> mag=abs(y);f=n*fs/N;
>> subplot(2,2,1),plot(f,mag); title('N=128');grid on;
>> subplot(2,2,2),plot(f(1:N/2),mag(1:N/2)); title('N=128');grid on;
>> %计算256点的DFT
>> fs=200;N=256;n=0:N-1;t=n/fs;
>> x=0.7*sin(2*pi*50*t)+2*sin(2*pi*70*t);
>> y=fft(x,N);mag=abs(y); f=n*fs/N;
>>subplot(2,2,3),plot(f,mag); title('N=256');grid on;
>> subplot(2,2,4);plot(f(1:N/2),mag(1:N/2)); title('N=256');grid on;
```

运行结果如图12-21所示。

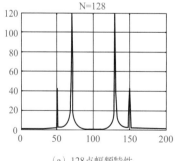

（a）128点幅频特性

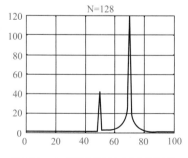

（b）Ny quist频率之前128点的幅频特性

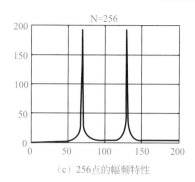
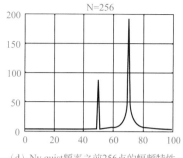

（c）256点的幅频特性　　　　　　　　（d）Ny quist频率之前256点的幅频特性

图12-21　128点和256点的幅频特性

12.3　数字滤波器的设计

数字滤波器可以分为两种类型，即无限长单位冲激响应（IIR）滤波器和有限长单位冲激响应（FIR）滤波器。

12.3.1　IIR滤波器的设计

（1）模拟原型滤波器

常用的模拟原型滤波器的MATLAB实现，包括Butterworth、Chebyshev Ⅰ、Chebyshev Ⅱ、Elliptic（椭圆）、Bessel原型低通滤波器的设计。模拟原型滤波器指的是截止频率为1的滤波器。各类模拟滤波器和数字滤波器可通过这些低通原型滤波器变换得到。

① Butterworth滤波器　MATLAB信号处理工具箱提供Butterworth模拟低通滤波器原型设计函数buttap，函数调用形式为：

[z,p,k]=buttap(N)

式中，N为butterworth滤波器阶数；z、p、k分别为滤波器的零点、极点和增益。

② Chebyshev Ⅰ 型 滤 波 器　MATLAB信 号 处 理 工 具 箱 函 数cheb1ap设 计N阶Chebyshev Ⅰ型模拟低通滤波器原型。此函数的调用格式为：

[z,p,k]=cheb1ap(N,Rp)

式中，N为滤波器的阶数；Rp为通带波纹，单位为dB；z、p、k分别为滤波器的零点、极点和增益。

③ Chebyshev Ⅱ 型 滤 波 器　MATLAB信号处理工具箱提供函数cheb2ap设计N阶Chebyshev Ⅱ型模拟滤波器的原型。该函数通常调用格式为：

[z,p,k]=cheb2ap(N,Rs)

式中，N为滤波器的阶数；Rs为阻带波纹，单位为dB；z、p、k为滤波器的零点、极点和增益。

④ 椭圆滤波器　MATLAB信号处理工具箱提供Elliptic模拟低通滤波器原型设计函数ellipap。该函数调用形式为：

[z,p,k]=ellipap(N,Rp,Rs)

式中，N为椭圆滤波器阶数；Rp、Rs分别为通带波纹和阻带衰减，单位为dB，通常滤波器的通带波纹的范围为1~5dB，阻带衰减的范围大于15dB；z、p、k分别为滤波器的零点、极点和增益。

【例12-15】设计一个在阻带内的最大衰减为0.05dB的3阶Chebyshev Ⅰ型低通模拟滤波器原型。

解：MATLAB程序如下。

```
>> clear
>> n=3;
>> rp=0.05;
>> [z,p,k]=cheb1ap(n,rp);
>> [b,a]=zp2tf(z ,p,k);
>> w=logspace(-1,1);
>> freqs(b,a)
```

运行结果如图12-22所示。

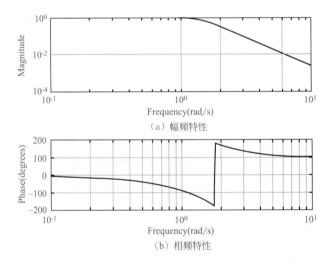

（a）幅频特性

（b）相频特性

图12-22　Chebyshev Ⅰ型低通模拟滤波器幅频特性和相频特性

【例12-16】设计一个Butterworth低通滤波器，要求带通范围为500Hz以下，阻带范围为700Hz以上，通带波纹Rp小于3db，阻带衰减Rs大于20db，采样频率为1kHz。

解：程序如下。

```
>> clear
>> fs=1000;
>> fp=500;
>> frs=700;
>> wp=2*pi*fp/fs;  %归一化的通带截止频率
>> wrs=2*pi*frs/fs; %归一化的阻带边缘数字频率
>> rp=3;rs=20;
>> Ts=1/fs;
>> m=256;
>> WP=wp/Ts;  %转换为通带截止模拟频率
>> WS=wrs/Ts; %转换为阻带边缘模拟频率
```

```
>> [N,WN]=buttord(WP,WS,rp,rs,'s');%确定模拟滤波器的最小阶数
>> [z,p,k]=buttap(N); %计算模拟滤波器原型
>> [BP,AP]=zp2tf(z,p,k);%将零极点增益滤波器转换为系统函数形式
>> [b,a]=lp2lp(BP,AP,WN);%频率变换
>> [bz,az]=impinvar(b,a,fs);%单位冲激方法实现变换
>> freqz(bz,az,m,fs)
```

程序运行结果为：

```
bz =
    0.0000  0.4237  1.2656  0.7475  0.1217  0.0047  0.0000
az =
1.1407  0.4054  0.0464  0.0019  -0.0001  0.0000  -0.0000
```

频率响应如图 12-23 所示。

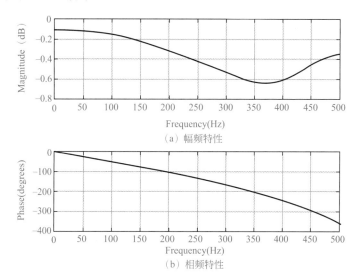

（a）幅频特性

（b）相频特性

图12-23　Butterworth低通滤波器的频率响应

（2）直接设计法

　　IIR 数字滤波器的经典设计方法只限于集中标准的低通、高通、带通、带阻滤波器，对于任意形状的滤波器设计是无能为力的。直接设计法是指基于给定的滤波器参数直接在离散域上找合适的滤波器，该方法不局限于滤波器的类型，可以设计任意的频率响应。MATLAB 工具箱函数 yulewalk 采用直接法设计 IIR 数字滤波器，函数调用格式为：

[b,a]=yulewalk(n,f,m)

　　这里，n 为滤波器的阶数；f 为给定的频率点向量，为归一化频率，取值范围为 0~1，f 的第一个频率点必须是 0，最后一个频率点必须为 1，其中 1 对应于 Nyquist 频率。在使用滤波器时，根据数据采样频率确定数字滤波器的通带和阻带在对此信号滤波的频率范围。f 向量的频率点必须是递增的；m 为和频率向量 f 对应的理想幅值响应向量，m 和 f 必须是相同维数向量；b、a 分别是所设计滤波器的分子和分母多项式系数向量。需要注意的是 yulewalk 不能用来设计给定相位指标的滤波器。

【例12-17】用直接法设计一个10阶多频带数字滤波器，幅频响应值如下：f=[0, 0.1, 0.2, 0.3, 0.4, 0.5, 0.6, 0.7, 0.8, 0.9, 1.0], m=[0, 0, 1, 1, 0, 0, 0, 1, 1, 1, 0], 采样频率为50Hz。假设一个信号$x(t)=\sin 2\pi f1t+0.5\cos 2\pi f2t$，其中f1=15Hz，f2=30Hz。试将原信号与通过该滤波器的输出信号进行比较。

解：程序如下。

```
>>Order=10;  %滤波器的阶数
>>f=0:0.1:1;  %归一化频率点
>>m=[0 0 1 1 0 0 0 1 1 1 0];  %幅度点
>> [b,a]=yulewalk(Order,f,m);  %设计滤波器
>> [h,w]=freqz(b,a,128);  %计算128个点的频率特性
>>figure(1)
>>plot(f,m,'b-',w/pi,abs(h),'k:');  %绘制理想滤波器和设计滤波器的幅频特性
>>xlabel('归一化频率');ylabel('振幅');
>>title('运用yulewalk方法设计IIR滤波器');
>>legend('理想特性','实际设计');  %给定图例
>>figure(2)
>>Fs=100;  %信号采样频率
>>f1=15;f2=30;  %信号的频率成分
>>N=100;  %数据点数
>>dt=1/Fs;n=0:N-1;t=n*dt;  %时间序列
>>x=sin(2*pi*f1*t)+0.5*cos(2*pi*f2*t);  %输入信号
>>subplot(2,1,1),plot(t,x),title('输入信号')  %绘制输入信号
>>y=filtfilt(b,a,x);  %对信号进行滤波
>>subplot(2,1,2),plot(t,y)  %绘制输出信号
>>title('输出信号'),xlabel('时间/s')
```

运行结果如图12-24和图12-25所示。

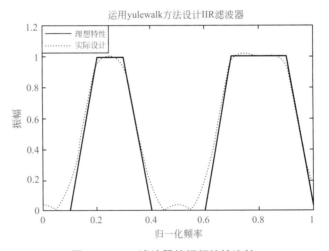

图12-24　IIR滤波器的幅频特性比较

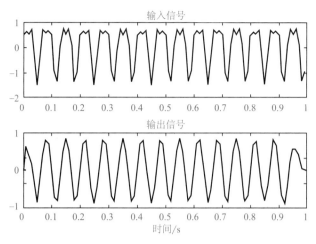

图12-25　IIR滤波器的输入信号和输出信号

由图12-24可见，设计滤波器的幅频响应与理想滤波器的频率响应非常接近。当滤波器输入15Hz和30Hz的以50Hz采样频率采样的信号后，输入信号的归一化频率为15/(50/2)=0.6和30/(50/2)=1.2，信号部分可以通过滤波器，因此输入信号多和输出信号不一样。

12.3.2　FIR滤波器的设计

FIR相比IIR滤波器的最大优点就是可以设计成线性相位特性，而且不存在稳定性的问题，因此应用广泛。FIR数字滤波器的设计方法主要有三种：窗函数设计法、频率采样设计法和最优化设计法。这里我们主要学习窗函数法的FIR滤波器的设计。

MATLAB工具箱中提供了很多种窗函数，其中包括矩形窗（Rectangle Window）、巴特里特窗(Bartlett Window)、汉明窗（Hamming Window）、三角窗（Triangular Window）等。在MATLAB中产生窗函数十分简单，调用格式基本相同：

（1）矩形窗（Rectangle Window）

调用格式：w=boxcar(n)，根据长度n产生一个矩形窗。

（2）三角窗（Triangular Window）

调用格式：w=triang(n)，根据长度n产生一个三角窗。

（3）汉宁窗（Hanning Window）

调用格式：w=hanning(n)，根据长度n产生一个汉宁窗。

（4）汉明窗（Hamming Window）

调用格式：w=hamming(n)，根据长度n产生一个海明窗。

（5）巴特里特窗（Bartlett Window）

调用格式：w=bartlett(N)，根据长度n产生一个巴特里特窗。

（6）布拉克曼窗（Blackman Window）

调用格式：w=blackman(n)，根据长度n产生一个布拉克曼窗。

（7）恺撒窗（Kaiser Window）

调用格式：w=kaiser(n,beta)，根据长度n和影响窗函数旁瓣的β参数产生一个恺撒窗。

（8）切比雪夫窗：w=chebwin(n,r)

调用格式：w=chebwin(n,r)，根据长度n和旁瓣幅值在主瓣以下的分贝数r产生一个切比雪夫窗。

【例12-18】给定一个理想低通FIR滤波器的频率特性。

$$H(e^{j\omega})=\begin{cases} 1, & |\omega| \leqslant \dfrac{\pi}{4} \\[2mm] 0, & \dfrac{\pi}{4} < |\omega| < \pi \end{cases}$$

用矩形窗设计该滤波器，要求具有线性相位，系数长度为25，即N=25。

解：MATLAB中程序如下。

```
>> N=25;
>> WN=pi/4;
>> WIN=rectwin(N+1);
>> b=fir1(N,WN,WIN);
>> [h,omega]=freqz(b,1,256);
>> plot(omega/pi,20*log10(abs(h)));grid on;
>> xlabel('\omega/\pi');
>> ylabel('Gain,db');
```

运行结果如图12-26所示。

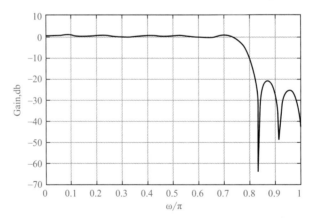

图12-26　矩形窗函数设计的FIR滤波器

【例12-19】设计一个阻带为0.4~0.7、阶数为60、窗函数为切比雪夫窗的带阻滤波器，并与窗函数为默认的汉明窗时的设计结果进行对比。

解：MATLAB程序如下。

```
>> clear
>> wn=[0.4 0.7];n=60;
>> b1=fir1(n,wn,'stop');
>> window=chebwin(n+1,30);
>> b2=fir1(n,wn,'stop',window);
>> [H1,W1]=freqz(b1,1,512,2);
>> [H2,W2]=freqz(b2,1,512,2);
>> subplot(2,1,1); plot(W1,20*log(abs(H1))); xlabel('归一化频率');ylabel('幅度/db'); grid on
>>subplot(2,1,2);plot(W2,20*log10(abs(H2))); grid on;xlabel('归一化频率');ylabel('幅度/db');
```

程序运行结果如图12-27所示。

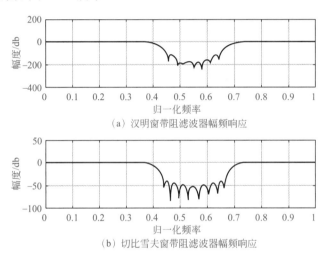

（a）汉明窗带阻滤波器幅频响应

（b）切比雪夫窗带阻滤波器幅频响应

图12-27 带阻滤波器幅频响应

第 *13* 章
MATLAB在控制系统中的应用

13.1 控制系统的模型描述

建立LTI（linear time-invariant）线性时不变系统的模型有四种形式，即传递函数形式、零极点增益模型、状态空间模型和频率响应数据模型，而且模型间可以相互转换。MATLAB控制工具箱提供了控制系统的模型建立和转换函数，如表13-1所示。

表13-1　模型建立和转换函数表

函数名	功能
tf	生成传递函数模型或转换成传递函数形式
zpk	生成或转换成零极点模型
ss	生成或转换成状态空间模型
frd	生成或转换成频率响应数据模型

（1）传递函数

tf函数的调用格式如下：

sys = tf (Numerator,Denominator)：生成连续时间系统的传递函数；

sys = tf (Numerator,Denominator,Ts)：生成离散时间系统的传递函数；

sys = tf (M)：生成静态增益为M的传递函数；

sys = tf (Numerator,Denominator,ltisys)：生成具有线性时不变系统特性（包括采样时间）的传递函数；

tfsys = tf (sys)：将系统sys转换成传递函数模型；

tfsys = tf (sys, 'measured')：将线性系统sys的可测分量转换成传递函数模型；

tfsys = tf (sys, 'noise')：将线性系统sys的噪声分量转换成传递函数模型；

tfsys = tf (sys, 'augmented')：将线性系统sys的可测分量和噪声分量转换成传递函数模型。

【例13-1】生成如下形式的传递函数模型，其中，该系统输入是电流，输出是力矩和角速度。

$$H(p)=\begin{bmatrix} \dfrac{p+1}{p^2+2p+2} \\ \dfrac{1}{p} \end{bmatrix}$$

在命令行窗口输入：

```
>> Numerator = {[1 1] ; 1};
>> Denominator = {[1 2 2] ; [1 0]};
>> H = tf(Numerator,Denominator,'InputName','current',...
           'OutputName',{'torque' 'ang. velocity'},...
           'Variable','p')
```

运行结果如下：

```
H =
   From input "current" to output...
                     p + 1
   torque:  -------------
                  p^2 + 2 p + 2


                           1
   ang. velocity:  -
                           p

Continuous-time transfer function.
```

（2）零极点增益模型

zpk 函数的调用格式如下：

sys =zpk(Z,P,K)：生成连续系统零极点模型，其中，Z 为零点；P 为极点；K 为增益。

sys = zpk(Z,p,k,Ts)：生成离散系统零极点模型，其中，Ts 为采样时间，单位是秒。

sys = zpk(M)：描述静态增益为 M 的系统。

sys = zpk(Z,p,k,ltisys)：生成零极点增益模型，且具有线性时不变系统 ltisys 的特性（包括采样时间）。

s = zpk('s')：生成用拉氏算子 s 表示的零极点模型。

z = zpk('z',Ts)：生成采样时间为 Ts 的 Z 变换算子表示的零极点模型。

zsys = zpk(sys)：将任意线性时不变系统 sys 转换成零极点模型。

zsys = zpk(sys, 'measured')：将辨识的线性系统 sys 的可测分量转换成零极点模型。

zsys = zpk(sys, 'noise')：将辨识的线性系统 sys 的噪声分量转换成零极点模型。

zsys = zpk(sys, 'augmented')：将辨识的线性系统 sys 的可测分量和噪声分量转换成零极点模型。

【例13-2】将传递函数为

$$h(s)=\frac{-2s}{(s-1+j)(s-1-j)(s-2)}$$

的单输入单输出连续时间系统写成零点极模型。在命令行窗口输入：

```
>> h = zpk(0, [1-i 1+i 2], -2)
```

运行结果如下：

```
h =

               -2 s
   --------------------
   (s-2) (s^2 - 2s + 2)

Continuous-time zero/pole/gain model.
```

【例13-3】将下面的单输入、两个输出的系统写成零极点模型。

$$H(z)=\begin{bmatrix} \dfrac{1}{z-0.3} \\ \dfrac{2(z+0.5)}{(z-0.1+j)(z-0.1-j)} \end{bmatrix}$$

在命令行窗口输入：

```
>> Z = {[] ; -0.5};
>> P = {0.3 ; [0.1+i 0.1-i]};
>> K = [1 ; 2];
>> H = zpk(Z,P,K,-1)   % 未指定的样本时间
```

运行结果如下：

```
H =

     From input to output...
            1
   1: -------
        (z-0.3)


             2 (z+0.5)
   2: -------------------
        (z^2 - 0.2z + 1.01)


Sample time: unspecified
Discrete-time zero/pole/gain model.
```

（3）状态空间模型

ss 函数的调用格式如下：

sys = ss (A,B,C,D)：生成连续系统状态空间模型，其中 A、B、C、D 为系数矩阵。

sys = ss (A,B,C,D,Ts)：生成离散系统状态空间模型，其中 Ts 为采样时间。

sys = ss (D)：生成静态增益为 D 的状态空间模型。

sys = ss (A,B,C,D,ltisys)：生成状态空间模型，且具有线性时不变系统 ltisys 的特性（包括采样时间）。

sys_ss =ss (sys)：将线性时不变系统转换成状态空间模型。

sys_ss = ss (sys,'minimal')：生成没有不可控或不可观测量的状态空间模型。

sys_ss = ss (sys,'explicit')：计算动态系统模型 sys 的具体实现（E = I）。

sys_ss = ss (sys, 'measured')：将线性系统 sys 的可测分量转换成状态空间模型。

sys_ss = ss (sys, 'noise')：将线性系统 sys 的噪声分量转换成状态空间模型。

sys_ss = ss (sys, 'augmented')：将线性系统 sys 的可测分量和噪声分量动态生成状态空间模型。

【例 13-4】生成离散系统状态空间模型，采样时间为 0.25s，系数矩阵如下：

$$A=\begin{bmatrix} 0 & 0 \\ -5 & -2 \end{bmatrix} \qquad B=\begin{bmatrix} 0 \\ 3 \end{bmatrix} \qquad C=[0 \quad 1] \qquad D=0$$

在命令行窗口输入：

```
>> A = [0 1;-5 -2];
>> B = [0;3];
>> C = [0 1];
>> D = 0;
>> Ts = 0.25;
>> sys = ss(A,B,C,D,Ts)
```

运行结果如下：

```
sys =
    A =
        x1 x2
    x1  0  1
    x2 -5 -2
    B =
        u1
    x1  0
    x2  3
  C =
        x1 x2
    y1  0  1
  D =
        u1
    y1  0
Sample time: 0.25 seconds
Discrete-time state-space model.
```

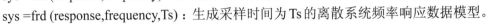

（4）频率响应数据模型

frd函数的调用格式如下：

sys =frd (response,frequency)：生成频率响应数据模型。

sys =frd (response,frequency,Ts)：生成采样时间为Ts的离散系统频率响应数据模型。

sys =frd：生成空的频率响应数据模型。

sysfrd = frd (sys,frequency)：将系统sys转换成频率响应数据模型。

sysfrd = frd (sys,frequency,units)：将系统sys转换成频率响应数据模型，并且指定频率单位。

【例13-5】生成单输入单输出系统的频率响应模型。

在命令行窗口输入：

```
>> % 产生频率矢量和响应数据
>> freq = logspace(1,2);
>> resp = .05*(freq).*exp(i*2*freq);
% Create a FRD model
>> sys = frd(resp,freq)
```

运行结果如下：

```
sys =

    Frequency(rad/s)        Response
    ----------------        --------
        10.0000         2.0404 +  4.5647i
        10.4811        -2.7029 +  4.4897i
        10.9854        -5.4916 +  0.1116i
         ......             ......
        91.0298        44.9850 -  6.9249i
        95.4095       -32.6129 + 34.8158i
       100.0000        24.3594 - 43.6649i
Continuous-time frequency response.
```

13.2　控制系统的时域分析与MATLAB实现

控制系统的时域响应是指输入信号为单位阶跃和单位冲激函数时，系统随时间的响应。MATLAB R2018b的控制系统工具箱提供了很多函数进行系统的时域分析。常用函数如表13-2所示。

表13-2　常用控制系统时域响应函数表

函数名	说明
step	求系统的单位阶跃响应
impulse	求系统的单位脉冲响应
initial	求系统的零输入响应

函数名	说明
lsim	仿真任意输入的连续系统
stepinfo	计算系统上升时间、稳定时间和其他的阶跃响应特性
lsiminfo	计算线性系统响应特性

13.2.1 单位阶跃响应

step 函数的调用格式为：

step(sys)：计算并在当前窗口绘制单位阶跃响应。

step(sys,Tfinal)：仿真从 t=0 到 t= Tfinal 的单位阶跃响应。

step(sys,t)：仿真用户指定的时间 t 的单位阶跃响应。

step(sys1,sys2,…,sysN)：将 N 个系统的单位阶跃响应画在一个图上。

step(sys1,sys2,…,sysN,Tfinal)：将 N 个系统的 t=0 到 t= Tfinal 的单位阶跃响应画在一个图上。

step(sys1,sys2,…,sysN,t)：按指定时间 t 将 N 个系统的单位阶跃响应画在一个图上。

y = step(sys,t)、[y,t] = step(sys)、[y,t] = step(sys,Tfinal)、[y,t,x] = step(sys)、[y,t,x,ysd]= step(sys)、[y,…] = step(sys,...,options)：计算单位阶跃响应，不在窗口显示。

【例13-6】画出下面二阶状态空间模型的阶跃响应。

$$\begin{bmatrix} \dot{x}_1 \\ \dot{x}_2 \end{bmatrix} = \begin{bmatrix} -0.5572 & -0.7814 \\ 0.7814 & 0 \end{bmatrix} \begin{bmatrix} x_1 \\ x_2 \end{bmatrix} + \begin{bmatrix} 1 & -1 \\ 0 & 2 \end{bmatrix} \begin{bmatrix} u_1 \\ u_2 \end{bmatrix}$$

$$y = \begin{bmatrix} 1.9691 & 6.4493 \end{bmatrix} \begin{bmatrix} x_1 \\ x_2 \end{bmatrix}$$

在命令行窗口输入：

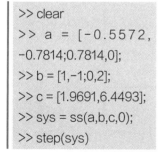

```
>> clear
>> a = [-0.5572,
-0.7814;0.7814,0];
>> b = [1,-1;0,2];
>> c = [1.9691,6.4493];
>> sys = ss(a,b,c,0);
>> step(sys)
```

运行结果如图13-1所示。

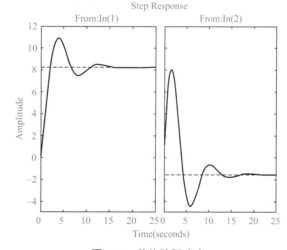

图13-1 单位阶跃响应

13.2.2 脉冲响应

impulse 函数的调用格式为：

impulse(sys)：画出系统的脉冲响应。

impulse(sys,Tfinal)：仿真从 t=0 到 t=Tfinal 的脉冲响应。

impulse(sys,t)：采用用户指定的时间向量 t 进行仿真。

impulse(sys1,sys2,…,sysN)：将 N 个系统的脉冲响应画在一个图上。

impulse(sys1,sys2,…,sysN,Tfinal)：将 N 个系统的 t=0 到 t= Tfinal 的脉冲响应画在一个图上。

impulse(sys1,sys2,…,sysN,t)：按指定时间 t 将 N 个系统的脉冲响应画在一个图上。

[y,t] = impulse(sys)、[y,t] = impulse(sys,Tfinal)、y = impulse(sys,t)、[y,t,x] = impulse(sys)、[y,t,x,ysd] = impulse(sys)：计算脉冲响应，并且不在窗口显示。

【例 13-7】画出下面二阶状态空间模型的脉冲响应。

$$\begin{bmatrix} \dot{x}_1 \\ \dot{x}_2 \end{bmatrix} = \begin{bmatrix} -0.5572 & -0.7814 \\ 0.7814 & 0 \end{bmatrix} \begin{bmatrix} x_1 \\ x_2 \end{bmatrix} + \begin{bmatrix} 1 & -1 \\ 0 & 2 \end{bmatrix} \begin{bmatrix} u_1 \\ u_2 \end{bmatrix}$$

$$y = \begin{bmatrix} 1.9691 & 6.4493 \end{bmatrix} \begin{bmatrix} x_1 \\ x_2 \end{bmatrix}$$

在命令行窗口输入：

```
>> a = [-0.5572 -0.7814;0.7814  0];
>> b = [1 -1;0 2];
>> c = [1.9691 6.4493];
>> sys = ss(a,b,c,0);
>> impulse(sys)
```

运行结果如图 13-2 所示。

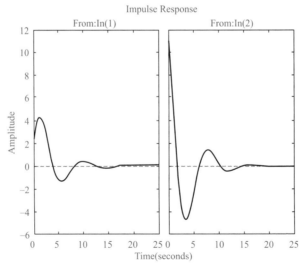

图13-2　脉冲响应

13.2.3　零输入响应

initial 函数的调用格式为：

initial (sys,x0)：计算初值为 x0 的零输入响应。

initial (sys,x0,Tfinal)：仿真从 t=0 到 t=Tfinal 的零输入响应。

initial (sys,x0,t)：采用用户指定的时间向量 t 进行仿真。

initial (sys1,sys2,…,sysN,x0)：将 N 个系统的零输入响应画在一个图上。

initial (sys1,sys2,…,sysN,x0,Tfinal)：将 N 个系统的 t=0 到 t= Tfinal 的零输入响应画在一个图上。

initial (sys1,sys2,…,sysN,x0,t)：按指定时间 t 将 N 个系统的零输入响应画在一个图上。

[y,t,x] = initial (sys,x0)、[y,t,x] = initial (sys,x0,Tfinal)、[y,t,x] = initial (sys,x0,t)：计算零输入响应，并且不在窗口显示。

【例 13-8】画出下面状态空间模型的零输入响应。

$$\begin{bmatrix} \dot{x}_1 \\ \dot{x}_2 \end{bmatrix} = \begin{bmatrix} -0.5572 & -0.7814 \\ 0.7814 & 0 \end{bmatrix} \begin{bmatrix} x_1 \\ x_2 \end{bmatrix}$$

$$y = \begin{bmatrix} 1.9691 & 6.4493 \end{bmatrix} \begin{bmatrix} x_1 \\ x_2 \end{bmatrix}$$

初值为：

$$x(0) = \begin{bmatrix} 1 \\ 0 \end{bmatrix}$$

在命令行窗口输入：

```
>> a = [-0.5572, -0.7814; 0.7814, 0];
>> c = [1.9691  6.4493];
>> x0 = [1 ; 0];
>> sys = ss(a,[],c,[]);
>> initial(sys,x0)
```

运行结果如图 13-3 所示。

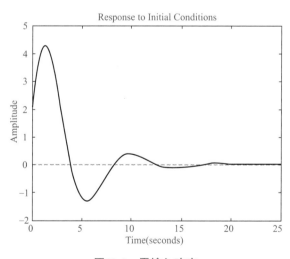

图13-3　零输入响应

13.2.4　任意输入响应

lsim 函数的调用格式为：

lsim (sys,u,t)：计算输入为 u(t) 的响应。

lsim (sys,u,t,x0)：计算初值为 x0，输入为 u(t) 的响应。

lsim (sys,u,t,x0,method)：进一步定义了输入值采用的插值方法。

lsim (sys1,…,sysn,u,t)：同时仿真 n 个系统，并显示在同一个图中。

lsim (sys1,PlotStyle1,…,sysN,PlotStyleN,u,t)：定义每个系统的图形属性。

y = lsim (＿＿)：将系统响应返回给 y。

[y,t,x] = lsim (＿＿)：进一步返回 t 值和 x 值。

lsim (sys)：打开线性仿真工具 GUI。

【例 13-9】仿真并画出如下系统的方波响应。方波的周期为 4s，采样周期 0.1s，时间为 10s。

$$H(s)=\begin{bmatrix} \dfrac{2s^2+5s+1}{s^2+2s+3} \\ \dfrac{s-1}{s^2+s+5} \end{bmatrix}$$

在命令行窗口输入：

```
>> H = [tf([2 5 1],[1 2 3]);tf([1 -1],[1 1 5])];
>> [u,t] = gensig('square',4,10,0.1);
>> lsim(H,u,t)
```

运行结果如图 13-4 所示。

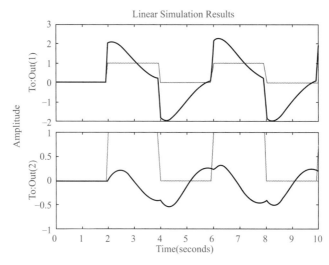

图13-4 方波响应

13.2.5 阶跃响应特性

stepinfo 函数的调用格式为：

S = stepinfo(sys)：计算系统的阶跃响应特性，包括上升时间 RiseTime、稳态时间 SettlingTime、响应上升的最小 y 值 SettlingMin、响应上升的最大 y 值 SettlingMax、向上超调百分数 Overshoot、向下超调百分数 Undershoot、峰值 Peak、达到峰值的时间

PeakTime。

S = stepinfo(y,t)：根据 y 和 t 计算系统单位阶跃响应特性。

S = stepinfo(y,t,yfinal)：计算关于稳态值 yfinal 的单位阶跃响应特性。

S = stepinfo(___,'SettlingTimeThreshold',ST)：允许指定稳定时间的阈值 ST。

S = stepinfo(___,'RiseTimeLimits',RT)：允许指定上升时间的上限和下限阈值。

【例 13-10】求如下系统的单位阶跃响应，并计算其特性。

$$sys = \frac{s^2+5s+5}{s^4+1.65s^3+5s^2+6.5s+2}$$

在命令行窗口输入：

```
>> sys = tf([1 5 5],[1 1.65 5 6.5 2]);
>> step(sys)
>> S = stepinfo(sys)
```

运行结果如图 13-5 所示。

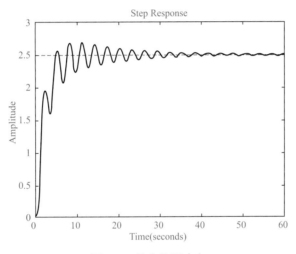

图13-5　单位阶跃响应

程序运行结果为：

```
S =

    包含以下字段的 struct:

        RiseTime: 3.8456
     SettlingTime: 27.9762
      SettlingMin: 2.0689
      SettlingMax: 2.6873
        Overshoot: 7.4915
       Undershoot: 0
             Peak: 2.6873
         PeakTime: 8.0530
```

13.2.6 线性系统响应特性

lsiminfo 函数调用格式如下：

S = lsiminfo (y,t,yfinal)：得到响应数据（t，y）和稳态值 yfinal，且返回 S，包括以下性能指标。

SettlingTime —— 稳定时间。

Min —— Y 的最小值。

MinTime —— 达到最小值所需要的时间。

Max —— Y 的最大值。

MaxTime —— 达到最大值所需要的时间。

S = lsiminfo (y,t)：采用 y 的最后采样值作为稳态值 yfinal。

S = lsiminfo (···,'SettlingTimeThreshold',ST)：在稳态时间计算中允许设定阈值 ST。

【例 13-11】建立如下连续系统的传递函数，并计算脉冲响应及其特性。

$$H(s)=\frac{s-1}{s^3+2s^2+3s+4}$$

在命令行窗口输入：

```
>> sys = tf([1 –1],[1 2 3 4]);
>> [y,t] = impulse(sys)
```

运行结果如下：

```
y =
         0
    0.0512
    0.0936
    0.1277
    ......
    0.0013
    0.0014
    0.0015
t =
         0
    0.0558
    0.1116
    0.1674
    ......
   31.9728
   32.0286
   32.0844
```

继续在命令行窗口输入：

```
>>s = lsiminfo(y,t,0)
```

运行结果如下：

```
s =
    包含以下字段的 struct:
    SettlingTime: 22.8700
            Min: -0.4268
        MinTime: 2.0088
            Max: 0.2847
        MaxTime: 4.0733
```

如果在命令行窗口输入：

```
>> impulse(sys)
```

则运行结果如图13-6所示。

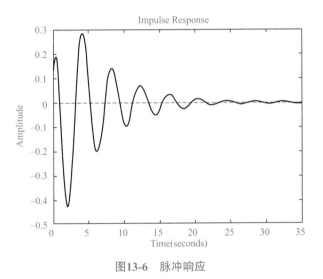

图13-6　脉冲响应

13.3　控制系统的频域分析与MATLAB实现

控制系统的频域响应是指系统对正弦输入的稳态响应。MATLAB　R2018b的控制系统工具箱提供了很多函数进行系统的频域分析。常用函数如表13-3所示。

表13-3　常用控制系统频域响应函数表

函数名	说明
bode	绘制频率响应、幅度和相角的伯德图
nyquist	绘制频率响应的奈奎斯特图
nichols	尼克尔斯频率响应图

续表

函数名	说明
sigma	动态系统奇异值图
freqresp	系统多点处的频率响应
evalfr	求给定频率下的频率响应

13.3.1 伯德图

bode 函数的调用格式为：

bode(sys)：生成系统的伯德图。

bode(sys1,sys2,…,sysN)：把 N 个系统的频率响应画在一张图上。

bode(sys1,PlotStyle1,…,sysN,PlotStyleN)：在图上指定每个系统的颜色、线型、标记。

bode(___,w)：指定频率 w 画出系统响应。

[mag,phase,wout] = bode(sys)：返回频率 wout 中的每个频率点响应的幅值和相位。

[mag,phase,wout] = bode(sys,w)：返回指定频率 w 的响应数据。

[mag,phase,wout,sdmag,sdphase] = bode(sys,w)：对于给定模型 sys，也返回幅值和相位的标准差 sdmag 和偏差 sdphase。

【例 13-12】求下面连续单输入单输出动态系统的伯德图。

$$H(s)=\frac{s^2+0.1s+7.5}{s^4+0.12s^3+9s^2}$$

在命令行窗口输入：

```
>> H = tf([1 0.1 7.5],[1 0.12 9 0 0]);
>> bode(H)
```

运行结果如图 13-7 所示。

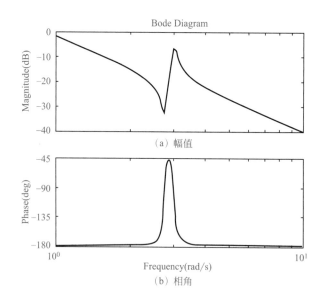

（a）幅值

（b）相角

图13-7　伯德图

13.3.2 奈奎斯特图

nyquist 函数的调用格式如下：

nyquist (sys)：绘制动态系统的奈奎斯特图。

nyquist (sys,w)：绘图时指定频率范围或频率点。

nyquist (sys1,sys2,…,sysN)、nyquist (sys1,sys2,…,sysN,w)：几个 LTI 模型的奈奎斯特图绘制在一张图上。

nyquist (sys1,'PlotStyle1',…,sysN,'PlotStyleN')：在每个系统的奈奎斯特图上指定不同的颜色、线型或者标记。

[re,im,w] =nyquist (sys)、[re,im] = nyquist (sys,w)：返回在频率 w 的频率响应的实部和虚部。

[re,im,w,sdre,sdim] = nyquist (sys)：返回系统的实部和虚部的标准差。

【例13-13】根据系统的传递函数，绘制系统的奈奎斯特图。

$$H(s)=\frac{2s^2+5s+1}{s^2+2s+3}$$

在命令行窗口输入：

```
>> H = tf([2 5 1],[1 2 3]);
>> nyquist(H)
```

运行结果如图13-8所示。

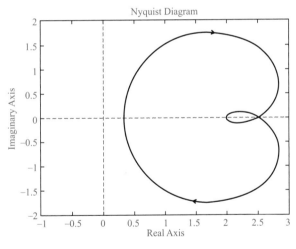

图13-8 奈奎斯特图

13.3.3 尼克尔斯频率响应图

nichols 函数的调用格式为：

nichols (sys)：绘制系统的尼克尔斯频率响应图。

nichols (sys,w)：给定频率范围或某一频率点绘制系统的尼克尔斯频率响应图。

nichols (sys1,sys2,…,sysN)、nichols (sys1,sys2,…,sysN,w)：将几个系统的尼克尔斯

频率响应图绘制在一张图上。

nichols (sys1,'PlotStyle1',…,sysN,'PlotStyleN')：在每个系统的尼克尔斯频率响应图上指定不同的颜色、线型或者标记。

[mag,phase,w] = nichols (sys)、[mag,phase] =nichols (sys,w)：返回在频率 w 的频率响应的幅值和相角。

【例13-14】给定系统传递函数为：$H(s)=\dfrac{-4s^4+48s^3-18s^2+250s+600}{s^4+30s^3+282s^2+525s+60}$，绘制其尼克尔斯频率响应图。

在命令行窗口输入：

```
>> H = tf([-4 48 -18 250 600],[1 30 282 525 60]);
>>nichols(H)
>>ngrid
```

运行结果如图13-9所示。

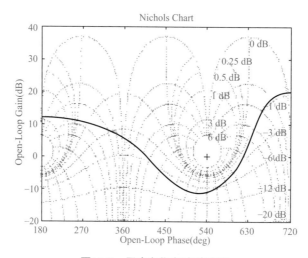

图13-9　尼克尔斯频率响应图

13.3.4　奇异值图

sigma 函数调用格式为：

sigma (sys)：绘制模型系统的频率响应的奇异值图。

sigma (sys,w)：给定频率范围和频率点绘制模型系统的频率响应的奇异值图。

sigma (sys,[],type)、sigma (sys,w,type)：绘制下面几种情况的奇异值图。

Type=1 时，绘制频率响应 H 的奇异值图。

Type=2 时，绘制频率响应 I+ H 的奇异值图。

Type=3 时，绘制频率响应 I+ H^{-1} 的奇异值图。

sigma (sys1,sys2,…,sysN,w,type)：在一张图上绘制几个系统的奇异值图。

sigma (sys1,'PlotStyle',…sysN,'PlotStyleN',w,type)：在每个系统的奇异值图上指定不同的颜色、线型或者标记。

sv = sigma (sys,w)、[sv,w] = sigma (sys)：返回频率为 w 时的奇异值响应。

【例 13-15】给定系统传递函数为：

$$H(s)=\begin{bmatrix} 0 & \dfrac{3s}{s^2+s+10} \\ \dfrac{s+1}{s+5} & \dfrac{2}{s+6} \end{bmatrix}$$

绘制系统的奇异值图。

在命令行窗口输入：

```
>> H = [0, tf([3 0],[1 1 10]) ; tf([1 1],[1 5]), tf(2,[1 6])];
>> [svH,wH] = sigma(H);
>> [sclH,wlH] = sigma(H,[],2);
>> subplot(211)
>> sigma(H)
>> subplot(212)
>> sigma(H,[],2)
```

运行结果如图 13-10 所示。

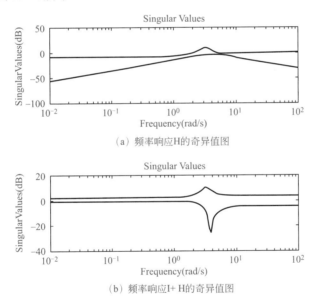

（a）频率响应 H 的奇异值图

（b）频率响应 I+ H 的奇异值图

图13-10　奇异值图

13.3.5　频率响应

freqresp 函数的调用格式为：

[H,wout] = freqresp (sys)：返回频率为 wout 时的动态系统的频率响应。

H = freqresp (sys,w)：返回在实数频率点 w 的频率响应给 H，w 为向量。

H = freqresp (sys,w,units)：指定 w 的频率单位。

[H,wout,covH] = freqresp (idsys,···)：返回给定模型 idsys 的频率响应的协方差 covH。

【例13-16】计算下述系统的频率响应。

$$sys=\begin{bmatrix} 0 & \dfrac{1}{s+1} \\ \dfrac{s-1}{s+2} & 1 \end{bmatrix}$$

在命令行窗口输入：

```
>> sys11 = 0;
>> sys22 = 1;
>> sys12 = tf(1,[1 1]);
>> sys21 = tf([1 −1],[1 2]);
>> sys = [sys11,sys12;sys21,sys22];
>> w = logspace(1,2,200);
>> H = freqresp(sys,w)
```

运行结果如下：

```
H(:,:,1) =
    0.0000 + 0.0000i   0.0099 − 0.0990i
    0.9423 + 0.2885i   1.0000 + 0.0000i
H(:,:,2) =
    0.0000 + 0.0000i   0.0097 − 0.0979i
    0.9436 + 0.2854i   1.0000 + 0.0000i
......
H(:,:,199) =
    0.0000 + 0.0000i   0.0001 − 0.0101i
    0.9994 + 0.0303i   1.0000 + 0.0000i
H(:,:,200) =
    0.0000 + 0.0000i   0.0001 − 0.0100i
    0.9994 + 0.0300i   1.0000 + 0.0000i
```

13.3.6 计算频率响应

evalfr函数的调用格式为：

frsp = evalfr (sys,f)：计算传递函数模型、状态空间模型或零极点增益模型在频率点 f的频率响应。

【例13-17】计算如下离散系统在z=1+j处的频率响应。

$$H(z)=\frac{z-1}{z^2+z+1}$$

在MATLAB命令行窗口输入：

```
>> H = tf([1 −1],[1 1 1],−1);
>> z = 1+j;
>>evalfr(H,z)
```

运行结果如下：

```
ans =
    0.2308 + 0.1538i
```

控制系统的时域和频域分析，MATLAB R2018b 控制系统工具箱除了提供以上常用函数外，还有其他一些函数，如表 13-4 所示。

表 13-4　时域和频域分析函数表

函数名	说明
gensig	为 lsim 生成输入信号
covar	白噪声的输出和状态协方差
stepDataOptions	为 step 设置选项
bodemag	LTI 模型的伯德幅值响应
ngrid	在尼克尔斯图上叠加尼克尔斯图
dcgain	LTI 系统的低频增益
bandwidth	频率响应带宽
getPeakGain	动态系统频率响应峰值增益
getGainCrossover	指定增益的交换频率
fnorm	FRD 模型的逐点峰值增益
norm	线性模型的范数
db2mag	将分贝值转换成幅值
mag2db	将幅值转换成分贝值

13.4　控制系统的根轨迹分析

控制系统的根轨迹分析常用函数如表 13-5 所示。

表 13-5　根轨迹分析常用函数表

函数名	说明
pzmap	绘制动态系统的零极点图
rlocus	绘制系统根轨迹
rlocfind	计算给定根的根轨迹增益
sgrid	在连续系统根轨迹和零极点图中绘制阻尼系数和自然频率栅格
zgrid	在离散系统根轨迹和零极点图中绘制阻尼系数和自然频率栅格

13.4.1　零极点图

pzmap 函数的调用格式为：

pzmap (sys)：绘制连续或离散动态系统的零极点图。

pzmap (sys1,sys2,…,sysN)：将多个系统的零极点图绘制在一张图上。

[p,z] = pzmap (sys)：用列向量 p 和 z 返回系统的极点和零点，不绘制图形。

【例13-18】给定系统传递函数为：$H(s) = \dfrac{2s^2+5s+1}{s^2+3s+5}$，

绘制零极点图。

在命令行窗口输入：

```
>> H = tf([2 5 1],[1 3 5]);
>> pzmap(H)
>> grid on
```

运行结果如图13-11所示。

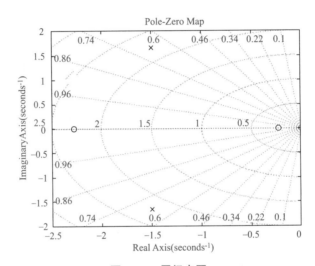

图13-11　零极点图

13.4.2　根轨迹

rlocus 函数的调用格式为：

rlocus (sys)：计算并绘制开环单输入单输出系统的根轨迹。

rlocus (sys1,sys2,…)：在一张图上同时绘制系统 sys1, sys2,… 的根轨迹。

[r,k] = rlocus (sys)、r =rlocus (sys,k)：返回选择的增益向量 k 和复数根位置。

【例13-19】给定系统传递函数为：$H(s) = \dfrac{2s^2+5s+1}{s^2+2s+3}$，

绘制其根轨迹。

在命令行窗口输入：

```
>>H = tf([2 5 1],[1 2 3]);
>>rlocus(h)
```

运行结果如图13-12所示。

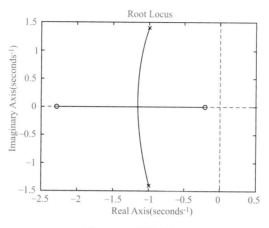

图13-12　根轨迹图

13.4.3　零极点和根轨迹图

sgrid 函数的调用格式为：

sgrid：绘制零极点和根轨迹图，恒定阻尼系数网格从零开始，步长为0.1，自然频率为 $0\sim 10$ rad/s，步长为1 rad/s。

sgrid (z,wn)：绘制恒定阻尼系数和自然频率网络，阻尼系数和自然频率分别用向量 z 和 wn 表示。

【例13-20】给定系统传递函数为：$H(s)=\dfrac{2s^2+5s+1}{s^2+2s+3}$，
生成根轨迹的 s 平面栅格。

在命令行窗口输入：

```
>> H = tf([2 5 1],[1 2 3]);
>> rlocus(H);
>> sgrid
```

运行结果如图13-13所示。

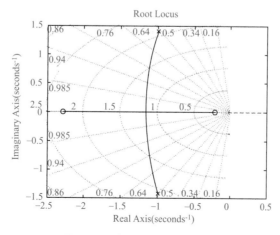

图13-13　根轨迹的s平面栅格

13.4.4 zgrid函数

zgrid函数的调用格式为：

zgrid：绘制根轨迹图和零极点图，恒定阻尼因子的网格是从开始，步长为0.1，自然频率的网络是 $0 \sim \pi$，步长为 $\pi/10$，并且在当前轴上绘制网格。

zgrid (z,wn)：绘制恒定阻尼因子和自然频率线的网格，并且恒定阻尼因子和自然频率分别用向量z和wn表示。

zgrid ([ ],[ ])：绘制单位圆。

【例13-21】已知离散系统函数为：$H(z) = \dfrac{2z^2 - 3.4z + 1.5}{z^2 - 1.6z + 0.8}$，在根轨迹图上绘制z平面栅格线。

在命令行窗口输入：

```
>> H = tf([2 -3.4 1.5],[1 -1.6 0.8],-1);
>> rlocus(H)
>>zgrid
>>axis equal
```

运行结果如图13-14所示。

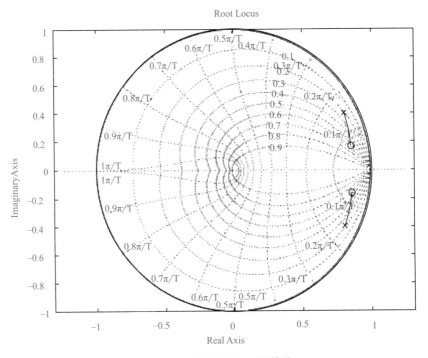

图13-14　根轨迹的z平面栅格线

13.5 控制系统的状态空间分析

13.5.1 系统的能控性

系统的能控性函数表如表13-6所示。

表13-6 系统能控性函数表

函数名	说明
ctrb	计算可控性矩阵
ctrbf	对系统进行可控性分解

（1）计算可控性矩阵

计算可控性矩阵所用函数为ctrb函数，其函数的调用格式为：

Co = ctrb(A,B)：返回值为可控性矩阵Co=[B　AB　A^2B　⋯　A^{n-1}B]。

Co = ctrb(sys)：计算线性时不变系统的可控性矩阵。

【例13-22】给定系统状态空间描述为：$\dot{x} = \begin{bmatrix} 1 & 1 \\ 4 & -2 \end{bmatrix} x + \begin{bmatrix} 1 & -1 \\ 1 & -1 \end{bmatrix} u$，计算可控性矩阵。

在命令行窗口输入：

```
>> A = [1 1; 4 –2];
>> B = [1 –1; 1 –1];
>> Co = ctrb(A,B)
```

运行结果如下：

```
Co =
    1    –1     2    –2
    1    –1     2    –2
```

可以看出Co的矩阵的秩是1，系统维数是2，则系统是不可控的。

（2）对系统进行可控性分解

ctrbf函数的调用格式为：

[Abar,Bbar,Cbar,T,k] = ctrbf(A,B,C)：对以A、B、C表示的状态空间系统进行可控性分解为Abar、Bbar和Cbar描述的系统。

ctrbf(A,B,C,tol)：计算可控/不可控子空间时采用误差容限tol。

【例13-23】给定系统状态空间描述为：$\begin{cases} \dot{x} = \begin{bmatrix} 1 & 1 \\ 4 & -2 \end{bmatrix} x + \begin{bmatrix} 1 & -1 \\ 1 & -1 \end{bmatrix} u, \\ y = \begin{bmatrix} 1 & 0 \\ 0 & 1 \end{bmatrix} x \end{cases}$ 将该系统进行能控性分解。

在命令行窗口输入：

```
>> A = [1 1; 4 -2];
>> B = [1 -1; 1 -1];
>> C = [1 0; 0 1];
>> [Abar,Bbar,Cbar,T,k]=ctrbf(A,B,C)
```

运行结果如下：

```
Abar =
    -3.0000    0.0000
     3.0000    2.0000
Bbar =
          0         0
    -1.4142    1.4142
Cbar =
    -0.7071   -0.7071
     0.7071   -0.7071
T =
    -0.7071    0.7071
    -0.7071   -0.7071
k =
          1         0
```

13.5.2 系统能观测性

系统能观测性函数如表13-7所示。

表13-7 系统能观测性函数

函数名	说明
obsv	计算可观测性矩阵
obsvf	对系统进行可观测性分解

（1）计算可观测性矩阵

obsv函数调用格式为：

obsv(A,C)：计算状态空间模型的可观测性矩阵，且返回值为可观测性矩阵。

Ob = obsv(sys)：计算状态空间模型的可观测性矩阵。

【例13-24】给定系统的系数矩阵A=$\begin{bmatrix} 1 & 1 \\ 4 & -2 \end{bmatrix}$，C=$\begin{bmatrix} 1 & 0 \\ 0 & 1 \end{bmatrix}$。

在命令行窗口输入：

```
>> A=[1 1;4 -2];
>> C=[1 0;0 1];
>> Ob = obsv(A,C)
```

运行结果如下：

```
Ob =
    1    0
    0    1
    1    1
    4   -2
```

可以看出系统能观测性矩阵的秩为2，因为系统维数为2，因此，系统是完全能观测的。

（2） 对系统进行可观测性分解

obsvf函数调用格式为：

[Abar,Bbar,Cbar,T,k] = obsvf (A,B,C)：对以A、B、C表示的状态空间系统进行可观测性分解为Abar、Bbar 和Cbar描述的系统。

obsvf (A,B,C,tol)：计算可观测/不可观测子空间时采用误差容限tol。

【例13-25】给定系统状态空间矩阵为：$A=\begin{bmatrix} 1 & 1 \\ 4 & -2 \end{bmatrix}$，$B=\begin{bmatrix} 1 & -1 \\ 1 & -1 \end{bmatrix}$，$C=\begin{bmatrix} 1 & 0 \\ 0 & 1 \end{bmatrix}$，将系统进行能观测性分解。

在命令行窗口输入：

```
>> A=[1 1;4 -2];
>> C=[1 0;0 1];
>> B=[1 -1;1 -1];
>> [Abar,Bbar,Cbar,T,k] = obsvf(A,B,C)
```

运行结果如下：

```
Abar =
    1    1
    4   -2
Bbar =
    1   -1
    1   -1
Cbar =
    1    0
    0    1
```

```
T =
    1    0
    0    1
k =
    2    0
```

第 14 章

MATLAB在电力系统中的应用

14.1 Specialized Power Systems模型库概述

在Simulink中专门设置了专业电力系统模块库Specialized Power Systems，它是进行电力系统仿真的理想工具。与其他仿真软件不同，Specialized Power Systems模型库中的模型更加关注器件的外特性，这使仿真模型容易与控制系统相连接。

Specialized Power Systems模型库是专门用于电力电子电路、电力系统分析与计算、电机传动控制系统仿真的。Specialized Power Systems模型库中包含各种常用的交直流电源、许多电气元器件、电力电子器件、电机模型和相应的控制测量模块，它为电力系统的建模提供了丰富而专业的模块。Specialized Power Systems模型库下包含五个子模块库，即Fundamental Blocks、Control & Measurements、Electric Drives、FACTS和Renewables。在MATLAB命令窗口输入powerlib就会出现Specialized Power Systems模块库，也可以打开Simulink Library Browser，通过路径Simscape/Electrical/Specialized Power Systems/Fundamental Blocks进入。电力系统模块库如图14-1所示。

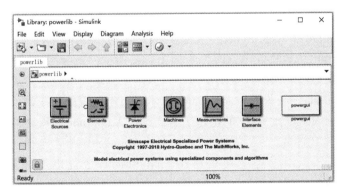

图14-1　电力系统模块库

该库中主要包含电源库Electrical Sources、元器件库Elements、电力电子库Power Electronics、电机库Machines、测量模块库Measurements、接口元件库Interface Elements、电力图形用户界面powergui。

14.2 电源库

电源模块库（Electrical Sources）提供了电路、电力系统中常用的各种交、直流电源模块。

点击 "Simulink Library Browser" → "Simscape" → "SimpowerSystems" → "Specialized Technology" → "Electrical Sources"，如图 14-2 所示。

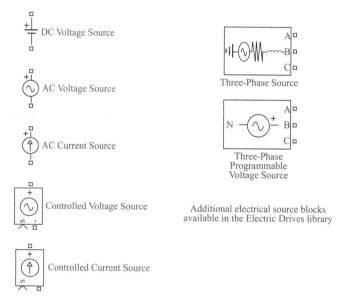

图14-2　电源模块库

电源模块库中提供了八种电源模块，包括直流电压源、单相交流电压源、单相交流电流源、可控电压源、可控电流源、三相电压源、三相可编程电压源和电池。

14.2.1 直流电压源

直流电压源（DC Voltage Source）是电路设计中常见的电路元件，它的作用是为电路提供理想的直流电压。直流电压源符号如图 14-2 所示，正极用 "+" 来表示。在进行仿真时可以根据实际情况修改设置其参数，直流电压源的参数设置非常简单，一般情况下只有参数 Amplitude 需要设置。Amplitude 表示直流电压源的电压幅值，单位为 V。当需要设计一个输出直流电压 100V 的电压源时，则在 Amplitude 选项处输入 100 即可。

Measurements（测量）参数的下拉栏中有 Voltage（测量电压）和 None（不测量电压）两个选项。当模型中使用万用表 Multimeter 进行电压测量时，需要设置 Measurements 参数。如果选择 Voltage 则表示对直流电压源的电压进行测量，那么在万用表 Measurements 的输出波形中将显示电流电压。

14.2.2 交流电压源

交流电压源（AC Voltage Source）的功能是为电路提供理想的交流电压。交流电压源由以下方程描述：

$$U = A \sin(\omega t + \phi) \qquad (14\text{-}1)$$

式中，A 表示交流电压幅值；ϕ 表示相位；$\omega = 2\pi f$ 表示角频率。其参数设置如下所示：

Peak amplitude：交流正弦电压的幅值，这里指电压振幅的峰值，也可以设置成负值，单位为 V。

Phase：初始相位，表示初始状态下交流电压的相位值，单位为 deg（度）。

Frequency：频率，单位为 Hz。

Sample time：采样时间，指交流电压的采样周期，单位为 s。

Measurements：用法同直流电压源。

【例14-1】两个交流电压源同时作用在阻值为 10Ω、电感值为 0.001H 的负载上。交流电压源 U1 的幅值为 100V，频率为 50Hz，初始相位为 0°；交流电压源 U2 的幅值为 50V，频率为 50Hz，初始相位为 30°。观察两个交流电源在负载上产生的电压波形。交流电路模型如图 14-3 所示。

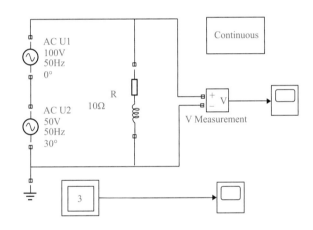

图14-3 交流电路模型

参数设置如图 14-4 ～图 14-6 所示。

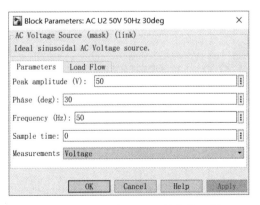

图14-4 交流电压源U1的参数设置　　图14-5 交流电压源U2的参数设置

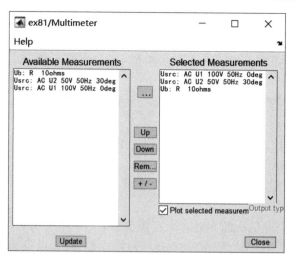

图14-6　万用表Multimeter的设置

仿真参数中仿真时间设置为0.2s，仿真算法Solver选择ode45，Absolute tolerance设置为1e-6，开始仿真。万用表输出波形如图14-7所示。

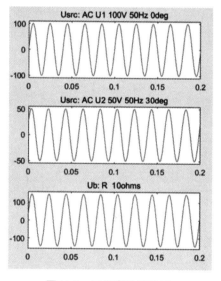

图14-7　万用表输出波形

14.2.3　三相可编程电压源

三相可编程电压源（Three-Phase Programmable Voltage Source）模块提供的三相可编程电压源是可编程的三相电压源，它的幅值、相位、频率和谐波是可以随时间变化的。三相可编程电压源还可以得到含有谐波的交流电压源。参数设置对话框如图14-8所示。

Positive-sequence：正序分量，指三相电源中正序分量的相关参量，其表达格式是 [Amplitude(Vrms Ph-Ph)　Phase(deg.)　Freq. (Hz)]。其中，Amplitude(Vrms Ph-Ph)是基波线电压幅值，单位为V；Phase(deg.)是相位，单位为deg；Freq. (Hz)代表频率，

单位为 Hz。

　　Fundamental and/or Harmonic generation：基波和谐波信号发生器选项。选中后可以在基波电压中注入两个频率的谐波，分别是 A：[Order(n) Amplitude(pu) Phase(degrees) Seq(0, 1 or 2)] 和 B：[Order(n) Amplitude(pu) Phase(degrees) Seq(0, 1 or 2)]。两个谐波的 Order 表示阶次，设置为正整数；Amplitude 表示谐波幅值，设置为相对于基波的标幺值；Phase 是谐波相位；Seq 是相序，"0"表示零序，"1"表示正序，"2"表示负序。

　　Timing (s)：表示谐波加载的时间，格式为 [Start End]。

　　Time variation of：时变性选项，该选项是用来选择进行时变性编程的相关变量，其下拉栏中有四个选项：None，Amplitude，Phase，Frequency。选择 None 时，不对电源参数进行时变性的编程，只有选择后三项时，有关时变量的设置才会出现。例如选择 Amplitude 时，表示对电源的电压参数进行时变性编程，参数对话框变为如图 14-9 所示。

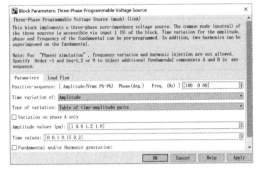

图14-8　三相可编程电压源参数设置对话框　　　图14-9　Time variation of 参数设置对话框

　　在图 14-9 中，时变性变量选项的下面会出现 Type of variation 时变类型的选项，它共有四种可供选择的类型，分别是 Step（阶跃）、Ramp（斜坡）、Modulation（调制度）、Table of time-amplitudepairs（幅值表）。

　　当选择 Step 时，相关参数的设置如图 14-10 所示。Step magnitude (pu, deg. or Hz)：该参数指阶跃跳变值，用来设置阶跃变量的数值。根据不同的时变性选项的选择不同，其单位也不同。如果 Time variation of 选择的是 Amplitude，则 Step magnitude 所填数值的单位为 V；如果 Time variation of 选择的是 Phase，则 Step magnitude 所填数值的单位为 deg；如果 Time variation of 选择的是 Frequency，则 Step magnitude 所填数值的单位为 Hz。

　　Variation timing (s)：指时间变量发生的时间，可以设置时间变量发生的开始时间和结束时间，格式为 [Start End]。

图14-10　选择 Step 时的参数设置　　　　图14-11　选择 Ramp 时的参数设置

　　当选择 Ramp 时，相关参数的设置如图 14-11 所示。

　　Rate of change (pu/s, deg/s or Hz/s)：指斜坡函数的变化率，其单位的选择同样要看 Time variation of 的选择。如果 Time variation of 选择的是 Amplitude，则 Rate of change

所填数值的单位为V/s；如果Time variation of 选择的是Phase，则Rate of change 所填数值的单位为deg/s；如果Time variation of 选择的是Frequency，则Rate of change 所填数值的单位为Hz/s。Variation timing (s)：时间变量发生时间的设置与选择Step时相同。

当选择Modulation 时，相关参数的设置如图14-12所示。

Amplitude of the modulation (pu, deg., or Hz)：用来设定调制变量的幅值设置；其设置与前面所述相同，即根据不同的时变性选项，单位不同。

Frequency of the modulation(Hz)：调制变量的频率，单位为Hz。

Variation timing (s)：用来设定调制变量开始的时间和结束的时间，格式为[Start End]。

当选择Table of time-amplitudepairs 时，相关参数的设置如图14-13所示。

图14-12　选择Modulation时的参数设置　　图14-13　选择Table of time-amplitudepairs

时的参数设置

Amplitude values (pu)：幅值数组用来设置电源幅值的变化数值，它与时间数组的数值相对应，其格式为[A1 A2 A3 A4]，单位为V。Time values：时间数组的数值，其格式为[T1 T2 T3 T4]，单位为s。例如，Amplitude values (pu)：[1 0.8 1.2 1.0]，Time values：[0 0.1 0.15 0.2]，则表示在时间点0时对应的电压幅值为1，时间点为0.1时对应的幅值为0.8，时间点为0.15时对应的幅值为1.2，时间点为0.2时对应的幅值为1.0。

Variation on phase A only：当选择该项时表示幅值表只对A相生效；不选择该项时表示对三相均有效。

【例14-2】观察三相可编程电压源在进行幅度调制前后电压波形的变换。三相可编程电压源Type of variation选项为Amplitude，Type of variation选择Modulation。Positive-sequence：[100 0 50]；Amplitude of the modulation：1；Frequency of the modulation：2；Variation timing (s)：[0.05 1]。仿真时间设置为0.35s，模型如图14-14所示。

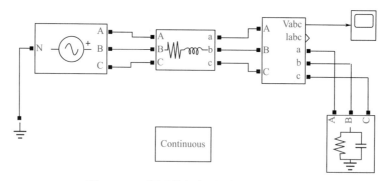

图14-14　三相可编程电压源幅度调制模型

幅度调制之前输出电压波形如图14-15所示，幅度调制之后输出电压波形如图14-16所示。

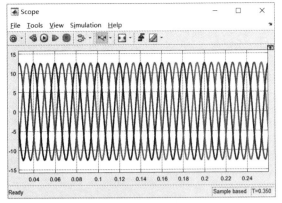

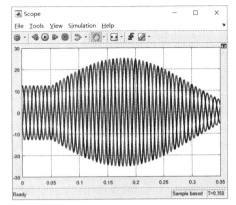

图14-15　幅度调制之前输出电压波形　　　　图14-16　幅度调制之后输出电压波形

如果改变时变类型Type of variation为Step，Step magnitude设置为0.5，Variation timing (s)设置为[0.05 1]，则输出波形如图14-17所示。如果改变时变类型Type of variation为Ramp，Rate of change设置为10，Variation timing (s)设置为[0.05 1]，则输出波形如图14-18所示。

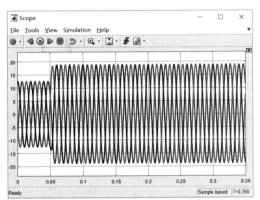

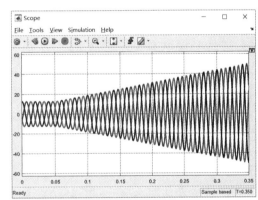

图14-17　时变类型为Step时输出波形　　　　图14-18　时变类型为Ramp时输出波形

14.3　元器件库

元器件库包含了各种常用的电气元件的模型，比如断路器、电阻、电容、变压器等。该库一共提供了32种常用的电气元件模型，其中有10种变压器、2种耦合电感、7种线路模块、5种负荷模块、3种断路器模块、1个物理接口端子模块、1个接地模块、1个中性点接地模块、1个三相滤波器模块和1个避雷针。

14.3.1　断路器

断路器能接通、承载和分断正常电路条件下的电流，也能在规定的非正常条件下，在一定时间内接通、承载分断电流的开关电器。因此断路器用在电路中主要作为开关电路使用，一般在直流电路中使用理想开关，在交流电路中使用断路器。断路器的开通关断信号可以采用外部信号即由Simulink给定，或者是内部设定开通和关断时间。

断路器的参数设置对话框如图14-19所示。

Initial status：断路器的初始状态，当该处设置为1时，表示断路器目前为闭合状态，其图标变化如图14-20（a）所示；当该处设置为0时，表示断路器目前为断开状态，其图标变化如图14-20（b）所示。

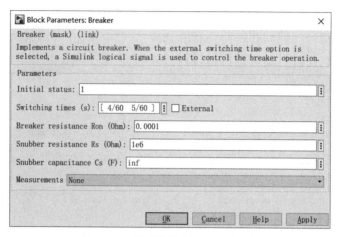

图14-19　断路器的参数设置对话框

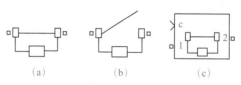

图14-20　断路器不同状态下图标的变化

Switching times (s)：开关时间的设置参数，单位为s。当断路器选择该项后面的复选框"External"时，表示断路器选择的开关时间由外部信号控制，这时断路器的图标中显示一个外部输入端，如图14-20（c）所示，"Switching times (s)"对应的输入框将变为灰色。当外部信号为1时表示断路器闭合，为0时表示断路器断开。如果采用外部信号控制断路器，那么模型中应该添加Stair Generator模块来实现对断路器的控制。当断路器没有选中复选框"External"时，表示断路器选择的开关时间由内部信号控制，这时断路器的图标如图14-20（a）、（b）所示。Switching times设置格式为[4/60　5/60]，初始状态如果为1时，表示4/60s时断开，5/60s时再闭合。

Breaker resistance Ron (Ohm)：断路器闭合时的等效内阻，单位为Ω。这个电阻不能设置为0，但是为了减少对仿真的影响，可以将该电阻设置得较小些，也可以采用断路器的默认设置$1e^{-4}$。Snubber resistance Rs (Ohm)：缓冲电阻，单位为Ω，默认值为$1e^6$。Snubber capacitance Cs (F)：缓冲电容，单位为F，默认值为无穷大（inf）。Measurements：有四种选择，分别是None、Branch voltage、Branch current、Branch voltage and current。

【例14-3】电路中使用交流电源连接一个电阻和一个电感，电路中串联断路器，最终用示波器分别显示断路器的控制信号和断路器电流、断路器控制信号和断路器电压信号。仿真模型如图14-21所示。

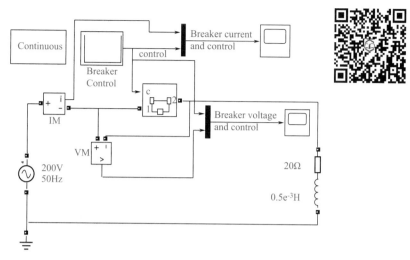

图14-21　断路器仿真模型

AC Voltage Source 设置幅值为200V，频率50Hz，相位为0；电阻R阻值为20Ω，电感可以设置为$1e^{-3} \sim 1e^{-6}$ H之间调节输出电流波形与电压波形的失真；断路器初始状态设置为1，等效内阻设置为0.0001Ω；断路器的控制信号是Stair Generator，其在模块库中的路径为Power SystemsSpecialized Technology/Control and Measurements Library/ Pulse & Signal Generators/ Stair Generator，参数设置对话框如下。Time (s)：[0 0.1 0.2]；Amplitude：[1 0 1]。表示在0~0.1之间，断路器为闭合状态；在0.1~0.2之间，断路器为断开状态；在0.2~0.5之间，断路器为闭合状态。断路器电压和电流的测量也可以选择Multimeter万用表来完成。仿真时间设置为0.5s，因为电路中存在断路器，故而仿真算法选择ode23t。

　　仿真结果如下：断路器电流与控制信号如图14-22所示，断路器电压与控制信号如图14-23所示。

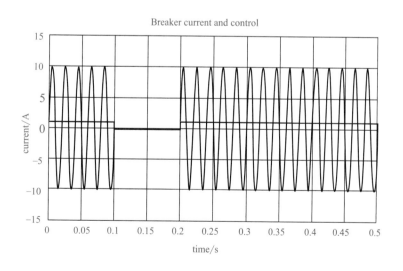

图14-22　断路器电流与控制信号

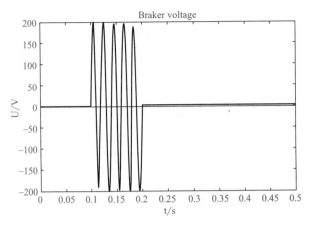

图14-23　断路器电压与控制信号

14.3.2　串联RLC支路

串联RLC支路（Series RLC Branch）是电路设计中常用的模块，它可以用来表示单个的电阻、电感、电容，还可以表示它们的组合。在电气元器件库中与串联RLC支路相似的还有并联RLC支路（Parallel RLC Branch）、三相串联RLC支路（Three-Phase Series RLC Branch）、三相并联RLC支路（Three-Phase Parallel RLC Branch）。当然还有些用来作负载用的，例如串联RLC负载（Series RLC Load）、并联RLC负载（Parallel RLC Load）、三相串联RLC负载（Three-Phase Series RLC Load）、三相并联RLC负载（Three-Phase Parallel RLC Load），这些模块与串联RLC支路也非常相似，只是支路是用来设定阻值、容值的器件，而负载是用来设定功率等参数的。这里我们主要了解串联RLC支路模块的参数设置及应用。串联RLC支路的参数设置对话框如图14-24所示。

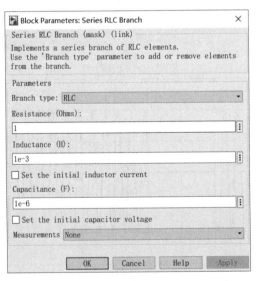

图14-24　串联RLC支路的参数设置对话框

Branch type：模块类别设置，这里有RLC、R、L、C、RL、RC、LC、Open circuit八种选择。例如当选择RLC时，参数对话框会出现R、L、C三个参数的设置；当选择

R 时，就只会出现电阻阻值的参数设置。

Resistance (Ohms)：电阻，单位为 Ω，当 Branch type 选择中有 R 时，才会出现该参数设置框。

Inductance (H)：电感，单位为 H，当 Branch type 选择中有 L 时，才会出现该参数设置框。

Set the initial inductor current：在电感参数设置框的下面有复选框 Set the initial inductor current。只有支路中存在电感时，才会出现该框，它是用来设置电感初值电流的。当选中 Set the initial inductor current 框时，会出现电感电流初值的设置项 Inductor initial current (A)。Inductor initial current：可以设定电感电流初值，单位为 A。如果不设定初值，仿真时模型会按照电路系统的稳态自行设定电感的电流初值。Capacitance (F)：电容，单位为 F。当 Branch type 选择中有 C 时，才会出现该参数设置框。

Set the initial capacitor voltage：如果支路中存在电容，可以根据需要设定电容电压初值。当选中 Set the initial capacitor voltage 项时，会出现电容电压初值 Capacitor initial voltage 设置框，单位为 V。如果不设定初值，仿真时模型会按照电路系统的稳态自行设定电容的电压初值。

Measurements：有四种选择，分别是 None、Branch voltage、Branch current、Branch voltage and current。

在前面的例 14-3 中，电阻与电感元器件就是通过串联 RLC 支路（Series RLC Branch）进行设置的。Branch type：选择 RL 项；Resistance (Ohms)：电阻值为 20Ω；Inductance (H)：电感值为 $0.5e^{-3}$H；Inductor initial current：电感电流的初值设置为 0。

14.3.3　变压器

变压器是电力系统中经常用到的器件，在 SimPowerSystems 模型库中有很多单相、三相变压器的模型。单相变压器有线性变压器（Linear Transformer）和饱和变压器（Saturable Transformer），三相变压器有三相三绕组变压器［Three-Phase Transformer (Three winding)］、三相双绕组变压器［Three-Phase Transformer (Two winding)］、三相 12 抽头变压器（Three-Phase Transformer 12 Terminals）等。

（1）单相线性变压器（Linear Transformer）

单相变压器的等效电路如图 14-25 所示。

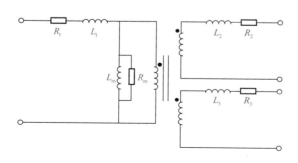

图14-25　单相变压器的等效电路

在图中，R_1、L_1 为变压器一次绕组电阻和漏感，R_2、L_2 和 R_3、L_3 分别为两个二次绕组的电阻和漏感，R_m、L_m分别是变压器的励磁电阻和励磁电抗。需要说明的是，如果变压器为饱和变压器，则L_m不再是恒定值，而是随着电流的变化而变化。变压器参数中变压器容量、频率、电压使用标准单位，电阻和电感采用的是标幺值（pu）。标幺值和标准单位的换算采用的公式为：

$$R(\text{pu}) = \frac{R(\Omega)}{R_{\text{base}}} \tag{14-2}$$

$$L(\text{pu}) = \frac{L(\text{H})}{L_{\text{base}}} \tag{14-3}$$

$$R_{\text{base}} = \frac{V_1^2}{P_n} \tag{14-4}$$

$$L_{\text{base}} = \frac{R_{\text{base}}}{2\pi f_n} \tag{14-5}$$

式中，P_n为额定容量；f_n为频率；V_1为一次侧额定电压。

单相线性变压器模型参数设置对话框如下：

Units：参数单位，选择变压器的参数采用标幺值还是标准单位，如果采用标幺值则选择pu，如果采用标准单位则选择SI。

Nominal power and frequency [Pn(VA) fn(Hz)]：变压器额定参数设置，指额定功率、频率。参数设置的格式采用[250e6 60]这种形式。

Winding 1 parameters [V1(Vrms) R1(pu) L1(pu)]：一次绕组的参数设置，包括额定电压有效值、绕组电阻和漏感。后两项为标幺值，默认值为[7.35e+05　0.002　0.08]。

Winding 2 parameters [V2(Vrms) R2(pu) L2(pu)]：二次绕组的参数设置，包括额定电压有效值、绕组电阻和漏感。后两项为标幺值，默认值为[3.15e+05　0.002　0.08]。

Three windings transformer：选中该项，表示变压器为三绕组变压器；如果未选中表示变压器为两绕组；根据选择不同线性变压器的图标表示形式不同，如图14-26所示。

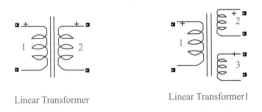

Linear Transformer　　　　　　　　Linear Transformer1

图14-26　两绕组变压器和三绕组变压器模型的图标

Winding 3 parameters [V3(Vrms) R3(pu) L3(pu)]：三次绕组参数设置，包括额定电压有效值、绕组电阻和漏感。后两项为标幺值，默认值为[3.15e+05 0.002 0.08]。

Magnetization resistance and inductance [Rm(pu) Lm(pu)]：设置磁阻和励磁电感，默认值为[500.02 500]。磁阻反映变压器铁芯的损耗。

Measurements：None、Winding voltages、Winding currents、Magnetization currents、All voltages and currents 五种选择。

【例14-4】应用线性变压器实现单相交流电压的变换。交流电压源AC幅值为300V、50Hz，经过变压器降至原幅值的一半，频率不变。模型如图14-27所示。

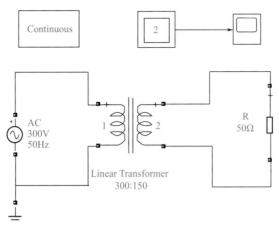

图14-27 线性变压器实现单相交流电压变换的模型

设置各元器件参数，AC Voltage Source：300V，50Hz；Series RLC Branch：Branch type选择R，Resistance (Ohms) 设置为50Ω。

Linear Transformer的参数设置如图14-28所示。仿真参数中，仿真时间设置为0.3s，仿真算法选择变步长下的刚性积分算法"ode15s"。仿真后得到变压器一次输入电压和变压器二次绕组输出电压波形如图14-29所示。

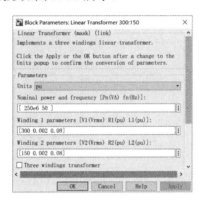

图14-28 Linear Transformer的参数设置

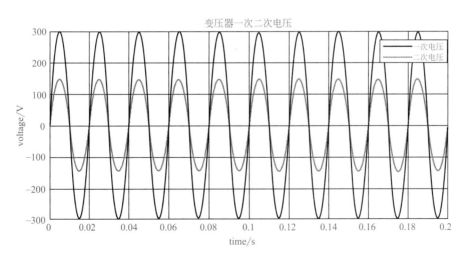

图14-29 变压器一次与二次绕组电压波形

（2）三相变压器

Simulink中三相变压器的模型很多，这里主要介绍三相双绕组变压器和三相三绕组变压器。三相双绕组变压器有一组三相输入、一组三相输出，图标如图14-30所示。

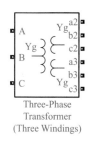

Three-Phase
Transformer
(Three Windings)

图14-30　三相双绕组变压器图标

Configuration对话框主要是说明变压器的连接形式的。变压器一次、二次绕组的连接方式主要有五种。Y型：3个电气连接端口（A、B、C或a、b、c）；Yn型：4个电气连接端口（A、B、C、N或a、b、c、n）；Yg型：3个电气连接端口（A、B、C或a、b、c），模块内部绕组接地；Delta(D1)型：3个电气连接端口（A、B、C或a、b、c），△绕组滞后Y绕组30°；Delta(D11)型：3个电气连接端口（A、B、C或a、b、c），△绕组超前Y绕组30°。不同的连接方式对应变压器不同的图标，其中比较典型的连接方式有Y-Y、△-Yg、Yn-△、Yg-Yn，其对应的图标依次如图14-31所示。

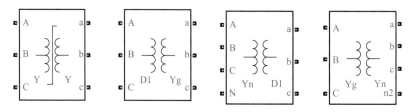

图14-31　典型的连接方式下对应的变压器图标

Configuration对话框如图14-32所示。Configuration对话框中还可以设置Saturable core（饱和铁芯）复选框，可以对变压器的饱和特性进行仿真。当选中Saturable core复选框，此时变压器的图标发生变化，并且出现Simulate hysteresis复选框和Specify initial fluxes复选框，而且参数Parameters对话框中出现Saturation characteristic 饱和特性参数设置。

Saturation characteristic [i1，phi1；i2，phi2；…] (pu)：是指从坐标原点（0,0）开始制定电流—磁通特性曲线，即对磁芯的磁化曲线进行设置。单磁化曲线是根据Saturation characteristic的设置自动生成的。

Simulate hysteresis复选框是用来设置磁滞曲线的，不选中该项则设置为单磁化曲线，如果选中则设置成磁滞回线的形状。Hysteresis Mat file是制定磁滞回线参数的保存文件的名字，打开Powergui模块中的Hysteresis Design磁滞设计工具，可以创建新文件或者对默认数据文件hysteresis.mat进行修改和保存。当然不同的变压器可以使用相同的磁滞回线，也可以使用不同的磁滞回线。

Specify initial fluxes：磁通初始化复选框，是对变压器的磁通量进行初始化的。当选中该复选框时，在参数设置对话框中会出现磁通初始值参数Initial fluxes的设置。

Initial fluxes [phi0A , phi0B , phi0C] (pu)：磁通初始值参数的格式为 [phi0A , phi0B , phi0C]，表示变压器每相磁通的初始值。

Measurements 选项有 None、Winding voltages、Winding currents、Fluxes and excitation currents、Fluxes and magnetization currents、All measurements(V I Fluxes) 共六种选择。

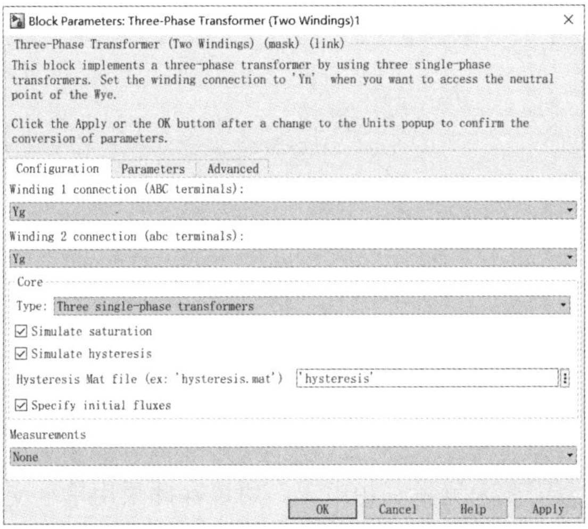

图14-32　变压器模块Configuration对话框

Parameters 对话框主要是设置三相双绕组变压器的各种参数，其参数如下：

Units：变压器参数单位的选择项，变压器的参数可以采用标幺值或者标准单位，如果采用标幺值则选择 pu，如果采用标准单位则选择 SI。

Nominal power and frequency [Pn(VA) , fn(Hz)]：变压器的额定功率和额定频率，单位分别为 V·A 和 Hz。

Winding 1 parameters [V1 Ph-Ph(Vrms) , R1(pu) , L1(pu)]：一次绕组参数，同单相变压器。

Winding 2 parameters [V2 Ph-Ph(Vrms) , R2(pu) , L2(pu)]：二次绕组参数，同单相变压器。

Magnetization resistance Rm (pu)：反映变压器铁芯损耗的励磁电阻。

Magnetization inductance Lm (pu)：励磁电感，当没有选中 Saturable core 复选框时，才可以设置该对话框，否则对话框为灰色，不能输入参数。也就是说，当变压器选择饱和状态时，该参数为 0，不需要设置。

Saturation characteristic [i1 , phi1 ; i2 , phi2 ;…] (pu) 和 Initial fluxes [phi0A , phi0B , phi0C] (pu) 这两项参数是只有设置 Saturable core 的相关项时才会出现，在前面的 Configuration 对话框中已经详细介绍。

Three-Phase Transformer(Three Windings) 三相三绕组变压器是一组三相输入，两组三相输出，其参数设置与三相双绕组变压器的参数设置类似，这里不再赘述。

【例 14-5】一台 Y-D11 连接的三相变压器，P_n=180kV·A，V_{1n}/V_{2n}=10000V/525V，R_1=0.4Ω，R_2=0.035Ω，X_1=0.22Ω，X_2=0.055Ω，R_m=30Ω，X_m=30Ω，铁芯的饱和特性曲线如图14-33所示，试分析变压器空载运行时一次侧的相电压、主磁通和空载电流的波形。

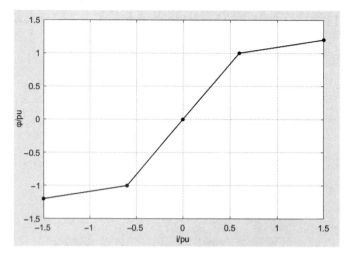

图14-33 变压器磁化曲线

模型中元器件：单相交流电压源三个构成三相交流电源、三相双绕组变压器、中性点接地、万用表、信号分离器、示波器。模型中当然也可以采用单个的三相电压源，但是这样不可以直接由万用表来测量三相电压，所以在此采用单相交流电压源，使其相位依次相差120°，电压幅值频率相同。模型如图14-34所示。

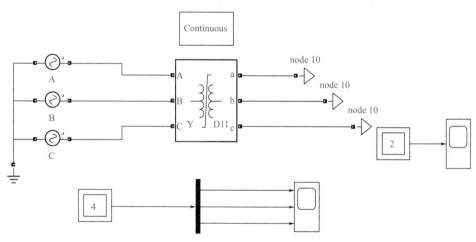

图14-34 三相双绕组变压器的仿真模型

仿真模块参数的设置。单相电压源模块的参数设置如下：

A相：Peak amplitude (V) 设置为37e3*sqrt(2)/(sqrt(3))，Phase (deg) 为0，Frequency (Hz) 为50，Measurements选择Voltage；

B相：Peak amplitude (V) 设置为37e3*sqrt(2)/(sqrt(3))，Phase (deg) 为120，Frequency (Hz) 为50，Measurements选择Voltage；

C相：Peak amplitude (V) 设置为37e3*sqrt(2)/(sqrt(3))，Phase (deg) 为240，Frequency (Hz) 为50，Measurements选择Voltage。

变压器模块参数的设置，在设置之前确认参数中Units选项为pu，采用标幺值。需要根据已知标准单位的数值计算出相应的标幺值，因此根据题意及式（14-2）～式（14-5）可以得：

$$R'_1 = \frac{R_1}{\dfrac{V_{1n}^2}{P_n}} = 0.0022, \quad R'_2 = \frac{R_2}{\dfrac{V_{2n}^2}{P_n}} = 0.0686, \quad L'_m = \frac{R_m}{\dfrac{V_{1n}^2}{P_n}} = 0.162,$$

$$L'_1 = \frac{L_1}{\dfrac{V_{1n}^2}{P_n 2\pi f_n}} = 0.0012, \quad L'_2 = \frac{L_2}{\dfrac{V_{2n}^2}{P_n 2\pi f_n}} = 0.1078, \quad L'_m = \frac{L_m}{\dfrac{V_{1n}^2}{P_n 2\pi f_n}} = 1.674$$

因此，变压器参数设置对话框如图14-35所示。

其中，Measurements项选择All measurements(V I Fluxes)，Winding 1 connection (ABC terminals)选择Y，Winding 2 connection (abc terminals)选择Delta(D11)。万用表的测量参数的选择如图14-36所示。仿真参数中，仿真时间设置为0.3s，仿真算法选择变步长下的刚性积分算法"ode15s"。仿真后得到仿真波形如图14-37所示。

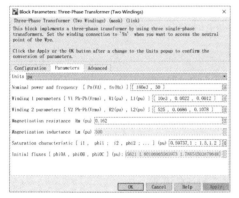

图14-35　变压器参数设置对话框　　　　图14-36　万用表的测量参数的选择

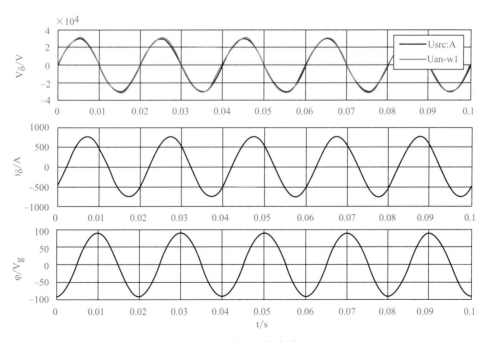

图14-37　例14-5仿真波形

如果改变变压器的连接方式，试分析结果。

14.4　电机库

电机是电力系统计算与仿真分析中非常重要的元件，电机库中主要有直流电机模型、同步电机模型和异步电机模型。

（1）异步电机模型

在电机库中，异步电机有单相异步电机 Single Phase Asynchronous Machine、采用标幺值的三相异步电机 Asynchronous Machine pu Units 以及采用国际标准单位的三相异步电机 Asynchronous Machine SI Units 三种。这里以 Asynchronous Machine SI Units 为例进行主要介绍。

异步电机的二相等效模型如图14-38所示。电机的电气部分采用4阶状态方程模型，机械部分采用2阶状态方程模型，所有电气参数和变量都折算到定子侧，坐标系选择任意两相坐标系即 dq 坐标系。

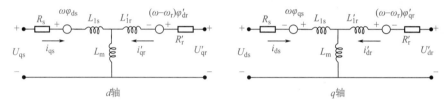

图14-38　异步电机的二相等效模型

建立在二相坐标系上的异步电机方程如下：

电压方程为

$$U_{qs}=R_s i_{qs}+\frac{\mathrm{d}\varphi_{qs}}{\mathrm{d}t}+\omega\varphi_{ds} \tag{14-6}$$

$$U_{ds}=R_s i_{ds}+\frac{\mathrm{d}\varphi_{ds}}{\mathrm{d}t}-\omega\varphi_{qs} \tag{14-7}$$

$$U'_{qr}=R'_{qr}i'_{qr}+\frac{\mathrm{d}\varphi'_{qr}}{\mathrm{d}t}+(\omega-\omega_r)\varphi'_{dr} \tag{14-8}$$

$$U'_{dr}=R'_{dr}i'_{dr}+\frac{\mathrm{d}\varphi'_{dr}}{\mathrm{d}t}+(\omega-\omega_r)\varphi'_{qr} \tag{14-9}$$

式中，$\varphi_{qs}=L_s i_{qs}+L_m i'_{qr}$，$\varphi_{ds}=L_s i_{ds}+L_m i'_{dr}$，$\varphi'_{qr}=L'_r i'_{qr}+L_m i_{qs}$，$\varphi'_{dr}=L'_r i'_{dr}+L_m i_{ds}$，$L_s=L_{1s}+L_m$，$L'_r=L'_{1r}+L_m$；$R_s$、$L_{1s}$ 为定子电阻和漏感；R'_r、L'_{1r} 为转子电阻和漏感；L_m 为定转子互感；L_s、L'_r 为定子和转子自感；U_{qs}、i_{qs} 为定子电压和电流在 q 轴上的分量；U_{qr}、i'_{qr} 为转子电压和电流在 q 轴上的分量；U_{ds}、i_{ds} 为定子电压和电流在 d 轴上的分量；U_{dr}、i'_{dr} 为转子电压和电流在 d 轴上的分量；φ_{qs}、φ_{ds} 为定子磁链的 q 轴、d 轴分量；φ'_{qr}、φ'_{dr} 为转子磁链的 q 轴、d 轴分量；ω 为转子角频率。

电磁转矩为

$$T_e=1.5p(\varphi_{ds}i_{qs}-\varphi_{qs}i_{ds}) \tag{14-10}$$

式中，T_e 为电磁转矩；p 为电机极对数。

机械方程为

$$\frac{\mathrm{d}}{\mathrm{d}t}\omega_{\mathrm{m}}=\frac{1}{2H}(T_{\mathrm{e}}-F\omega_{\mathrm{m}}-T_{\mathrm{m}}) \qquad (14\text{-}11)$$

$$\frac{\mathrm{d}}{\mathrm{d}t}\theta_{\mathrm{m}}=\omega_{\mathrm{m}} \qquad (14\text{-}12)$$

式中，ω_{m} 为转子角速度；θ_{m} 为转子位置角；H 为转子和负载的惯性常数；F 为摩擦系数。

采用国际标准单位的三相异步电机 Asynchronous Machine SI Units 的图标和参数设置如图 14-39 ～图 14-41 所示。

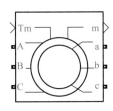

图14-39　Asynchronous Machine SI Units 的模型图标

Preset model：只有在 Rotor type 项选择 Squirrel-cage 时才可以选择库中预先设定好电气参数与机械参数的 21 种三相异步电机，否则只能选择 No。

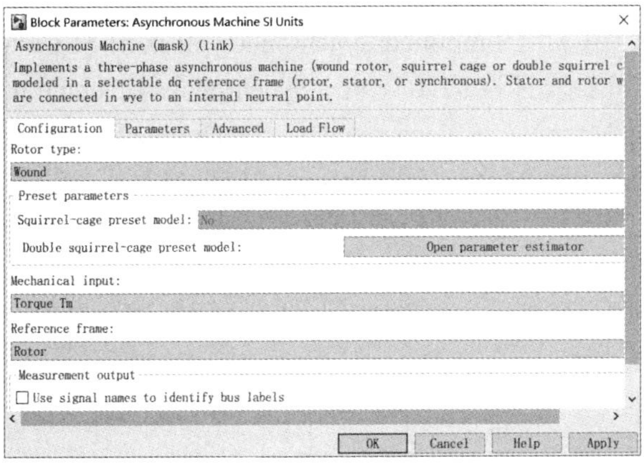

Mechanical input：机械输入有三种选择，分别是 Torque Tm、Speed w、Mechanical rotational port。

Rotor type：转子类型，可以设置为绕线式 Wound、笼式 Squirrel-cage 或 者 双 笼 式 Double squirrel-cage。

Reference frame：参考坐标系选择，共有转子坐标系 Rotor、静止坐标系 Stationary、同步旋转坐标系 Synchronous 三种选择。

当转子三相电压不平衡或者不连续而定子三相电压平衡时可以使用 Rotor 类型；当定子三相电压不平衡或者不连续而转子三相电压平衡时可以使用 Stationary 类型；当定子转子电压都平衡或者连续时使用 Synchronous 类型。

Nominal power, voltage (line-line), and frequency [Pn(VA),Vn(Vrms),fn(Hz)]：电机的额定功率，单位为 V·A；线电压，单位为 V；频率，单位为 Hz。

图14-40　Asynchronous Machine SI Units 的参数设置（1）

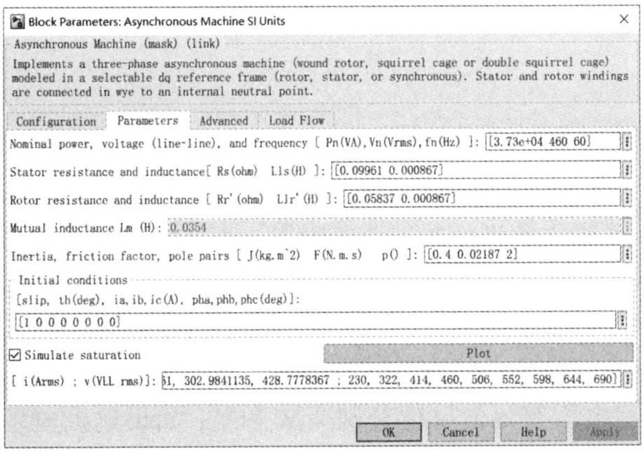

图14-41　Asynchronous Machine SI Units 的参数设置（2）

Stator resistance and inductance[Rs(ohm) Lls(H)]：定子侧电阻 R_s，单位为 Ω；定子侧电感 L_{1s}，单位为 H。

Rotor resistance and inductance [Rr'(ohm) Llr'(H)]：转子电阻 R_r'，单位为 Ω；转子侧电感 L_{1r}'，单位为 H。

Mutual inductance Lm (H)：定转子互感 L_m，单位为 H。

Inertia, friction factor, pole pairs [J(kg.m^2) F(N.m.s) p( )]：转动惯量 J，单位为 kg·m²；摩擦系数 F，单位为 N·m·s；极对数 p。

Initial conditions：设置电机的初始状态，例如[1 0 0 0 0 0 0 0]，括号里的8个数字依次代表转差、电角度（度）、A相定子电流（A）、B相定子电流（A）、C相定子电流（A）、A相相位角（度）、B相相位角（度）、C相相位角（度）。

Simulate saturation：选择该复选框表示对电机定子和转子铁芯进行磁饱和仿真的设置。如果设置，则需要在后面的[i(Arms)；v(VLL rms)] 框中输入2行 n 列的矩阵，第一行是定子电流，第二行是对应的定子端电压，第一列代表饱和刚开始发生时的值，n 代表所取的点数，例如[12.03593122, 27.81365428, 53.79336849, 72.68890987, 97.98006896, 148.6815601, 213.7428561, 302.9841135, 420.4778367；230, 322, 414, 460, 506, 552, 598, 644, 690]。

（2）同步电机模型

电机库中有六种同步电机：简化同步电机（Simplified Synchronous Machine SI Units 和 Simplified Synchronous Machine pu Units），标准同步电机（Synchronous Machine pu Standard），基本同步电机（Synchronous Machine pu Fundamental、Synchronous Machine SI Fundamental），永磁性同步电机（Permanent Magnet Synchronous Machine）。

简化同步电机模块是忽略了电枢反应电感、励磁和阻尼绕组的漏感，仅由理想电压源串联RL线路构成，R 和 L 值为电机的内部阻抗。简化同步电机模块中采用标幺值单位的图标如图14-42（a）所示，而采用国际标准单位的模块图标如图14-42（b）所示。

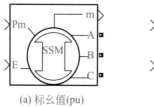

(a) 标幺值(pu)　　　　(b) 标准单位(SI)

图14-42　简化同步电机模块的图标

简化同步电机模块有两个输入端、一个输出端和三个电气连接端。输入端Pm用来输入电机轴上的机械功率。如果电机工作在电动机状态，该端连接一个常数模块或者函数模块，使电机机械功率以常数或函数形式输入；如果工作在发电机状态，该端连接常数模块、函数模块或者是水轮机和调节器模块的输出。输入端E为电机内部电压源的电压，可以是常数，也可以直接与电压调节器的输出相连。这里需要注意，如果电机模型为SI标准单位，则输入的机械功率和相电压有效值单位分别为W和V；如果电机模型为标幺值单位，则输入的参数为标幺值。模块中的三个电气连接端A、B、C为定子输出电压；输出端m输出电机的12路内部信号，一般连接电机的测量模块。输出端m输出电机的12路信号的名称及含义如下：

i_{sa}、i_{sb}、i_{sc}：电机的定子三相电流，单位为A或者pu；

V_a、V_b、V_c：电机定子三相输出电压，单位为V或者pu；

E_a、E_b、E_c：电机内部电源电压，单位为V或者pu；

ω_n：转子转速，单位为rad/s或者pu；

θ：机械角度，单位为rad；

P_e：电磁功率，单位为W。

简化同步电机模型的内部测量子系统中m输出信号分离接线如图14-43所示。

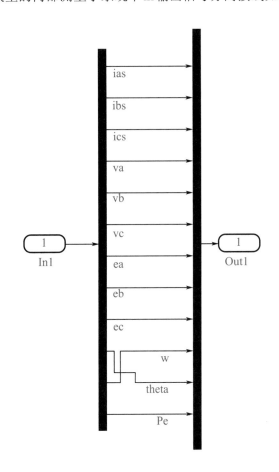

图14-43　简化同步电机模型的内部测量子系统中m输出信号分离接线

简化同步电机模型的configuration参数如下：

Connection type：定义电机的连接类型，有3-wire Y 型和4-wire Y型两种选择。

Mechanical input：指定输入电机的机械功率Mechanical power Pm，指定转子转速Speed w，或者直接与一个转动轴机械端口Mechanical rotational port相连。

简化同步电机模型的parameters参数如下：

Nominal power, line-to-line voltage, and frequency [Pn(VA) Vn(Vrms) fn(Hz)]：电机的额定视在功率 P_n，单位为 V·A；线电压有效值 V_n，单位为 V；频率 f_n，单位为 Hz。

Inertia, damping factor and pairs of poles [H(sec) Kd(pu_T/pu_w) p()]：转动惯量 J，单位为 kg·m²，或者惯性时间常数 H，单位为 s；阻尼系数 K_d，单位为转矩的标幺值或转速的标幺值；极对数 p。

Internal impedance [R(pu) X(pu)]：电机的内部阻抗，其中电阻 R 的单位为 Ω 或标幺值 pu，电感 L 的单位为 H 或者标幺值 pu。设置该参数时，要求 L 必须大于零。

Initial conditions [dw(%) th(deg) ia,ib,ic(pu) pha,phb,phc(deg)]：初始角速度偏移 $\Delta\omega$，单位为 %；转子初始角位移 θ_e，单位为度；线电流幅值 i_a、i_b、i_c，单位为 A 或 pu；相角 ph_a、ph_b、ph_c，单位为度。

Sample time (−1 for inherited)：继承前一模块的相同参数，一般指采样频率或采样周期。

【例 14-6】额定值为 1000MV·A、315kV、50Hz 的两对隐极式同步发电机与 315kV 无穷大系统相连。隐极式发电机的电阻 R=0.02pu，电感 L=0.2pu，发电机供给的电磁功率为 0.8pu。求稳态运行时的发电机的转速、功率角和电磁功率。

解：发电机为隐极机的极对数 p=2，发电机在稳态运行时的转速 n 为

$$n=\frac{60f}{p}=1500\text{r/min}$$

电磁功率 P_e=0.8pu，功率角 δ 为

$$\delta=\arcsin\frac{P_eX}{EV}=\arcsin\frac{0.8\times0.2}{1\times1}=9.2°$$

式中，V 为无穷大系统母线电压，取值为 1；E 为发电机电势，取值为 1；X 为隐极机电抗。由于简化同步电机输出的转速为标幺值，因此使用增益模块将标幺值转化为标准单位 r/min 来表示转速，故增益系数为

$$K=\frac{60f}{p}=\frac{60\times50}{2}=1500$$

根据题意建立的仿真模型如图 14-44 所示。一般进行仿真时，同步发电机的机械功率一般习惯取比电磁功率稍大一些的值，此处取值为 P_m=0.805pu。由于发电机是空载，输入端内部电压 E 要比发电机电势的取值稍微大些，在此处设定为 1.0149pu。最大功率 P_{max} 是通过电抗在终端电压 V 和内部电压 E 传输的功率，即

$$P_{max}=VE/X$$

当惯性时间常数 H 为 3，阻尼率 ζ = 0.3 时，阻尼系数为

$$K_d=4\zeta\sqrt{\omega_sHP_{max}/2}$$

式中，ω_s=2πf=314rad/s，当 V=1pu，E=1.0149pu 时，阻尼系数 $K_d\approx58.67$。因此，简化同步电机的参数设置如图 14-45 所示。

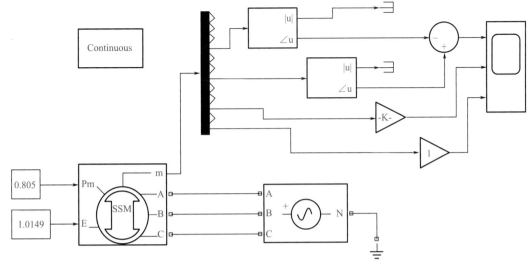

图14-44 例14-6仿真模型

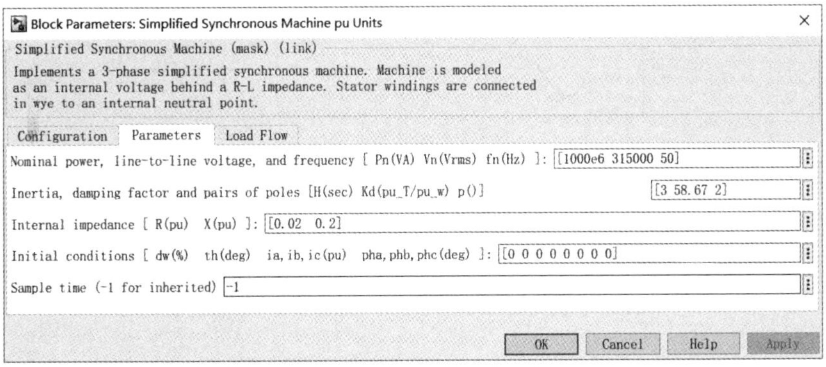

图14-45 简化同步电机的参数设置

Three-Phase Programmable Voltage Source 模块的电压幅值、相位和频率分别设置为：[315e3 0 50]；Fourier 模块中Fundamental frequency设置为50Hz，Harmonic n设置为基波，即1。两个Fourier模块是用来测量功率角的，Fourier模块是测量终端电压A相的相角，Fourier1模块是测量内部电压A相的相角，两者之差即为功率角。

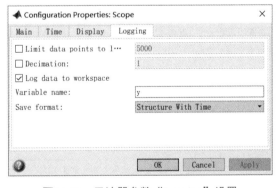

图14-46 示波器参数"Logging"设置

仿真参数设置中，仿真算法采用刚性积分算法ode15s，仿真时间为2s。为了得到仿真结果图中精确的数据，如图14-46所示设置示波器参数"Logging"，这样可以将仿真波形输出到workspace中。

在workspace中输入以下命令，则仿真输出波形中电机的功率角、转速和电磁功率如图14-47所示。

```
>> subplot(3,1,1)
>> plot(y.time,y.signals(1).values)
>> ylabel('\delta/^{。}')
>> subplot(3,1,2)
>> plot(y.time,y.signals(2).values)
>> subplot(3,1,3)
>> plot(y.time,y.signals(3).values)
>> ylabel('P_{e}/pu')
```

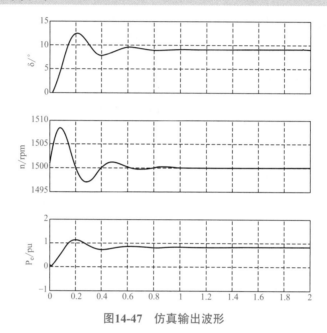

图14-47　仿真输出波形

在仿真波形中可以看出，仿真开始时同步发电机的电磁功率由0逐步增大，机械功率大于电磁功率，在发电机加速性过剩功率的作用下，电机的转速迅速增大，功率角也在逐步增大。随着功率角的增大，电磁功率也增大，使得剩余功率减小，在阻尼力的作用下，转子速度开始下降，当转速小于1500 r/min时，功率角开始减小，电磁功率也减小。在$t=1.2s$后，转速稳定在1500r/min，功率稳定在0.8pu，功率角为9.2°，仿真结果与计算分析保持一致。

同步电机中经常使用的还有Synchronous Machine SI Fundamental标准单位的基本同步电机，其图标如图14-48所示。

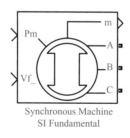

图14-48　基本同步电机（SI）图标

372

　　图标中，输入Pm是电机的机械功率，当Pm>0时，同步电机运行在发电机状态，输入的Pm值可以是一个正的常数，也可以是一个函数或者水轮机和调速器、汽轮机和调速器的输出；当Pm<0时，同步电机运行在电动机状态，一般为一个复数或者一个函数。输入端Vf是励磁电压，在电动机状态一般是常数；在发电机状态下时Vf可以连接励磁模块。

　　模块的输出端A、B、C为三相定子的接线端，为定子电压输出。输出端m输出电机内部的22路信号，在应用时一般连接测量模块。

　　SI基本同步电机的参数设置如下：

　　Preset model：预设置模型，共有24种同步电机的选择。

　　Mechanical input：机械输入，可以指定输入电机的机械功率Mechanical power Pm，或者指定转子转速Speed w，或者直接与一个转动轴机械端口Mechanical rotational port相连。

　　Rotor type：电机类型，分为隐极式电机（round）和凸极式电机（salient-pole）两种。

　　Nominal power, voltage, frequency, field current [Pn(VA) Vn(Vrms) fn(Hz) ifn(A)]：额定参数，其中电机的额定功率P_n，单位为V·A；额定线电压有效值V_n，单位为V；频率f_n，单位为Hz；额定励磁电流i_{fn}，单位为A。

　　Stator [Rs(ohm) Ll,Lmd,Lmq(H)]：定子参数，定子电阻R_s，单位为Ω；漏感L_1，d轴电枢反应电感L_{md}和q轴电枢反应电感L_{mq}，单位为H。

　　Field [Rf'(ohm) Llfd'(H)]：励磁参数，励磁电阻R_f单位为Ω；励磁漏感L_{1fd}单位为H。

　　Dampers [Rkd',Llkd' Rkq1',Llkq1'] (R=ohm,L=H)：阻尼绕组参数，d轴阻尼电阻R_{kd}'，单位为Ω；d轴漏感L_{1kd}'，单位为H；q轴阻尼电阻R_{kq1}，单位为Ω；q轴漏感L_{1kq1}'，单位为H。

　　Inertia, friction factor, pole pairs [J(kg.m^2) F(N.m.s) p( )]：机械参数，机械转矩J，单位为kg·m^2；衰减系数F，单位为N·m·s；p为电机极对数。

　　Initial conditions [dw(%) th(deg) ia,ib,ic(A) pha,phb,phc(deg) Vf(V)]：初始角速度偏移$\Delta\omega$，单位为%；转子初始角位移θ_e，单位为度；线电流幅值i_a、i_b、i_c，单位为A或pu；相角ph_a、ph_b、ph_c，单位为度；初始励磁电压V_f，单位为V。

　　Simuliate saturation：设定同步发电机的饱和状态。如果考虑定子和转子的饱和情况，则选中该复选框，并随之出现相应的饱和特性的对话框。

　　[ifd(A) ; Vt(VLL rms)]：输入空载饱和特性的矩阵，矩阵由两行n列组成，第一列是饱和后励磁电流值，第二列是饱和后的定子输出电压。例如：[695.64,774.7,915.5,1001.6,1082.2,1175.9,1293.6,1430.2,1583.7;9660,10623,12243,13063,13757,14437,15180,15890,16567]。

　　从参数设置中可以看出，虽然电机的类型模块不同，但是同步电机的参数设置具有很多的相似之处，因此其他类型的同步电机不再进行详细的介绍。

14.5 电力电子库

MATLAB/Simulink/SimpowerSystem 中电力电子模型库（Power Electronics）包含常用的电力电子元器件的模型，例如二极管 Diode、MOSFET、IGBT、GTO、Thyristor、通用桥等。Power Electronics 标准库中含有的电力电子元器件如图 14-49 所示。

当然库中除了含有主要的电力电子开关元器件，还有对其进行控制驱动的模块，例如 PWM 波发生器（PWM Generator）、脉冲发生器（Pulse Generator）、三角波发生器（Triangle Generator）等都包含在 Pulse Signal Generators 中。

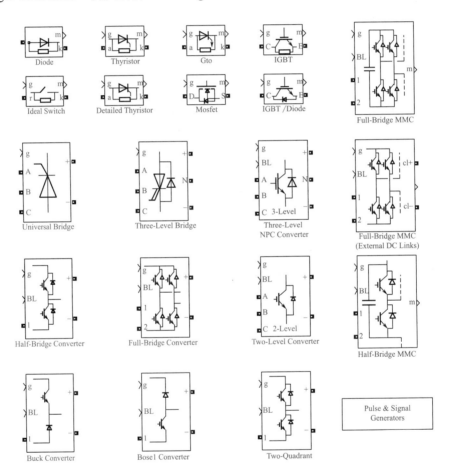

图14-49 电力电子元器件标准库

实际上，Pulse Signal Generators 是在 Control and Measurements Library 的展开目录中，里面包含的模块如图 14-50 所示。在电力电子电路进行仿真的时候，建立模型可以直接使用库里提供的桥式电路，也可以使用单独的电力电子元件来构成主电路。电力电子器件必须连接在电路中使用，要构成回路，并且器件的驱动只是取决于门信号的有无，仿真电路中可以没有驱动电路的回路，器件也没有电流型与电压型之分。电力电子器件的模型中一般都并联了简单的 RC 串联缓冲电路，并且有些器件中还反并联了二极管，所以在实际电路建立模型时，需要考虑这些已经存在的缓冲电路和反并联二极管。在电力电子电路进行仿真时，一般仿真算法采用刚性积分算法，例如 ode23tb、ode15s 等，这样可以有较快的仿真速度。

Thyristor Converter Pulse Generators

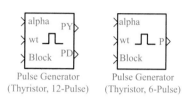

Pulse Generator
(Thyristor, 12-Pulse)　　　Pulse Generator
(Thyristor, 6-Pulse)

Pulse Width Modulators

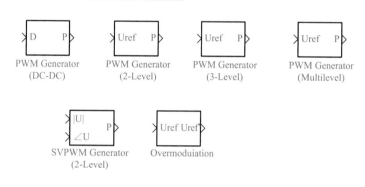

PWM Generator　　PWM Generator　　PWM Generator　　PWM Generator
(DC-DC)　　　　　(2-Level)　　　　　(3-Level)　　　　　(Multilevel)

SVPWM Generator　　Overmoduiation
(2-Level)

Signal Generators

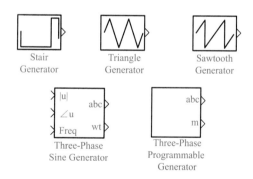

Stair　　　　Triangle　　　Sawtooth
Generator　　Generator　　Generator

Three-Phase　　Three-Phase
Sine Generator　Programmable
Generator

图14-50　Pulse Signal Generators子库

14.5.1　二极管

二极管是电力电子器件中非常重要的元器件，它是不可控的具有单向导电性的半导体器件。当二极管承受正向电压时，二极管导通；当承受反向电压时，二极管关断。二极管模型的图标及其内部结构如图14-51所示，a端口为正极，k端口为负极，m端口为测量二极管内部信号输出。

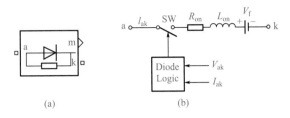

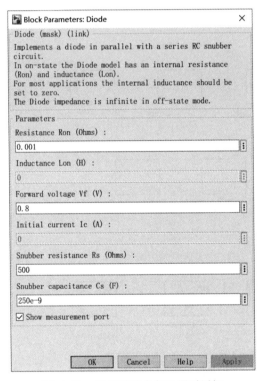

图14-51 二极管模型的图标及其内部结构

SimpowerSystems 中的二极管模型只有一种，没有肖特基二极管、电力二极管等特殊二极管，如果想要得到不同的二极管模型只能在模型的参数设置上有所不同。二极管的参数设置对话框如图14-52所示。

图14-52 二极管的参数设置对话框

Resistance Ron (Ohms)：二极管内部电阻，也称为导通电阻，单位为 Ω。

Inductance Lon (H)：二极管内部电感，单位为 H。这里电阻参数 Ron 和电感参数 Lon 不能同时取零，一般情况下，取 Lon 为 0。

Forward voltage Vf (V)：正相压降，单位为 V。

Initial current Ic (A)：初始电流，单位为 A。只有在电感参数 Lon 不为零时，才可以设置初始电流。一般情况下 Ic 都取 0。

Snubber resistance Rs (Ohms)：缓冲电阻，单位为 Ω。

Snubber capacitance Cs (F)：缓冲电容，单位为 F。如果缓冲电阻为 inf，缓冲电容为 0 时，表示二极管没有缓冲电路；如果缓冲电阻不为 0，缓冲电容为 inf 时，表示缓冲电路是纯电阻电路。

Show measurement port：显示测量端口，半导体器件都有这个选项。当选中该复选框时，器件的图标中会出现一个输出端口 m，输出电压和电流。该输出端口 m 可以连接测量模块。

【例14-7】二极管半波整流电路中，交流电压源电压幅值为100V，频率为50Hz，负载电阻为10Ω，电感为0.02H，观察电路中输出的电压 V_{load} 和电流 I_{load}，并显示二极管中流过的电流 I_{ak} 和正向电压 V_{ak}。

二极管半波整流电路模型如图14-53所示。模型中二极管的参数采用默认值不变，仿真参数中设置仿真时间为0.1s，仿真算法采用ode23tb。仿真输出波形如图14-54所示。

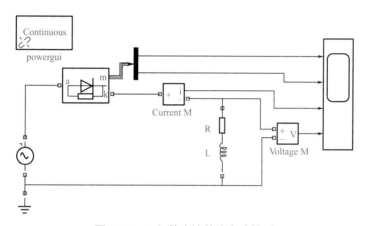

图14-53 二极管半波整流电路模型

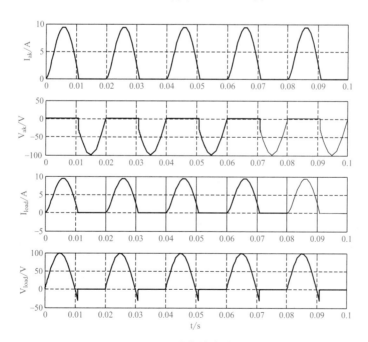

图14-54 仿真输出波形

电路中，当交流电源处于正半周期时，二极管导通。此时，电路输出电压电流均为交流电正半周期波形，二极管的正向压降忽略为0，流过二极管的电流即为电路负载电流。当交流电源为负半周期时，二极管截止，电路输出电流输出电压均为零，流过二极管的电流为零，两端的电压为电源负电压。另外，由于电感的存在，二极管的导通时间延长，所以输出电压出现负值。

14.5.2　晶闸管

晶闸管是一种半控型器件，是可控整流电路中常用的电力电子器件。晶闸管在 Power Systems Power Electronics 库中有两种模型，一种是详细的模块 Detailed Thyristor，该模块需要设置的参数较多；另一种是简化模块 Thyristor，其参数设置相对来说较少。

Detailed Thyristor
(a)

Thyristor
(b)

图14-55　晶闸管模块的图标

一般的电力电子电路，在没有特殊要求时都可以使用简化模型 Thyristor。两种晶闸管模块的图标如图 14-55 所示。

晶闸管是一种由门极控制器导通的半导体器件，其电路中的电气符号和模型的内部结构如图 14-56 所示。图中 a 为阳极，k 为阴极，g 为门极，m 为测量信号输出端口。当晶闸管承受正向电压（$V_{ak}>0$），并且门极有正的触发脉冲（$g>0$）时，晶闸管才导通。对施加在门极的触发脉冲是有要求的，它的脉冲宽度要能够使阳极电流 I_{ak} 大于晶闸管的擎住电流 I_l，否则晶闸管还是会关断。当晶闸管承受一定时间的反向电压，或者阳极电流 $I_{ak}=0$ 时，晶闸管关断，只是反向电压施加的时间要大于设置的关断时间。

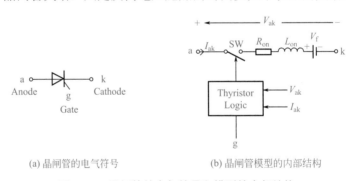

(a) 晶闸管的电气符号　　　　　(b) 晶闸管模型的内部结构

图14-56　晶闸管的电气符号和模型的内部结构

双击详细的模块 Detailed Thyristor 时，出现该模块的参数对话框，具体的各项参数如下：

Resistance Ron (Ohms)：导通电阻，单位为 Ω。

Inductance Lon (H)：内部电感，单位为 H。导通电阻与内部电感不能同时为 0。

Forward voltage Vf (V)：正向电压，单位为 V，是晶闸管的门槛电压。

Latching current Il (A)：擎住电流，指晶闸管从断态到通态并移除触发信号后，能够维持晶闸管导通的最小电流，单位为 A。

Turn-off time Tq (s)：晶闸管的关断时间，指晶闸管的反向阻断时间和正向阻断时间之和，单位为 s。

Initial current Ic (A)：初始电流，单位为 A，通常设置为 0，表示仿真开始时晶闸管是处于关断状态。

Snubber resistance Rs (Ohms)：缓冲电路阻值，单位为 Ω。

Snubber capacitance Cs (F)：缓冲电容，单位为F。在此缓冲电路与二极管相同，也是并联的RC电路，其设置也与二极管相同。

Show measurement port：显示测量端口。

简化的 Thyristor 模块的参数设置中只是少了擎住电流、关断时间的设置，其他参数均与 Detailed Thyristor 模块相同。

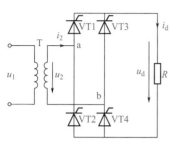

图14-57　单相全控桥式整流电路

【例14-8】单相全控桥式整流电路带大电感负载，电路如图14-57所示。其中，U_2=110V，频率f=50Hz，R_d=10Ω，L_d=1H，试分析α=60°时，整流电路输出负载电压u_d、电流i_d的波形，及晶闸管两端电压u_{VT1}和流过的电流i_{VT1}的波形。

解：首先分析单相桥式全控整流电路带大电感负载的工作原理。假设电路已经工作在稳定状态，在$0 \sim \alpha$区间内，由于电感释放能量，晶闸管VT2和VT3继续维持导通；当$\omega t=\alpha$时，触发晶闸管VT1、VT4，使之导通，而VT2和VT3关断；u_2由零变负时，由于电感的作用晶闸管VT1和VT4中仍流过电流，不关断，至$\omega t=\pi+\alpha$时刻，给VT2和VT3加触发脉冲并承受正电压，故导通，同时VT1和VT4关断。如此循环下去，两对晶闸管轮流导电，当电感足够大时，每对晶闸管导通角为π，因电感的平波作用，所以输出电流i_d的波形平直，变压器二次电流是对称的正负方波。现在将单相全控桥式整流电路建立成模型，如图14-58所示。

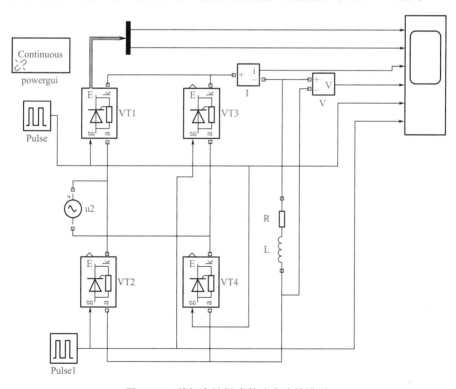

图14-58　单相全控桥式整流电路的模型

从图14-58中可以看出，模型中使用了两个Pulse Generator脉冲发生器，Pulse是给 VT1 和 VT4 门极提供触发脉冲的，而 Pulse1 是给 VT2 和 VT3 的门极提供触发脉冲的。每个脉冲发生器的频率与交流电源频率相同。当然在模型中也可以使用一个 Pulse Generator 脉冲发生器，同时给四个晶闸管提供触发脉冲，这时脉冲发生器的频率就应该是电源频率的 2 倍。

在图 14-58 所示的模型中，脉冲发生器 Pulse 的参数设置如图 14-59 所示。

其幅值设置为 1；周期设置为 $T=\dfrac{1}{50\text{Hz}}$，即 0.02s；脉冲宽度设置为整个周期 10%；延时设置为 $a=60°$，换算成 0.02/6s。脉冲发生器 Pulse1 的参数设置与 Pulse 不同之处在于，延时设置为 $a=60°+180°$，换算成 $0.02×2/3$s。晶闸管的参数取默认值，不改变。

仿真参数设置中，仿真时间为 0.3s，仿真算法选择 ode23tb，得到的仿真波形输出如图 14-60 所示。其中包括晶闸管 VT1 的两端电压 u_{VT1} 和流过的电流 i_{VT1} 的波形，整流电路输出的负载电压 u_{d} 和电流 i_{d}。脉冲发生器 Pulse 和 Pulse1 的触发脉冲波形如图 14-61 所示。

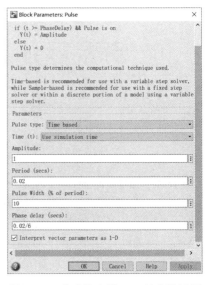

图14-59 脉冲发生器 Pulse 的参数设置

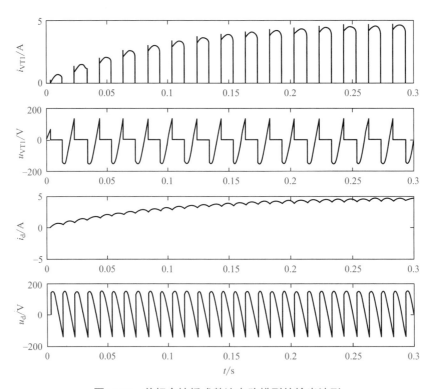

图14-60 单相全控桥式整流电路模型的输出波形

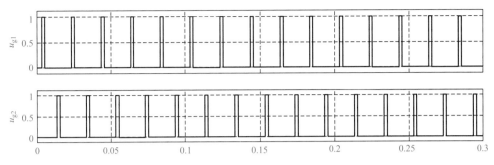

图14-61 脉冲发生器Pulse和Pulse1的波形

思考：如果添加续流二极管，电路输出的波形又是什么样呢？

14.5.3 绝缘栅双极型晶体管

IGBT绝缘栅双极型晶体管是一种全控型器件，出现于20世纪80年代，它集电力晶体管GTR和电力场效应晶体管Power MOSFET的优点于一身，具有输入阻抗高、电压驱动功率小、导通损耗和关断损耗低、电流电压容量大、安全工作区宽等特点。目前，IGBT的应用广泛，已经成为电力电子电路中的主导器件。IGBT的电气符号、模型图标和模型内部结构如图14-62所示。

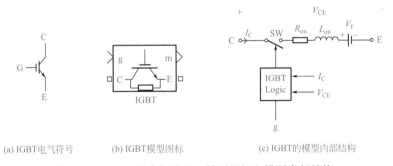

(a) IGBT电气符号　　(b) IGBT模型图标　　(c) IGBT的模型内部结构

图14-62 IGBT的电气符号、模型图标和模型内部结构

IGBT的外特性表示集电极电流I_C与集射电压V_{CE}的关系，如图14-63所示。当集电极和发射极之间电压V_{CE}大于V_f且$V_g>0$时，IGBT导通，一般门电压V_g的值可取

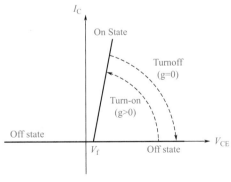

图14-63 IGBT的外特性

10～15V左右。V_{CE}小于V_f或$V_g<0$时，IGBT处于关断状态，实际应用中一般会给门极信号V_g为稳定的负电压，取值可为−10V，这样就可以使IGBT关断了。

在Power Systems Power Electronics中，IGBT模型的各参数介绍如下：

Resistance Ron (Ohms)：导通电阻，单位为Ω。

Inductance Lon (H)：内部电感，单位为H。导通电阻与内部电感不能同时为0。

Forward voltage Vf (V)：正向电压，单位为V。

Current 10% fall time Tf (s)：电流下降时间，集电极电流I_C从最大值下降至10%的这段时间，单位为s。

Current tail time Tt (s)：电流拖尾时间，电流从最大值的10%降为0的这段时间，单位为s。

Initial current Ic (A)：初始电流，单位为A，通常设置为0，表示仿真开始时IGBT是处于关断状态。

Snubber resistance Rs (Ohms)：缓冲电路阻值，单位为Ω。

Snubber capacitance Cs (F)：缓冲电容，单位为F。在此缓冲电路与二极管相同，也是并联的RC电路，其设置也与二极管相同。

Show measurement port：显示测量端口。

【例14-9】在图14-64所示的降压斩波电路中，已知E=100V，R=0.5Ω，L=1mH，采用脉宽调制控制方式，T=20μs，当t_{on}=5μs时，搭建该降压电路的仿真模型，并观测其输出电压电流波形。

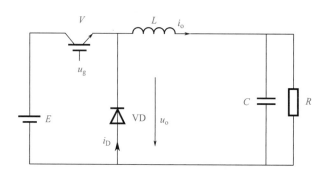

图14-64　降压斩波电路

解：降压电路采用脉宽调制控制方式，因此模型中采用脉冲发生模块Pulse Generator提供IGBT的门极信号，IGBT门极脉冲信号的频率为

$$f=\frac{1}{T}=\frac{1}{20μs}=50kHz$$

脉冲信号的占空比为

$$D=\frac{t_{on}}{T}=\frac{5}{20}=0.25$$

建立的模型如图14-65所示。

当电路中加上滤波电容并取值为$5e^{-4}$时，电感电流连续，在门极脉冲信号u_g的作用下，电路中IGBT模块的电流i_{VT}和电压u_{VT}、二极管的电流i_D和电压u_D输出的波形如图14-66所示。从图中可以明显地看出，当门极脉冲电压大于0时，IGBT导通，这时其流过的电流不为0，电压值为0，而二极管此时刚好处于截止状态，其两端电压值不为0，而电流值为0；当门极脉冲电压等于0时，IGBT截止，二极管则导通。输出的波形符合理论分析过程。

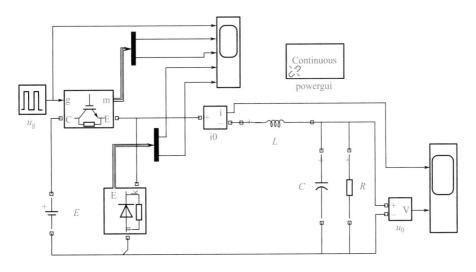

图14-65　降压斩波电路的模型

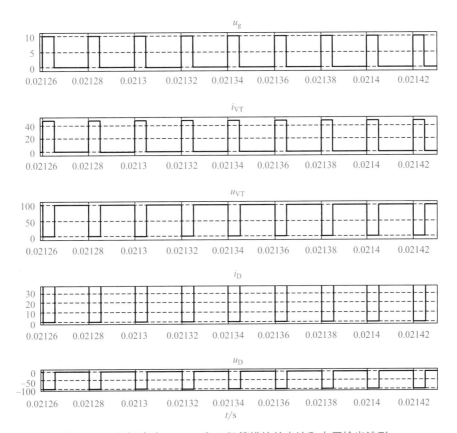

图14-66　门极脉冲、IGBT和二极管模块的电流和电压输出波形

降压斩波电路输出的电流和电压的仿真波形如图14-67所示。将其波形放大，见其纹波大小，如图14-68所示。

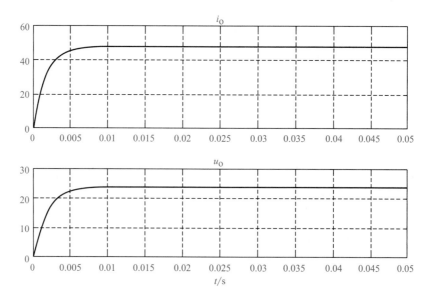

图14-67 降压斩波电路输出电流和电压的仿真波形

如果电路中没有加入电容滤除电压的纹波，这时仿真得到的波形放大以后如图14-69所示。可以明显地看出，在没有电容的情况下，电压的纹波明显要比电容存在时大得多，纹波的幅值相差可以达10倍多。但电流的纹波没有多大的变化，这里可以适当调节电感的值，减小电流纹波的幅值。

思考：该降压斩波电路在仿真的过程中，还可以调整占空比的大小，观察波形的变化；另外，也可以研究在电感电流不连续时，电路的输出电压电流波形的改变。

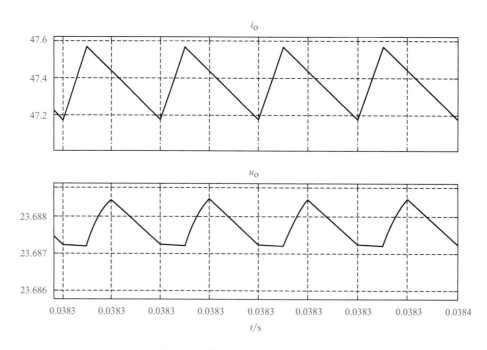

图14-68 输出电流电压的纹波大小

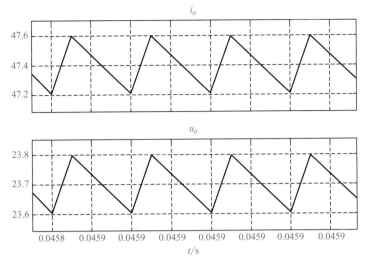

图14-69　无电容时输出的波形

14.5.4　通用桥式电路

为了仿真的需求和方便，Power Systems Power Electronics库中提供了一种通用桥式电路模块Universal Bridge，该模块可以根据设置不同的参数，实现不同相数、不同类型电力电子器件组成的电路结构。Simulink仿真中可以利用该模块直接实现整流和逆变电路的设置。

Universal Bridge的参数设置对话框如图14-70所示。

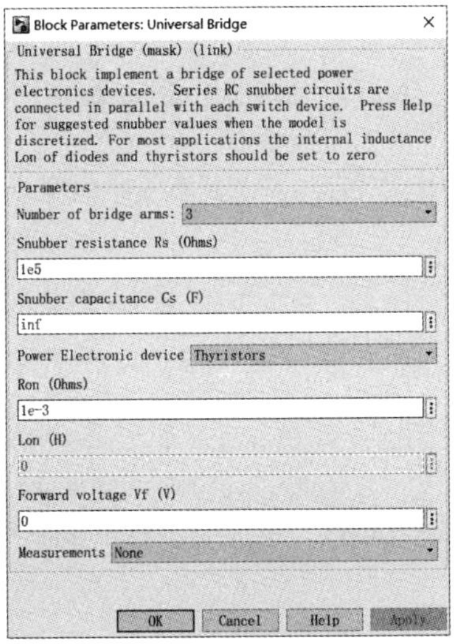

图14-70　**Universal Bridge**的参数设置对话框

Number of bridge arms：桥臂数，决定电路的拓扑结构，可以设置为1、2、3。1代表一个桥臂，对应的是单相半桥式电路；2代表两个桥臂，对应的电路是单相全桥式；3代表三个桥臂，对应的电路是三相全桥式。

Snubber resistance Rs (Ohms)：缓冲电路电阻，单位为Ω。

Snubber capacitance Cs (F)：缓冲电路电容，单位为F。

Power Electronic device：电力电子器件类型，选择通用桥式电路中桥臂所使用的电力电子器件，可以选择的器件有二极管Diodes、晶闸管Thyristors、GTO/Diodes、MOSFET/Diodes、IGBT/Diodes、Ideal Switches、Switching-function based VSC、Average-model based VSC。

Ron (Ohms)：电力电子器件的内部电阻，单位为Ω。

Lon (H)：只有器件选择二极管和晶闸管时，才有这一项。它是二极管和晶闸管的内部电感，单位为H。当系统为离散系统时，Lon必须设置为0。

Forward voltage Vf (V)：二极管和晶闸管时，电力电子器件的导通压降，默认值为0。

Forward voltages [Device Vf(V) , Diode Vfd(V)]：当电力电子器件为GTO/Diodes、IGBT/Diodes时，需要设置电力电子器件的正向压降Vf和反相并联二极管的压降Vfd。

[Tf (s) , Tt (s)]：关断时间的设置，当器件为GTO和IGBT时，Tf为其下降时间，Tt为拖尾时间。

Measurements：共有5个选项，None、Device voltages、Device currents、UAB UBC UCA UDC voltages、All voltages and currents，其中UAB UBC UCA UDC voltages指测量通用桥模块的交流线电压和直流电压。

当通用桥式电路选择的桥臂数和器件类型不同时，通用桥会出现不同的图标和不同的电路结构，如图14-71～图14-75所示。

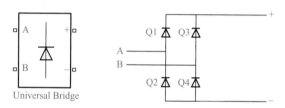

图14-71　二极管、单相、两桥臂的图标和电路

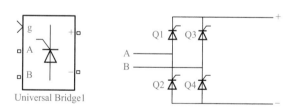

图14-72　晶闸管、单相、两桥臂的图标和电路

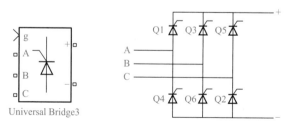

图14-73　晶闸管、三相、三桥臂的图标和电路

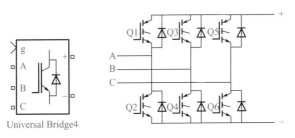

图14-74 IGBT、三相、三桥臂的图标和电路

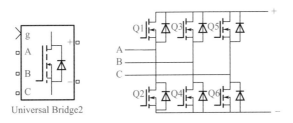

图14-75 MOSFET、三相、三桥臂的图标和电路

应用通用桥式电路来实现例14-8所建立的模型如图14-76所示，采用通用桥式电路代替了四个晶闸管完成单相全控桥式整流电路的设计，其仿真效果与原例中一样。

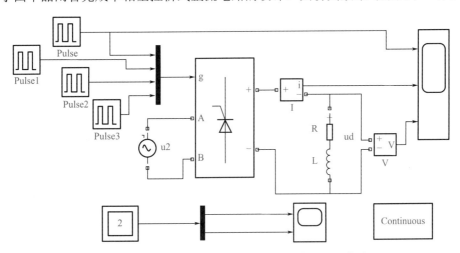

图14-76 采用通用桥式电路建立的单相全控桥式电路

14.6 控制和测量模块库

在2018版MATLAB中，除了以上介绍的Specialized Power System/Fundamental Blocks的各个子库，还包括控制与测量模块库（Control and Measurements Library）。在该库中还包括附加模块库（Additional Components）、励磁装置模块库（Excitation Systems）、滤波器（Filters）、逻辑模块（Logic）、测量模块（Measurements）、锁相环模块（PLL）、脉冲与信号发生装置（Pulse &Signal Generators）和坐标转换模块（Transformations）子库。在本节中主要介绍Pulse &Signal Generators和Measurements模块库。

14.6.1　Pulse &Signal Generators模块

Control and Measurements模块库中包含Simulink仿真中电力电子器件经常需要用到产生驱动信号的仿真模块，例如PWM脉冲发生器（PWM Generator）和同步脉冲发生器。这里将详细介绍2018版中多种PWM Generator和同步脉冲发生器。

（1）PWM Generator (2-Level)

在SimPowerSystem/Specialized Technology/Control and Measurements/Pulse & Signal Generators中，PWM Generator有四种模块，分别为PWM Generator (2-Level)、PWM Generator (3-Level)、PWM Generator (DC-DC) 和PWM Generator(Multilevel)。其图标分别如图14-77所示。

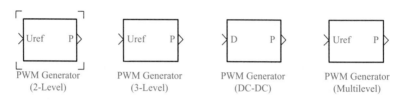

图14-77　　PWM Generator的图标

PWM Generator (2-Level)主要用脉宽调制方法来产生PWM信号，适用于两电平转换器，这个模块能控制单相桥式半控电路、单相桥式全控电路和三相桥电路，为电路中的开关器件MOSFET、IGBT、GTO提供门极驱动PWM信号。其输入端口为Uref，输入信号称为调制信号，经过和载波信号的比较得到PWM信号，载波信号一般为对称的三角波信号。输出端口为P，输出的即为调制好的PWM信号，PWM信号的个数则由模块的参数来确定。PWM Generator (2-Level)的调制原理如图14-78所示。

图14-79中所示为单相半控桥式电路的PWM信号产生的过程，其中输入的调制信号（Reference）需要与三角波信号（载波Carrier）比较，在三角波与调制信号的相交点处产生脉冲的前后沿。对于Pulse·Upper device来说，当调制信号大于三角波时，输出信号为高电平；当调制信号小于三角波时，输出信号为低电平。而对于Pulse·Lower device来说，正好相反，调制中产生的两路PWM信号正好互补，用来驱动单相半控桥式电路的两个开关器件。如果要驱动的电路是单相全控桥式电路，需要输入两个调制信号，第一个调制信号产生的两路PWM信号与前面介绍的一样，第二个调制信号与第一个的相位相差180°，并以相同的原理产生两路PWM信号，这样共四路PWM信号分别送给全控桥的四个开关器件。以此类推，三相桥则需要三个调制信号产生六路PWM信号。

PWM Generator (2-Level)的参数设置如图14-79所示。

Generator type：发生器类型，确定发生器要产生的PWM脉冲的个数。选择Single-phase half-bridge (2 pulses)时，表示需要触发单相半桥（1桥臂）电路，则需要2路脉冲；选择 Single-phase full-bridge -Bipolar modulation(4 pulses)时，表示需要触发单相全桥（2桥臂）电路，则需要4路脉冲；选择Three-phase bridge (6 pulses)时，表示需要触发三相桥（3桥臂）电路，则需要6路脉冲。

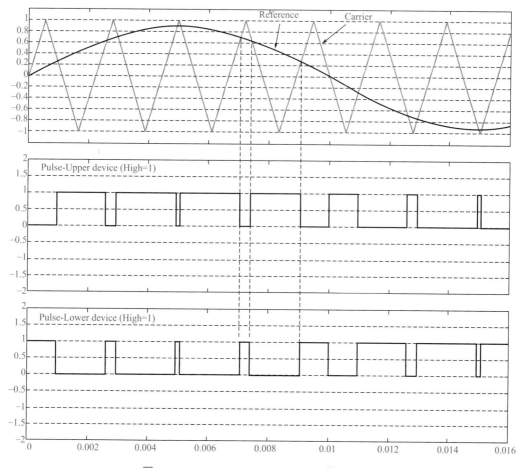

图14-78　PWM Generator (2-Level)的调制原理

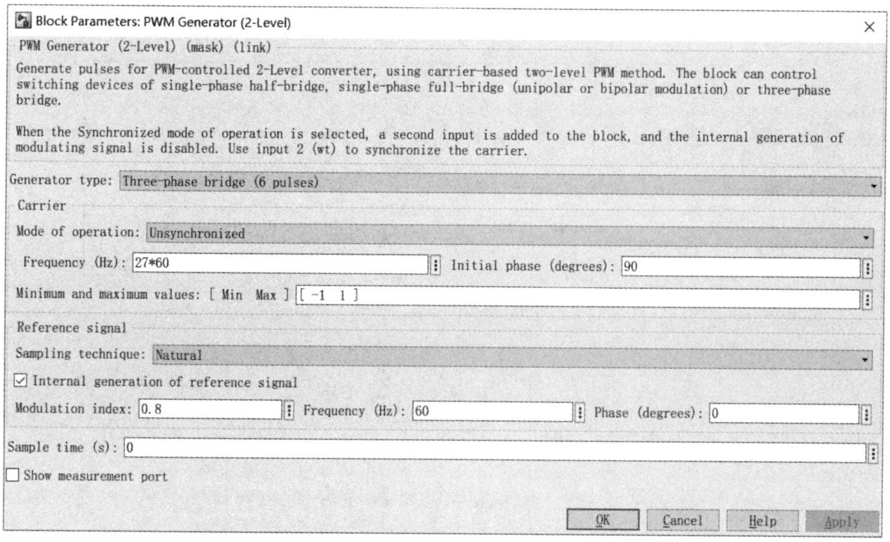

图14-79　PWM Generator (2-Level)的参数设置

Mode of operation：调制方式，可选择同步（Synchronized）或非同步（Unsynchronized）。

Carrier frequency (Hz)：载波频率，默认值为27*60，当Mode of operation设置为

Unsynchronized时会出现该对话框。27*60表示开关率与调制信号的频率的乘积。其中开关率等于载波频率/调制电压频率。

Switching ratio (carrier frequency/output frequency)：当Mode of operation设置为synchronized时会出现该对话框，这时载波信号与模块的外部调制信号同步，载波频率就由开关比这个参数决定，默认值为27。

Internal generation of modulating signal(s)：是否选择内部调制信号，如果不选中，则需要输入外部调制信号，调制波的频率和相位由外部输入信号决定；如果选中该框，则调制信号由模块内部生成，此时调制波固定为正弦波，需要在参数设置对话框中设置调制波的频率、相位和调制度参数。

Modulation index：内部调制波的幅值，其大小为0<m<1，因为PWM Generator的三角载波幅值为1。

Frequency (Hz)：调制波基波频率，单位为Hz。

Phase (degrees)：调制波的相位，单位为度。

Sample time：指定模块的采样时间，当设置为0时，表示为连续模块。

（2）**PWM Generator (3-Level)**

PWM Generator (3-Level)为三电平的变换器提供PWM信号，用来驱动电路中的开关器件MOSFET、GTO、IGBT。PWM Generator (3-Level)可以驱动single-phase half-bridge (one arm)、single-phase full-bridge (two arms)或者three-phase bridge (three arms)三种不同的转换电路，其中三电平三相桥式转换电路如图14-80所示。每个桥臂含有4个开关器件，需要4路驱动信号。PWM发生器产生的脉冲路数由受控电路的桥臂决定，如果控制的是single-phase half-bridge (one arm)，则PWM Generator (3-Level)需要产生4路PWM信号；如果控制的是single-phase full-bridge (two arms)，则PWM Generator (3-Level)需要产生8路PWM信号；如果控制的是three-phase bridge (three arms)，则PWM Generator (3-Level)需要产生12路PWM信号。

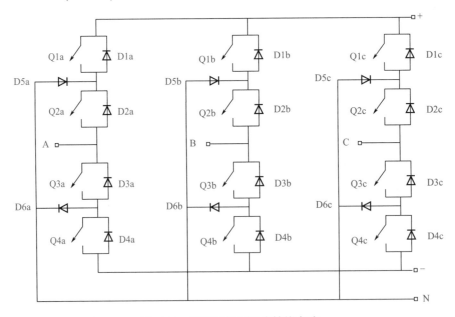

图14-80　三电平三相桥式转换电路

PWM Generator (3-Level)产生驱动单相半桥（1桥臂）电路PWM信号的调制原理如图14-81所示。首先正弦波是调制波，而三角波为载波，只是一个为正三角波，一个为负三角波。当驱动单相半桥（1桥臂）电路时，PWM Generator (3-Level)的输入端需要一个调制信号，如图中正弦波。当调制信号正弦波大于正三角波时，产生信号电平为1；当调制信号正弦波小于负三角波时，输出信号电平为 −1；其余情况输出均为0。这样根据需求PWM Generator (3-Level)可以输出4路互补的PWM信号。

PWM Generator (3-Level)的参数同PWM Generator (2-Level)类似，这里只做简单介绍。

Generator type：发生器类型，确定发生器要产生的PWM脉冲的个数。选择Single-phase half-bridge (4 pulses)时，表示需要触发单相半桥（1桥臂）电路，则需要4路脉冲，其中Pulses (1, 2)驱动上面的两个开关器件，Pulses (3, 4)驱动下面的两个开关器件；选择 Single-phase full-bridge (8 pulses)时，表示需要触发单相全桥（2桥臂）电路，则需要8路脉冲，其中Pulses (1, 2)和Pulses (5, 6)驱动上面的四个开关器件，Pulses (3, 4) 和Pulses (7, 8)驱动下面的四个开关器件；选择Three-phase bridge (12 pulses)时，表示需要触发三相桥（3桥臂）电路，则需要12路脉冲，其中Pulses (1, 2)、Pulses (5, 6) 和Pulses (9, 10) 驱动上面六个开关器件，Pulses (3, 4)、Pulses (7, 8) 和Pulses (11, 12)驱动下面的六个开关器件。其余参数设置情况均与WM Generator (2-Level)相同。

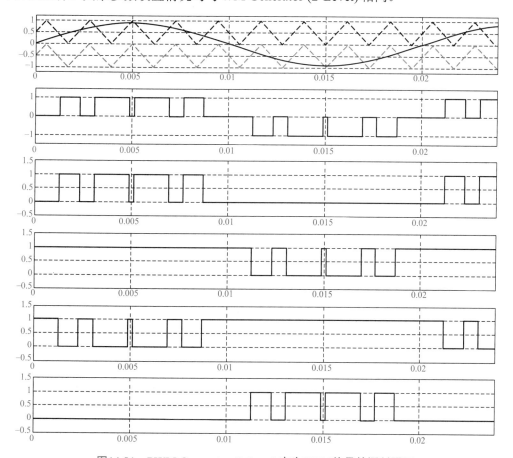

图14-81　PWM Generator (3-Level)产生PWM信号的调制原理

（3）PWM Generator (DC-DC)

PWM Generator (DC-DC)是针对直流－直流变换器而设计的驱动仿真模块。它可以为一象限Buck或Boost转换器中的MOSFET、GTO和IGBT开关器件提供驱动信号。

图标中输入端口为D，是输入发生器的占空比，值的范围为0～1。输出端口P输出PWM脉冲给直流转换器开关器件的门极。该模块的参数设置非常简单，只有如下两个参数：

Switching frequency (Hz)：开关频率，是发生器内部用来生成PWM信号的锯齿波的频率；Sample time：采样时间的设置同前面PWM Generator (2-Level)。

（4）PWM Generator(Multilevel)

PWM Generator(Multilevel)是为模块化多电平换流器提供的PWM控制信号。

Bridge type：多电平变换器中桥的类型，其中有半桥Half-bridge和全桥Full-bridge两种。

Number of bridges：控制桥的个数，默认为4，最大值为22。

Carriers frequency (Hz)：载波频率，默认值为540Hz。

Sample time (s)：采样时间的设置同前面PWM Generator (2-Level)，默认为0。

【例14-10】直流-直流变换器降压斩波电路中，已知Src1=250V，Src2=125V，$R=3\Omega$，$L=5\text{mH}$，电路中存在反电动势，Src2=125V，采用脉宽调制控制方式，$D=0.8$时，利用PWM Generator (DC-DC)驱动降压电路的开关管IGBT，建立仿真模型，并观测PWM信号、输出电压电流波形及平均值。

解：根据题意建立模型如图14-82所示。

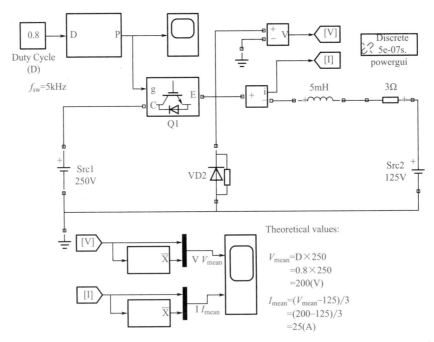

图14-82　例14-10降压斩波电路模型

模型中所用设备模块：

直流电压源：Simscape /Power Systems/Specialized Technology/ Fundamental Blocks/

Electrical Sources/DC Voltage Source；

全控开关器件：Simscape /Power Systems/Specialized Technology/ Fundamental Blocks/ Power Electronics/IGBT/Diode；

二极管：Simscape /Power Systems/Specialized Technology/Fundamental Blocks/Power Electronics /Diode；

电阻：Simscape /Power Systems/Specialized Technology/ Fundamental Blocks/Elements/Series RLC Branch；

电感：Simscape /Power Systems/Specialized Technology/ Fundamental Blocks/Elements/Series RLC Branch；

PWM脉冲发生器：Simscape/Power SystemsSpecialized Technology/Control and Measurements Library/Pulse &Signal Generators/ PWM Generator (DC-DC)；

传递信号模块：Simulink/Signal routing/From 和 Goto；

平均值测量模块：Simscape/Power Systems/Specialized Technology/Control and Measurements Library/ Measurements/Mean；

示波器：Simulink/Sinks/Scope；

常数：Simulink/Sources/Constant。

模型及仿真参数设置：PWM Generator (DC-DC)的占空比设置为0.8，开关频率设置为5000Hz，在Powergui模块Configuration parameters中，Simulation type设置为Discrete，Sample time设置为T_s=5e−07s。仿真时间设置为0.045s，仿真算法为ode23tb。

PWM Generator (DC-DC)输出PWM信号波形如图14-83所示。

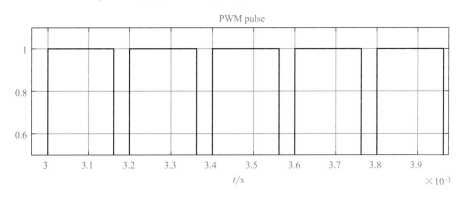

图14-83　**PWM Generator (DC-DC)输出PWM信号波形**

电路输出电压电流及其平均值如图14-84所示。

放大后的输出电压及平均值波形如图14-85所示。

（5）Pulse Generator (Thyristor,6-Pulse)

该脉冲发生器主要是给转换电路中的晶闸管提供6路脉冲或12路脉冲，用来控制三相全控桥式电路中的晶闸管器件。Pulse Generator (Thyristor,6-Pulse) 和 Generator (Thyristor,12-Pulse)的图标如图14-86所示。

图14-87中，输入端口alpha是晶闸管的触发控制角α，控制角的单位是度，它可以是固定值也可以是变化值。一般情况下，固定不变的控制角可以由常数模块来给定数值，变化的控制角一般由控制电路来产生。输入端口wt是角度，变化范围为$0 \sim 2\pi$，

该角度可以从锁相环系统获得。输入端口Block用于控制触发脉冲的输出，当该端设置为0时，则有脉冲输出；如果该端设置为1，则没有脉冲输出，转换电路也不会工作。

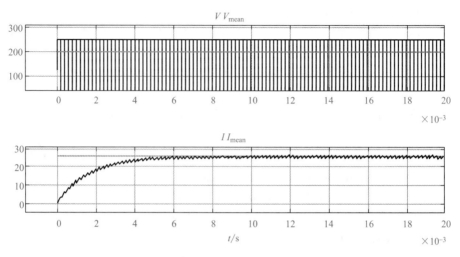

图14-84　电路输出电压电流及其平均值

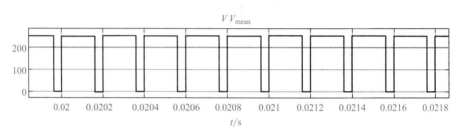

图14-85　放大后的输出电压及平均值波形

输出端口P，输出六路脉冲信号给转换电路晶闸管。当模块为Pulse Generator (Thyristor,12-Pulse)时，输出端口为PY、PD。这时脉冲发生器分别输出两组各6路的脉冲信号，其中PY端输出的脉冲信号用于触发与变压器二次侧Y连接绕组连接的变换器，而PD输出的脉冲用于触发与变压器二次侧△连接绕组连接的变换器。

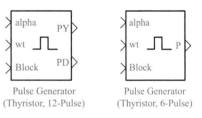

图14-86　Pulse Generator的图标

Pulse Generator 各项参数如下：

Generator type：发生器类型，有6-pulse或12-pulse两种选择。选择6-pulse，则输出端只有P。　6-pulse是在一个周期内可以产生6路脉冲信号，每个触发信号间隔60°，可以控制6个晶闸管。如果选择12-pulse，则输出端为PY和PD。　12-pulse是在一个周期内可以产生两组脉冲序列，每组6路，一共可以控制12个晶闸管。

Delta winding connection：指定变压器二次侧△绕组连接的具体类型，当设定为D1(lagging)时，则PD组输出的脉冲会滞后PY组脉冲30°；当设定为D11(leading)时，则PD组输出的脉冲会超前PY组脉冲30°。

Pulse width (deg)：脉冲宽度，指定脉冲的宽度，单位为度。

Double pulsing：三相桥式电路有两种触发方式，即宽脉冲触发和双脉冲触发。如果没有选中该复选框，则发生器按宽脉冲触发方式输出脉冲，宽脉冲触发时，脉冲的宽度必须大于60°；如果选中该复选框，则发生器按双脉冲触发方式输出脉冲。双脉冲触发是在单脉冲触发的基础上，在每次下一个晶闸管触发的同时给前一个晶闸管补一个脉冲，以保证在电流断续时，电路的上下桥臂都各有一个晶闸管同时导通，使晶闸管能可靠触发。单脉冲触发方式和双脉冲触发方式下的触发脉冲如图14-87、图14-88所示。

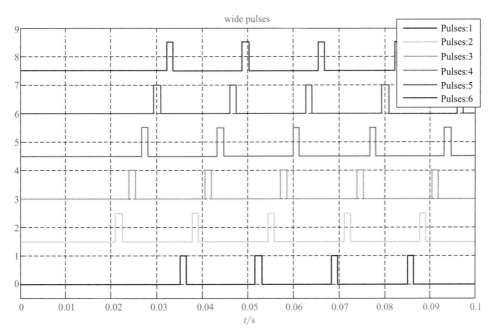

图14-87　单脉冲触发方式下的触发脉冲

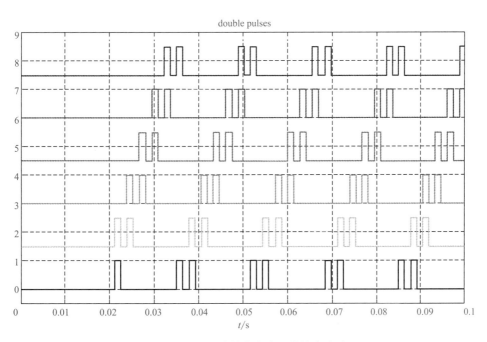

图14-88　双脉冲触发方式下的触发脉冲

14.6.2 测量模块

Power Systems模块库中含有普通测量模块和特殊测量模块。普通测量模块是在Specialized Technology / Fundamental Blocks库中的，包含前面经常用到的电压表、电流表、万用表和三相电压电流测量模块；特殊的测量模块是位于Control and Measurements Library子库中，包含很多平均值、有效值等测量模块。这里简单介绍一些模块及功能。

Multimeter：万用表，可以用来测量电压或电流；

Impedance Measurement：测量阻抗的模块；

Mean：测量平均值的模块；

RMS：测量均方根值的模块；

Fourier：利用傅里叶分析电压或电流信号，并可以计算和分析其直流分量、基波和谐波分量的大小和相位；

THD：测量总谐波畸变率；

Sequence Analyzer (Phasor)：相序分析仪，用来测量三相正序、负序、零序信号；

Power：功率测量模块，可以测量有功功率和无功功率。

14.7 其他模块库

Specialized Power Systems模块库，除了前面已经介绍的Fundamental Blocks和Control and Measurements，还包括电力拖动模型库Electric Drives、柔性输电模型库Flexible AC Transmission Systems(FACTS)和新能源模型库Renewable。这里包含一些工程应用的模型，如风力发电机、各种传动的电机、直流传动或交流传动、柔性输电系统等方面的模型。电力拖动模型库Electric Drives Library中包含交流调速（AC drives）、直流调速（DC drives）、其他电源（Extra Sources）、机械轴和减速器（Shafts and speed reducers）。FACTS库中包含高压直流输电系统模型（HVDC Systems）、基于柔性输电的电力电子装置（Power-Electronics Based FACTS）、特殊变压器（Transformers）。新能源模型库包含风力发电模型。这些模块都比较复杂，因此在查看具体模型时可以参看Simulink的帮助。VSC-HVDC Transmission System Model系统模型如图14-89所示。

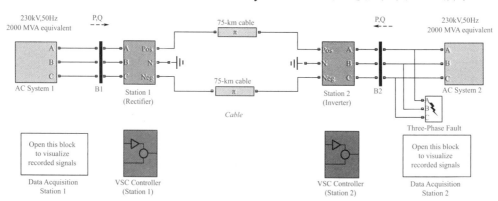

图14-89　VSC-HVDC Transmission System Model系统模型

14.8　电力图形用户界面

Powergui模块（Power Graphical User Interface，电力图形用户界面）是Simulink为电力系统仿真提供的图形用户分析界面。该模块在电力系统仿真中非常重要，它可以利用Simulink连接不同的电气元件，是分析电力系统模型有效的图形化用户接口模块。

14.8.1　调用方法

在Power Systems模块库中，单击Elecrical/Specialized Power Systems/Fundamental Blocks，可以看到Powergui模块在其库的最底端，将其拖拽或复制到新的模型中，双击该模块，出现其属性参数对话框。Powergui模块的图标分为三种形式，分别为连续系统、离散系统、向量法，其图标和属性参数对话框如图14-90所示。

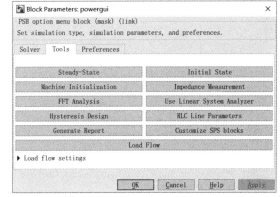

图14-90　Powergui模块的图标和属性参数对话框

Powergui模块可以进行可变步长连续系统仿真、定步长离散系统仿真和相量法仿真，主要实现以下功能：显示测量电压、测量电流和所有状态变量的稳态值；改变仿真的初始状态；进行负载潮流计算，对包含三相电机的电路进行初始化设置，三相电机类型为简化同步电机、同步电机和异步电机模块；显示阻抗的"阻抗-频率"波形图；显示FFT分析结果；可以生产系统空间模型，打开线性时不变系统（LTI）的浏览界面，观测时域和频域的响应特性曲线；生成关于测量模块、电源、非线性模块和电路状态变量的稳态值的报表，后缀名为.rep。

14.8.2　属性参数对话框

（1）主窗口功能简介

主窗口如图14-90所示，包括仿真配置选择Simulation and configuration options 和分析工具Analysis tools两部分内容。仿真配置选择中点击configure parameters进入对话框，如图14-91～图14-93所示，其主要功能是用来设置仿真类型、仿真参数等。

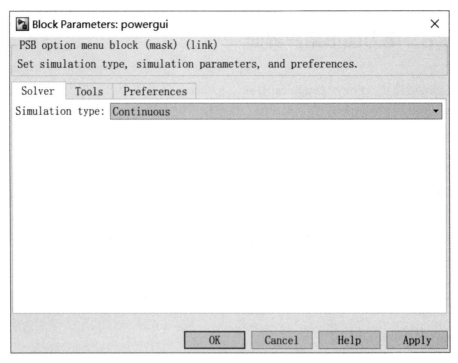

图14-91　选择连续算法分析系统时的对话框

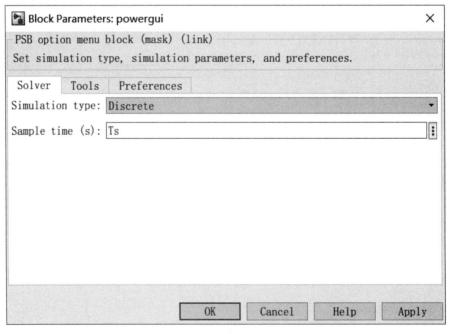

图14-92　选择离散算法分析系统时的对话框

Simulation type：仿真类型，可以选择连续算法、离散算法、相量法分析，当选择不同类型时，对应不同的设置对话框。

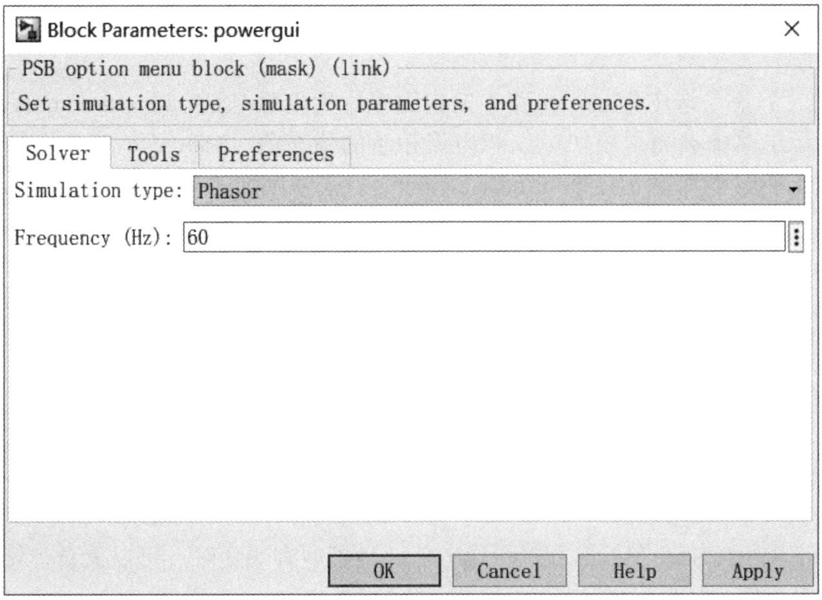

图14-93 选择相量法分析系统时的对话框

Solver type：当Simulation type选择Discrete时，对话框中会出现Sample time (s)。

Sample time (s)：输入指定的采样时间，且$T_s>0$，按照指定的步长对离散化系统进行分析；如果采样时间为0，表示不对数据进行离散化处理，采用连续算法分析系统。

Phasor frequency (Hz)：当仿真类型选择Phasor时，会出现Phasor frequency (Hz)栏。在该栏中输入指定频率，电力系统模块将在该频率下执行相量仿真。

在Powergui模块主窗口的分析工具中，包括以下几个部分：

Steady-State：稳态电压电流分析；

Initial States：初始状态设置；

Load Flow：潮流计算；

Machine Initialization：电机初始化；

Use LTI Viewer：LTI视窗；

Impedance Measurement：阻抗频率特性测量；

FFT Analysis：FFT分析；

Generate Report：生成报表，磁滞特性设置；

Use Linear System Analyzer：线性系统分析；

Customize SPS blocks：定制SPS模块；

RLC Line Parameters：计算RLC线路参数。

（2）稳态电压电流分析窗口

稳态电压电流分析窗口Powergui Steady-State Voltages and Currents Tool主要显示模型文件中的稳态电压和稳态电流，及其他稳态时的变量值。打开窗口如图14-94所示。对话窗口中关键属性参数如下：

Units：计量单位类型，选择要显示的电压、电流值是峰值Peak还是有效值RMS。

Frequency：频率，用户选择频率，用来显示电压、电流相量，单位为Hz。

Display是显示的内容，包括States、Measurements、Sources、Nonlinear elements四个选项。

States：状态，选中则显示电路中的电容电压和电感电流；Measurements：测量量，选中则显示电路中被测量模块电压和电流相量的稳态值；Sources：若选中则显示电路中电源电压相量的稳态值；Nonlinear elements：选中则显示电路中非线性元件的稳态电流和电压值；如果电路中没有非线性元件，则如图14-94中所显示的"No nonlinear elements"。

Format：格式，选择要显示电压电流值的数据格式，有三种：浮点格式Floating piont，用科学计算法显示5位有效数字；最优格式Best of，显示4位有效数字，当数值大于9999时，用科学计数法表示数值；最后一种格式是直接显示数值的大小，小数点后保留2位。

Ordering：显示窗口显示变量数值的顺序，可以选择先名字后数值，也可以选择先数值后名字。

Update Steady State Values：更新稳态值，当模型有改变时，可以重新计算并显示稳态电压、电流值。

稳态电压电流分析窗口中的Steady state values是显示稳态值的主要部分，依次按照Display选项及格式要求显示内容。

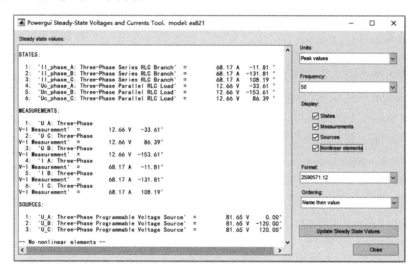

图14-94　稳态电压电流分析窗口

（3）初始状态设置窗口

初始状态设置窗口Powergui Initial States Setting Tool可以设置更改电路中的初始状态值，在主窗口中点击Initial States进入如图14-95所示的窗口。

Initial electrical state values for simulation：初始电气状态列表，显示模型中状态变量的名字和它们的初始值。

Set selected electrical state：设置指定电气状态，首先在初始电气状态列表中选中要设置的状态变量，并在栏中输入所选状态变量的初始值。

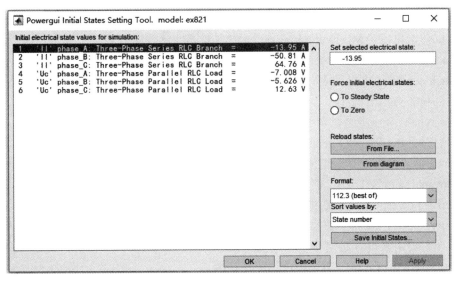

图14-95　初始状态设置窗口

Force initial electrical states：设置初始状态，选择从稳态 To Steady State 或零初始状态 To Zero 开始仿真。

Reload states：加载状态，选择从指定文件 From File 加载初始状态，或者以当前值 From Diagram 作为初始状态开始仿真。

Format：选择要观测量的格式，同前面稳态电压电流分析窗口中的格式设置。

Sort values by：分类，选择初始状态值的显示顺序。

Save Initial States：保存初始状态发到指定的文件。

（4）**Load Flow**

潮流计算窗口如图14-96所示。

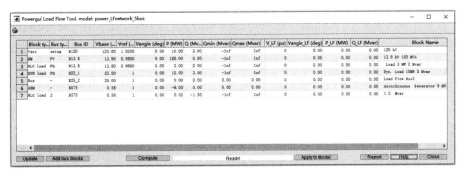

图14-96　潮流计算窗口

窗口中的重要参数如下：

Frequency (Hz)：频率；Base power (VA)：电网基准容量；Max iterations：最大迭代次数；PQ tolerance (pu)：PQ 容差标幺值。

窗口中含有的按键及功能如下：

Update：更新；Add bus blocks：添加总线模块；Compute：计算；Report：报告；Apply to Model：应用；Help：帮助；Close：关闭。

（5）电机初始化窗口

电机初始化窗口 Machine Initialization 中主要属性参数如下：

Machines info：显示电机的基本信息和潮流分布。

Machines list：电机列表，显示该模型中所采用电机的类型，可以是简化同步电机、同步电机和非同步电机。

Bus type：节点类型，对于 PV 节点 P&V Generator，可以设置电机的端口电压和有功功率；对于 PQ 节点 PQ generator，可以设置节点的有功功率和无功功率；对于平衡节点 Swing Bus，可以设置端电压的有效值和相角，同时需要对有功功率进行预估。

Terminal voltage UAB：终端电压，指定选中电机的端电压（输出线电压）。

Active power：指定所选电机的有功功率。

Active power guess：如果电机的节点类型为平衡节点则出现该项，否则没有该选项；该项主要用来设置迭代开始时电机的有功功率。

Reactive power：指定所选电机的无功功率。

Phase of UAN voltage：当电机的节点为平衡节点时，该项被激活；它表示指定选中电机 A 相相电压的相角。

Machine initialization frequency：电机初始化频率；计算中给电机设定的初始频率。

Initial condition：初始化条件，默认设置为 Auto，表示迭代前系统自动调节初始状态；或者选择 Start from previous solution，表示初始值为前一次仿真结果。

（6）快速傅里叶分析工具窗口

打开主窗口中的快速傅里叶分析 FFT Analysis，其界面如图 14-97 所示。主要包括 Available signals 和 FFT settings 两个部分。

Available signals 主要说明 FFT Analysis 中要显示与分析的信号是如何获得的。一般信号是由用户模型中示波器模块产生的。双击示波器模块，弹出属性参数设置对话框，单击参数 Parameters 设置，选择"Data history"选项，在变量名 Variable name 框中输入变量的名字，在保存格式 Format 下拉框中选择带时间的结构变量 Structure with time。这样在 FFT Analysis 工具中才能选择相应的变量。Available signals 中的参数设置主要包括以下内容：

Refresh：刷新，如果点击该按钮，则刷新 Available signals 框中的带时间的结构变量列表。Name：选择要显示与分析的带时间的结构变量的名称，这些变量就是前面示波器产生的变量。Input：带时间的结构变量中可以包含多个输入变量，该项可以选择多个输入变量中的一个。Signal number：信号路数，列出被选择输入变量中包含的各路变量的编号。Display：显示完整信号/FFT 窗口，有 Signal 和 FFT window 两种选择，当选择显示 Signal 时，左上侧图中显示完整的信号波形；如果选择 FFT window，则左上侧图中显示指定时间段内的波形。

FFT settings 中主要含有以下内容：

Start time(s)：指定 FFT 分析的起始时间。Number of cycles：周期个数，指定需要进行 FFT 分析的波形的周期数。Fundamental frequency：指定 FFT 分析的基频。Max Frequency：指定 FFT 分析的最大频率。Max frequency for THD computation：总谐波失真计算的最大频率，有 Nyquist frequency 和 Same as Max frequency 两种选择；如果选

择 Nyquist frequency，计算 THD 时的最大频率取奈奎斯特频率大小；如果选择 Same as Max frequency，计算 THD 时的最大频率取参数设置中的最大频率。

Display style：显示类型，有六种选择。频谱的显示类型可以是"以基频为基准的柱状图 [Bar（relative to Fundamental）]""以基频为基准的列表 [List（relative to Fundamental）]""指定基准值下的柱状图 [Bar（relative to specified base）]""指定基准值下的列表 [List（relative to specified base）]""以直流分量为基准的柱状图 [Bar（relative to DC component）]""以直流分量为基准的列表 [List（relative to DC component）]"共六种。

Base value：基准值，当显示类型选择"指定基准值下的柱状图 [Bar（relative to specified base）]"和"指定基准值下的列表 [List（relative to specified base）]"时，该项被激活，在栏中输入谐波分析的基准值。

Frequency axis：频率坐标轴，当选择赫兹 Hz 时，表示以 Hz 来显示 FFT 分析结果；当选择以谐波次序 Harmonic order 选项时，则表示以相对于基波频率的谐波次序来显示 FFT，分析结果。

Display：显示所选测量量的快速傅里叶分析结果。

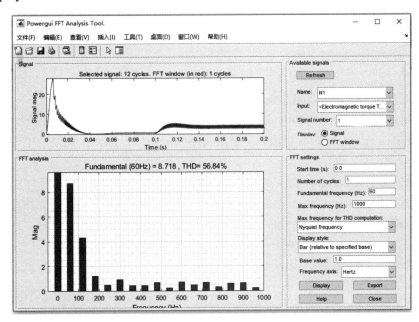

图14-97　FFT Analysis窗口

（7）磁滞特性设计工具窗口

磁滞特性设计工具窗口 Hysteresis Design Tool 如图14-98所示，其中主要属性参数内容如下所述。

Hysteresis curve for file：在窗口的左上部分显示设计的磁滞曲线。

Segments：段数，下拉列表，其中含有数字32、64、128、256、512，默认值为512，指定磁滞回线右边曲线的分段数目，曲线关于原点对称。

Remanent flux Fr：剩余磁通 Fr，指定磁滞曲线的剩余磁通点，即零电流对应的磁通。

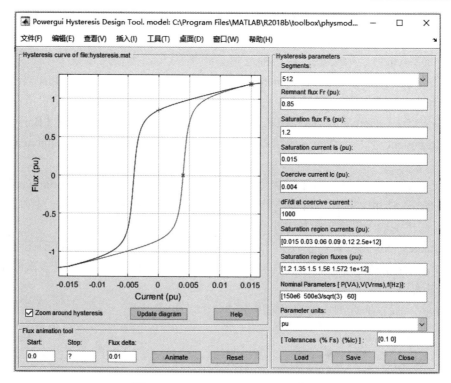

图14-98 Hysteresis Design Tool窗口

Saturation flux Fs：饱和磁通 Fs，指定磁滞曲线的饱和磁通点。

Saturation current Is：饱和电流 Is，即设置饱和磁通对应的电流。

Coercive current Ic：矫顽电流 Ic，磁通为零时的电流，也就是曲线与电流负半轴的交点。

dF/dI at coercive current：矫顽电流处的斜率。

Saturation region currents：饱和区域电流，设置磁饱和后磁化曲线上各点所对应的电流值，仅需设置磁滞特性曲线的正半部分，并且和饱和区域磁通相对应，向量的长度相同。

Saturation region fluxes：饱和区域磁通，设置磁饱和后磁化曲线上各点所对应的磁通值，仅需设置磁滞特性曲线的正半部分，与饱和区域电流对应设置，长度相同。

Nominal Parameters：变压器额定参数设置，指定变压器额定功率、一次绕组电压、额定频率。

Parameter units：参数单位，可以选择标幺值pu，也可以选择国际标准值SI，两者可以互相转换。

Tolerances（%Fs）（%Ic）：允许饱和磁通和矫顽电流的偏差，该值越小，其影响越小。

Load：打开保存设置好的磁滞回线 mat 文件。

Save：保存当前设置的磁滞回线为 mat 文件。

Start：指定起始磁通。

Stop：指定磁通演示结束时的磁通。

Flux delta：磁通 δ。

Animate：动画演示。

Reset：重新设置。

14.9 应用举例

14.9.1　有源功率因数校正APEC电路

大部分电力设备在使用时会产生大量的谐波，给电网造成了极大的危害。功率因数校正的目的是提高功率因数，减小无功电流，抑制电网谐波，改善电网供电质量。现给出以Boost电路为主电路的功率因数校正电路对应的简化模型如图14-99所示。

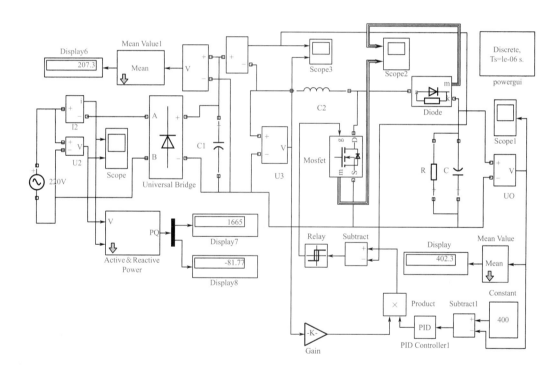

图14-99　功率因数校正简化模型

模型中主电路Boost的基本参数：$L=6\text{mH}$，输出电容 C 为450μF，开关管Q1为IRF820A，2.5A/500V。在未加功率因数校正电路时，交流输入的电压电流波形如图14-100所示，上部分为整流前电流波形 I_2，下部分为整流前电压波形 U_2，在波形中可看出电流波形有明显失真。

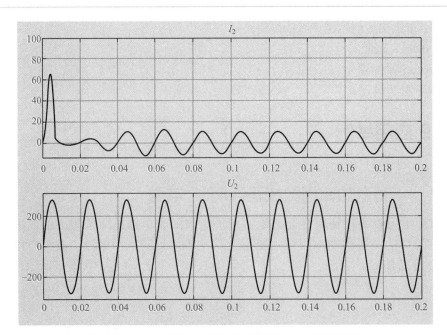

图14-100　功率因数未校正时交流输入的电压电流波形

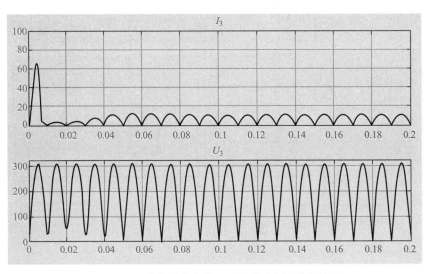

图14-101　功率因数未校正时整流后电压电流波形

未校正之前的交流信号经过整流后的电压电流波形如图14-101所示，图中上半部分为整流后电流波形I_3，下半部分为整流后的电压波形U_3。从以上波形中可以明显看出电压与电流不是同相位，功率因数较低。

Boost电路中，输入为交流220V，输出为400V直流，输出的波形如图14-102所示，在仿真0.04s左右电压开始趋于稳定，其值在400V上下波动，达到了升压的目的，升压之后的值为400V。

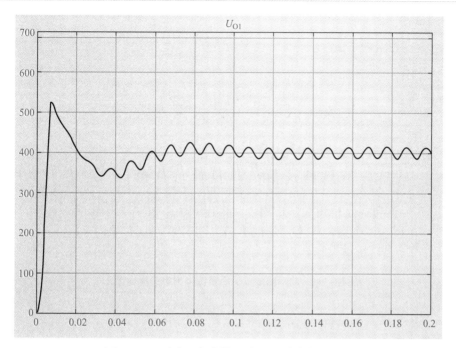

图14-102　功率因数未校正时Boost输出电压波形

对 Boost 电路在进行功率因数校正后，电路输入的交流电压电流波形、整流后的电流电压波形、Boost输出的电压波形分别如图14-103 ～图14-105所示。

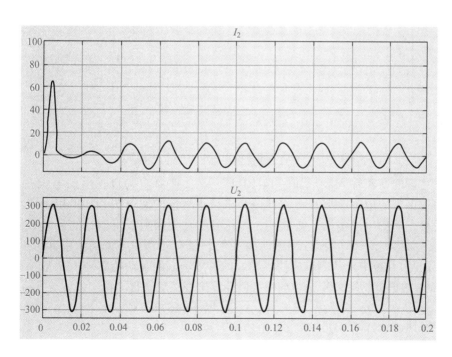

图14-103　功率因数校正后电路输入的交流电压电流波形

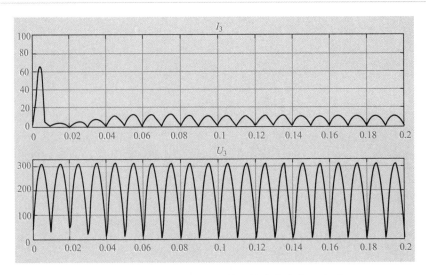

图14-104　功率因数校正后整流输出电流电压波形

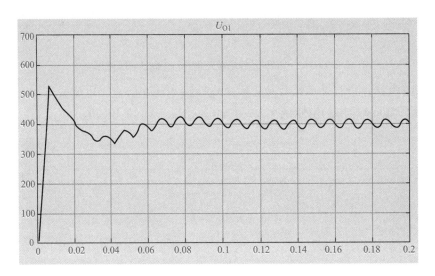

图14-105　功率因数校正后Boost输出电压波形

　　校正之后的交流输入波形如图14-103所示，上半部分为校正后的电流波形I_2，下半部分为校正后的电压波形U_2，将此图与未校正之前的波形图14-100相比较，可以明显地发现校正后的电流电压基本同相位，达到了功率因数校正的目的。为了使结果更加信服，下面将利用计算的方式求出功率因数，其有功功率与无功功率可在图14-99中观察到。在图14-99中，从测量模块中明显地看出输入的有功功率P=1665W，无功功率Q=81.77W。根据有功功率和无功功率可以计算出视在功率得

$$S=\sqrt{P^2+Q^2}=\sqrt{1665^2+81.77^2}=1667.01(\text{V}\cdot\text{A})$$

通过有功功率和视在功率可以得出功率因数

$$\lambda=\frac{P}{S}=\frac{1657}{1658.87}=0.998$$

因此功率因数校正后的功率因数为0.998，明显地接近于1，说明功率因数校正电路

提高了功率因数，有效改善了用电的质量。

14.9.2　电力系统输电线路的单相、三相重合闸

电力系统输电线路的单相、三相重合闸的Simulink仿真。　图14-106所示为一简单电力系统网络结构，该系统电压等级为220kV，为双电源供电系统，左侧为500MV·A发电机，右侧为无穷大电网。当在线路k点发生故障时由于保护动作断路器QF1和QF2将跳闸切断故障线路以保证非故障线路的正常运行。建立模型，仿真其重合闸过程并观察故障相电流的恢复情况。

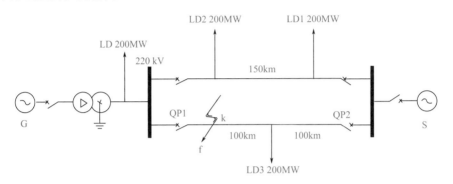

图14-106　重合闸电力系统网络结构图

在电力系统的故障中，大多数的故障是送电线路（特别是架空线路）的故障。运行经验表明，架空线路故障大多是"瞬时性"的，例如雷电引起的闪落、大风引起的碰线等，线路断开后电弧即熄灭。因此，在路被断路器切断后的一段时间再进行一次重合闸就有可能大大提高供电的可靠性。

根据图14-106，在Simulink模块库中找到对应的模块并连接成如图14-107所示的模型。

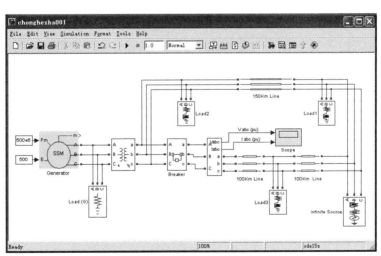

图14-107　自动重合闸系统的Simulink模型

该模型中同步发电机采用的是简化的有名值参数的同步发电机模块（Simplified Synchronous Machine SI Units）；右端供电的无穷大电网采用的是同步三相电源模块

（Three-Phase Source）；厂用三相负荷及用高压输送到变电所的负荷均采用的是三相串联 LRC 负荷模块（Three-Phase Series RLC Load）。分布参数的输电线路（Distributed Parameter Line）、线性变压器（Three-Phase Transformer）及三相断路器（Three-Phase Breaker）均取自 SimPowerSystems 库中的 Elements 模块组中。

设置模块参数：

① 同步发电机参数设置如图14-108 所示。

② 三相变压器参数设置如图14-109 所示。

③ 150km 分布参数线路参数设置如图14-110 所示。

④ 100km 分布参数线路参数设置如图14-111 所示。

⑤ 三相电压源参数设置如图14-112 所示。

⑥ 三相串联 RLC 负荷 Load1 参数设置（Load2、Load3 与其相同）如图14-113 所示。

⑦ 厂用三相串联 RLC 负荷 Load G 参数设置如图14-114 所示。

⑧ 断路器参数设置如图14-115 所示。

⑨ 三相电压电流测量模块参数设置如图14-116 所示。

选择 ode23tb 算法，将相对误差设置为 1e-3，开始仿真时间设置为 0，结束仿真时间设置为 1，其余参数均采用默认设置。启动仿真并分析仿真结果点击主菜单中的按钮来启动仿真，如果一切设置无误，则开始仿真运行，仿真结束后得出故障点电压电流波形。

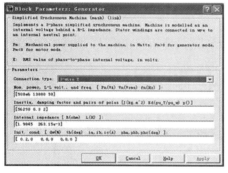

图14-108　同步发电机参数设置

图14-109　三相变压器参数设置

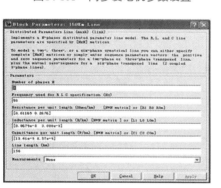

图14-110　150km线路参数设置

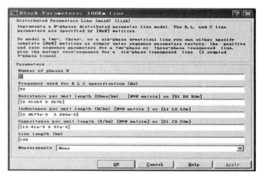

图14-111　100km线路参数设置

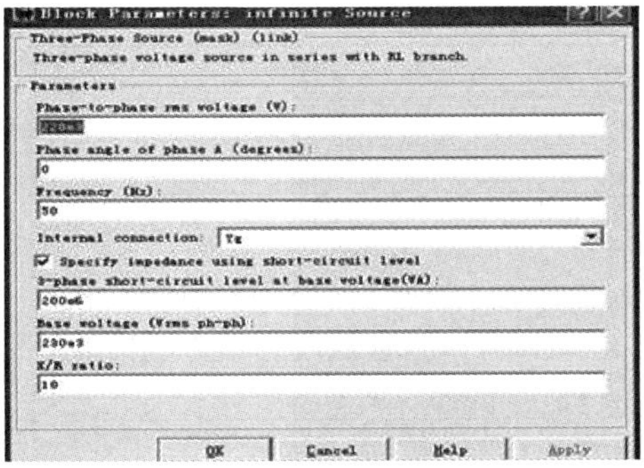

图14-112 三相电压源参数设置

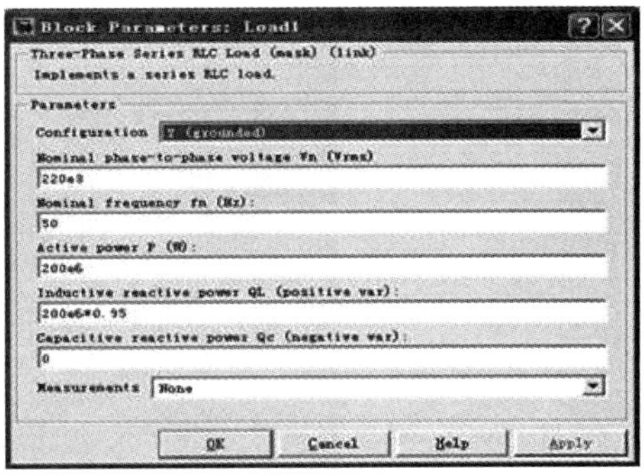

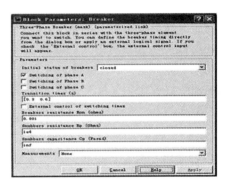

图14-113 三相串联RLC负荷参数设置

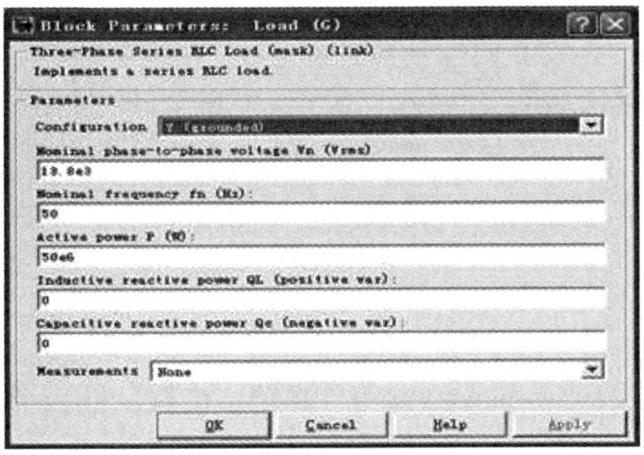

图14-114 厂用三相串联RLC负荷参数设置

图14-115 断路器参数设置

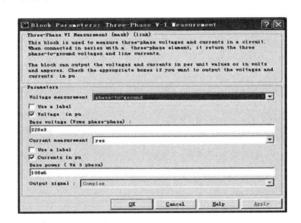

图14-116 三相电压电流测量模块参数设置

（1）线路单相自动重合闸的仿真分析

在对模块参数进行设置时，将断路器的故障相选为A相，断路器的初始状态为闭合，表示线路正常工作；断路器的转换时间设置为[0.3 0.6]，即线路在0.3s时发生A相接地短路，断路器断开,在0.6s时断路器重新闭合，相当于临时故障切除后线路进行重合闸。线路单相接地短路时，母线端的电压和电流波形如图14-117所示。

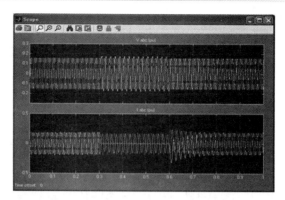

图14-117　单相自动重合闸故障点电压电流波形

　　由于系统为双电源供电系统，因此当线路发生单相接地短路时，断路器断开切除故障点，母线电压并没有多大的改变；在单相接地短路期间（0.3～0.6s），断路器A相断开，A相电流为0，非故障相的电流幅值减小；在故障切除后（0.6s后），重合闸成功，三相电流经过暂态后又恢复为稳定工作状态，达到新的稳态后，三相电流保持对称，相角互差120°。

（2）线路三相自动重合闸的仿真分析

　　在对模块参数进行设置时，将断路器的故障相选为A相、B相、C相，断路器的初始状态为闭合，表示线路正常工作；断路器的转换时间设置为[0.3 0.6]，即线路在0.3s时发生三相相间短路，断路器断开，在0.6s时断路器重新闭合，相当于临时故障切除后线路进行重合闸。线路三相短路时，母线端的电压和电流波形如图14-118所示。三相电流经过暂态后又恢复为稳定工作状态，达到新的稳态后，三相电流保持对称，相角互差120°。

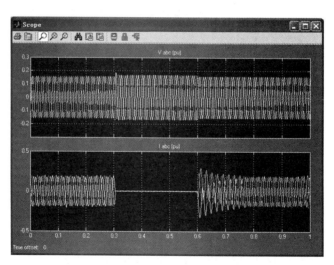

图14-118　三相自动重合闸故障点电压电流波形

第 *15* 章
MATLAB在深度学习中的应用

15.1 深度学习基础

深度学习基础函数见表15-1。

表15-1 深度学习基础函数

函数	说明
alexnet	AlexNet卷积神经网络
vgg16	VGG-16卷积神经网络
vgg19	VGG-19卷积神经网络
googlenet	GoogLeNet卷积神经网络
importCaffeNetwork	从Caffe导入预先训练的卷积神经网络模型
trainingOptions	神经网络训练的选项
trainNetwork	深度学习的神经网络训练

15.1.1 AlexNet卷积神经网络

alexnet函数调用格式：

net = alexnet：返回训练好的AlexNet模型。

【例15-1】加载训练AlexNet卷积神经网络，并检查层和类。使用AlexNets加载预训练的AlexNet网络。输出网络是一个串行网络对象。使用Lead属性，查看网络体系结构。该网络由25层组成。有8层可学习的权重：5个卷积层和3个完全连接的层。

如果没有安装，则在在命令行窗口输入：

```
>> alexnet
```

运行结果如图15-1所示。

图15-1 安装AlexNet卷积神经网络

AlexNetwork需要AlexNet网络支持包的神经网络工具箱模型。若要安装此支持包，请使用"加载项资源管理器"。

点击"Add-On Explorer"，进入图15-2所示的界面，然后点击安装即可。

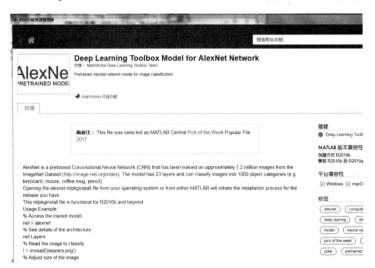

图15-2 安装页面

则安装后再在命令行窗口输入：

```
>> alexnet
```

运行结果如下：

```
ans =
    SeriesNetwork - 属性:
        Layers: [25×1 nnet.cnn.layer.Layer]
```

15.1.2 VGG-16卷积神经网络

vgg16函数调用格式：

net = vgg16：返回一个预先训练的VGG-16模型。

【例15-2】安装VGG-16卷积神经网络。

在命令行窗口输入：

```
>> vgg16
```

如果没有安装好VGG-16卷积神经网络，则运行结果如图15-3所示。

在该页面上点击Add-On Explorer，则进入安装进程，如图15-4所示。

图15-3　运行结果　　　　　　　　　　图15-4　安装进程

15.1.3　VGG-19卷积神经网络

如果没有安装，则在命令行窗口输入：

```
>> vgg19
```

运行结果如下（图15-5）。

错误使用 vgg19 (line 52)

VGG-19需要VGG-19网络支持包的神经网络工具箱模型。若要安装此支持包，请使用"加载项资源管理器"。

图15-5　错误页面

安装后在命令行窗口输入：

```
>> vgg19
```

运行结果如下：

```
ans=
    SeriesNetwork-属性:
        Layers:[47×1 nnet.cnn.layer.layer]
```

15.1.4　GoogLeNet卷积神经网络

googlenet函数调用格式：

net = googlenet：返回一个预先训练的GoogLeNet模型。

如果没有安装，则会出现下面的错误提示：

> 错误使用 googlenet (line 53)

googlenet需要GoogLeNet网络支持包的神经网络工具箱模型。要安装此支持包，请使用Add-On Explorer。

安装后在命令行窗口输入：

```
>> googlenet
```

运行结果如下：

```
ans=
    DAGNetwork-属性：
        Layers:[144×1 nnet.cnn.layer.layer]
    Connections:[170×2 table]
```

15.1.5　从Caffe导入预先训练的卷积神经网络模型

importCaffeNetwork函数调用格式：

net = importCaffeNetwork(protofile,datafile)：从Caffe导入一个预先训练的网络作为一个SeriesNetwork对象。

net = importCaffeNetwork(protofile,datafile,'InputSize',sz)：返回预先训练的网络并指定输入数据的大小。

net = importCaffeNetwork(___,Name,Value)：返回具有一个或多个Name、Value参数的附加选项的网络，使用先前的任何指令。

安装后在命令行窗口输入：

```
>> protofile='digitsnet.prototxt'
>> datafile='digits_iter_10000.caffemodel';
>> net=importCaffeNetwork(protofile,datafile)
```

运行结果如下：

```
net=
    SeriesNetwork-属性：
        Layers:[7×1 nnet.cnn.layer.layer]
```

15.1.6　神经网络训练的选项

trainingOptions函数调用格式：

options = trainingOptions(solverName)：返回由solverName指定的求解器的一组训练选项。

options = trainingOptions(solverName,Name,Value)：返回一组具有由一个或多个name- value参数指定的附加选项的训练选项。

【例15-3】使用动量的随机梯度下降法创建一组训练网络的选项。每5个周期将学习率降低0.2倍。将训练次数的最大数目设置为20，并在每一次迭代中样本的数量为64。在培训过程中绘制培训进展图。

在命令行窗口输入：

```
>> options = trainingOptions('sgdm',...
        'LearnRateSchedule','piecewise',...
        'LearnRateDropFactor',0.2,...
        'LearnRateDropPeriod',5,...
        'MaxEpochs',20,...
        'MiniBatchSize',64,...
        'Plots','training-progress')
```

运行结果如下：

```
options =
  TrainingOptionsSGDM - 属性:
                    Momentum: 0.9000
               InitialLearnRate: 0.0100
      LearnRateScheduleSettings: [1×1 struct]
              L2Regularization: 1.0000e-04
                    MaxEpochs: 20
                 MiniBatchSize: 64
                      Verbose: 1
             VerboseFrequency: 50
                ValidationData: []
           ValidationFrequency: 50
            ValidationPatience: 5
                      Shuffle: 'once'
               CheckpointPath: ''
          ExecutionEnvironment: 'auto'
                   WorkerLoad: []
                    OutputFcn: []
                        Plots: 'training-progress'
                SequenceLength: 'longest'
          SequencePaddingValue: 0
```

15.1.7 深度学习的神经网络训练

trainNetwork 函数调用格式：

trainedNet = trainNetwork(imds,layers,options)：训练一个用于图像分类问题的网络。

trainedNet = trainNetwork(mbs,layers,options)：训练一个用于图像分类和回归问题的网络。

trainedNet = trainNetwork(tbl,responseNames,layers,options)：训练一个回归问题的

网络。

[trainedNet,traininfo] = trainNetwork(___)：也返回关于任何输入参数的训练的信息。

【例15-4】利用ImageDatastore中的数据训练卷积神经网络。将数据加载为ImageDatastore对象。

在命令行窗口输入：

```
>> digitDatasetPath = fullfile(matlabroot,'toolbox','nnet','nndemos',...
      'nndatasets','DigitDataset');
>> digitData = imageDatastore(digitDatasetPath,...
       'IncludeSubfolders',true,'LabelSource','foldernames');
```

数据存储包含10000个数字0～9的合成图像。通过将随机变换应用于使用不同字体创建的数字图像来生成图像。每个数字图像是28×28像素。显示数据存储中的一些图像。

在命令行窗口输入：

```
>> figure;
>> perm = randperm(10000,20);
>> for i = 1:20
>> subplot(4,5,i);

>> imshow(digitData.Files{perm(i)});
>> end
```

运行结果如图15-6所示。

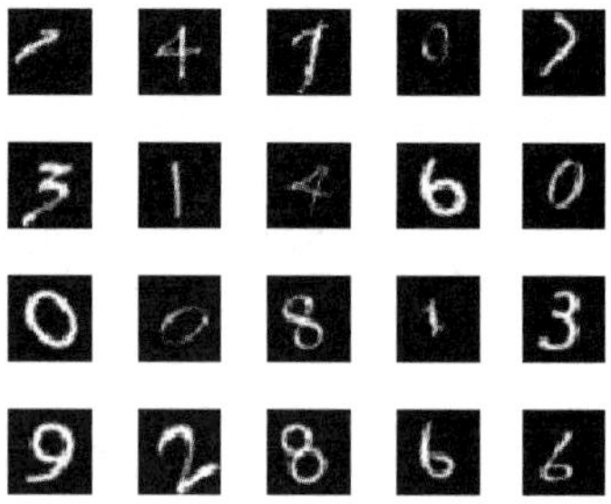

检查每个数字类别中的图像数量。在命令行窗口输入：

```
>> digitData.countEachLabel
```

运行结果如下：

```
ans =
  10×2 table
    Label    Count
    _____    _____

      0      1000
      1      1000
      2      1000
      3      1000
      4      1000
      5      1000
      6      1000
      7      1000
      8      1000
      9      1000
```

图15-6 数字图像

数据包含每个类别的相同数量的图像。划分数据集，使得训练集中的每个类别具有750个图像，并且测试集具有来自每个标签的剩余图像。

在命令行窗口输入：

```
>> trainingNumFiles = 750;
>> rng(1) % For reproducibility
>> [trainDigitData,testDigitData] = splitEachLabel(digitData,...
                  trainingNumFiles,'randomize');
```

splitEachLabel将数字文件中的图像文件拆分为两个新的数据存储区：trainDigitData和testDigitData。定义卷积神经网络结构。

在命令行窗口输入：

```
>> layers = [imageInputLayer([28 28 1]);
          convolution2dLayer(5,20);
          reluLayer();
          maxPooling2dLayer(2,'Stride',2);
          fullyConnectedLayer(10);
          softmaxLayer();
          classificationLayer()];
```

将选项设置为具有动量的随机梯度下降的默认设置。设置最大次数为20，并以0.001的初始学习率开始训练。

在命令行窗口输入：

```
>> options = trainingOptions('sgdm','MaxEpochs',20,...
    'InitialLearnRate',0.0001);
```

开始训练网络，在命令行窗口输入：

```
>> convnet = trainNetwork(trainDigitData,layers,options);
```

运行结果如下：

```
Training on single CPU.
Initializing image normalization.
```

在不用于训练网络和预测图像标签（数字）的测试集上运行经过训练的网络。在命令行窗口输入：

```
>> YTest = classify(convnet,testDigitData);
>> TTest = testDigitData.Labels;
```

下面计算精度，在命令行窗口输入：

```
>> accuracy = sum(YTest == TTest)/numel(TTest)
```

运行结果如下：

```
accuracy =
      0.9848
```

Epoch	Iteration	Time Elapsed (seconds)	Mini-batch Loss	Mini-batch Accuracy	Base Learning Rate
1	1	9.99	3.0845	13.28%	1.00e−04
1	50	26.22	1.0946	65.63%	1.00e−04
2	100	40.52	0.7270	74.22%	1.00e−04
3	150	55.10	0.4745	82.81%	1.00e−04
4	200	69.09	0.3087	92.19%	1.00e−04
5	250	82.92	0.2320	92.97%	1.00e−04
6	300	96.76	0.1537	97.66%	1.00e−04
7	350	110.69	0.1311	97.66%	1.00e−04
7	400	124.38	0.0940	96.09%	1.00e−04
8	450	138.20	0.0663	98.44%	1.00e−04
9	500	151.94	0.0459	99.22%	1.00e−04
10	550	165.79	0.0544	100.00%	1.00e−04
11	600	179.47	0.0659	99.22%	1.00e−04
12	650	193.30	0.0339	100.00%	1.00e−04
13	700	206.96	0.0341	100.00%	1.00e−04
13	750	220.66	0.0368	100.00%	1.00e−04
14	800	234.34	0.0266	100.00%	1.00e−04
15	850	248.35	0.0181	100.00%	1.00e−04
16	900	262.04	0.0236	100.00%	1.00e−04
17	950	275.97	0.0225	100.00%	1.00e−04
18	1000	289.70	0.0159	100.00%	1.00e−04
19	1050	303.63	0.0234	100.00%	1.00e−04
19	1100	317.30	0.0244	100.00%	1.00e−04
20	1150	330.95	0.0155	100.00%	1.00e−04
20	1160	333.65	0.0145	100.00%	1.00e−04

15.2 深度学习图像分类

深度学习图像分类函数表如表15-2所示。

表15-2 深度学习图像分类函数表

函数	说明
alexnet	AlexNet 卷积神经网络
vgg16	VGG-16 卷积神经网络
vgg19	VGG-19 卷积神经网络
googlenet	GoogLeNet 卷积神经网络
importCaffeNetwork	从 Caffe 导入卷积神经网络模型
trainingOptions	神经网络训练的选项
trainNetwork	深度学习的神经网络训练
imageDataAugmenter	图像数据增强
augmentedImageSource	增强图像源

15.2.1 图像数据增强

imageDataAugmenter函数调用格式：

aug = imageDataAugmenter：创建具有与恒等变换一致的默认属性值的 image Data

Augmenter 对象。

　　aug = imageDataAugmenter(Name,Value)：利用 name-value 设置一组图像选项。

【例 15-5】创建图像数据增强器以调整图像大小并反映图像。创建一个图像增强器，在训练前对图像进行预处理。这个增强器随机地调整和反射图像。

　　在命令行窗口输入：

```
>> augmenter = imageDataAugmenter( ...
    'RandXReflection',true, ...
    'RandXScale',[1 2], ...
    'RandYReflection',true, ...
    'RandYScale',[1 2])
```

　　运行结果如下：

```
augmenter =
    imageDataAugmenter - 属性:
            FillValue: 0
        RandXReflection: 1
        RandYReflection: 1
          RandRotation: [0 0]
           RandXScale: [1 2]
           RandYScale: [1 2]
           RandXShear: [0 0]
           RandYShear: [0 0]
       RandXTranslation: [0 0]
       RandYTranslation: [0 0]
```

　　在增强图像源中包括图像增强器。图像源还需要样本数据、分类和输出图像大小。命令行窗口输入：

```
>> [XTrain,YTrain] = digitTrain4DArrayData;
>> imageSize = [28 28 1];
>>source =
augmentedImageSource(imageSize,XTrain,YTrain,'DataAugmentation',augmenter)
```

　　运行结果如下：

```
source =
    augmentedImageSource - 属性:
        DataAugmentation: [1 × 1 imageDataAugmenter]
        ColorPreprocessing: 'none'
              OutputSize: [28 28]
          OutputSizeMode: 'resize'
```

15.2.2　增强图像源

augmentedImageSource 函数调用格式：

imagesource = augmentedImageSource(outputSize,imds)：使用来自图像数据存储imds 的图像，创建用于分类问题的增强图像源，并设置OutputSize属性。

imagesource = augmentedImageSource(outputSize,X,Y)：创建用于分类和回归问题的增强图像源。

imagesource = augmentedImageSource(outputSize,tbl,responseNames)：为多输出回归问题创建增强的图像源。

imagesource = augmentedImageSource(___,Name,Value)：创建一个增强的图像源，使用name-value来配置由图像源完成的图像预处理。

【例15-6】利用旋转不变性训练卷积神经网络。利用随机旋转对图像进行预处理，使训练好的卷积神经网络具有旋转不变性。加载样本数据，由手写数字合成图像组成。

在命令行窗口输入：

```
>> [XTrain,YTrain] = digitTrain4DArrayData;
```

DigiTrace4DayayDATA 将数字训练集加载为4-D阵列数据。**XTrain**是一个28×28字节的1～5000阵列，其中：28是图像的高度和宽度。1是通道数量；5000是手写数字合成图像的数目。TTrain是一个分类向量，包含每个观察的标签。

创建一个图像增强器，在训练过程中旋转图像。该图像增强器以随机角度旋转每个图像。

在命令行窗口输入：

```
>> imageAugmenter = imageDataAugmenter('RandRotation',[−180 180])
```

运行结果如下：

```
imageAugmenter =
    imageDataAugmenter - 属性:
            FillValue: 0
      RandXReflection: 0
      RandYReflection: 0

          RandRotation: [−180 180]
            RandXScale: [1 1]
            RandYScale: [1 1]
            RandXShear: [0 0]
            RandYShear: [0 0]
      RandXTranslation: [0 0]
      RandYTranslation: [0 0]
```

指定增强图像的大小。创建增强的图像源，并将源与图像增强器相关联。

在命令行窗口输入：

```
>> imageSize = [28 28 1];
>>datasource
=augmentedImageSource(imageSize,XTrain,YTrain,'DataAugmentation',
imageAugmenter)
```

运行结果如下：

```
datasource =
  augmentedImageSource - 属性:
          DataAugmentation: [1×1 imageDataAugmenter]
       ColorPreprocessing: 'none'
               OutputSize: [28 28]
           OutputSizeMode: 'resize'
```

指定卷积神经网络结构。在命令行窗口输入：

```
>> layers = [
    imageInputLayer([28 28 1])
    convolution2dLayer(3,16,'Padding',1)
    batchNormalizationLayer
    reluLayer
    maxPooling2dLayer(2,'Stride',2)
    convolution2dLayer(3,32,'Padding',1)
    batchNormalizationLayer
    reluLayer
    maxPooling2dLayer(2,'Stride',2)
    convolution2dLayer(3,64,'Padding',1)
    batchNormalizationLayer
    reluLayer
    fullyConnectedLayer(10)
    softmaxLayer
    classificationLayer];
```

设置具有动量随机梯度下降的训练选项。在命令行窗口输入：

```
>> opts = trainingOptions('sgdm', ...
    'MaxEpochs',10, ...

    'Shuffle','every-epoch', ...
    'InitialLearnRate',1e-3);
```

下面训练神经网络，在命令行窗口输入：

```
>> net = trainNetwork(datasource,layers,opts)
```

运行结果如下：

```
Training on single CPU.
Initializing image normalization.
|========================================================================
=========================|
| Epoch  | Iteration | Time Elapsed | Mini-batch | Mini-batch | Base Learning|
|        |           |  (seconds)   |    Loss    |  Accuracy  |    Rate      |
|========================================================================
```

```
==========================|
|     1 |      1 |     4.45 |   2.3988 |   13.28% |   0.0010 |
|     2 |     50 |    60.04 |   1.4612 |   57.03% |   0.0010 |
|     3 |    100 |   115.32 |   1.0423 |   72.66% |   0.0010 |
|     4 |    150 |   170.70 |   0.8327 |   75.00% |   0.0010 |
|     6 |    200 |   226.27 |   0.5986 |   82.81% |   0.0010 |
|     7 |    250 |   281.67 |   0.5312 |   84.38% |   0.0010 |
|     8 |    300 |   337.10 |   0.4697 |   89.84% |   0.0010 |
|     9 |    350 |   392.47 |   0.4246 |   85.94% |   0.0010 |
|    10 |    390 |   436.47 |   0.3338 |   92.19% |   0.0010 |
|===============================================================|
==========================|

net =

  SeriesNetwork - 属性:

    Layers: [15×1 nnet.cnn.layer.Layer]
```

15.3 从零开始深度学习训练

深度学习神经网络函数表如表15-3所示。

表15-3 深度学习神经网络函数表

函数	说明
alexnet	AlexNet卷积神经网络训练
vgg16	VGG-16卷积神经网络训练
vgg19	VGG-19卷积神经网络训练
googlenet	GoogLeNet卷积神经网络训练
importCaffeLayers	从Caffe导入卷积神经网络层
importCaffeNetwork	从Caffe导入预训练卷积神经网络模型
imageInputLayer	图像输入层
sequenceInputLayer	序列输入层
convolution2dLayer	二维卷积层
transposedConv2dLayer	二维反卷积层
fullyConnectedLayer	全连接层
LSTMLayer	长短期记忆（LSTM）层
reluLayer	激活函数层
leakyReluLayer	渗泄整流线性单元（ReLU）层
clippedReluLayer	剪切整流线性单元（ReLU）层
batchNormalizationLayer	批量归一化层

函数	说明
crossChannelNormalizationLayer	信道局部响应归一化层
dropoutLayer	dropout 层
averagePooling2dLayer	平均池化层
maxPooling2dLayer	最大池化层
maxUnpooling2dLayer	最大脱空层
additionLayer	添加层
depthConcatenationLayer	深度拼接层
softmaxLayer	Softmax 层
classificationLayer	创建分类输出层
regressionLayer	创建回归输出层
setLearnRateFactor	建立层学习参数的学习速率因子
setL2Factor	层学习参数的L2正则化因子
getLearnRateFactor	获取层可学习参数的学习率因子
getL2Factor	获得层可学习参数的L2正则化因子
trainingOptions	神经网络训练的选项
trainNetwork	深度学习的神经网络训练
SeriesNetwork	深度学习系列网络
DAGNetwork	面向深度学习的有向无环图（DAG）网络
imageDataAugmenter	图像数据增强
augmentedImageSource	增强图像源
layerGraph	深度学习网络结构图
plot	绘制神经网络层图
addLayers	添加图层到图层
connectLayers	在图层中连接层
removeLayers	从图层中删除图层
disconnectLayers	从图层中断开图层
predict	使用训练的深度学习神经网络预测响应
classify	使用训练的深度学习神经网络分类数据
predictAndUpdateState	使用训练的递归神经网络预测响应并更新网络状态
classifyAndUpdateState	利用训练的递归神经网络分类数据并更新网络状态
resetState	递归神经网络的状态重置

15.3.1 从Caffe导入卷积神经网络层

importCaffeLayers函数调用格式如下：

layers = importCaffeLayers(protofile)：从Caffe将网络的层作为层数组导入。

layers = importCaffeLayers(protofile,'InputSize',sz)：说明输入数据的大小。如果文件prototxt没有说明输入数据的大小，那么必须说明输入的大小。

【例15-7】从Caffe网络导入层。说明要导入的示例文件'digitsnet.prototxt'。

在命令行窗口输入：

```
>> protofile = 'digitsnet.prototxt';
>> layers = importCaffeLayers(protofile)
```

运行结果如下：

```
layers =
    1x7 Layer array with layers:
        1   'testdata'   Image Input            28x28x1 images
        2   'conv1'      Convolution            20 5x5x1 convolutions with stride [1  1] and
padding [0  0  0  0]
        3   'relu1'      ReLU                   ReLU
        4   'pool1'      Max Pooling            2x2 max pooling with stride [2  2] and padding
[0 0 0 0]
        5   'ip1'        Fully Connected        10 fully connected layer
        6   'loss'       Softmax                softmax
        7   'output'     Classification Output  crossentropyex
```

15.3.2 图像输入层

imageInputLayer 函数调用格式如下：

layer = imageInputLayer(inputSize)：返回图像输入层并指定输入大小属性。

layer = imageInputLayer(inputSize,Name,Value)：使用名 Name,Value 设置可选属性。

【例15-8】创建图像输入层。创建一个输入名为 'input' 的28×28色图像的图像输入层。默认情况下，该层通过从每个输入图像减去训练集的平均图像来执行数据归一化。

在命令行窗口输入：

```
>> inputlayer = imageInputLayer([28 28 3],'Name','input')
```

运行结果如下：

```
inputlayer =
    ImageInputLayer - 属性:
                    Name: 'input'
               InputSize: [28 28 3]
        Hyperparameters
        DataAugmentation: 'none'
           Normalization: 'zerocenter'
```

在层阵列中嵌入图像输入层。在命令行窗口输入：

```
>> layers = [ ...
    imageInputLayer([28 28 1])
    convolution2dLayer(5,20)
    reluLayer
```

```
        maxPooling2dLayer(2,'Stride',2)
        fullyConnectedLayer(10)
        softmaxLayer
        classificationLayer]
```

运行结果如下：

```
layers =
    7x1 Layer array with layers:
        1    "    Image Input         28x28x1 images with 'zerocenter' normalization
        2    "    Convolution         20 5x5 convolutions with stride [1 1] and padding
[0 0 0 0]
        3    "    ReLU                ReLU
        4    "    Max Pooling         2x2 max pooling with stride [2 2] and padding [0
0 0 0]
        5    "    Fully Connected     10 fully connected layer
        6    "    Softmax             softmax
        7    "    Classification Output   crossentropyex
```

15.3.3　序列输入层

sequenceInputLayer 函数调用格式如下：

layer = sequenceInputLayer(inputSize)：创建序列输入层并设置 InputSize 属性。

layer = sequenceInputLayer(inputSize,'Name',Name)：创建序列输入层并设置可选 Name 属性。

【例15-9】创建序列输入层。创建一个序列输入层，名称为'seq1'，输入大小为12。

在命令行窗口输入：

```
>> layer = sequenceInputLayer(12,'Name','seq1')
```

运行结果如下：

```
layer =
    SequenceInputLayer - 属性:
            Name: 'seq1'
        InputSize: 12
```

在层数组中嵌入LSTM层。

在命令行窗口输入：

```
>> layers = [ ...
        sequenceInputLayer(12)
        lstmLayer(100,'OutputMode','last')
        fullyConnectedLayer(9)
        softmaxLayer
        classificationLayer]
```

运行结果如下：

```
layers =
5x1 Layer array with layers:
    1   "    Sequence Input          Sequence input with 12 dimensions
    2   "    LSTM                     LSTM with 100 hidden units
    3   "    Fully Connected          9 fully connected layer
    4   "    Softmax                  softmax
    5   "    Classification Output    crossentropyex
```

15.3.4　二维卷积层

convolution2dLayer 函数调用格式如下：

layer = convolution2dLayer(filterSize,numFilters)：创建一个二维卷积层并设置 FilterSize 和 NumFilters 属性。

layer = convolution2dLayer(filterSize,numFilters,Name,Value)：使用 name-value 设置可选 的 Stride、NumChannels、WeightLearnRateFactor、BiasLearnRateFactor、WeightL2Factor、BiasL2Factor 和 Name properties 属性。

【例 15-10】创建卷积层。创建一个卷积层与 96 个过滤器，每一个高度和宽度为 11。在水平方向和垂直方向使用步长为 4。

在命令行窗口输入：

```
>> layer = convolution2dLayer(11,96,'Stride',4)
```

运行结果如下：

```
layer =
    Convolution2DLayer - 属性:
              Name: "
    Hyperparameters
        FilterSize: [11 11]
      NumChannels: 'auto'

        NumFilters: 96
            Stride: [4 4]
       PaddingMode: 'manual'
       PaddingSize: [0 0 0 0]
    Learnable Parameters
           Weights: [ ]
              Bias: [ ]
    Show all properties
```

在层阵列中嵌入卷积层。在命令行窗口输入：

```
>> layers = [ ...
    imageInputLayer([28 28 1])
    convolution2dLayer(5,20)
```

```
        reluLayer
        maxPooling2dLayer(2,'Stride',2)
        fullyConnectedLayer(10)
        softmaxLayer
        classificationLayer]
```

运行结果如下：

```
layers =
    7x1 Layer array with layers:
        1   "   Image Input           28x28x1 images with 'zerocenter' normalization
        2   "   Convolution           20 5x5 convolutions with stride [1 1] and padding
[0 0 0 0]
        3   "   ReLU                  ReLU
        4   "   Max Pooling           2x2 max pooling with stride [2 2] and padding
[0 0 0 0]
        5   "   Fully Connected       10 fully connected layer
        6   "   Softmax               softmax
        7   "   Classification Output crossentropyex
```

15.3.5　二维反卷积层

transposedConv2dLayer函数调用格式如下：

layer = transposedConv2dLayer(filterSize,numFilters)：返回一个二维反卷积层。

layer = transposedConv2dLayer(filterSize,numFilters,Name,Value)：返回一个二维反卷积层并设置optional Stride、Cropping、NumChannels、WeightLearnRateFactor、BiasLearnRateFactor、WeightL2Factor、BiasL2Factor和Name属性。

【例15-11】用96个滤波器创建一个反卷积层，将层的高度和宽度设置为11。在水平方向和垂直方向上使用4的步长。

在命令行窗口输入：

```
>> layer = transposedConv2dLayer(11,96,'Stride',4)
```

运行结果如下：

```
layer =
    TransposedConvolution2DLayer - 属性:
                Name: "
    Hyperparameters
        FilterSize: [11 11]
        NumChannels: 'auto'
        NumFilters: 96
            Stride: [4 4]
        Cropping: [0 0]
    Learnable Parameters
```

```
            Weights: [ ]
               Bias: [ ]
Show all properties
```

15.3.6　全连接层

fullyConnectedLayer 函数调用格式如下：

layer = fullyConnectedLayer(outputSize)：返回完全连接的层并指定 OutputSize 属性。

layer = fullyConnectedLayer(outputSize,Name,Value)：设置选项 WeightLearnRateFactor、BiasLearnRateFactor、WeightL2Factor、BiasL2Factor 和 Name 属性。

【例 15-12】在全连接层中指定初始权值和偏差。创建一个输出尺寸为 10 的全连接层。设置偏置率的学习速率因子为 2。手动地从高斯分布中初始化权重，标准偏差为 0.0001。

在命令行窗口输入：

```
>> layers = [imageInputLayer([28 28 1])
            convolution2dLayer(5,20)
            reluLayer
            maxPooling2dLayer(2,'Stride',2)
            fullyConnectedLayer(10)
            softmaxLayer
            classificationLayer]
```

运行结果如下：

```
layers =
    7x1 Layer array with layers:
      1   "    Image Input           28x28x1 images with 'zerocenter' normalization
      2   "    Convolution           20 5x5 convolutions with stride [1 1] and padding [0 0
0 0]
      3   "    ReLU                   ReLU
      4   "    Max Pooling            2x2 max pooling with stride [2 2] and padding
[0 0 0 0]
      5   "    Fully Connected        10 fully connected layer
      6   "    Softmax                softmax
      7   "    Classification Output  crossentropyex
```

从平均值为 0 和标准偏差为 0.0001 的高斯分布初始化完全连通层的权重。在命令行窗口输入：

```
>> layers(5).Weights = randn([10 2880]) * 0.0001
```

运行结果如下：

```
layers =
    7x1 Layer array with layers:
      1   "    Image Input           28x28x1 images with 'zerocenter' normalization
```

2	"	Convolution	20 5x5 convolutions with stride [1 1] and padding [0 0 0 0]
3	"	ReLU	ReLU
4	"	Max Pooling	2x2 max pooling with stride [2 2] and padding [0 0 0 0]
5	"	Fully Connected	10 fully connected layer
6	"	Softmax	softmax
7	"	Classification Output	crossentropyex

初始化高斯分布的偏差，平均值为1，标准偏差为0.0001。在命令行窗口输入：

```
>> layers(5).Bias = randn([10 1])*0.0001 + 1
```

15.3.7 长短期记忆（LSTM）层

LSTMLayer 函数调用格式如下：

layer = lstmLayer(outputSize)：创建一个 LSTM 层并指定 outputSize 属性。

layer = lstmLayer(___,Name,Value)：创建一个 LSTM 层，并使用一个或多个 name-value 指定额外的 LSTM 参数、学习率和 L2 因子，以及状态参数。

【例 15-13】构建和训练 LSTM 网络。加载 Japanese Vowels 数据集。X 是包含 270 个长度不等的 12 个序列的单元阵列。Y 是标签"1""2""9"的分类向量。

在命令行窗口输入：

```
>> load JapaneseVowelsTrain
```

X 中的条目是具有 12 行（每个特性一行）和不同列数（每个时间步骤一列）的矩阵。在绘制图中可视化第一时间序列。每个子图对应于一个特征。

在命令行窗口输入：

```
>> figure
>> for i = 1:12
>> subplot(12,1,13-i)
>> plot(X{1}(i,:));
>> ylabel(i)
>> xticklabels("")
>> yticklabels("")
>> box off
>> end
>> title("Training Observation 1")
>> subplot(12,1,12)
>> xticklabels('auto')
>> xlabel("Time Step")
```

运行结果如图 15-7 所示。

定义 LSTM 的网络架构。指定的输入序列的大小和尺寸（尺寸12）的输入数据。

在LSTM层指定输出大小为100，层数为9，包括softmax层和classificationLayer层。

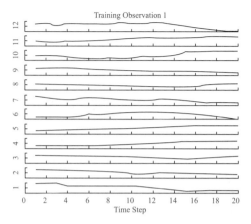

图15-7　例15-13结果

在命令行窗口输入：

```
>> inputSize = 12;
>> outputSize = 100;
>> outputMode = 'last';
>> numClasses = 9;
>> layers = [ ...
    sequenceInputLayer(inputSize)
    lstmLayer(outputSize,'OutputMode',outputMode)
    fullyConnectedLayer(numClasses)
    softmaxLayer
    classificationLayer]
```

运行结果如下：

```
layers =
    5x1 Layer array with layers:
    1    "    Sequence Input        Sequence input with 12 dimensions
    2    "    LSTM                   LSTM with 100 hidden units
    3    "    Fully Connected        9 fully connected layer
    4    "    Softmax                softmax
    5    "    Classification Output  crossentropyex
```

设置训练选项。选择大小为27，并设置最大迭代次数为150。在命令行窗口输入：

```
>> maxEpochs = 150;
>> miniBatchSize = 27;
>> options = trainingOptions('sgdm', ...
    'MaxEpochs',maxEpochs, ...
    'MiniBatchSize',miniBatchSize);
```

运行结果如下：

Training on single CPU.

```
|==============================================================
========================|
| Epoch | Iteration | Time Elapsed | Mini-batch | Mini-batch | Base Learning|
|       |           |  (seconds)   |    Loss    |  Accuracy  |     Rate     |
|==============================================================
========================|
|      1 |       1 |       5.41 |   2.1972 |    3.70% |  0.0100 |
|      5 |      50 |       9.47 |   2.1976 |    7.41% |  0.0100 |
|     10 |     100 |      12.20 |   2.1967 |    7.41% |  0.0100 |
|     15 |     150 |      14.90 |   2.1958 |   14.81% |  0.0100 |
|     20 |     200 |      17.51 |   2.1946 |   29.63% |  0.0100 |
|     25 |     250 |      20.13 |   2.1925 |   29.63% |  0.0100 |
|     30 |     300 |      22.72 |   2.1888 |   40.74% |  0.0100 |
|     35 |     350 |      25.38 |   2.1811 |   37.04% |  0.0100 |
|     40 |     400 |      28.01 |   2.1625 |   40.74% |  0.0100 |
|     45 |     450 |      30.83 |   2.1026 |   22.22% |  0.0100 |
|     50 |     500 |      33.64 |   1.9367 |   14.81% |  0.0100 |
|     55 |     550 |      36.46 |   1.8650 |   22.22% |  0.0100 |
|     60 |     600 |      39.10 |   1.7980 |   22.22% |  0.0100 |
|     65 |     650 |      42.04 |   1.7216 |   33.33% |  0.0100 |
|     70 |     700 |      44.67 |   1.6289 |   40.74% |  0.0100 |
|     75 |     750 |      47.27 |   1.4046 |   48.15% |  0.0100 |
|     80 |     800 |      49.95 |   0.9720 |   70.37% |  0.0100 |
|     85 |     850 |      52.66 |   0.7467 |   70.37% |  0.0100 |
|     90 |     900 |      55.35 |   0.8210 |   74.07% |  0.0100 |
|     95 |     950 |      58.06 |   0.6967 |   66.67% |  0.0100 |
|    100 |    1000 |      60.90 |   0.5418 |   77.78% |  0.0100 |
|    105 |    1050 |      64.05 |   0.7237 |   66.67% |  0.0100 |
|    110 |    1100 |      67.19 |   0.5202 |   81.48% |  0.0100 |
|    115 |    1150 |      69.91 |   0.3931 |   85.19% |  0.0100 |
|    120 |    1200 |      72.60 |   0.4647 |   88.89% |  0.0100 |
|    125 |    1250 |      75.28 |   0.2866 |   92.59% |  0.0100 |
|    130 |    1300 |      77.98 |   1.1414 |   48.15% |  0.0100 |
|    135 |    1350 |      80.69 |   0.7721 |   66.67% |  0.0100 |
|    140 |    1400 |      83.39 |   0.3783 |   92.59% |  0.0100 |
|    145 |    1450 |      86.07 |   0.3412 |   88.89% |  0.0100 |
|    150 |    1500 |      88.73 |   0.4267 |   74.07% |  0.0100 |
|==============================================================
========================|
```

15.3.8 激活函数层

reluLayer 函数调用格式如下：

layer = reluLayer：创建激活函数层。

layer = reluLayer('Name',Name)：创建激活函数层，并且利用 name-value 设置选项 Name 属性。

【例 15-14】创建激活函数层。创建一个名为 'relu1' 的激活函数层。

在命令行窗口输入：

```
>> layer = reluLayer('Name','relu1')
```

运行结果如下：

```
layer =
  ReLULayer - 属性:
    Name: 'relu1'
```

在层数组中嵌入一个 ReLU 层。在命令行窗口输入：

```
>> layers = [ ...
    imageInputLayer([28 28 1])
    convolution2dLayer(5,20)
    reluLayer
    maxPooling2dLayer(2,'Stride',2)
    fullyConnectedLayer(10)
    softmaxLayer
    classificationLayer]
```

运行结果如下：

```
layers =
  7x1 Layer array with layers:
    1   "    Image Input          28x28x1 images with 'zerocenter' normalization
    2   "    Convolution          20 5x5 convolutions with stride [1  1] and padding
[0 0 0 0]
    3   "    ReLU                 ReLU
    4   "    Max Pooling          2x2 max pooling with stride [2  2] and padding
[0 0 0 0]
    5   "    Fully Connected      10 fully connected layer
    6   "    Softmax              softmax
    7   "    Classification Output   crossentropyex
```

15.3.9 渗泄整流线性单元层

leakyReluLayer 函数调用格式如下：

layer = leakyReluLayer：返回一个 leaky ReLU 层。

layer = leakyReluLayer(scale)：返回一个具有标量乘法器的 leaky ReLU 层，它等于

负值。

layer = leakyReluLayer(___,'Name',Name)：返回一个 leaky ReLU 层，并且设置选项 Name 属性。

【例 15-15】创建 leaky ReLU 层。创建名称为 'leaky1' 的 leaky ReLU 层和负输入等于 0.1 的标量乘子。

在命令行窗口输入：

```
>> layer = leakyReluLayer(0.1,'Name','leaky1')
```

运行结果如下：

```
layer =
    LeakyReLULayer - 属性:
        Name: 'leaky1'
    Hyperparameters
        Scale: 0.1000
```

在层阵列中嵌入 leaky ReLU 层。在命令行窗口输入：

```
>> layers = [ ...
    imageInputLayer([28 28 1])
    convolution2dLayer(5,20)
    leakyReluLayer
    maxPooling2dLayer(2,'Stride',2)
    fullyConnectedLayer(10)
    softmaxLayer
    classificationLayer]
```

运行结果如下：

```
layers =
    7x1 Layer array with layers:
        1    "    Image Input           28x28x1 images with 'zerocenter' normalization
        2    "        Convolution               20 5x5 convolutions with stride
[1 1] and padding [0 0 0 0]
        3    "    Leaky ReLU            Leaky ReLU with scale 0.01
        4    "        Max Pooling               2x2 max pooling with stride [2 2]
and padding [0 0 0 0]
        5    "    Fully Connected    10 fully connected layer
        6    "    Softmax               softmax
        7    "    Classification Output   crossentropyex
```

15.3.10　剪切整流线性单元层

clippedReluLayer 函数调用格式如下：

layer = clippedReluLayer(ceiling)：返回一个 clipped ReLU 层，clipping ceiling 等于 ceiling。

layer = clippedReluLayer(ceiling,'Name',Name)：返回一个 clipped ReLU 层，并且设置选项 Name 属性。

【15-16】创建 Clipped ReLU 层。创建一个 clipped ReLU 层，名称为 'clip1' 且 clipping ceiling 等于 10。

在命令行窗口输入：

```
>> layer = clippedReluLayer(10,'Name','clip1')
```

运行结果如下：

```
layer =
    ClippedReLULayer - 属性:
        Name: 'clip1'
    Hyperparameters
        Ceiling: 10
```

在层数组中嵌入一个 clipped ReLU 层。在命令行窗口输入：

```
>> layers = [ ...
    imageInputLayer([28 28 1])
    convolution2dLayer(5,20)
    clippedReluLayer(10)
    maxPooling2dLayer(2,'Stride',2)
    fullyConnectedLayer(10)
    softmaxLayer
    classificationLayer]
```

运行结果如下：

```
layers =
    7x1 Layer array with layers:
        1    "    Image Input            28x28x1 images with 'zerocenter' normalization
        2    "    Convolution            20 5x5 convolutions with stride [1 1] and padding
[0 0 0]
        3    "    Clipped ReLU           Clipped ReLU with ceiling 10
        4    "    Max Pooling            2x2 max pooling with stride [2 2] and padding [0
0 0 0]
        5    "    Fully Connected        10 fully connected layer
        6    "    Softmax                softmax
        7    "    Classification Output  crossentropyex
```

15.3.11 批量归一化层

batchNormalizationLayer 函数调用格式如下：

layer = batchNormalizationLayer：创建一个批量归一化层。

layer = batchNormalizationLayer(___,'Name',Value)：创建一个批量归一化层，并且利用 name-value 设置 propertiesName、Epsilon、Offset、OffsetLearnRateFactor、OffsetL2Factor、

Scale、ScaleLearnRateFactor 和 ScaleL2Factor 属性。

【例15-17】创建批量归一化层。创建一个批量归一化层，名称为'BN1'。

在命令行窗口输入：

```
>> layer = batchNormalizationLayer('Name','BN1')
```

运行结果如下：

```
layer =
    BatchNormalizationLayer - 属性:
                  Name: 'BN1'
           NumChannels: 'auto'
            TrainedMean: [ ]
        TrainedVariance: [ ]
    Hyperparameters
                Epsilon: 1.0000e-05
    Learnable Parameters
                 Offset: [ ]
                  Scale: [ ]
    Show all properties
```

在层数组中嵌入 batch normalization 层。在命令行窗口输入：

```
>> layers = [
        imageInputLayer([32 32 3])
          convolution2dLayer(3,16,'Padding',1)
        batchNormalizationLayer
        reluLayer
        maxPooling2dLayer(2,'Stride',2)
        convolution2dLayer(3,32,'Padding',1)
        batchNormalizationLayer
        reluLayer
        fullyConnectedLayer(10)
        softmaxLayer
        classificationLayer
        ]
```

运行结果如下：

```
layers =
    11x1 Layer array with layers:
      1    "    Image Input          32x32x3 images with 'zerocenter' normalization
      2    "    Convolution          16 3x3 convolutions with stride [1  1] and
    padding [1  1  1  1]
      3    "    Batch Normalization   Batch normalization
      4    "    ReLU                  ReLU
```

```
    5    "      Max Pooling            2x2 max pooling with stride [2  2] and
padding [0  0  0  0]
    6    "      Convolution            32 3x3 convolutions with stride [1  1] and
padding [1  1  1  1]
    7    "      Batch Normalization    Batch normalization
    8    "      ReLU                   ReLU
    9    "      Fully Connected        10 fully connected layer
    10   "      Softmax                softmax
    11   "      Classification Output  crossentropyex
```

15.3.12　信道局部响应归一化层

crossChannelNormalizationLayer 函数调用格式如下：

layer = crossChannelNormalizationLayer(windowChannelSize)：创建一个通道局部响应归一化层并设置 Windows ChannSeleStand 属性。

layer = crossChannelNormalizationLayer(windowChannelSize,Name,Value)：利用 name-value 设置选项 WindowChannelSize、Alpha、Beta、K 和 CrossChannel Normalization Layer 属性。

【例 15-18】创建局部响应归一化层。其中五个通道窗口对每个元素进行归一化，并且规范化的附加常数为1。

在命令行窗口输入：

```
>> layer = crossChannelNormalizationLayer(5,'K',1)
```

运行结果如下：

```
layer =
    CrossChannelNormalizationLayer - 属性：
                    Name: "
    Hyperparameters
        WindowChannelSize: 5
                    Alpha: 1.0000e-04
                     Beta: 0.7500
                        K: 1
```

在层数组中嵌入局部响应规范化层。在命令行窗口输入：

```
>> layers = [ ...
    imageInputLayer([28 28 1])
    convolution2dLayer(5,20)
    reluLayer
    crossChannelNormalizationLayer(3)
    fullyConnectedLayer(10)
    softmaxLayer
    classificationLayer]
```

运行结果如下：

```
layers =
    7x1 Layer array with layers:
        1    '    Image Input              28x28x1 images with 'zerocenter' normalization
        2    '    Convolution              20 5x5 convolutions with stride [1  1] and
padding [0  0  0  0]
        3    '    ReLU                     ReLU
        4    '    Cross Channel Normalization    cross channel normalization with 3
channels per element
        5    '    Fully Connected          10 fully connected layer
        6    '    Softmax                  softmax
        7    '    Classification Output    crossentropyex
```

15.3.13 dropout层

dropoutLayer函数调用格式如下：

layer = dropoutLayer：创建一个dropout层。

layer = dropoutLayer(probability)：创建dropout层，且设置 Probability 属性。

【例15-19】创建一个名称为'drop1'的Dropout层。

在命令行窗口输入：

```
>> layer = dropoutLayer('Name','drop1')
```

运行结果如下：

```
layer =
    DropoutLayer - 属性:
              Name: 'drop1'
    Hyperparameters
        Probability: 0.5000
```

在层数组中嵌入一个dropoutLayer。在命令行窗口输入：

```
>> layers = [ ...
        imageInputLayer([28 28 1])
        convolution2dLayer(5,20)
        reluLayer
        dropoutLayer
        fullyConnectedLayer(10)
        softmaxLayer
        classificationLayer]
```

运行结果如下：

```
layers =
    7x1 Layer array with layers:
        1    '    Image Input              28x28x1 images with 'zerocenter' normalization
```

```
    2    "    Convolution          20 5x5 convolutions with stride [1  1] and
padding [0  0  0  0]
    3    "    ReLU                  ReLU
    4    "    Dropout               50% dropout
    5    "    Fully Connected       10 fully connected layer
    6    "    Softmax               softmax
    7    "    Classification Output  crossentropyex
```

15.3.14 平均池化层

averagePooling2dLayer 函数调用格式如下：

layer = averagePooling2dLayer(poolSize)：创建一个平均池化层，且设置 PoolSize 属性。

layer = averagePooling2dLayer(poolSize,Name,Value)：利用 name-value 设置选项 Stride 和 Name 属性。

【例 15-20】创建一个名为 'avg1' 的平均池化层。

在命令行窗口输入：

```
>> layer = averagePooling2dLayer(2,'Name','avg1')
```

运行结果如下：

```
layer =
    AveragePooling2DLayer - 属性:
            Name: 'avg1'
        Hyperparameters
        PoolSize: [2 2]
          Stride: [1 1]
    PaddingMode: 'manual'
    PaddingSize: [0 0 0 0]
```

在层数组中嵌入平均池化层。在命令行窗口输入：

```
>> layers = [ ...
    imageInputLayer([28 28 1])
    convolution2dLayer(5,20)
    reluLayer
    averagePooling2dLayer(2)
    fullyConnectedLayer(10)
    softmaxLayer
    classificationLayer]
```

运行结果如下：

```
layers =
    7x1 Layer array with layers:
    1    "    Image Input    28x28x1 images with 'zerocenter' normalization
```

```
    2    "    Convolution          20 5x5 convolutions with stride [1  1] and padding [0
0  0 0]
    3    "    ReLU                  ReLU
    4    "    Average Pooling       2x2 average pooling with stride [1  1] and
padding [0  0  0  0]
    5    "    Fully Connected       10 fully connected layer
    6    "    Softmax               softmax
    7    "    Classification Output   crossentropyex
```

15.3.15 最大池化层

maxPooling2dLayer函数调用格式如下：

layer = maxPooling2dLayer(poolSize)：创建最大池化层，且设置 PoolSize 属性。

layer = maxPooling2dLayer(poolSize,Name,Value)：利用 name-value 设置选项 optional Stride、Name 和 HasUnpoolingOutputs 属性。

【例15-21】创建具有不重叠池区域的最大池化层。

在命令行窗口输入：

```
>> layer = maxPooling2dLayer(2,'Stride',2)
```

运行结果如下：

```
layer =
    MaxPooling2DLayer – 属性:

                    Name: "
      HasUnpoolingOutputs: 0
    Hyperparameters
                PoolSize: [2 2]
                  Stride: [2 2]
             PaddingMode: 'manual'
             PaddingSize: [0 0 0 0]
```

在层阵列中嵌入具有非重叠区域的最大池化层。在命令行窗口输入：

```
>> layers = [ ...
    imageInputLayer([28 28 1])
    convolution2dLayer(5,20)
    reluLayer
    maxPooling2dLayer(2,'Stride',2)
    fullyConnectedLayer(10)
    softmaxLayer
    classificationLayer]
```

运行结果如下：

```
layers =
    7x1 Layer array with layers:
```

```
1   "   Image Input          28x28x1 images with 'zerocenter' normalization
2   "   Convolution          20 5x5 convolutions with stride [1  1] and padding
[0 0 0 0]
3   "   ReLU                 ReLU
4   "   Max Pooling          2x2 max pooling with stride [2  2] and padding
[0 0 0 0]
5   "   Fully Connected      10 fully connected layer
6   "   Softmax              softmax
7   "   Classification Output   crossentropyex
```

15.3.16　最大脱空层

maxUnpooling2dLayer 函数调用格式如下：

layer = maxUnpooling2dLayer：创建一个最大脱空层。

layer = maxUnpooling2dLayer('Name',Name)：附加说明层的名称。

【例 15-22】创建最大脱空层，取消最大池化层的输出池。

在命令行窗口输入：

```
>> layer = maxUnpooling2dLayer
```

运行结果如下：

```
layer =
    MaxUnpooling2DLayer - 属性:

    Name: "
```

15.3.17　深度拼接层

depthConcatenationLayer 函数调用格式如下：

layer = depthConcatenationLayer(numInputs)：创建一个深度拼接层，该层连接第三个（信道）维度上的数字输入。

layer = depthConcatenationLayer(numInputs,'Name',Name)：附加说明层的名称。

【例 15-23】创建一个具有两个输入的深度拼接层，并命名为 'concat_1'。

在命令行窗口输入：

```
>> layer = depthConcatenationLayer(2,'Name','concat_1')
```

运行结果如下：

```
layer =
    DepthConcatenationLayer - 属性:
          Name: 'concat_1'
       NumInputs: 2
```

15.3.18　softmax 层

softmaxLayer 函数调用格式如下：

layer = softmaxLayer：创建一个 softmax 层。

layer = softmaxLayer('Name',Name)：创建一个 softmax 层，并且利用 name-value 设置选项 Name 属性。

【例 15-24】创建一个名为 'sm1' 的 softmax 层。

在命令行窗口输入：

```
>> layer = softmaxLayer('Name','sm1')
```

运行结果如下：

```
layer =
   SoftmaxLayer - 属性:
      Name: 'sm1'
```

15.3.19　分类输出层

classificationLayer 函数调用格式如下：

coutputlayer = classificationLayer()：返回神经网络的分类输出层。

coutputlayer = classificationLayer('Name',Name)：利用 name 指定名称，返回分类输出层。

【例 15-25】创建一个名为 'coutput' 的分类输出层。

在命令行窗口输入：

```
>> layer = classificationLayer('Name','coutput')
```

运行结果如下：

```
layer =
   ClassificationOutputLayer - 属性:
             Name: 'coutput'
        ClassNames: {1 × 0 cell}
        OutputSize: 'auto'
   Hyperparameters
     LossFunction: 'crossentropyex'
```

分类的缺省 loss 函数是互斥类的交叉熵。在层数组中嵌入分类输出层。在命令行窗口输入：

```
>> layers = [ ...
      imageInputLayer([28 28 1])
      convolution2dLayer(5,20)
      reluLayer
      maxPooling2dLayer(2,'Stride',2)
      fullyConnectedLayer(10)
      softmaxLayer
      classificationLayer]
```

运行结果如下：

```
layers =

    7x1 Layer array with layers:

      1    "      Image Input         28x28x1 images with 'zerocenter' normalization
      2    "      Convolution         20 5x5 convolutions with stride [1 1] and padding
[0 0 0 0]
      3    "      ReLU                ReLU
      4    "      Max Pooling         2x2 max pooling with stride [2 2] and padding
[0 0 0 0]
      5    "      Fully Connected     10 fully connected layer
      6    "      Softmax             softmax
      7    "      Classification Output   crossentropyex
```

15.3.20 回归输出层

regressionLayer 函数调用格式如下：

routputlayer = regressionLayer：返回神经网络的回归输出层作为回归输出层对象。

routputlayer = regressionLayer('Name',Name)：利用 name 指定名称返回回归输出层。

【例 15-26】创建一个名称为 'routput' 的回归输出层。

在命令行窗口输入：

```
>> layer = regressionLayer('Name','routput')
```

运行结果如下：

```
layer =

    RegressionOutputLayer – 属性:

                Name: 'routput'
        ResponseNames: {}
    Hyperparameters
        LossFunction: 'mean-squared-error'
```

回归的缺省 loss 函数是均方误差。在层数组中嵌入回归输出层。在命令行窗口输入：

```
>> layers = [ ...
    imageInputLayer([28 28 1])
    convolution2dLayer(12,25)
    reluLayer
    fullyConnectedLayer(1)
    regressionLayer]
```

运行结果如下：

```
layers =

    5x1 Layer array with layers:

      1    "      Image Input         28x28x1 images with 'zerocenter' normalization
      2    "      Convolution         25 12x12 convolutions with stride [1 1] and
```

```
padding [0 0 0 0]
    3    "    ReLU              ReLU
    4    "    Fully Connected   1 fully connected layer
    5    "    Regression Output mean-squared-error
```

15.3.21　建立层学习参数的学习速率因子

setLearnRateFactor 函数调用格式如下：

layer = setLearnRateFactor(layer,parameterName,factor)：将参数 nameparameterName 的学习速率因子设为 factor。

【例15-27】设置并获取用户定义的 PReLU 层的可学习参数的学习率因子。若要使用示例层示例 PultLulLayle，请将示例文件夹添加到路径中。

在命令行窗口输入：

```
>> exampleFolder = genpath(fullfile(matlabroot,'examples','nnet'));
   addpath(exampleFolder)
```

创建用户定义的 PReLU 层的层数组。在命令行窗口输入：

```
>> layers = [ ...
      imageInputLayer([28 28 1])
      convolution2dLayer(5,20)
      batchNormalizationLayer
      examplePreluLayer(20)

      fullyConnectedLayer(10)
      softmaxLayer
      classificationLayer];
```

将示例 'Alpha' 的可学习参数的学习率因子设置为2。在命令行窗口输入：

```
>> layers(4) = setLearnRateFactor(layers(4),'Alpha',2);
```

查看更新的学习率因子。在命令行窗口输入：

```
>> factor = getLearnRateFactor(layers(4),'Alpha')
```

运行结果如下：

```
factor =
    2
```

使用 rmpath 从路径中移除示例文件夹。在命令行窗口输入：

```
>> rmpath(exampleFolder)
```

15.3.22　L2正则化因子

setL2Factor 函数调用格式如下：

layer = setL2Factor(layer,parameterName,factor)：将参数 nameparameterName 的 L2 正则化因子设置成 factor。

【例15-28】设置并获取层的可学习参数的 L2 正则化因子。若要使用示例层示例

PultLulLayle，请将示例文件夹添加到路径中。

在命令行窗口输入：

```
>> exampleFolder = genpath(fullfile(matlabroot,'examples','nnet'));
>> addpath(exampleFolder)
```

创建用户定义的 PReLU 层的层数组。在命令行窗口输入：

```
>> layers = [ ...
    imageInputLayer([28 28 1])
    convolution2dLayer(5,20)
    batchNormalizationLayer
    examplePreluLayer(20)
    fullyConnectedLayer(10)
    softmaxLayer
    classificationLayer];
```

将示例 'Alpha' 的可学习参数的 L2 正则化因子设置为 2。在命令行窗口输入：

```
>> layers(4) = setL2Factor(layers(4),'Alpha',2);
```

查看更新后的 L2 正则化因子。

运行结果如下：

```
factor =
    2
```

使用 rmpath 从路径中移除示例文件夹。在命令行窗口输入：

```
>> rmpath(exampleFolder)
```

15.3.23　获取层可学习参数的学习率因子

getLearnRateFactor 函数调用格式如下：

factor = getLearnRateFactor(layer,parameterName)：返回名称为 parameterNamein 层的参数的学习率因子。

【例 15-29】设置并获取用户定义的 PReLU 层的可学习参数的学习率因子。若要使用示例层 examplePreluLayer，请将示例文件夹添加到路径中。

在命令行窗口输入：

```
>> exampleFolder = genpath(fullfile(matlabroot,'examples','nnet'));
>> addpath(exampleFolder)
```

创建用户定义的 PReLU 层的层数组。在命令行窗口输入：

```
>> layers = [ ...
    imageInputLayer([28 28 1])
    convolution2dLayer(5,20)
    batchNormalizationLayer
    examplePreluLayer(20)
    fullyConnectedLayer(10)
```

```
        softmaxLayer
        classificationLayer];
```

将示例'Alpha'的可学习参数的学习率因子设置为2。在命令行窗口输入：

```
>> layers(4) = setLearnRateFactor(layers(4),'Alpha',2);
```

查看更新的学习率因子。在命令行窗口输入：

```
>> factor = getLearnRateFactor(layers(4),'Alpha')
```

运行结果如下：

```
factor =
        2
```

使用 rmpath 从路径中移除示例文件夹。在命令行窗口输入：

```
>> rmpath(exampleFolder)
```

15.3.24　获取层可学习参数的L2正则化因子

getL2Factor 函数调用格式如下：

factor = getL2RateFactor(layer,parameterName)：返回名称为nameparameterName层的参数的L2正则化因子。

【例15-30】设置并获取可学习参数的L2正则化因子。设置并获取层的可学习参数的L2正则化因子。若要使用示例层 examplePreluLayer，请将示例文件夹添加到路径中。

在命令行窗口输入：

```
>> exampleFolder = genpath(fullfile(matlabroot,'examples','nnet'));
>> addpath(exampleFolder)
```

创建用户定义的PReLU层的层数组。在命令行窗口输入：

```
>> layers = [ ...
        imageInputLayer([28 28 1])
        convolution2dLayer(5,20)
        batchNormalizationLayer
        examplePreluLayer(20)
        fullyConnectedLayer(10)
        softmaxLayer
        classificationLayer];
```

将示例'Alpha'的可学习参数的L2正则化因子设置为2。在命令行窗口输入：

```
>> layers(4) = setL2Factor(layers(4),'Alpha',2);
```

查看更新后的L2正则化因子。在命令行窗口输入：

```
>> factor = getL2Factor(layers(4),'Alpha')
```

运行结果如下：

```
factor =
        2
```

使用 rmpath 从路径中移除示例文件夹。在命令行窗口输入：

```
>> rmpath(exampleFolder)
```

15.3.25 神经网络训练的选项

trainingOptions 函数调用格式如下：

options = trainingOptions(solverName)：返回由 solverName 指定的求解器的一组训练选项。

options = trainingOptions(solverName,Name,Value)：返回一组具有由一个或多个 name-value 参数指定的附加选项的训练选项。

【例 15-31】指定训练选项。创建一组使用随机梯度下降与动量训练网络的选项。每 5 个周期将学习率降低 0.2 倍。将训练次数的最大数目设置为 20，并在每一次迭代中使用 64 个观察值。在培训过程中绘制培训进展图。

在命令行窗口输入：

```
>> options = trainingOptions('sgdm',...
       'LearnRateSchedule','piecewise',...
       'LearnRateDropFactor',0.2,...
       'LearnRateDropPeriod',5,...
       'MaxEpochs',20,...
       'MiniBatchSize',64,...
       'Plots','training-progress')
```

运行结果如下：

```
options =
    TrainingOptionsSGDM - 属性:
                          Momentum: 0.9000
                   InitialLearnRate: 0.0100
          LearnRateScheduleSettings: [1×1 struct]
                   L2Regularization: 1.0000e-04
                         MaxEpochs: 20
                      MiniBatchSize: 64
                           Verbose: 1
                   VerboseFrequency: 50
                     ValidationData: [ ]
                ValidationFrequency: 50
                 ValidationPatience: 5
                           Shuffle: 'once'
                     CheckpointPath: ''
               ExecutionEnvironment: 'auto'
                        WorkerLoad: []
                          OutputFcn: []
                             Plots: 'training-progress'
```

```
SequenceLength: 'longest'
SequencePaddingValue: 0
```

15.3.26　深度学习的神经网络训练

trainNetwork函数调用格式如下：

trainedNet = trainNetwork(imds,layers,options)：训练一个用于图像分类问题的网络。imds存储输入图像数据，layers定义网络体系结构，options定义训练选项。

trainedNet = trainNetwork(mbs,layers,options)：训练一个用于图像分类和回归问题的网络。

【例15-32】使用ImageDatastore中的数据训练卷积神经网络。将数据加载为ImageDatastore对象。

在命令行窗口输入：

```
>> digitDatasetPath = fullfile(matlabroot,'toolbox','nnet','nndemos',...
      'nndatasets','DigitDataset');
digitData = imageDatastore(digitDatasetPath,...
            'IncludeSubfolders',true,'LabelSource','foldernames');
```

数据存储包含10000个数字0～9的合成图像。通过将随机变换应用于使用不同字体创建的数字图像来生成图像。每个数字图像是28×28像素。显示数据存储中的一些图像。

在命令行窗口输入：

```
>> figure;
>> perm = randperm(10000,20);
>> for i = 1:20
>> subplot(4,5,i);
>> imshow(digitData.Files{perm(i)});
>> end
```

运行结果如图15-8所示。

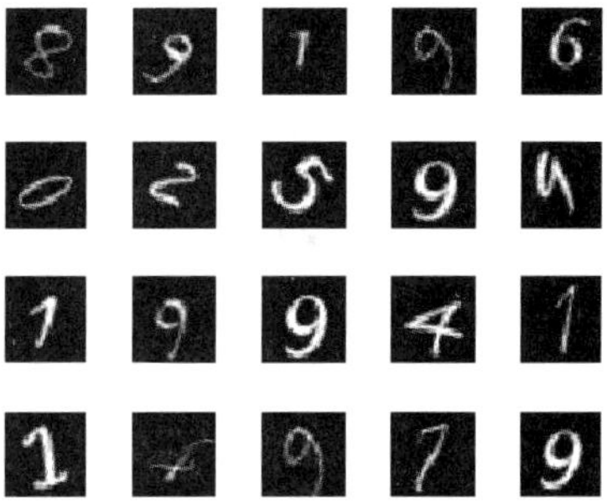

检查每个数字类别中的图像数量。在命令行窗口输入：

```
>> digitData.countEachLabel
```

图15-8　随机变换生成图像

运行结果如下：

```
ans =

  10 × 2 table

    Label   Count
    _____   _____

      0     1000
      1     1000
```

2	1000
3	1000
4	1000
5	1000
6	1000
7	1000
8	1000
9	1000

数据包含每个类别的相同数量的图像。对数据集进行划分，使得训练集中的每个类别具有750幅图像，并且测试集具有来自每个标签的剩余图像。

在命令行窗口输入：

```
>> trainingNumFiles = 750;
>> rng(1) % For reproducibility
>> [trainDigitData,testDigitData] = splitEachLabel(digitData,...
                 trainingNumFiles,'randomize');
```

splitEachLabel将数字文件中的图像文件拆分为两个新的数据存储区：trainDigitData和testDigitData。定义卷积神经网络结构。在命令行窗口输入：

```
>> layers = [imageInputLayer([28 28 1]);
         convolution2dLayer(5,20);
         reluLayer();
         maxPooling2dLayer(2,'Stride',2);
         fullyConnectedLayer(10);
         softmaxLayer();
         classificationLayer()];
```

将选项设置为具有动量的随机梯度下降的默认设置。设置最大次数为20，并以0.001的初始学习率开始训练。在命令行窗口输入：

```
>> options = trainingOptions('sgdm','MaxEpochs',20,...
    'InitialLearnRate',0.0001);
```

训练网络，在命令行窗口输入：

```
>> convnet = trainNetwork(trainDigitData,layers,options);
```

运行结果如下：

```
Training on single CPU.
Initializing image normalization.
|========================================================================
=========================|
| Epoch | Iteration | Time Elapsed | Mini-batch | Mini-batch | Base Learning|
|       |           |  (seconds)   |    Loss    |  Accuracy  |    Rate     |
|========================================================================
=========================|
```

1	1	2.47	3.0845	13.28%	1.00e-04
1	50	17.02	1.0946	65.63%	1.00e-04
2	100	31.22	0.7270	74.22%	1.00e-04
3	150	45.45	0.4745	82.81%	1.00e-04
4	200	59.47	0.3087	92.19%	1.00e-04
5	250	73.66	0.2320	92.97%	1.00e-04
6	300	88.04	0.1537	97.66%	1.00e-04
7	350	102.37	0.1311	97.66%	1.00e-04
7	400	116.30	0.0940	96.09%	1.00e-04
8	450	130.12	0.0663	98.44%	1.00e-04
9	500	144.19	0.0459	99.22%	1.00e-04
10	550	158.30	0.0544	100.00%	1.00e-04
11	600	172.42	0.0659	99.22%	1.00e-04
12	650	186.55	0.0339	100.00%	1.00e-04
13	700	200.53	0.0341	100.00%	1.00e-04
13	750	214.51	0.0368	100.00%	1.00e-04
14	800	228.46	0.0266	100.00%	1.00e-04
15	850	242.49	0.0181	100.00%	1.00e-04
16	900	256.52	0.0236	100.00%	1.00e-04
17	950	270.67	0.0225	100.00%	1.00e-04
18	1000	284.65	0.0159	100.00%	1.00e-04
19	1050	299.01	0.0234	100.00%	1.00e-04
19	1100	312.86	0.0244	100.00%	1.00e-04
20	1150	326.72	0.0155	100.00%	1.00e-04
20	1160	329.55	0.0145	100.00%	1.00e-04

```
|==================================================================
========================|
```

　　在不用于训练网络和预测图像标签（数字）的测试集上运行经过训练的网络。在命令行窗口输入：

```
>> YTest = classify(convnet,testDigitData);
>> TTest = testDigitData.Labels;
```

　　计算精度，在命令行窗口输入：

```
>> accuracy = sum(YTest == TTest)/numel(TTest)
```

　　运行结果如下：

```
accuracy =
    0.9848
```

15.3.27　深度学习系列网络

SeriesNetwork 说明：串联网络是一种深度学习的神经网络，一层接一层地排列。它有一个输入层和一个输出层。深度学习系列网络目标函数如表15-4所示。

表 15-4　深度学习系列网络目标函数

activations	卷积神经网络层激活计算
classify	使用训练的深度学习神经网络分类数据
predict	使用训练的深度学习神经网络预测响应
predictAndUpdateState	使用训练的递归神经网络预测响应并更新网络状态
classifyAndUpdateState	利用训练的递归神经网络分类数据并更新网络状态
resetState	递归神经网络的状态重置

【例15-33】加载预训练的AlexNet卷积神经网络，并对层和类进行检测。使用AlexNet加载预训练的AlexNet网络。输出网络是一个串行网络对象。

在命令行窗口输入：

```
>> net = alexnet
```

运行结果如下：

```
net =
    SeriesNetwork – 属性:
        Layers: [25×1 nnet.cnn.layer.Layer]
```

使用Layers属性，查看网络体系结构。该网络由25层组成。有8层可学习的权重：5个卷积层和3个完全连接的层。在命令行窗口输入：

```
>> net.Layers
```

运行结果如下：

```
ans =
25x1 Layer array with layers:
    1  'data'   Image Input           227x227x3 images with 'zerocenter' normalization
    2  'conv1'  Convolution           96 11x11x3 convolutions with stride [4  4] and
padding [0  0  0  0]
    3  'relu1'  ReLU                  ReLU
    4  'norm1'  Cross Channel Normalization   cross channel normalization with 5
channels per element
    5  'pool1'  Max Pooling           3x3 max pooling with stride [2  2] and padding [0
0  0  0]
    6  'conv2'  Convolution           256 5x5x48 convolutions with stride [1  1] and
padding [2  2  2  2]
    7  'relu2'  ReLU                  ReLU
    8  'norm2'  Cross Channel Normalization   cross channel normalization with 5
channels per element
```

```
  9  'pool2'   Max Pooling         3x3 max pooling with stride [2  2] and padding [0
0 0 0]
 10  'conv3'   Convolution         384 3x3x256 convolutions with stride [1  1] and
padding [1 1 1 1]
 11  'relu3'   ReLU                ReLU
 12  'conv4'   Convolution         384 3x3x192 convolutions with stride [1  1] and
padding [1 1 1 1]
 13  'relu4'   ReLU                ReLU
 14  'conv5'   Convolution         256 3x3x192 convolutions with stride [1  1] and
padding [1 1 1 1]
 15  'relu5'   ReLU                ReLU
 16  'pool5'   Max Pooling         3x3 max pooling with stride [2  2] and padding [0
0 0 0]
 17  'fc6'     Fully Connected     4096 fully connected layer
 18  'relu6'   ReLU                ReLU
 19  'drop6'   Dropout             50% dropout
 20  'fc7'     Fully Connected     4096 fully connected layer
 21  'relu7'   ReLU                ReLU
 22  'drop7'   Dropout             50% dropout
 23  'fc8'     Fully Connected     1000 fully connected layer
 24  'prob'    Softmax             softmax
 25  'output'  Classification Output    crossentropyex with 'tench', 'goldfish', and
998 other classes
```

可以通过查看分类输出层（最后一层）的 ClassNames 属性来查看网络学习的类的名称。通过选择前10个元素来查看前10个类。在命令行窗口输入：

```
>> net.Layers(end).ClassNames(1:10)
```

运行结果如下：

```
ans =
  10×1 cell 数组
    {'tench'            }
    {'goldfish'         }
    {'great white shark'}
    {'tiger shark'      }
    {'hammerhead'       }
    {'electric ray'     }
    {'stingray'         }
    {'cock'             }
    {'hen'              }
    {'ostrich'          }
```

15.3.28 图像数据增强

imageDataAugmenter函数调用格式如下：

aug = imageDataAugmenter：创建具有与恒等变换一致的默认属性值的imageData Augmenter对象。

aug = imageDataAugmenter(Name,Value)：利用name-value设置一组图像增强选项属性。

【例15-34】创建图像数据增强器来调整大小和反射图像。在训练前对图像进行预处理。这个增强器随机地调整和反射图像。

在命令行窗口输入：

```
>> augmenter = imageDataAugmenter( ...
     'RandXReflection',true, ...
     'RandXScale',[1 2], ...
     'RandYReflection',true, ...
     'RandYScale',[1 2])
```

运行结果如下：

```
augmenter =
    imageDataAugmenter - 属性:
             FillValue: 0
        RandXReflection: 1
        RandYReflection: 1
           RandRotation: [0 0]
             RandXScale: [1 2]
             RandYScale: [1 2]
             RandXShear: [0 0]
             RandYShear: [0 0]
        RandXTranslation: [0 0]
```

在增强图像源中嵌入图像增强器。图像源还需要样本数据、分类和输出图像大小。在命令行窗口输入：

```
>> [XTrain,YTrain] = digitTrain4DArrayData;
>> imageSize = [28 28 1];
>> source = augmentedImageSource(imageSize, XTrain,YTrain,'DataAugmentation',
augmenter)
```

运行结果如下：

```
source =
    augmentedImageSource - 属性:
        DataAugmentation: [1×1 imageDataAugmenter]
        ColorPreprocessing: 'none'
              OutputSize: [28 28]
```

```
OutputSizeMode: 'resize'
```

15.3.29 增强图像源

augmentedImageSource 函数调用格式如下：

imagesource = augmentedImageSource(outputSize,imds)：使用来自图像数据存储 imds 的图像，创建用于分类问题的增强图像源，并设置 OutputSize 属性。

imagesource = augmentedImageSource(outputSize,X,Y)：创建用于分类和回归问题的增强图像源。

【例15-35】训练具有旋转不变性的卷积神经网络。利用随机旋转对图像进行预处理，使训练好的卷积神经网络具有旋转不变性。加载样本数据，由手写数字合成图像组成。

在命令行窗口输入：

```
>> [XTrain,YTrain] = digitTrain4DArrayData;
```

创建一个图像增强器，在训练过程中旋转图像。该图像增强器以随机角度旋转每个图像。在命令行窗口输入：

```
>> imageAugmenter = imageDataAugmenter('RandRotation',[-180 180])
```

运行结果如下：

```
imageAugmenter =
    imageDataAugmenter - 属性:
            FillValue: 0
       RandXReflection: 0
       RandYReflection: 0
          RandRotation: [-180 180]

           RandXScale: [1 1]
           RandYScale: [1 1]
           RandXShear: [0 0]
           RandYShear: [0 0]
     RandXTranslation: [0 0]
     RandYTranslation: [0 0]
```

指定增强图像的大小。创建增强的图像源，并将源与图像增强器相关联。在命令行窗口输入：

```
>> imageSize = [28 28 1];
>>datasource =
augmentedImageSource(imageSize,XTrain,YTrain,'DataAugmentation',imageAugmenter)
```

运行结果如下：

```
datasource =
    augmentedImageSource - 属性:
        DataAugmentation: [1×1 imageDataAugmenter]
        ColorPreprocessing: 'none'
```

```
                    OutputSize: [28 28]
                    OutputSizeMode: 'resize'
```

指定卷积神经网络结构。在命令行窗口输入：

```
>> layers = [
    imageInputLayer([28 28 1])
    convolution2dLayer(3,16,'Padding',1)
    batchNormalizationLayer
    reluLayer
        maxPooling2dLayer(2,'Stride',2)
    convolution2dLayer(3,32,'Padding',1)
    batchNormalizationLayer
    reluLayer
    maxPooling2dLayer(2,'Stride',2)
    convolution2dLayer(3,64,'Padding',1)
    batchNormalizationLayer
    reluLayer
    fullyConnectedLayer(10)
    softmaxLayer
    classificationLayer];
```

设置具有动量的随机梯度下降的训练选项。在命令行窗口输入：

```
>> opts = trainingOptions('sgdm', ...
    'MaxEpochs',10, ...
    'Shuffle','every-epoch', ...
    'InitialLearnRate',1e-3);
```

训练网络，在命令行窗口输入：

```
>> net = trainNetwork(datasource,layers,opts);
```

运行结果如下：

```
Training on single CPU.
Initializing image normalization.
```

Epoch	Iteration	Time Elapsed (seconds)	Mini-batch Loss	Mini-batch Accuracy	Base Learning Rate
1	1	7.29	2.3988	13.28%	0.0010
2	50	64.16	1.4612	57.03%	0.0010
3	100	119.63	1.0423	72.66%	0.0010
4	150	175.41	0.8327	75.00%	0.0010

	6	200	230.93	0.5986	82.81%	0.0010
	7	250	286.48	0.5312	84.38%	0.0010
	8	300	342.27	0.4697	89.84%	0.0010
	9	350	397.99	0.4246	85.94%	0.0010
	10	390	441.97	0.3338	92.19%	0.0010

```
|===============================================================
========================|
```

15.3.30　深度学习网络结构图

layerGraph 函数调用格式如下：

lgraph = layerGraph：创建一个空图层。

lgraph = layerGraph(larray)：从网络层 larray 创建一个图层。

lgraph = layerGraph(dagNet)：提取 DAG network dagNet 的图层。

表 15-5 为 layerGraph 目标函数。

表 15-5　layerGraph 目标函数

addLayers	添加图层到图层
removeLayers	从图层中删除图层
connectLayers	在图层中连接层
disconnectLayers	层图中的断开层
plot	绘制神经网络层图

【例 15-36】创建一个简单的有向无环图（DAG）网络用于深度学习。训练网络对数字图像进行分类。

在命令行窗口输入：

```
>> layers = [
    imageInputLayer([28 28 1],'Name','input')
    convolution2dLayer(5,16,'Padding','same','Name','conv_1')
    batchNormalizationLayer('Name','BN_1')
    reluLayer('Name','relu_1')
    convolution2dLayer(3,32,'Padding','same','Stride',2,'Name','conv_2')
    batchNormalizationLayer('Name','BN_2')
    reluLayer('Name','relu_2')
    convolution2dLayer(3,32,'Padding','same','Name','conv_3')
    batchNormalizationLayer('Name','BN_3')
    reluLayer('Name','relu_3')
    additionLayer(2,'Name','add')
    averagePooling2dLayer(2,'Stride',2,'Name','avpool')
    fullyConnectedLayer(10,'Name','fc')
    softmaxLayer('Name','softmax')
    classificationLayer('Name','classOutput')];
```

从层数组创建层图。层图顺序连接各个层。绘制图层图。在命令行窗口输入：

```
>> lgraph = layerGraph(layers);
>> figure
>> plot(lgraph)
```

运行结果如图15-9所示。

15.3.31　在图层中连接层

connectLayers 函数调用格式如下：

newlgraph = connectLayers(lgraph,s,d)：在图层图中，将源层 s 连接到目的层 d。

15.3.32　删除图层

removeLayers 函数调用格式如下：

newlgraph = removeLayers(lgraph,layerNames)：从图层图 lgraph 中删除由 layerNames 指定的层。移除层的任何连接也被移除。

【例15-37】从图层中删除图层，从图层数组中创建图层图。

在命令行窗口输入：

```
>> layers = [
      imageInputLayer([28 28 1],'Name','input')
      convolution2dLayer(3,16,'Padding','same','Name','conv_1')
      batchNormalizationLayer('Name','BN_1')
      reluLayer('Name','relu_1')];
>> lgraph = layerGraph(layers);
>> figure
>> plot(lgraph)
```

运行结果如图15-10所示。

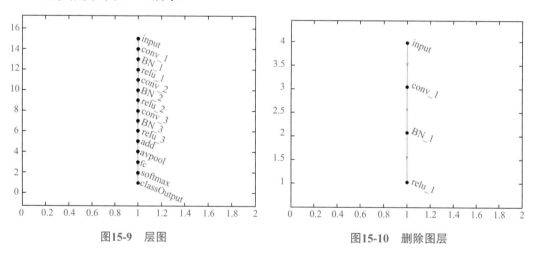

图15-9　层图　　　　　　　　　　　图15-10　删除图层

15.3.33　断开图层

disconnectLayers 函数调用格式如下：

newlgraph = disconnectLayers(lgraph,s,d)：在图层 lgraph 中断开源层 s 和目的层 d。

【例15-38】在图层 lgraph 中断开图层。

在命令行窗口输入：

```
>> layers = [
    imageInputLayer([28 28 1],'Name','input')
    convolution2dLayer(3,16,'Padding','same','Name','conv_1')
    batchNormalizationLayer('Name','BN_1')
    reluLayer('Name','relu_1')];
>>lgraph = layerGraph(layers);
>>figure
>>plot(lgraph)
```

运行结果如图 15-11 所示。

从 'BN_1' 层断开 'conv_1' 层与 "BNY1" 层。在命令行窗口输入：

```
>> lgraph = disconnectLayers(lgraph,'conv_1','BN_1');
>> figure
>> plot(lgraph)
```

运行结果如图 15-12 所示。

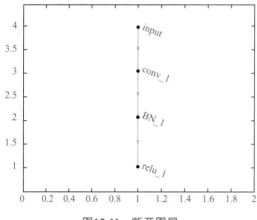

图15-11　断开图层

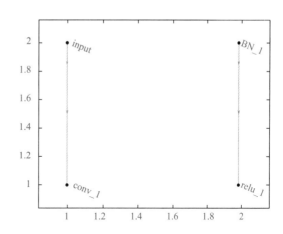

图15-12　从 'BN_1' 层断开 'conv_1' 层与 "BNY1" 层

参考文献

[1] 史洁玉.MATLAB信号处理超级学习手册.北京：人民邮电出版社，2014.

[2] 沈再阳.精通MATLAB信号处理.北京：清华大学出版社,2015.

[3] 赵广元.MATLAB与控制系统仿真实践.第3版.北京：北京航空航天大学出版社，2016.

[4] 余胜威.MATLAB优化算法案例分析与应用.北京：清华大学出版社,2014.

[5] 丁伟.精通MATLAB R2014a.北京：清华大学出版社,2015.

[6] 刘浩.MATLAB R2016a完全自学一本通.北京：电子工业出版社,2016.

[7] 郭明良.MATLAB R2014a 基础与应用.北京：化学工业出版社,2017.

[8] 栾颖.MATLAB R2013a 工具箱手册大全.北京：清华大学出版社，2012.

[9] 赵小川，何灏，缪远诚.MATLAB数字图像处理实践.北京：机械工业出版社,2011.

[10] 魏巍.MATLAB控制工程工具箱技术手册.北京：国防工业出版社，2004.

[11] 苏金明，张莲花，刘波.MATLAB工具箱应用.北京：电子工业出版社，2004.

[12] 洪乃刚.电力电子、电机控制系统的建模和仿真.北京：机械工业出版社，2010.

[13] 林飞，杜欣.电力电子应用技术的MATLAB仿真.北京：中国电力出版社，2009.

[14] 于群，曹娜.MATLAB/Simulink电力系统建模与仿真.北京：机械工业出版社，2013.

[15] 王晶，翁国庆，张有兵.电力系统的MATLAB/Simulink仿真与应用.西安：西安电子科技大学出版社，2015.

[16] 万永革.数字信号处理的MATLAB实现.北京：科学出版社，2008.

[17] 朱习军，隋思莲，张宾，刘尊年.MATLAB在信号与图像处理中的应用.北京：电子工业出版社，2009.

[18] 林川.MATLAB与数字信号处理实验.湖北：武汉大学出版社，2011.

[19] 贺超英，王少瑜.MATLAB应用与实验教程.北京：电子工业出版社，2013.